水利水电工程质量检测人员
从业资格考核培训系列教材

岩土工程类
（地基与基础）

中国水利工程协会
丁　凯　　曹征齐　主编

黄河水利出版社
·郑州·

内 容 提 要

本书共分六章，主要内容包括地基承载力、地基原位测试、地基处理及质量检验、基桩检测、防渗墙（截渗墙）质量检测、锚杆（索）、土钉检测。主要作为水利水电工程质量检测人员从业资格注册的考核培训专用教材，也可作为大专院校相关专业的教材或参考书。

图书在版编目（CIP）数据

岩土工程类．地基与基础/中国水利工程协会主编．郑州：黄河水利出版社，2008.12
（水利水电工程质量检测人员从业资格考核培训系列教材）
ISBN 978－7－80734－563－3

Ⅰ．岩…　Ⅱ．中…　Ⅲ．①地基－技术培训－教材②基础（工程）－技术培训－教材　Ⅳ．TU47

中国版本图书馆 CIP 数据核字（2008）第 213947 号

出 版 社：黄河水利出版社
地址：河南省郑州市金水路 11 号　邮政编码：450003
发行单位：黄河水利出版社
发行部电话：0371－66026940　传真：0371－66022620
E-mail：hhslcbs@126.com
承印单位：黄河水利委员会印刷厂
开本：787 mm×1 092 mm　1/16
印张：22.75
字数：525 千字　印数：1—2 000
版次：2008 年 12 月第 1 版　印次：2008 年 12 月第 1 次印刷

定价：96.00 元

水利水电工程质量检测人员
从业资格考核培训系列教材

岩土工程类(地基与基础)

编写单位及人员

主持单位　中国水利工程协会

编写单位　北京海天恒信水利工程检测评价有限公司
　　　　　黄河水利委员会基本建设工程质量检测中心
　　　　　中国地质大学(北京)
　　　　　黄河水利委员会黄河水利科学研究院
　　　　　河南建筑科学研究院有限责任公司
　　　　　中国核工业勘察研究院
　　　　　河南省济源市水利局

主　　编　丁　凯　曹征齐

编　　写　(以姓氏笔画为序)
　　　　　丁　凯　孙进忠　兰　雁　刘君利
　　　　　冷元宝　冷　凝　沈细中　张清明
　　　　　周　杨　郭宝霞　赵海参

统　　稿　冷元宝　孙进忠　郭宝霞

工作人员　王龙照　陶虹伟　邵德敏　刘洪斌

序

水利水电工程的质量关系到人民生命财产的安危，关系到国民经济的发展和社会稳定，关系到工程寿命和效益的发挥，确保水利水电工程建设质量意义重大。

工程质量检测是水利水电工程质量保证体系中的关键技术环节，是质量监督和监理的重要手段，检测成果是质量改进的依据，是工程质量评定、工程安全评价与鉴定、工程验收的依据，也是质量纠纷评判、质量事故处理的依据。尤其在急难险重工程的评价、鉴定和应急处理中，工程质量检测工作更起着不可替代的重要作用。如近年来在全国范围内开展的病险水库除险加固中对工程病险等级和加固质量的正确评价，在今年汶川特大地震水利抗震救灾中对震损水工程应急处置及时得当，都得益于工程质量检测提供了重要的检测数据和科学评价意见。实际工作中，工程质量检测为有效提高水工程安全运行保证率，最大限度地保护人民群众生命财产安全，起到了关键作用，功不可没！

工程质量检测具有科学性、公正性、时效性和执法性。

检测机构对检测成果负有法律责任。检测人员是检测的主体，其理论基础、技术水平、职业道德和法律意识直接关系到检测成果的客观公正。因此，检测人员的素质是保证检测质量的前提条件，也是检测机构业务水平的重要体现。

为了规范水利水电工程质量检测工作，水利部于 2008 年 11 月颁发了经过修订的《水利工程质量检测管理规定》。为加强水利水电工程质量检测人员管理，中国水利工程协会根据《水利工程质量检测管理规定》制定了《水利工程质量检测员管理办法》，明确要求从事水利水电工程质量检测的人员必须经过相应的培训、考核、注册，持证上岗。

为切实做好水利水电工程质量检测人员的考核培训工作，由中国水利工程协会主持，北京海天恒信水利工程检测评价有限公司组织一批国内多年从事检测、试验工作经验丰富的专家、学者，克服诸多困难，在水利水电行业中率先编写成了这一套系列教材。这是一项重要举措，是水利水电行业贯彻落实科学发展观，以人为本，安全至上，质量第一的具体行动。本书集成提出的检测方法、评价标准、培训要求等具有较强的针对性和实用性，符合工程建设管理要求和社会实际需求；该教材内容系统、翔实，为开展质量检测人员从业资格考核培训工作奠定了坚实的基础。

我坚信，随着质量检测人员考核培训的广泛、有序开展，广大水利水电工程质量检测从业人员的能力与素质将不断提高，水利水电工程质量检测工作必将更加规范、健康地推进和发展，从而为保证水利水电工程质量、建设更多的优质工程、促进行业技术进步发挥巨大的作用。故乐为之序，以求证作者和读者。

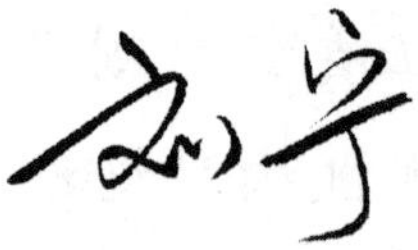

2008 年 11 月 28 日

前　言

随着我国水利水电事业的蓬勃发展、众多水利水电工程的兴建，工程的质量与安全问题越来越受到国家和社会的广泛关注，质量检测工作也日益得到重视。水利水电工程的质量检测工作是保证工程质量与安全的重要措施，是工程建设、运行过程中的重要环节，而水利水电工程质量检测人员的职业道德和业务素质则是保证质量检测工作科学和公正的前提条件。为加强水利水电工程质量检测管理，规范质量检测行为，2008 年 11 月水利部第 36 号令颁布了《水利工程质量检测管理规定》（以下简称《规定》），自 2009 年 1 月 1 日起施行。中国水利工程协会随即颁发了《水利工程质量检测员管理办法》（以下简称《办法》）也将同步施行。

《规定》中明确要求从事水利工程质量检测的单位，应当按照本规定取得相应资质，并在资质等级许可的范围内承担质量检测业务。水利工程质量检测单位资质分为岩土工程、混凝土工程、金属结构、机械电气和量测共 5 个类别，每个类别分为甲级、乙级 2 个等级。《规定》和《办法》中还明确要求从事水利水电工程质量检测的专业技术人员，应当具备相应的质量检测知识和能力，按照行业自律管理的要求，必须经过中国水利工程协会统一组织的从业资格考核考试合格、注册，持证上岗。

为了使质量检测人员系统地掌握相关专业知识和能力，由中国水利工程协会主持，北京海天恒信水利工程检测评价有限公司组织国内多年从事工程质量检测试验工作的一批专家学者，编写了《水利水电工程质量检测人员从业资格考核培训系列教材》，作为水利水电工程质量检测人员从业资格注册的考核培训专用教材，也可作为大专院校相关专业的教材或参考书。

本系列教材的编写历经三年多的时间，部分类别教材，如混凝土工程类、岩土工程类（岩石、土工、土工合成材料）及量测类等，已经过实际试讲与反复修改，是诸位专家学者结合自己多年的实践经验，在相应的规程规范基础上编写而成的。教材全面介绍了相应专业类别的各种检测试验方法，并指出了质量检测过程中的重点、难点、关键点，与相应的规程规范配合使用，是从事水利水电工程质量检测试验人员指导实际工作的工具书。教材部分内容还前瞻性的涉及某些专业领域质量检测方法技术的研究前沿和发展方向。

本系列教材按检测单位资质的分类，并考虑到内容与篇幅，将分类分册陆续编写出版，暂分为以下各册：质量检测工作基础知识、混凝土工程类、岩土工程类（岩石、土工、土工合成材料）、岩土工程类（地基与基础）、量测类、金属结构类（制造与安装）、金属结构类（无损检测）、机械电气类。

本系列教材在编写过程中，得到了水利水电行业有关部门领导和单位的重视与关怀，尤其是得到了编写人员所在单位的支持与帮助，在此一并表示感谢！

受编写人员水平所限，教材中难免存在疏漏之处，敬请读者批评指正，以便改进。

编　者

2008 年 11 月 28 日

目　录

第一章　地基承载力

第一节　地基土的破坏形式

在建筑物荷载作用下，因地基土的破坏而导致上部结构的破坏形式有两种：一是地基土在建筑物荷载作用下产生过大的沉降量或沉降差，致使上部结构开裂、倾斜；二是地基土在建筑物荷载作用下产生剪切破坏，导致上部结构毁坏。

地基承载力是指地基土单位面积上承受荷载的能力。

通过对现场载荷试验 p—s 曲线的分析，可以了解地基破坏的机理。地基土破坏的结果表明，地基土丧失承载能力是由于基底以下土层在外载作用下发生剪切破坏所致。

一、地基的主要破坏形式

根据土质的差异，地基土的破坏形式一般分为整体剪切破坏、局部剪切破坏和冲剪破坏三种，如图 1-1 所示。

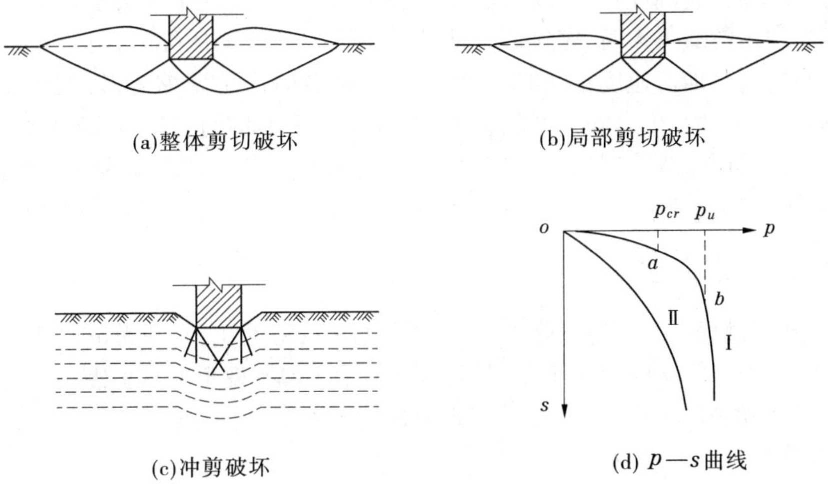

图 1-1　地基破坏形式

（一）整体剪切破坏

图 1-1（a）为整体剪切破坏的特征。当地基荷载（基底压力）较小时，基础下形成一个三角区，随同基础压入土中，荷载沉降 p—s 曲线呈直线关系。随着荷载的增加，塑性变形（即剪切破坏）区先在基础底面边缘处产生，然后逐渐向侧面、向下扩展，这时基础的沉降速率较前一阶段增大，故 p—s 曲线表现为明显的曲线特征。最后，当 p—s 曲线出现明显的陡降段（转折点 p_u 后阶段）时，地基土形成连续的滑动面，并延伸到地表面。土从基础

两侧挤出，并造成基础侧面隆起，基础沉降速率急剧增加，整个地基产生失稳破坏。对于压缩性较小的地基，如密实的砂类土和较坚硬的黏性土，且当基础埋置较浅时，常常会出现整体剪切破坏。

（二）局部剪切破坏

图 1-1（b）所示为局部剪切破坏。随着荷载的增加，塑性变形区同样从基础底面边缘处开始发展，但仅仅局限于地基一定范围内，土体中形成一定的滑动面，但并不延伸至地表面，如图 1-1（b）中虚线表示。地基失稳时，基础两侧地面微微隆起，没有出现明显的裂缝。其相应的 $p—s$ 曲线，直线拐点 a 不像整体剪切破坏那么明显，曲线转折点 b 后的沉降速率虽然较前一阶段加大，但不如整体剪切破坏那样急剧增加。当基础有一定埋深，且地基为一般黏性土或具有一定压缩性的砂土时，地基可能会出现局部剪切破坏。

（三）冲剪破坏

冲剪破坏也称刺入破坏。这种破坏形式常发生在饱和软黏土、松散的粉土、细砂等地基中。其破坏特征是基础周边附近土体产生剪切破坏，基础沿周边向下切入土中。图 1-1（c）表明，只在基础边缘下及基础正下方出现滑动面，基础两侧地面无隆起现象，在基础周边还会出现凹陷现象。相应的 $p—s$ 曲线无明显的直线拐点 a，也没有明显的曲线转折点 b。总之，冲剪破坏以显著的基础沉降为主要特征。

应该说明的是，地基出现哪种破坏形式的影响因素是很复杂的，除了与地基土的性质、基础埋置深度有关外，还与加载方式和速率应力水平及基础的形状等因素有关。如对于密实砂土地基，当基础埋置深度较大，并快速加载时，也会发生局部剪切破坏。而当基础埋置很深，作用荷载很大时，密实砂土地基也会产生较大的压缩变形而出现冲剪破坏。在软黏土地基中，当加荷速度很快时，由于土体不能及时产生压缩变形，就可能会发生整体剪切破坏。如果地基中存在深厚软黏土，厚度又严重不均匀，且一次性加载过大，则会发生严重不均匀沉降，致使建筑物倾斜（倒），如有名的加拿大特郎斯康谷仓倾倒，以及意大利比萨斜塔的倾斜等。

二、地基的破坏过程

由地基破坏过程中的荷载沉降 $p—s$ 曲线（见图 1-2）可知，地基无论以哪种形式失稳破坏，破坏的过程一般应经历 3 个阶段，即压密阶段（弹性变形阶段）、剪切阶段（弹塑性混合变形阶段）和破坏阶段（完全塑性变形阶段）。

（一）压密阶段

$p—s$ 曲线上的 oa 段，因其接近于直线，称为线性变形阶段。在这一阶段，土中各点的剪应力均小于土的抗剪强度，土体处于弹性平衡状态，基础的沉降主要由土体压密变形引起（见图 1-2（a））。此时将 $p—s$ 曲线上对应于直线段（弹性变形）结束点 a 的荷载称为临塑荷载 p_{cr}（见图 1-2（d）），它表示基础底面以下的地基土体将要出现而尚未出现塑性变形区时的基底压力（界限荷载）。

（二）剪切阶段

$p—s$ 曲线上的 ab 阶段称为剪切阶段。当荷载超过临塑荷载（$p > p_{cr}$）后，$p—s$ 曲线不再保持线性关系，沉降速率（$\Delta s/\Delta p$）随荷载的增大而增加。在剪切阶段，地基中的塑性变

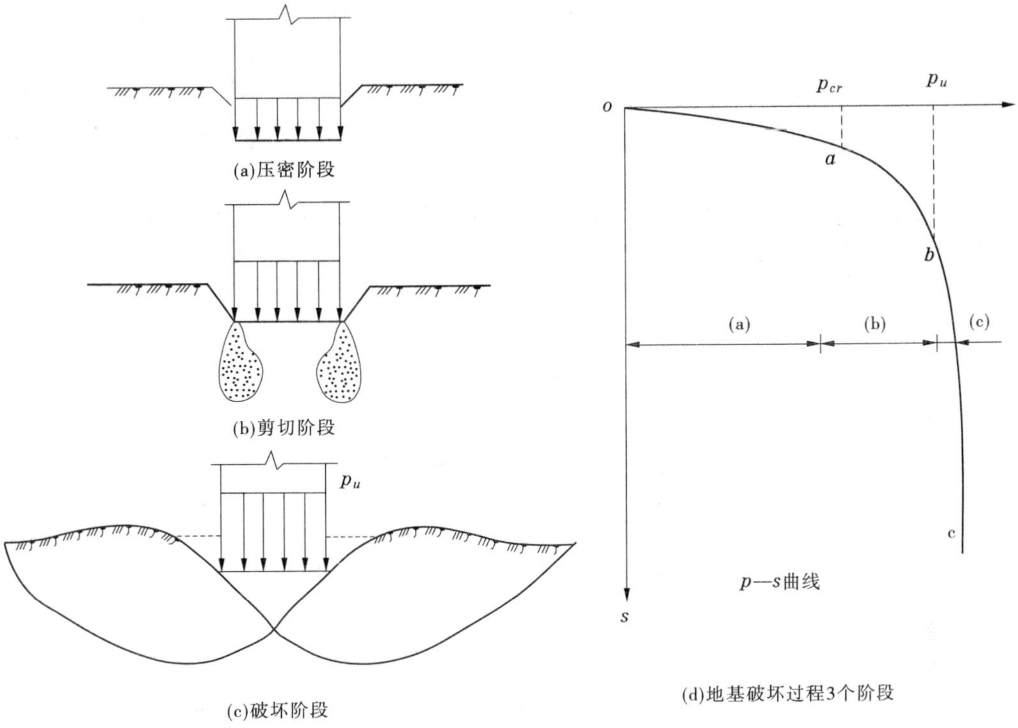

图 1-2　地基的破坏过程

形区（也称剪切破坏区）从基底侧边逐步扩大，塑性区以外仍然是弹性平衡状态区（见图 1-2(b)）。就整体而言，地基处于弹塑性混合状态（弹性应力状态区域与极限应力状态区域并存）。随着荷载的继续增加，地基中塑性区的范围不断扩大，直到土中形成连续的滑移面（见图 1-2(c)）。这时基础向下滑动，边界范围内的土体全部处于塑性变形状态，地基即将丧失稳定。相应于 p—s 曲线上的 b 点（曲线段的转折点）的荷载称为极限荷载 p_u，它表示地基即将丧失稳定时的基底压力（界限荷载）。

（三）破坏阶段

p—s 曲线上超过 b 点的曲线段称为破坏阶段。当荷载超过极限荷载 p_u 后，将会发生或是基础急剧下沉，即使不增加荷载，沉降也不能停止；或是地基土体从基础四周大量挤出隆起，地基土产生失稳破坏。

从以上叙述可知，地基的 3 个变形阶段完整地描述了地基的破坏过程。同时也说明了随着基础荷载的不断增加，地基土体强度（承载能力）的发挥程度。其中提及的两界限荷载，即临塑荷载 p_{cr} 和极限荷载 p_u 对研究地基的承载力具有重要的意义。

第二节　按塑性开展深度确定地基承载力

地基承载力的确定方法一般有理论公式法、原位试验法及规范表格法三种。理论公式法即按上述地基土的荷载与变形间的关系采用理论公式确定相应的地基承载力；原位试验法即利用现场测试手段确定地基土的承载力；规范表格法是根据各类土的大量载荷试验资料及工程经验经过统计分析而得到的。本节重点介绍理论公式法。

在外荷载作用下，地基土中塑性区的范围将随荷载的增加自基础边缘向深处不断扩展。所以，不同的塑性开展深度对应着相应的基底压力，该基底压力即为所要求的地基承载力。

设条形基础基底面处作用有均布荷载 p，如图 1-3 所示，基础宽度为 b，埋深为 d，地基土的凝聚力为 c，内摩擦角为 φ。根据弹性理论，任意点 M 处由基底净压力 $p_0=p-\gamma_0 d$ 引起的大、小主应力分别为

$$\begin{matrix}\Delta\sigma_1\\ \Delta\sigma_2\end{matrix} = \frac{p-\gamma_0 d}{\pi}(2\beta \pm \sin 2\beta) \tag{1-1}$$

式中　γ_0——埋深范围内土的容重，kN/m^3；

β——M 点与基底两侧连线的夹角，称为视角。

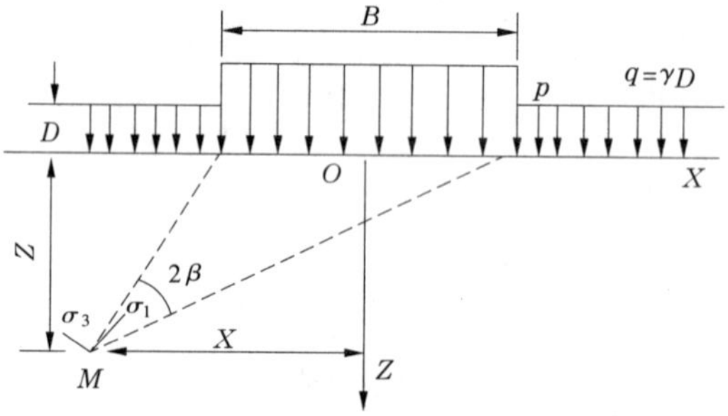

图 1-3　塑性区中的应力状态

对于 M 点，除了外荷载引起的应力，还有基底面下地基土本身自重所引起的自重应力，$\sigma_{cz}=\gamma z$，$\sigma_{cx}=k_0\gamma z$。若假定土的侧压力系数 $k_0=1$，即认为土的自重应力如同静水压力一样，各个方向都相等，均为 γz。这样，当考虑自重时，M 点总的大、小主应力为

$$\begin{matrix}\Delta\sigma_1\\ \Delta\sigma_2\end{matrix} = \frac{p-\gamma_0 d}{\pi}(2\beta \pm \sin 2\beta) + \gamma(d+z) \tag{1-2}$$

式中　γ_0——基底面下土的容重，地下水位以下取为浮容重。

若 M 点位于塑性区的边界上，即该点处于极限平衡状态，应满足土的极限平衡条件，将式(1-2)代入极限平衡条件，整理后得塑性区的边界线方程为

$$z = \frac{p-\gamma_0 d}{\pi\gamma}\left(\frac{\sin 2\beta}{\sin\varphi} - 2\beta\right) - \frac{c}{\gamma\tan\varphi} - d \tag{1-3}$$

当条形基础的均布荷载 p，内摩擦角 φ、埋深 d 及土的指标 γ_0 和 c 为已知时，z 值仅为 β 的单值函数，假定不同的 β 值，即可求出塑性区的开展范围。实用上，并不一定需要知道整个塑性区边界，只需要了解在一定基底压力下，塑性区开展的最大深度。为此，将式(1-3)对 β 求导，并令其导数为零，即

$$\frac{dz}{d\beta} = \frac{p-\gamma_0 d}{\pi\gamma}\left(\frac{\cos 2\beta}{\sin\varphi} - 2\right) = 0 \qquad 2\beta = \frac{\pi}{2} - \varphi \tag{1-4}$$

由此可得 $\cos\beta=\sin\varphi$，即 $\beta=\pi/2$。

将 β 值代入公式(1-3)，即可求得地基中塑性区最大开展深度 z_{max} 的表达式：

$$z_{\max} = \frac{p - \gamma_0 d}{\pi\gamma}\left(\cot\varphi - \frac{\pi}{2} + \varphi\right) - \frac{c}{\gamma\tan\varphi} - d \tag{1-5}$$

若令 $z_{\max}=0$，即塑性区开展深度为零，此时地基所能承受的基底压力为临塑荷载 p_{cr}。将 $z_{\max}=0$ 代入式(1-5)，p 即为临塑荷载 p_{cr}：

$$p_{cr} = \frac{\pi(\gamma d + c\cot\varphi)}{\cot\varphi - \frac{\pi}{2} + \varphi} + \gamma d = \gamma d N_q + c N_c \tag{1-6}$$

$$N_c = \frac{\pi\cot\varphi}{\cot\varphi - \frac{\pi}{2} + \varphi},\quad N_q = \frac{\cot\varphi + \frac{\pi}{2} + \varphi}{\cot\varphi - \frac{\pi}{2} + \varphi} \tag{1-7}$$

式中　N_c、N_q——承载力系数。

第三节　地基极限承载力的确定

地基的极限承载力即前面所讲的极限荷载 p_u。确定极限荷载的理论公式很多，其求解途径主要有下述两种：一是按极限平衡理论求解；二是按假定滑动面方法求解。下面介绍几种常见的极限承载力计算公式。

一、普朗特尔极限承载力公式

1920 年，普朗特尔(Prandtl)根据塑性理论，研究了刚性物体压入均匀、各向同性、较软的无重量介质时，导出了当介质达到破坏时的滑动面形状及其相应的极限承载力公式。其结果推广到求解地基的极限承载力中，可归纳为：①地基土是均匀、各向同性的无重量介质，即认为基底下土是容重 $\gamma=0$，只有 c、φ 的材料；②基底面完全光滑，即基底面与地基土之间不存在摩擦力。因此，水平面为大主应力面，竖直面为小主应力面；③当地基土处于极限平衡状态时，将出现连续的滑动面，其滑动区域将由朗肯主动区Ⅰ、径向剪切区Ⅱ及朗肯被动区Ⅲ三部分组成，如图 1-4(a)所示。其中滑动区Ⅰ的边界 ad(或 a_1d)为直线并与水平面成角；滑动区Ⅱ的边界 de(或 de_1)为对数螺旋曲线，其曲线方程为 $\gamma = \gamma_0 e^{\theta\tan\varphi}$，$\gamma_0$ 为起始矢径($\gamma_0 = \overline{ad} = \overline{a_1d}$)；滑动区Ⅲ的边界 ef(或 e_1f_1)为直线并与水平面成$(45° + \varphi/2)$角；④若基础有埋深 D，此时将基底面以上的两侧土体用相当的均布荷载 $q = \gamma D$ 来代替，如图 1-4(b)所示。

根据上述假定，将图 1-4(b)中所示的滑动土体的一部分 $odeg$ 视为刚体，并考察刚体 $odeg$ 的平衡，作用在刚体 $odeg$ 上的力有：①oa_1 面(即基底面)上的极限承载力的合力；②od面上的主动土压力；③a_1g 面上的均布荷载的合力；④eg 面上的被动土压力；⑤de 面上土的凝聚力的合力；⑥de 面上的反力的合力。根据以上分析，即可推求地基的极限承载力 f_u 为

$$f_u = \gamma D N_q + c N_c \tag{1-8}$$

式中　γ——基础两侧土的容重，kN/m^3；

D——基础的埋置深度，m；

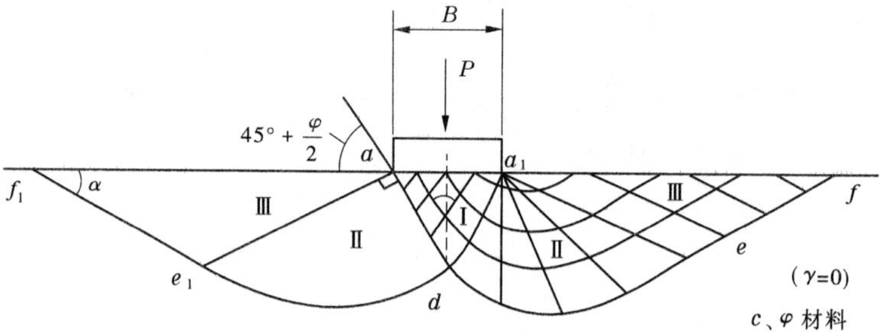

(a)

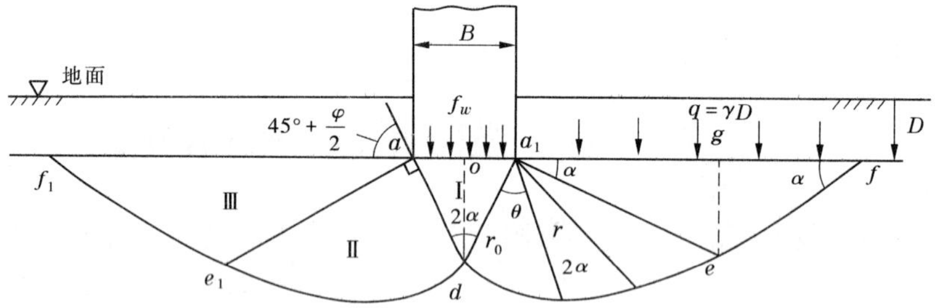

(b)

图 1-4　普朗特尔承载力图

N_q、N_c——承载力系数，是土的内摩擦角 φ 的函数，可查表，其中：

$$N_q = e^{\pi\tan\varphi}\tan^2(45° + \frac{\varphi}{2}) \tag{1-9}$$

$$N_c = (N_q - 1)\cot\varphi \tag{1-10}$$

由地基极限承载力的一般式可知，当基础放置在无黏性土的表面时，地基承载力将为零，这显然是不合理的。这种不合理现象的出现，主要是将地基土当做无重量介质所引起的。因此，普朗特尔公式只是一个近似公式。在普朗特尔公式的基础上，许多学者如太沙基（Terzaghi，1943）、泰勒（Taylor，1948）、迈耶霍夫（Meyerhof，1951）、汉森（Hansen，1961）以及魏塞克（Vesic，1973）等继续进行了许多研究工作，对承载力公式作了修正和发展，使其逐步得到完善。以下仅介绍太沙基公式。

二、太沙基极限承载力公式

Terzaghi 在推导均质地基土上的条形基础、受中心荷载作用下的极限承载力时，把土作为有重量的介质，即 $\gamma \neq 0$，并作了如下假设：

（1）基础底面粗糙，即基础与土之间有摩擦力存在。因此，当地基土达到破坏并出现连续滑动面时，基底下部分土体将随着基础一起移动而处于弹性平衡状态，这部分土体称为弹性楔体。弹性楔体的边界为滑动面的一部分，它与水平面的夹角为 ψ，而 ψ 值的大小与基底面的粗糙程度有关。当把基底面看做完全粗糙时，$\psi = \varphi$；当把基底面看做是完全光滑时，$\psi = 45° + \varphi/2$；一般情况下，$\varphi < \psi < 45° + \varphi/2$。

（2）当把基底看做是完全粗糙时，则滑动区域由径向剪切区Ⅱ和朗肯被动区Ⅲ所组成。其中滑动区域Ⅱ的边界为对数螺旋曲线，朗肯被动区Ⅲ的边界为直线，它与水平面呈$(45°+\varphi/2)$角。

(3)当基础有埋深时，基底面以上的土体用相当的均匀荷载来代替。

对于完全粗糙的基底，根据力的平衡条件，可导出太沙基极限承载力计算公式为

$$
\begin{aligned}
p_u &= 2P_p\cos(\psi-\varphi)+2c-W \\
&= 2P_p\cos(\psi-\varphi)+cB\tan\psi-\frac{1}{4}\gamma B^2\tan\psi \\
&= 2P_p+cB\tan\psi-\frac{1}{4}\gamma B^2\tan\psi
\end{aligned}
\tag{1-11}
$$

式(1-11)两边除以基础宽度 B，即得地基的极限承载力：

$$f_u=\frac{1}{2}\gamma BN_\gamma+qN_q+cN_c \tag{1-12}$$

式中 q——基底面以上的土体两侧的均匀荷载，$q=\gamma_0 D$；

B、D——基础的宽度和埋深；

N_c、N_q、N_γ——承载力系数；

φ——土的内摩擦角。

其中，N_q、N_c 也可按下列公式计算：

$$N_q=\frac{e^{(\frac{3}{2}\pi-\varphi)\tan\varphi}}{2\cos^2(45°+\frac{\varphi}{2})} \tag{1-13}$$

$$N_c=(N_q-1)\cot\varphi \tag{1-14}$$

而对于承载力系数 N_γ，太沙基未给出公式。

当假定基底面为完全光滑时，基底以下的弹性楔体就不存在，而成为朗肯主动区，整个滑动区域与普朗特尔的情况完全相同。此时，由 c、q 所引起的承载力系数即可直接取用普朗特尔的结果，而由土的容重 γ 所引起的承载力系数则采用下列半经验公式来表示，即

$$N_\gamma=1.8N_c\tan^2\varphi \tag{1-15}$$

将式(1-9)及式(1-10)中的承载力系数关系式代入(1-12)中，即可求得基础底面完全光滑情况下的地基极限承载力，承载力系数可由太沙基公式承载力系数表查得。

上述太沙基极限承载力公式是在假定地基土发生整体剪切破坏的条件下得到的。对于局部剪切破坏时的极限承载力，太沙基建议将土的强度指标按下列方法进行修正，即

$$c^*=\frac{2}{3}c \tag{1-16}$$

$$\tan\varphi^*=\frac{2}{3}\tan\varphi \quad 或 \quad \varphi^*=\arctan(\frac{2}{3}\tan\varphi) \tag{1-17}$$

然后用修正后的强度指标计算局部剪切破坏时松软土地基极限承载力，即

$$f_u=\frac{1}{2}\gamma BN'_\gamma+\gamma_0 DN'_q+c^*N'_c \tag{1-18}$$

式中 N'_r、N'_q、N'_c——修正后的承载力系数，可以由修正后内摩擦角 φ^* 直接查承载力系数图得，也可查表得；

其余符号意义同前。

式(1-12)及(1-18)仅适用于条形基础。对于方形及圆形基础,太沙基建议采用修正公式计算地基极限承载力。

第四节　按规范表格确定地基承载力

一、概述

在地基基础的设计计算中,一般要求建筑物的地基基础必须满足以下两个条件:

(1)建筑物基础的基底压力不能超过地基的承载能力。

(2)建筑物基础在荷载作用下可能产生的变形(沉降量、沉降差、局部倾斜等)不能超过地基的容许变形值。

为了满足上述两项要求,最直接可靠的方法是原位测试,即在现场利用各种仪器和设备直接对地基土进行测试,以确定地基承载能力。目前各地区和各产业部门根据大量的工程实践经验、土工试验和地基荷载试验所提供的数据和地基承载力的确定方法,无论在地基稳定或变形方面,都具有一定的安全储备,从而不致因种种意外情况而导致地基破坏。这仍然不失为一种可靠、实用的地基承载力确定方法。

各类规范制定的出发点和基本思想虽然基本一致,但由于各地区、各行业的土质情况和建筑物特点不同,每种规范都存在一定的差异。本节介绍《建筑地基基础设计规范》(GB 50007—2002)中提供的确定地基承载力的方法。

二、按《建筑地基基础设计规范》确定地基承载力

建设部2002年颁发的《建筑地基基础设计规范》(GB 50007—2002)(以下简称《建规》)提出了地基承载力特征值(f_{ak})的概念。所谓承载力特征值,指由原位载荷试验测定的地基荷载变形曲线上规定的变形所对应的荷载值。现行规范认为,各地区的土质成因、地质环境不同,土性差异较大,即使是同一类别的土,其地基承载力差别也甚远;因而废弃了原有规范的做法,即按照地基土的类别和物理力学性质指标,归纳总结出一系列地基承载力基本值和标准表,通过查表确定地基承载力设计值。考虑到现行规范中这些地基承载力虽然具有一定的代表性,但不能准确反映所有的地基土质情况,因此建议由载荷试验或其他原位测试、公式计算,并结合工程实践经验等方法综合确定地基承载力特征值。

现行《建规》提出了两大类地基承载力特征值的确定方法,第一类是原位测试法,第二类是地基土的强度理论方法。

(一)用原位测试法确定地基承载力特征值

原位测试法就是在建筑物实际场地位置上,现场测试地基土性能的方法。由于原位测试所涉及的土体比室内试样大,又无需搬运,减少了土样扰动带来的影响;因而能更可靠地反映土层的实际承载能力。

用原位测试法确定地基承载力的方法很多,如静载荷试验、标准贯入试验、静力触探试验等。这里只涉及地基承载力特征值的修正。试验研究表明,对同一地基土体,基础的

形状、尺寸及埋深不同,地基的承载力不同。因此,地基承载力除了与土的性质有关,还与基础底面尺寸及埋深等因素有关。《建规》规定:当基础宽度小于 3 m 或基础埋置深度小于0.5 m 时,直接由原位测试确定地基承载力;当基础宽度大于3 m 或基础埋置深度大于0.5 m 时,由原位测试确定的地基承载力特征值还应进行宽度或深度修正,即

$$f_a = f_{ak} + \eta_B \lambda (B - 3) + \eta_D \lambda_m (D - 0.5) \tag{1-19}$$

式中 f_a——修正后的地基承载力特征值,kPa;

f_{ak}——地基承载力特征值,kPa,由载荷试验或其他原位测试、经验值等方法确定;

η_B 和 η_D——基础宽度和埋深的地基承载力修正系数,按基底下土的类别查表 1-1 来取值;

λ——基础底面以下土的容重,kN/m^3,地下水位以下取浮容重;

B——基础底面宽度,m,基宽小于 3 m 按 3 m 取值,大于 6 m 时按 6 m 取值;

λ_m——基础底面以上土的加权平均容重,kN/m^3,地下水位以下取浮容重;

D——基础埋深,m,一般自室外地面标高算起;在填方整平地区,可自填土地面标高算起,但填土在上部结构施工完成时,应从天然地面标高算起;对地下室,如采用箱形基础或筏基,基础埋置深度自室外地面标高算起,当采用独立基础或条形基础时,应从室内标高算起。

表 1-1　承载力修正系数

土的类别		η_B	η_D
淤泥和淤泥质土		0	1.0
人工填土 e 或 $I_L \geq 0.85$ 的黏性土		0	1.0
红黏土	含水比 $\alpha_W > 0.8$	0	1.2
	含水比 $\alpha_W \leq 0.8$	0.15	1.4
大面积压实填土	压实系数大于 0.95、黏粒含量 $\rho_c \geq 10\%$ 的粉土	0	1.5
	最大干密度大于 $2.1\ t/m^3$ 的级配砂石	0	2.0
粉土	黏粒含量 $\rho_c \geq 10\%$ 的粉土	0.3	1.5
	黏粒含量 $\rho_c < 10\%$ 的粉土	0.5	2.0
e 或 I_L 小于 0.85 的黏性土		0.3	1.6
粉砂、细砂(不包括很湿与饱和时的稍密状态)		2.0	3.0
中砂、粗砂、砾石和碎石土		3.0	4.4

(二)按地基强度理论确定地基承载力特征值

按地基强度理论确定地基承载力特征值公式很多。《建规》提出了根据土的抗剪强度指标确定地基承载力特征值的计算公式,公式要求作用于基础荷载的偏心距小于或等于0.033 倍基础底面宽度,且地基应满足变形要求:

$$f_a = M_b \lambda B + M_d \lambda_m D + M_c c_k \tag{1-20}$$

式中　f_a——由土的抗剪强度指标确定的地基承载力特征值,kPa;

M_b、M_d、M_c——承载力系数,按表 1-2 来确定;

B——基础底面宽度,m,大于 6 m 时按 6 m 取值,对于砂土小于 3 m 时按 3 m 取值;

c_k——基底下一倍短边宽的深度内土的黏聚力标准值;

其他符号含义同前。

表 1-2　承载力系数 M_b、M_d、M_c

土的内摩擦角标准值 φ_k(°)	M_b	M_d	M_c	土的内摩擦角标准值 φ_k(°)	M_b	M_d	M_c
0	0	1.00	3.14	22	0.61	3.44	6.04
2	0.03	1.12	3.32	24	0.80	3.87	6.45
4	0.06	1.25	3.51	26	1.10	4.37	6.90
6	0.10	1.39	3.71	28	1.40	4.93	7.40
8	0.14	1.55	3.93	30	1.90	5.59	7.95
10	0.18	1.73	4.17	32	2.60	6.35	8.55
12	0.23	1.94	4.42	34	3.40	7.21	8.22
14	0.29	2.17	4.69	36	4.20	8.25	9.97
16	0.36	2.43	5.00	38	5.00	9.44	10.80
18	0.43	2.72	5.31	40	5.80	10.84	11.73
20	0.51	3.06	5.66				

第二章　地基原位测试

第一节　概　述

一、土体原位测试的内容

土体原位测试(Soil Mass Test in Situ 或 Field Test of Soil Mass)是指在地基土体的原始位置上,对地基土体特定的物理力学指标进行试验测定的方法和技术。地基土体原位测试是水利水电岩土工程勘察与地基评价的重要手段之一。

原位测试技术是岩土工程中的一个重要分支,它不仅是岩土工程勘察的重要组成部分和获得岩土体设计参数的重要手段,而且是岩土工程施工质量检验的主要手段,并可用于施工过程中岩土体物理力学性质及状态变化的监测。在进行原位试验时,应配合钻探取样进行室内试验,二者相互检验,相互印证,据此建立统计经验公式,从而有利于缩短工程勘察与地基评价周期及提高质量。

参照《岩土工程勘察规范》(GB 50021—2002)和中华人民共和国行业标准《土工试验规程》(SL 237—1999),水利水电工程中常用的地基土体原位测试方法主要包括原位土体密度试验、原位土体渗透试验、原位土体冻胀试验、原位冻土融化压缩试验、原位土体剪切试验、十字板剪切试验、静力载荷试验、静力触探试验、圆锥动力触探试验、标准贯入试验、旁压试验、波速试验、压(注)水试验等。

二、土体原位测试的目的和测试结果的应用

(一)土体原位测试的目的

地基土体原位测试的目的在于获得有代表性的、能够反映地基土体现场实际状态的物理力学参数,认识地基土体的空间分布特征和物理力学特性,为水利水电岩土工程设计提供依据。地基土体原位测试能够获得的参数主要包括:

(1)土体的空间分布几何参数(如土层厚度);

(2)土体的物理参数和状态参数(如土的容重和粗颗粒土的密实度);

(3)土体原位初始应力状态和应力历史参数(如静止侧压力系数和超固结比);

(4)土体的强度参数(如黏性土的不排水抗剪强度);

(5)土体的变形性质参数(如土的变形模量);

(6)土体的渗透性质参数(如固结参数和渗透参数)。

(二)土体原位测试结果的应用

除了获得被测试土体的物理力学性质和渗透性质参数,原位测试的试验结果还可以直接应用于岩土工程实践。笼统地讲,土体原位测试可用于以下几个方面:

(1)浅基础的设计,包括地基承载力的确定和进行浅基础的沉降计算;

(2)深基础的设计,主要用于单桩竖向承载力和水平向承载力计算;

(3)砂性土地基的液化评价;

(4)地基加固效果检测与评价;

(5)土质边坡滑动面的确定。

(三)土体原位测试的特点

与室内试验对比,岩土工程原位测试作为认识岩土体特性和获取岩土体工程设计参数的重要手段之一,其特点是显而易见的,见表 2-1。

表 2-1　原位测试与室内试验对比

项目	原位测试	室内试验
试验对象	(1)测定土体范围大,能反映微观、宏观结构对土性的影响,代表性好 (2)对难以取样的土层仍能试验 (3)对试验土层基本不扰动或少扰动 (4)有的能给出连续的土性变化剖面,可用以确定分层界线 (5)测试土体边界条件不明显	(1)试样尺寸小,不能反映宏观结构、非均质性对土性的影响,代表性较差 (2)对难以或无法取样的土层无法试验,只能人工制备土样进行试验 (3)无法避免钻进取样对土样的扰动 (4)只能对有限的若干点取样试验,点间土样变化是推测的 (5)试验土样边界条件明显
应力条件	(1)基本上在原位应力条件下进行试验 (2)试验应力路径无法很好控制 (3)排水条件不能很好控制 (4)试验时应力条件有局限性	(1)在明确、可控制的应力条件下进行试验 (2)试验应力路径可以事先预定 (3)能严格控制排水条件 (4)可模拟各种应力条件进行试验
应变条件	(1)应变场不均匀 (2)应变速率一般大于实际工程条件下的应变速率	(1)试样内应变场比较均匀 (2)可以控制应变速率
岩土参数	反映实际状态下的基本特性	反映取样点在室内控制条件下的特性
试验周期	周期短,效率高	周期较长,效率较低

从表 2-1 可以看出,尽管原位测试和室内试验都是利用一定的技术手段获取岩土体参数,但二者区别明显,各有特点。在岩土工程勘察和地基评价中,原位测试和室内试验总是相互补充,相辅相成的。

室内试验具有试验条件(边界条件、排水条件、应力条件和应变速率等)的可控性和建立在此基础上的计算理论比较清晰的优点。但是,室内试验需要取样和制样,而取样和试验过程中存在对土样的扰动,以及小的试样(看做土体中的一个点)可能缺乏代表性。尽管现有的一些精细的取土技术降低了取土对土样的扰动影响,但在整个钻探—取样—试验过程中这种影响是难以克服的。因此,在采用室内试验得出岩土参数时须认真对待。

原位测试的优点不只是表现在对难以取得不扰动土样或根本无法采样的土层,仍能通过现场原位试验评定岩土的工程性能,更表现在它不需要采样,从而最大限度地减少了对土层的扰动,而且所测定的土体体积大,代表性好。原位测试一般并不直接测定土层的某一物理或力学指标(如标准贯入试验的标贯击数、静力触探试验的测试指标锥尖阻力和侧壁摩阻力等),加之试验结果的影响因素较多,传统的做法是建立试验测试指标与土性参数之间的经验关系式,通过经验关系式来评价土的参数。但这一做法也在发生改变,近20年时间内对原位测试试验现象和试验过程的模拟及机理研究已经取得了一些成果,目前仍是原位测试的主要研究方向之一。这里并无否定实践经验的意思,一些地区的经验关系式,经过原型观测数据的修正和检验,其计算结果比较可靠,是岩土工程实践的宝贵财富;而原位测试的应力条件复杂,试验边界条件相对模糊,给理论研究带来极大的困难。因此,在相当长的时间内,原位测试成果的判译和应用将不得不依赖于经验关系式或半经验半理论公式。

各种原位测试方法都有其自身的使用性,表现为一些原位测试手段只能适应于一定的地基条件,而且在评价岩土体的某一工程性能参数时,有些能够直接测定,而有些参数只能通过经验积累间接估算。按所能提供的参数分述如下。

1. 土类鉴别和土层剖面划分

静力触探试验因其采样间隔小和仪器反应相对灵敏,可用于土类鉴别和土层剖面划分。在静力触探试验中,孔压静力触探因其孔压量测的敏感性,在土类鉴别和土层划分上具有很大优越性,可分辨薄层土的存在,但对孔压量测系统的排气、饱和有严格要求。而双桥静力触探试验,尽管可用于划分大土类,但由于侧壁摩阻力的量测不太稳定,故对土类鉴别和地基土分层的能力不如孔压静力触探反应灵敏。

2. 原位水平应力(σ_{h0})、静止侧土压力系数(K_0)或侧向基床系数(k_h)

旁压试验可用于直接测定一般黏性土和软黏土的原位水平应力,经换算还可以得到土层的静止侧压力系数、侧向土压力系数或侧向基床系数,但对坚硬黏土、密实砂土,还缺乏实践经验和严密的理论依据,计算结果离散性较大。

3. 前期固结压力(σ'_p)或超固结比(OCR)

载荷试验、孔压静力触探都可用于确定土体的前期固结压力。浅层平板载荷试验限于均匀土层,而且影响深度不大;螺旋板载荷试验可用于测定深层土体的前期固结压力,但螺旋板形状及旋入引起的扰动对荷载—沉降关系的影响还有待于研究。利用孔压静力触探估算地基土的超固结比,是建立在工程经验积累上的,目前国外已经积累了丰富的研究成果;而国内由于基于地基土应力历史的岩土工程设计还不普遍,对地基土的应力历史的研究尚未得到应有的重视。

4. 变形特性

载荷试验利用荷载与沉降曲线的直线段(地基以弹性变形为主),可以测定承压板下应力影响范围内砂土的平均排水杨氏模量和黏性土的平均不排水杨氏模量。

根据旁压试验的旁压曲线,测定土的旁压模量和旁压剪切模量,并通过建立的经验关系式估算土体的其他变形参数。

另外,利用剪切波速试验结果可以测定小应变下土体的剪切模量,也可以采用静力触探、标准贯入试验和动力触探试验手段，通过一些经验公式，估算土体的变形参数。

5. 固结特性

现场测定土体的固结系数，最直观的方法是孔压静力触探，既经济，再现性又好；也可以利用旁压试验、螺旋板载荷试验评价土体的固结特性，但技术操作要求高，且操作过程比较复杂。

6. 强度特性

在原位测试中，十字板剪切试验和岩土体直接剪切试验可以直接测定土的抗剪强度，而其他原位测试手段，如动力触探、标准贯入试验、静力触探等，则由经验关系式间接地评定土的强度指标，如载荷试验可直接确定地基土的承载力，然后换算出地基土的强度指标。

基于以上对原位测试特点的分析，在进行原位测试以及对原位测试结果进行岩土工程判译时，应注意以下两个方面：

（1）原位测试手段的地基条件适用性和经验公式的地区适用性。前者强调的是一种测试方法一般只适用于一定的地基条件（如土类及其结构性），换言之，每一种原位测试技术都有其自身的适用条件和应用范围；后者是指岩土参数判译所采用的经验公式一般都建立在一定的地区经验上，不能照搬硬套。从两个方面可以说明这个问题：①相同成分而成因不同的地基土在工程性能上会有很大的差别；②以上多种原位测试大多不能对土样进行直接的鉴别，只能从测试指标上感知地基土力学性能的变化。

（2）原位测试技术要点的一致性问题。一种原位测试从发明到走向成熟进而广泛使用，其操作规程一般都有一个逐步趋向统一的过程，但在没有完全统一之前，试验技术要点总或多或少存在差别。这种差异不仅表现在国内规范（或规程）与国际相关规范（或规程）之间，而且表现在国内不同地区、不同行业标准之间。这就要求读者在使用经验公式或引用已有成果时考虑试验技术要点的一致性和已有成果的可比性问题。

总之，各个原位测试方法自成体系，各种原位测试的适用范围、试验原理、仪器设备、测试方法、资料整理与成果应用是构成土体原位测试技术的要点。通过学习、掌握并正确运用各种土体原位测试手段，获得能够反映地基土体现场实际状态的物理力学参数，认识地基土体的空间分布特征和物理力学特性，为水利水电岩土工程设计和治理服务。

第二节　土体原位密度试验

土体原位密度试验的主要目的是测定原位土的密度和对填方工程进行施工质量控制，主要试验方法包括环刀法、灌砂法、灌水法、核子射线法等。

一、环刀法测定原位密度

（一）适用范围

本试验方法适用于细粒土。

（二）环刀法所需用的主要仪器设备

主要仪器设备包括环刀、天平等，仪器的量程、准确度及其他仪器设备可参阅《土工

试验规程　密度试验》(SL 237—004—1999)。仪器设备依据相应的检定规程进行检定和校准。

(三)试验步骤

(1)按工程需要取原状土或制备所需状态的扰动土样,整平两端,环刀内壁涂一薄层凡士林,刀口向下放在土样上。

(2)用修土刀或钢丝锯将土样上部削成略大于环刀直径的土柱,然后将环刀垂直下压,边压边削,至土样伸出环刀上部为止。削去两端余土,使与环刀口面齐平,并用剩余土样测定含水量。

(3)擦净环刀外壁,称环刀与土盒质量 m_1,准确至0.1 g。

(4)按下列公式计算湿密度及干密度:

$$\rho = \frac{m_1 - m_2}{V} \tag{2-1}$$

$$\rho_d = \frac{\rho}{1 + 0.01\omega} \tag{2-2}$$

式中　ρ——湿密度,g/cm³;

m_1——环刀与土盒质量,g;

m_2——环刀质量,g;

V——环刀体积,cm³;

ρ_d——干密度,g/cm³;

ω——含水率(%)。

(5)本试验须进行二次平行测定,取其算术平均值,平行差值不得大于0.03 g/cm³。

(四)试验记录

本试验记录格式见表2-2。

表2-2　密度试验记录(环刀法)

土样编号			1		2		3	
环刀号			1	2	3	4	5	6
环刀体积(cm³)	①		100	100	100	100	100	100
环刀质量(g)	②							
土+环刀质量(g)	③							
土样质量(g)	④	③-②	178.6	181.4	193.6	194.8	205.8	207.2
湿密度(g/cm³)	⑤	④/①	1.79	1.81	1.94	1.95	2.06	2.07
含水率(%)	⑥		13.5	14.2	18.2	19.4	20.5	21.2
干密度(g/cm³)	⑦	⑤/(1+0.01⑥)	1.58	1.58	1.64	1.63	1.71	1.71
平均干密度(g/cm³)	⑧		1.58		1.64		1.71	

(五)注意问题

(1)环刀尺寸。室内试验中,考虑到剪切、压缩等项试验所用环刀相配合,规定环刀容积为 200 ~ 500 cm^3，一般可依土质均匀程度选取不同容积的环刀尺寸。

(2)切削方法。在野外施工现场，一般采用直接压入法。对含水率较高的土，在刮平环刀两面时要细心，最好一次刮平，防止水分损失。另外，环刀一定要购买符合要求的产品，同时要定期校验，以保证试验准确度。

二、灌砂法测定原位密度

(一)目的和适用范围

灌砂法测定密度的目的是测定工程现场土体的密度或对填方工程进行施工质量控制，灌砂法即挖坑填砂法，分为用套环和不用套环两种。主要适用于现场测定细粒土、砂类土和砾类土的密度。

(二)灌砂法所需用的主要仪器设备

灌砂法密度试验仪(见图 2-1)，包括漏斗、台秤、量砂容器等，仪器量程、准确度及其他仪器设备可参阅《土工试验规程　原位密度试验》(SL 237—041—1999)。仪器设备依据相应的检定规程进行检定和校准。

(三)试验步骤(用套环时)

(1)在试验地点的压实土基面上，将面积约 40 cm × 40 cm 的一块地面铲平，在检查填土压实密度时，应将表面未压实的土层清除掉，并将压实土层铲去一部分，其深度视需要而定，使试坑底能达到规定的深度。

(2)按图 2-1 将仪器安装好，用固定器将套环固定。称盛量砂的容器加量砂的质量，开漏斗阀，将量砂经漏斗灌入套环内，待套环灌满后，拿掉漏斗、漏斗架及防风筒(无风时可不用防风筒)，用直尺刮平套环上砂面。将刮下的量砂倒回量砂容器，不得丢失。称量砂容器加第一次剩余量砂质量。

(3)将套环内的量砂取出，称其质量后倒回量砂容器内。此时有可能会有少许量砂留在环内。

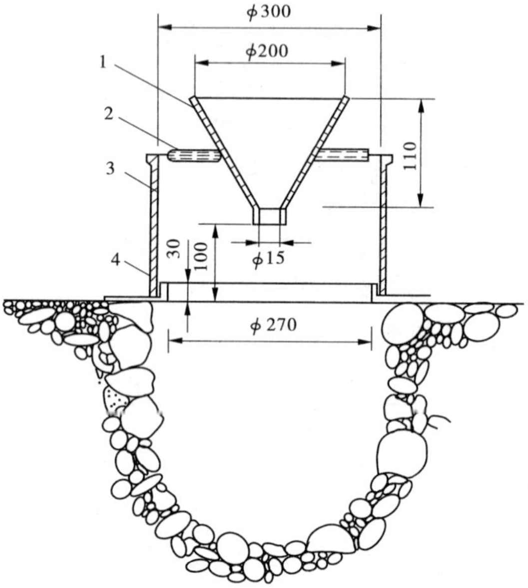

1—漏斗;2—漏斗架;3—防风筒;4—套环

图 2-1　灌砂法密度试验仪　(单位:mm)

(4)在套环内挖试坑，其尺寸如表 2-3 所示。挖坑时应将已松动的试样全部取出，放入盛试样的容器内，将盖盖好，称容器加试样的质量，并取代表性试样测定含水率。

(5)在套环上重新装上防风筒、漏斗架及漏斗，将量砂经漏斗灌入试坑内，量砂下落速度应大致相等直到灌满套环。

(6)去掉漏斗、漏斗架及防风筒，用直尺刮平套环上的砂面，使与套环边齐平，刮下的量砂全部倒回量砂容器内，不得丢失。称量砂容器加第二次剩余量砂质量。

(7)不用套环的试验步骤与用套环的步骤基本相同，只要去掉套环的安装和拆卸即可。

表 2-3　试坑尺寸与相应土的最大粒径　　(单位:mm)

土的最大粒径	试坑尺寸	
	直径	深度
5(20)	150	200
40	200	250
60	250	300
200	800	1 000

(8)用式(2-3)和式(2-4)计算湿密度和干密度:

用套环时:

$$\rho = \frac{(m_4 - m_6) - \left[(m_1 - m_2) - m_3\right]}{\dfrac{m_2 + m_3 - m_5}{\rho_n} - \dfrac{m_1 - m_2}{\rho'_n}} \tag{2-3}$$

不用套环时:

$$\rho = \frac{m_4 - m_6}{\dfrac{m_1 - m_7}{\rho_n}} \tag{2-4}$$

式中　ρ——量砂的湿密度,g/cm³;

ρ_n——往试坑内灌砂时量砂的平均密度,g/cm³;

ρ'_n——挖试坑前,往套环内灌砂时量砂的平均密度,g/cm³;

m_1——量砂容器加原有量砂的质量,g;

m_2——量砂容器加第 1 次剩余量砂的质量,g;

m_3——从套环中取出的量砂质量,g;

m_4——试样容器加试样质量(包括少量遗留砂质量),g;

m_5——量砂容器加第 2 次剩余量砂的质量,g;

m_6——试样容器质量,g;

m_7——量砂容器加剩余量砂的质量,g。

(四)注意问题

本试验应进行 2 次平行试验,取 2 次试验的算术平均值。

灌砂法测试密度试验记录可参照表 2-4、表 2-5 进行。

(1)试坑尺寸必须与试样粒径相配合,使所取的试样有足够的代表性。

(2)由于灌砂法适用于砂、砾土,挖坑时,坑壁周围的砂粒容易移动,使试坑体积减小,测得的密度增高,所以应小心操作,并应将试坑内松动的颗粒全部取出。填标准砂时,填入的砂尽量勿受振动。

(3)地表刮平对准确测定试坑体积是很重要的,尤其是不用套环时的密度测定。

表 2-4　灌砂法密度试验记录表(用套环)

取样地点：　　试验环境：　　土样编号：　　试验者：

土样描述：　　计算者：　　试验日期：　　校核者：

仪器名称及编号：

量砂容器质量加原有量砂质量	g	(1)					
量砂容器质量加第1次剩余量砂质量	g	(2)					
套环内耗砂质量	g	(3)	(1)－(2)				
量砂密度 ρ_n	g/cm³	(4)					
套环体积	cm³	(5)	(3)/(4)				
套环内取出的量砂质量	g	(6)					
套环内残留量砂质量	g	(7)	(3)－(6)				
量砂容器质量加第2次剩余量砂质量	g	(8)					
试坑及套环内耗砂质量	g	(9)	(2)＋(6)－(8)				
量砂密度 ρ_n	g/cm³	(0)					
试坑及套环总体积	cm³	(1)	(9)/(0)				
试坑体积	cm³	(2)	(1)－(5)				
试样容器质量加试样质量(包括容器内残留之量砂)	g	(3)					
试样容器质量	g	(4)					
试样质量	g	(5)	(3)－(4)－(7)				
试样密度	g/cm³	(6)	(5)/(2)				
试样含水率	%	(7)					
干密度	g/cm³	(8)	(6)/[1＋0.01(7)]				
平均干密度	g/cm³	(9)					

表 2-5　灌砂法密度试验记录表(不用套环)

取样地点：　　试验环境：　　土样编号：　　试验者：

土样描述：　　计算者：　　试验日期：　　校核者：

仪器名称及编号：

量砂容器质量加原有量砂质量	g	(1)					
量砂容器质量加剩余量砂质量	g	(2)					
套环内耗砂质量	g	(3)	(1)－(2)				
量砂密度 ρ_n	g/cm³	(4)					
试坑体积	cm³	(5)	(3)/(4)				

续表 2-5

试样容器质量加试样质量	g	(6)					
试样容器质量	g	(7)					
试样质量	g	(8)	(6) - (7)				
试样密度	g/cm^3	(9)	(8)/(5)				
试样含水率	%	(10)					
干密度	g/cm^3	(11)	(9)/[1 +0.01(10)]				
平均干密度	g/cm^3	(12)					

三、灌水法测定原位密度

(一)目的和适用范围

目的和适用范围与灌砂法相同。灌水法测定密度的装置见图 2-2。

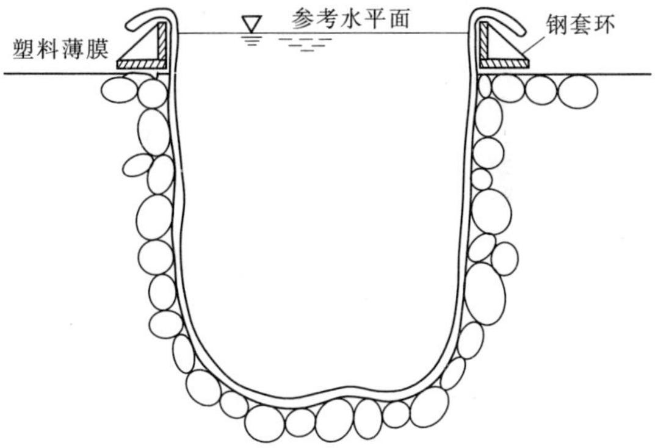

图 2-2 灌水法密度试验的装置

(二)试验所需主要仪器设备

主要仪器设备包括直径均匀并附有刻度的储水筒、聚乙烯塑料薄膜、台秤等。仪器的量程、准确度及其他仪器设备可参阅《土工试验规程 原位密度试验》(SL 237—041—1999)。仪器设备依据相应的检定规程进行检定和校准。

(三)试验步骤

(1)与灌砂法相同,应先将试验地面整平,整平后用水准尺检查;面积要大于套环面积。

(2)按表 2-3 确定试坑尺寸,先划好轮廓线,按轮廓线范围挖到要求的深度。将坑内松动的试样全部取出,放入盛试样的容器内,称容器加试样质量。取有代表性的试样测定含水率。

(3)试坑挖好后,放上相应尺寸的套环,并用水准尺找平。在套环内铺塑料薄膜,使塑料薄膜与坑壁贴紧。量测灌水参考水平面至地面间的体积。

(4)记录储水筒内初始水位高度,开储水筒内注水开关,将水缓慢注入塑料薄膜中,直至水筒与套环上边缘齐平时关注水开关,不应使套环内水溢出。持续 2 ~ 5 min,记录储水筒内水位高度。

(5)按式(2-5)计算试坑容积:

$$V = (H_2 - H_1)A_w - V_0 \tag{2-5}$$

式中 V——试坑容积,cm^3;

H_1——储水筒内初始水位高度,cm;

H_2——储水筒内注水终了时水位高度,cm;

A_w——储水筒横断面面积,cm^2;

V_0——套环体积,cm^3。

湿密度计算公式同式(2-3),只是式中 m 是表示取自试坑内的试样质量。干密度的计算公式同式(2-4)。

(四)灌水法密度试验记录

灌水法密度试验记录见表 2-6。

表 2-6　灌水法密度试验记录

工程名称:　　　　　　　　　　试验环境:

试样描述:　　　　　　　　　　试验者:

试验日期:　　　　　　　　　　计算者:

仪器名称及编号:　　　　　　　校核者:

试样编号	套环体积 V_0 (cm^3)	储水筒水位 (cm)		储水筒横断面面积 A_w (cm^2)	试坑体积 V (cm^3)	试样质量 m (g)	试样含水率 ω (%)	试样湿密度 ρ (g/cm^3)	试样干密度 ρ_d (g/cm^3)
		初始 H_1	终了 H_2						

(五)注意问题

本试验需进行 2 次平行试验后取其算术平均值。

灌水法试验比较简单,但由于塑料薄膜顺从性较差,铺设时若不注意,可能会产生塑料薄膜与坑壁脱空,使测量的试坑体积偏小,导致密度偏大。

四、核子射线法测定原位密度

(一)目的和适用范围

本试验方法是利用放射性物质中的高速中子和土体中氢原子撞击损失能量测定土中体积含水量;利用 γ 射线通过土中时与土颗粒的原子冲击散射的特性,测定到达土中的 γ 射线计数换算土的密度。核子湿度密度仪装置见图 2-3。

(二)试验所需主要仪器设备

主要仪器设备包括 γ 放射源、γ 射线检测器及其他仪器设备。仪器的校准、标定可参阅《土工试验规程　原位密度试验》(SL 237—041—1999)。仪器设备依据相应的检定规程进行检定和校准。

(三)试验步骤

(1)用利板或铲子将测试地点整平,清除松散土。

(2)导向板导向,用钻具打一与地面垂直的、孔深大于测试深度 5 cm 的测试孔。

(3)仪器的预热和自检。首先打开电源预热约 10 min,同时按仪器说明书进行电子线路、液晶显示的自检及面板键盘、旋钮等检查。仪器工作正常时,即可进行测试。

(4)使用仪器测试前,记录标准计数率 S_1。

(5)将仪器放在测孔的表面,通过可动放射源杆,将放射源逐次下插,插入时不要扰动孔壁。每次插入量为 2.5 cm 或 5.0 cm,记录实测计数率,一直插至测试深度。放射源不能插入测试孔底部。

(6)测试过程中,应注意测试数据的合理性与准确度的要求。测试的总计数($N = nt$)要满足要求,进行必要的重复测试,取其平均值。

(7)连续测试后,记录标准计数率 S_2。

(8)整理计算。

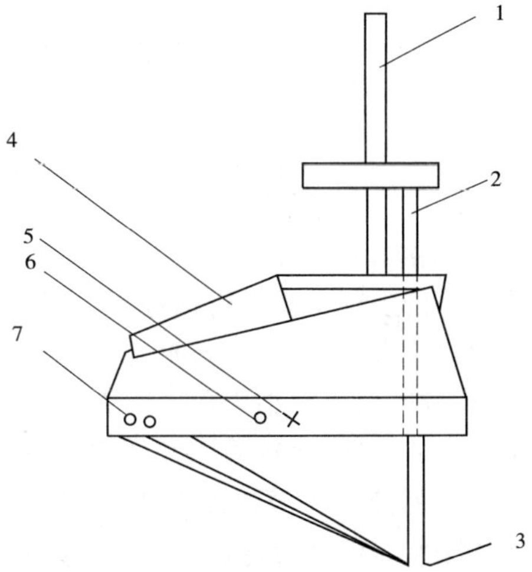

1—导杆;2—测杆;3—γ 放射源;4—键盘;5—中子源;6—中子检测器;7—γ 检测器

图 2-3 表面型核子湿度密度仪装置

①按式(2-6)计算测试地点的计数率比 R_c:

$$R_c = \frac{n}{S} = \frac{n}{(S_1 + S_2)/2} \tag{2-6}$$

式中 R_c——计数率比;

n——实测计数率,次/min;

S——标准计数率,次/min。

②用计数率比 R_c,从标定曲线求得湿密度 ρ_0。并按式(2-7)、式(2-8)计算干密度 ρ_d 和含水率 ω:

$$\rho_d = \rho_0 - \rho_\omega \tag{2-7}$$

$$\omega = \frac{\rho_\omega}{\rho_0 - \rho_\omega} \times 100\% = \frac{\rho_\omega}{\rho_d} \times 100\% \tag{2-8}$$

式中 ρ_d——干密度,g/cm^3;

ρ_0——湿密度,g/cm^3;

ρ_ω——含水量(含水的密度),g/cm^3;

ω——含水率(%)。

(四)注意问题

(1)仪器开机后应预热 10 ~ 15 min,否则测量结果可能会出现较大的误差;每次测试前应在标准块上检查其仪器储存的标准计数;所测试的地面应铲平,以保证仪器底部与地面有良好的接触;测量时应保证放射源杆插入测孔既定深度,并根据测量要求规定测量时间。

(2)密度试验中的误差主要是在体积测量中产生的。例如,试样修整的尺寸不准确,涂蜡时试样表面形成气泡等。各种方法之间的误差约为 2%。为了提高测量的准确性,宜采用较大尺寸的试样。

第三节　土体原位渗透试验

一、试坑注水法原位测定渗透系数

（一）目的和适用范围

为了评价工程土体的渗透性，需进行现场的渗透性测定，试坑注水试验是向试坑底部一定面积内注水，并保持一定水头，以测定土层渗透性的原位试验。试验方法分为单环法和双环法两种，对于毛细力作用不大的砂层、砂卵砾石层等，可采用单环注水法；对于毛细力作用较大的黏性土，宜采用双环注水法。

（二）试验所需主要仪器设备

单环法所需仪器设备包括铁环、水箱、量桶、计时钏表、供水管路及阀门；双环法所需设备包括铁环、水箱、流量瓶、瓶架、玻璃管、记时钏表等，仪器的量程、准确度及其他仪器设备可参阅《土工试验规程　原位渗透试验》（SL 237—042—1999）。仪器设备依据相应的检定规程进行检定和校准。单环法和双环法的试验装置见图 2-4。

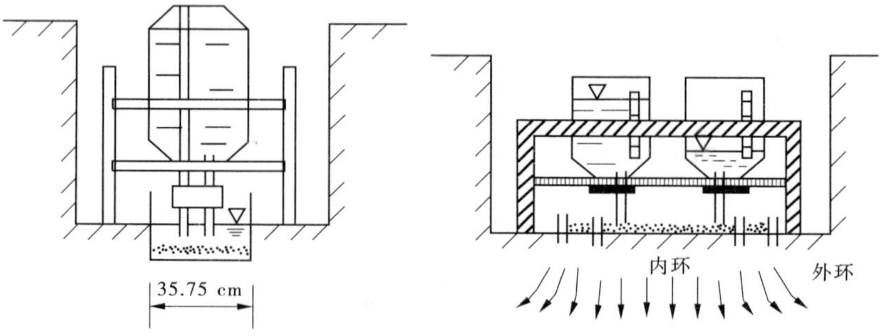

(a)单环法　　(b)双环法

图 2-4　单环法、双环法试验装置示意图

（三）试验步骤

1. 单环注水法试验步骤

（1）试坑开挖。在拟定的试坑位置，挖一圆形或方形试坑至预定深度，在试坑底部一侧再挖一个注水试坑，深 15 ~ 20 cm，坑底应修平，并确保试验土层的结构不被扰动。

（2）铁环安装。在试坑内放入铁环，使其与试坑紧密接触，外部用黏土填实，确保四周不漏水，在环底铺 2 ~ 3 cm 厚的粒径 5 ~ 10 mm 的细砾作为缓冲层。

（3）流量观测及结束标准。将量桶放在试坑边，向铁环注水，使环内水头高度保持在 10 cm，观测记录时间和注入水量。开始 5 次观测时间间隔为 5 min，以后每隔 30 min 测记一次，并绘制流量—时间（Q—t）曲线。当观测的注入流量与最后 2 h 的平均流量之差不大于 10% 时，试验即可结束。在试验过程中，试验水头波动幅度不得大于 0. 5 cm，流量观测精度应达到 0. 1 L。

（4）试验数据整理计算。假定水的运动是层流，且水力比降等于 1，按式（2-9）计算土层的渗透系数：

$$k = \frac{Q}{F} \tag{2-9}$$

式中 k——试验土层的渗透系数，cm/min；

Q——注入流量，cm^3/min；

F——铁环的面积，cm^2。

2. 双环注水法试验步骤

(1)试坑开挖，同单环注水法。

(2)铁环安装。在拟定试验位置，将直径分别为25 cm和50 cm的两个同心圆状铁环压入坑底，深5～8 cm，并确保试验土层的结构不被扰动。在内环及内、外环之间铺上厚2～3 cm的粒径为5～10 mm细砾作为缓冲层。

(3)装流量瓶。安装瓶架，将流量瓶装满清水，用带两个孔的胶塞塞住，孔中分别插入长短不等的两根玻璃管(管端切成斜口)，短的供水用，长的进气用。

(4)流量观测及结束标准。用两个流量瓶同时向内环和内、外环之间注水，水深为10 cm。在整个试验过程中必须使内、外环之间的水头保持一致。流量瓶通气孔的玻璃管口距坑底10 cm，以保持试验水头不变，注入水量由瓶上刻度读出。观测内环的注入水量，开始5次观测时间间隔为5 min，以后为30 min，并绘制 Q—t 曲线。当测读的流量与最后2 h内的平均流量之差不大于10%时，即可结束试验。

(5)试验数据整理计算。考虑黏性土、粉土的毛细力的影响，采用公式(2-10)计算渗透系数 k：

$$k = \frac{Ql}{F(H_k + Z + l)} \tag{2-10}$$

式中 Q——稳定渗入水量，cm^3/min；

F——试坑(内环)渗水面积，cm^2；

Z——试坑(内环)水层高度，cm；

H_k——毛细压力水头，cm；

l——试验结束时水的渗入深度，cm。

(四)注意问题

单环注水法，渗流为三维流，它测的是土层的综合渗透系数。双环注水法由于在内环和内、外环之间同时注水，求得的渗透系数基本上反映土层的垂直渗透性。无论是单环注水法还是双环注水法，都要求试验土层是均质、各向同性的，如果试验土层是互层状，或者中间存在夹层，则试验结果将存在较大误差。

二、渗压计法测定土体渗透系数

(一)试验目的和适用范围

渗压计法测定土的渗透性是在钻孔中将双管式渗压计探头埋设于被测试土体，用常水头渗透压力 Δu 压水(膨胀)或抽水(压缩)，探头周围的土体将产生渗流。

当 $\Delta u > 0$ 时，管路中的水通过探头流入土体；当 $\Delta u < 0$ 时，土体中孔隙水通过探头流

入管路。渗流流量随时间而变,但最终将趋于稳定状态。理论分析证明,探头形状、尺寸及渗透压力一定时,稳定流量仅与土的渗透系数有关,因此可以通过对流量的测定推算土的渗透系数。

(二)试验所需的主要仪器设备

试验装置主要包括渗透水压加压系统(包括压力表和调压筒)、流量测定管、双管式渗压计探头和手压泵排气系统四部分,如图 2-5 所示。由加压系统提供恒定的渗透水压使流量测定管中的水产生渗流,并通过流量测定管中洁净的煤油或机油与水交界面的变动来测量渗流量 $Q_{(t)}$。

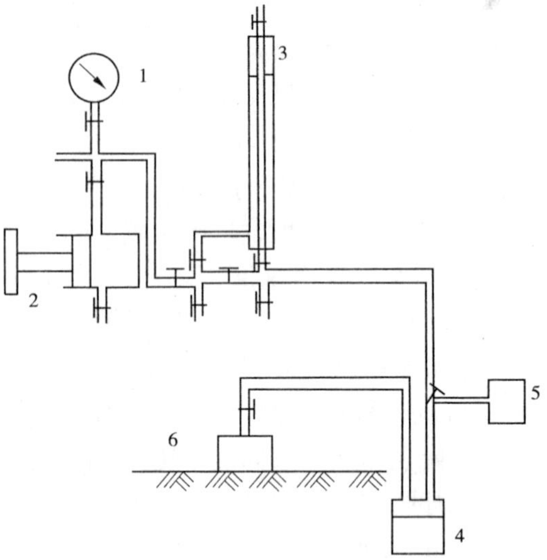

1—压力表;2—调压筒;3—流量测定管
4—渗压计探头;5—手压泵;6—塑料筒

图 2-5　渗压计法渗透试验装置

(三)试验步骤

(1)选定测试土层,采用钻机或静力触探仪预先成孔至测试土层以上 50cm 处。钻孔清孔时应避免测试土层受扰动。

(2)用特制的接头把渗压计与钻杆(或触探杆)连接、拧紧,并将塑料双管小心穿进钻杆内,从另外一头引出,把渗压计探头垂直、小心地下至孔底。

(3)将渗压计探头缓缓地压至测点深度。由于渗压计探头的埋设采用压入法,为了最大限度地减少渗压计陶瓷透水锥体被土颗粒堵塞,渗压计压入孔底土中的深度约为 2 倍探头的长度。

(4)探头就位后用 3∶1膨润土与水泥浆密封钻孔。

(5)静置 16 h,使探头周围的超孔隙水压力消散,透水锥体孔隙保持畅通。

(6)进行渗透试验,施加常水头渗透水压,按一定间隔时间测定流出(或流入)探头的渗流量 $Q_{(t)}$,重复数次。

(7)试验数据整理分析。根据采集的数据绘制常水头渗透压力 Δu 作用下渗流量 $Q_{(t)}$ 与时间平方根的倒数 $1/\sqrt{t}$ 的关系曲线,求取 $t=\infty$ 时的稳定渗流量,利用相关计算式可确定测试土层的渗透系数。

渗透试验典型的 $Q_{(t)}$—$1/\sqrt{t}$ 曲线如图 2-6 所示,从中可以看出:

曲线 A 和 B 显示 $Q_{(t)}$ 与 $1/\sqrt{t}$ 具有良好的线性关系,可以精确确定 $Q_{(t=\infty)}$。

曲线 C 和 D,在试验初期为向下凹的曲线,随着测试时间的延长,渐变为直线。产生这类线形的原因,是土的涂抹作用,渗压计探头压入测试土层将使探头周围的土层产生扰动,在探头透水石锥体表面形成较薄的重塑土层,同时土颗粒会堵塞透水石的孔隙,导致渗透性降低的现象或渗压计及管路中的水头损失。

曲线 E 和 F,在试验初期为向上翘的曲线,以后渐变为直线,表征渗压计或管路中气泡对渗流的影响。

因此，在渗透试验的过程中，宜直接在现场绘制 $Q_{(t)}—1/\sqrt{t}$ 曲线，当曲线出现类似于 C、D、E、F 的情况时，应延长测试时间，直至能满意地确定 $Q_{(t=\infty)}$。

（四）试验记录

每次试验记录的数据应包括：试验前和试验结束后由地表至地下水面的深度、压力表读数、压力表中心至地表的高度、地表至渗压计探头中心的深度、渗透压力、t 时间的渗流量以及试验土层的岩性描述。

（五）注意问题

（1）试验前，必须对渗压计渗流系统（探头、连接管道及阀门）进行充分排气。

（2）在正常压力水头试验中，施加的渗透压力应低于引起被测土体产生水力劈裂的压力值，以避免探头透水锥体周围土体产生裂隙，导致渗透系数计算值偏大。建议施加的渗透压力 Δu 不超过测试点土的上覆有效应力的 1/2。

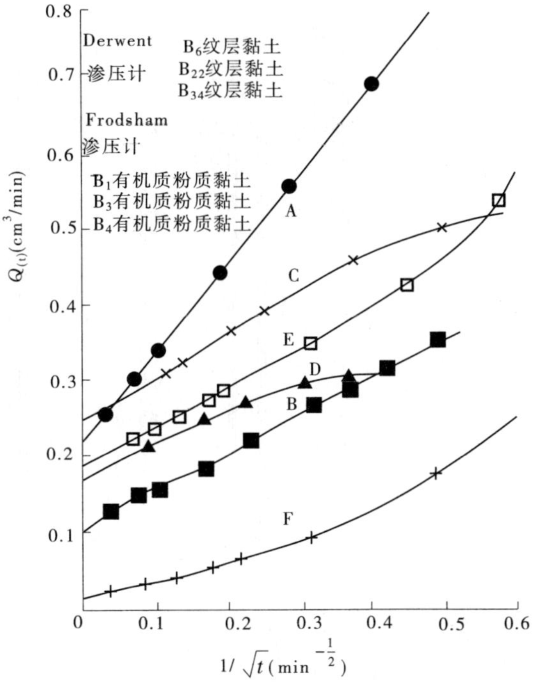

图 2-6　$Q_{(t)}—1/\sqrt{t}$ 典型曲线

（W. B. Wilkinson, 1968）

第四节　土体原位冻胀量试验

一、概述

本试验的目的是采用埋设分层冻胀仪，现场测定天然条件下土体在冻结过程中沿深度的冻胀量。本试验方法适用于黏质土和砂质土的地基。

二、试验所需仪器设备

分层冻胀仪（可采用图 2-7（a）或图 2-7（b）的形式）、冻深器、测尺、地下水位管及测钟、ϕ5 cm 土钻及相应工具等，仪器的量程、准确度及其他仪器设备可参阅《土工试验教程原位冻胀量》（SL 237—051—1999）。仪器设备依据相应的检定规程进行检定和校准。

三、试验步骤

原位冻胀量试验的试验步骤如下。

（1）选择有代表性的场地，地表应平整。在地表开始冻结前埋设冻胀仪。

（2）冻胀仪测杆分层埋设的间距可取 20 ~ 30 cm，地表必须设一个测点，最深一点应达到最大冻深线。各测杆之间的水平埋设距离应不小于 30 cm。

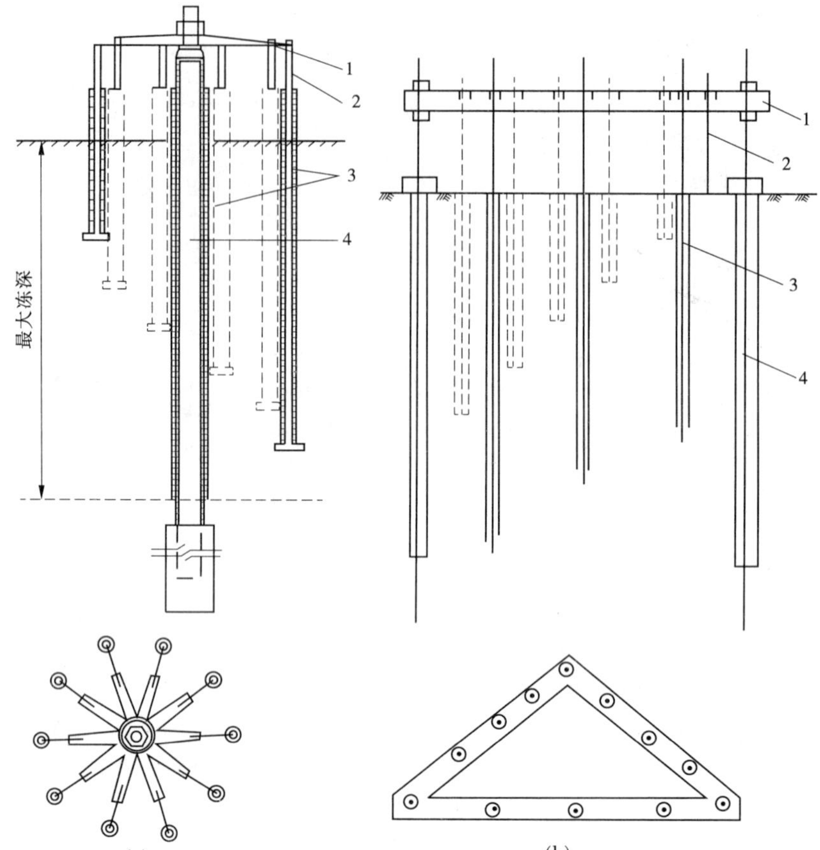

(a) (b)

1—基准盘(梁);2—测杆;3—套管;4—固定桩(杆)

图 2-7　分层冻胀仪示意图

(3)测杆应采用钻孔埋设。孔口应加盖保护。当地下水位处于冻结层内时,测杆与套管之间的空隙必须用工业凡士林或其他低温下不冻的材料充填。

(4)架设基准盘(梁)的固定杆在最大冻深范围内必须加设套管。其打入最大冻深线以下土中的深度应不小于 1 m。

(5)基准盘(梁)距冻前地面的架设高度应大于 40 cm。

(6)在冻胀仪附近埋设冻深器和地下水位观测管。

(7)冻胀量的测量可采用分度值为 1 mm 的钢尺。在地表开始冻结前,应测记各测杆顶端至基准盘(梁)上相应固定点的长度,作为起始读数。

(8)冻结期间可每隔 1 ~ 2 日测记 1 次。融化期可根据需要确定测次。

(9)观测期间宜用水准仪每隔半个月左右校核一次基准盘(梁)固定杆、冻深器、地下水位管顶端的高程变化,进行各项测值必要的修正。

(10)试验数据计算分析。

按式(2-11)计算平均冻胀率:

$$\eta = \frac{\Delta h}{H_f} \times 100\% \qquad (2-11)$$

式中　η——平均冻胀率(%);

Δh——地表总冻胀量,cm;

H_f——冻深,以冻结前地面算起的最大冻深,cm。

四、试验记录

本试验记录格式见表2-7。

表2-7　冻胀量试验记录表

工程名称:　　　　　　试验者:　　　　　　试验地点:

计算者:　　　　　　试验日期:　　　　　　校核者:

时间	温度及冻胀量	深度(cm)						地下水水位(m)	冻深(m)		冻胀率(%)
		0	20	40	60	80	100		地温计	冻深器	
	温度(℃)										
	冻胀量(cm)										

第五节　原位冻土融化压缩试验

一、概述

本试验的目的是在原状冻土层上进行融化压缩试验,用以计算融沉系数及融化压缩系数。本方法适用于除漂石以外的其他各类土形成的地层。

二、试验所需仪器设备

试验装置由热式传压板、加荷系统(包括反力架)、沉降量测系统、温度量测系统组成,如图2-8所示。仪器的量程、准确度及其他仪器设备可参阅《土工试验教程　原位冻土融化压缩》(SL 237—052—1999)。仪器设备依据相应的检定规程进行检定和校准。

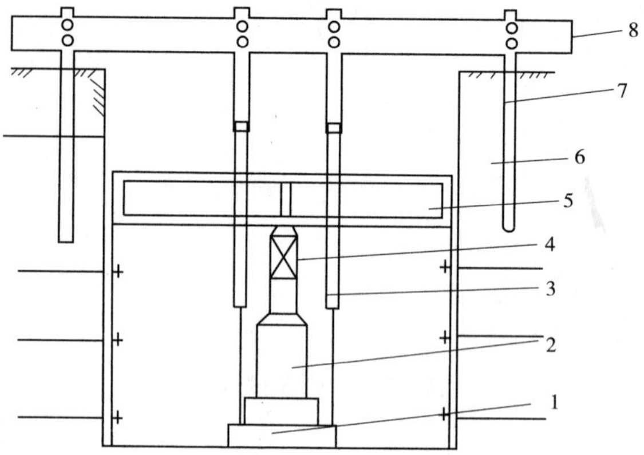

1—热压模板;2—千斤顶;3—变位测针;4—压力传感器;5—反压横梁;
6—冻土;7—融土;8—量测支架

图 2-8　现场原位融化压缩试验示意图

三、试验步骤

原位冻土融化压缩试验步骤如下。

(1)对试验场地进行冻结土层的岩性和冷生构造的描述,并取样进行物理性试验。

(2)仔细开挖试坑,平整试坑底面。试坑底面积应不小于 2 m×2 m。必要时应进行坑壁保护。

(3)在传压板的边侧钻孔,孔径 3 ~5 cm,孔深宜为 50 cm。将 5 支热电偶测温端自下而上每隔 10 cm 逐个放入孔内并用黏质土夯实填孔。

(4)坑底面铺砂找平,铺砂厚度应不大于 2 cm。将传压板放置在坑底中央砂面上。

(5)安装加荷装置,应使加荷点处于传压板中心部位。

(6)在传压板同边等距安装 3 个位移计。

(7)进行安全和可靠性检查后,向传压板施加等于该处上覆压力(不小于 50 kPa)的压力,直至传压板沉降稳定后,调整位移计至零读数,做好记录。

(8)接通电(热)源,连接测温系统,使传压板下和周围冻土缓慢均匀融化。每隔 1 h 测记 1 次土温和位移。

(9)当融化深度达到 25 ~30 cm 时,切断电(热)源停止加热。用钢钎探测一次融化深度,并继续测记土温和位移。当融化深度接近 40 cm(0.5 倍传压板直径)时,每 15 min 测记一次融化深度。当 0 ℃温度达到 40 cm 时测记位移量,并用钢钎测记一次融化深度。

(10)当停止加热后,依靠余热不能使传压板下的冻土继续融化达到 0.5 倍传压板直径的深度时,应继续补加热,直至满足这一要求。

(11)经上述步骤达到融沉稳定后,开始逐级加荷进行压缩试验。加荷等级视实际工程需要确定,对黏质土每级荷载值取 50 kPa,砂质土宜取 75 kPa,含巨粒土取 100 kPa,最后一级荷载应比计算压力大 100 ~200 kPa。

(12)施加一级荷载后,每 10、20、30、60 min 测记一次位移计示值,此后每小时测记一次，直到传压板沉降稳定后再加下一级荷载。

沉降量可取 3 个位移计读数的平均值。沉降稳定标准对黏质土宜取 0.05 mm/h，砂和含巨粒土取 0.1 mm/h。

（13）试验结束后，拆除加荷装置，清除垫砂和 10 cm 厚表土，然后取 2 ~ 3 个融化压实土样，用于含水率、密度及其他必要的试验。最后，应挖除其余融化压实土量测融化圈。

（14）试验数据整理分析。

①计算融沉系数。按式（2-12）计算融沉系数 a_0：

$$a_0 = \frac{s_0}{h_0} \times 100 \tag{2-12}$$

式中 s_0——冻土融沉（$p = 0$）阶段的沉降量，cm；

h_0——融化深度，cm。

②计算融化压缩系数。按式（2-13）计算融化压缩系数 a：

$$a = \frac{\Delta\delta}{\Delta p}K \tag{2-13}$$

其中

$$\Delta\delta = \frac{S_{i+1} - S_i}{h_0} \tag{2-14}$$

式中 Δp——压力增量值，kPa；

$\Delta\delta$——相应于某一压力范围 Δp 的相对沉降量，cm/cm；

S_i——某一荷载作用下的沉降量，cm；

K——系数，黏土为 1，粉质黏土为 1.2，砂和砂质土为 1.3，巨粒土为 1.35。

四、试验记录

本试验记录格式见表 2-8。

表 2-8 现场冻土融化压缩实验记录表

工程名称： 实验者： 试坑编号：

计算者： 实验日期： 校核者：

土类＿＿＿＿＿＿ 试坑深度＿＿＿＿＿＿（cm）

冻结状态含水率＿＿＿＿＿＿（%） 密度＿＿＿＿＿＿（g/cm^3）

荷载（kPa）	历时		变形（mm）		荷载（kPa）	历时		变形（mm）	
	读数时间	累计（min）	量表读数	变形量		读数时间	累计（min）	量表读数	变形量

第六节　原位土体剪切试验

一、现场直剪试验

（一）目的和适用范围

现场剪切试验通常是对几个试样（每组不宜少于3个）施加不同方向（垂直、法向）的荷载，待固结稳定后施加水平剪切力，使试样在确定的剪切面上破坏，记录每个试样的破坏剪应力，绘制破坏剪应力与垂直（法向）荷载的关系曲线，从而求得土的黏聚力 c 和内摩擦角 φ。

（二）试验所需仪器设备

（1）千斤顶：施加垂向压力和切向剪力各1个，千斤顶的出力必须满足预估的试验压力，一般可取300 kN。

（2）滚动滑板：用于减少试样和垂向千斤顶底座之间的摩擦力。滚动滑板可以由二块平板（或齿板）中间夹滚珠组成。平板尺寸与剪力盒的外形尺寸相同。

（3）测力系统：用于量测试样切向移动距离和试样在垂向荷载下的变形，它们可以是千分表，或由电位移计和应变仪组成，试验至少有4个测点，其中2个测水平位移，2个测压缩变形。

（4）反力架：用以获得对试样的垂向荷载，它可以是一个压重物的荷载平台，也可以由一些对坑支撑的杆件和平板组成，或者由地锚与钢梁组成。对于试样剪切平面有倾角的试验，应采用地锚钢梁式的反力架。

仪器的量程、准确度及其他仪器设备可参阅《土工试验教程　原位直剪试验》（SL 237—043—1999）。仪器设备依据相应的检定规程进行检定和校准。

（三）试验步骤

（1）试验工作开始，首先对试样分级施加垂向荷载（应位于剪切面的中心），最大法向荷载应大于设计荷载，一般可分4～5级达到试验要求的荷载（压力），当荷载小于50 kPa时，可以一次完成施加压力。施加荷载后每5 min量测变形一次，至每分钟的变形不超过0.05 mm时，加下一级荷载。最后一级荷载施加后，当1 h内的垂向变形不超过0.05 mm时，可认为稳定，即可施加剪切荷载。

（2）对试样施加切向剪应力（应位于剪切缝的中心），可用千斤顶均匀地连续施加，将试样剪切变形的速率控制在每分钟5 mm左右，并在试验过程中每隔20 s测读一次剪应力和剪切变形，直至随着变形增加而剪应力不再增加为止。剪应力的施加也可采用分级的方法，即每30 s加一级，开始按垂向总荷载的10%施加，当某级切向剪力下的变形超过前一级变形的1.5～2.0倍时，改为按垂向总荷载的5%施加。每施加一级，测记水平位移一次，当切向剪力达到峰值或稳定值时，即认为试样剪损。若无上述情况出现，剪切变形达到0.05～0.10试样边长时，即可停止试验。在施加切向剪应力过程中，应保持垂向荷载不变。剪损时间控制在5～10 min内为宜。

（3）对同一土层应在不同垂向荷载条件下，以同样方式进行3～4个试样的剪切试验。

(4)测定试验前后土样的容重和含水率。

(5)滚动滑板摩擦系数的测定。由滚珠和钢板组成的滚动滑板摩擦系数很小,可以忽略不计。当试验精度要求很高,认为滑板的摩擦力可能影响剪力的数值时,应进行摩擦系数的测定试验。

在2~3个不同垂直压力下,对滑板做水平推力试验,在水平力和垂直力的直角坐标上,试验成果点与坐标原点连成直线,直线与横坐标轴线夹角的正切函数 $\tan\varphi$ 即为滑板的摩擦系数 f,如图2-9、图2-10所示。

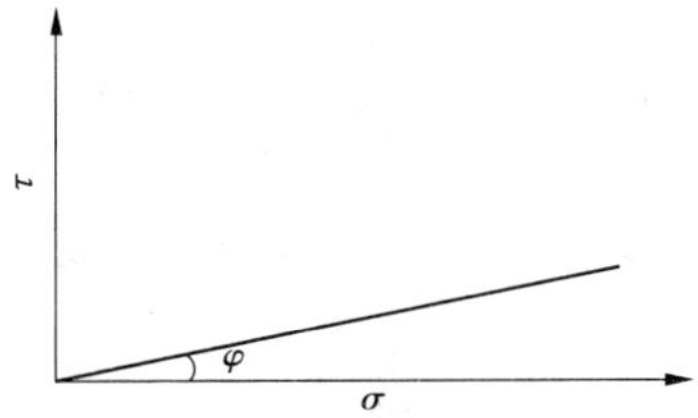

图2-9　滑板摩擦试验曲线

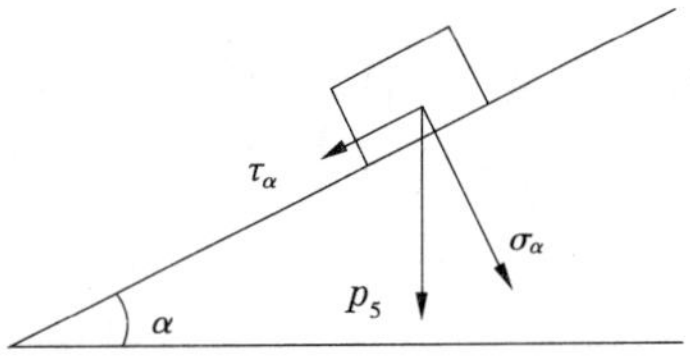

图2-10　试样重力分解图

(6)试验数据整理分析。

①法(垂)向压力计算:

$$p_V = \frac{p_1 + p_2 + p_3}{A} \tag{2-15}$$

式中　p_V——试样剪切面上的垂向压力,kPa;

p_1——传感器测读压力,kN;

p_2——传感器以下(包括传感器)设备自重,kN;

p_3——剪断面以上试样自重,kN;

A——试样剪断面面积,m^2。

②切向剪应力计算:

$$p_H = \frac{Q_1 - f(p_1 + p_4)}{A} \tag{2-16}$$

式中　p_H——剪应力,kPa;

Q_1——切向传感器的测读压力,kN;

f——滚动滑板的摩擦系数;

p_4——滑板滚珠以上至包括传感器在内的设备自重,kN。

③当试样和切向剪应力沿斜面进行试验时,垂向压力和切向剪应力要作如下修正(见图2-10):

$$p_V = \frac{p_1 + p_2 + \sigma_\alpha}{A} \tag{2-17}$$

$$p_H = \frac{Q_1 - f(p_1 + p_4\cos\alpha \pm \tau_\alpha)}{A} \tag{2-18}$$

$$\sigma_\alpha = p_5 \cdot \cos\alpha$$

$$\tau_\alpha = p_5 \cdot \sin\alpha$$

$$p_5 = p_2 + p_3 + p_4$$

式中 α——试样剪切面坡角，(°)；

σ_α——滑板滚珠以下设备和试样自重在斜坡面上的正向分力，kN；

τ_α——滑板滚珠以下设备和试样自重在斜坡面上的切向分力，kN。

注：当切向力千斤顶位于试样沿斜坡的上方，向下推剪时 τ_α 取正号，反之 τ_α 取负号。

④c、φ 值的确定。以垂向压力 p 为横坐标、切向剪力 τ 为纵坐标，将试验成果绘制成 $p—\tau$ 曲线，土的黏聚力 c 和内摩擦角 φ 可从图上直接量得。

（四）安装要点

试验设备安装前应对传感器、位移计、应变仪、千斤顶等仪器设备进行校验、标定。只有在性能稳定、运行正常时才能安装使用。

（1）设备安装应谨慎小心，严禁对试样撞击影响，必要时采取有效保护措施。各类仪器设备安装的相对位置，如图 2-11 所示。

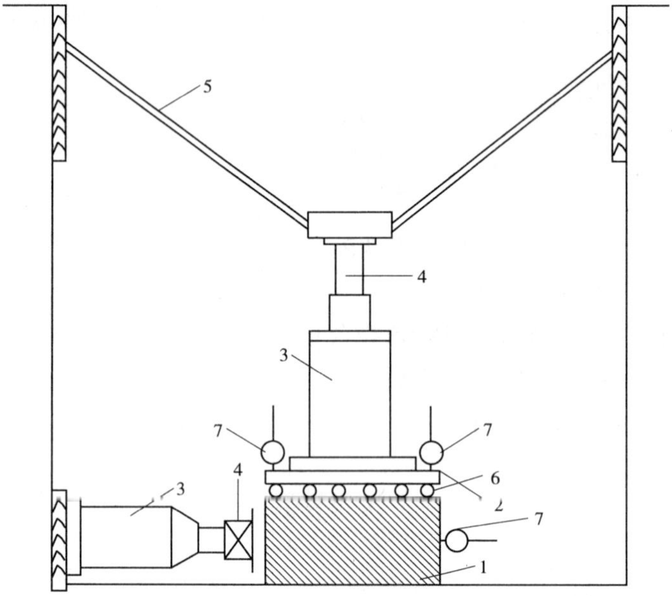

1—剪力盒（内装试样）；2—滑动滚板；3—千斤顶；
4—力传感器；5—加压反力装置；6—滚珠；7—位移计

图 2-11　坑壁支撑剪切试验装置

（2）在带有剪力盒的试样上安装滚动滑板，滑板的上部安装千斤顶。在千斤顶活塞的上部为垂向应力传感器，传感器接受千斤顶的作用并传递作用力于反力系统，滚动滑板的底面与试样的顶面间垫薄层砂，并使滑板平面与剪力盒的底平面平行。滑板中心、千斤顶底座中心、压力传感器中心和试样中心应保持在同一中轴线上。

（3）切向压力千斤顶利用基坑坑壁作反力底座，要求壁面平整，坑壁垫板的面积与千斤顶支撑杆的刚度满足反力的需要。千斤顶活塞的顶升方向与剪力盒底面方向保持一致。

（4）剪应力传感器安装于千斤顶活塞与剪力盒之间，剪力盒的受力面上应垫上与之吻合的框架或钢板，以保证在切向力的作用下试验系统有足够的刚度，不致使剪力盒产生过大的变形。千斤顶在剪力盒上的施力点，应安置在剪力盒侧面的中心点上，力的作用方向应通过试样的中心。

（5）量测试样垂向变形的位移计测点，安装在滚动滑板的两对角上；量测试样剪切变形的测点，安装在剪力受力面的另一侧。安装位移计的基座应注意避免受试验影响。试样的制备和试验设备的安装工作应尽快进行，以保持试样的天然含水率状态。当工程需要时对试样做浸水饱和处理，浸水时间视试样的透水性而定。

二、水平推剪试验

（一）目的和适用范围

水平推剪试验的特点是土体的剪损面不受剪力盒的约束，剪损面的形状和发展取决于土的性质与土体内软弱结构面的分布。因此，对无黏性散粒结构的土层试验结果较稳定，而对于黏性土，尤其是硬塑性土由于结构面的存在，试验结果往往较分散。水平推剪试验的目的是更准确地测定土的强度指标。

（二）试验所需仪器设备

（1）千斤顶：用以施加水平推力，初力可取 50 kN。

（2）钢质和木质垫板：贴在试验土体上的垫板尺寸与试验体受力面的高度一致，钢垫板的下端带刃口。

（3）力传感器和电阻应变仪。

（4）双层薄钢板：黄油耦合的双层薄钢板，板厚 5 ~ 8 mm。

（三）试验步骤

（1）安装完毕后即摇动千斤顶，用控制变形速率的办法向试验土体施加水平推力，变形速率控制为每分钟 1 mm。

（2）每分钟记录一次推力读数和土体的水平变形量。

（3）试验进行至出现最大推力读数，并回落到某一稳定的低值，此时出现的最大读数即为最大水平推力 p_{max}。

（4）松开千斤顶油阀，卸去对土体的推力，然后再次以同样方法对试验土体施加水平推力，直至获得试验峰值，则此为试验的最小水平推力 p_{min}。

（5）确定试验破裂面位置，并量测滑动面上各点的距离和高度，绘制滑动面草图。

（6）试验数据整理分析。

①根据滑动面草图，绘制滑动体断面图，并将滑动体分成若干条块，如图 2-12 所示。

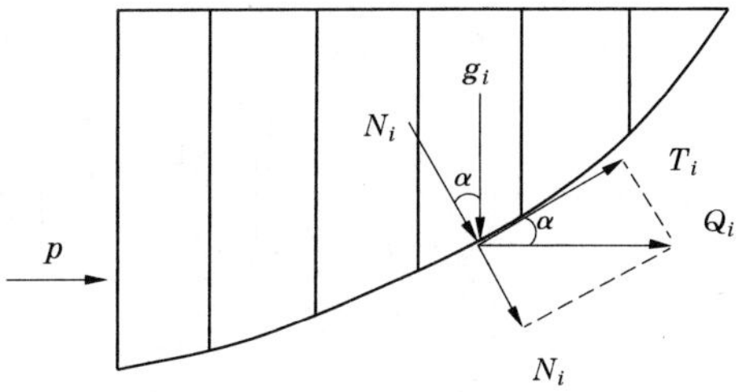

图 2-12　滑动体断面及分析图

②计算单位宽度的每块土体的重量 g：

$$g_i = b_i h_i \gamma \tag{2-19}$$

式中　g_i——某条块单位宽度上的重力，kN/m；

b_i——某条块的长度，m；

h_i——某条块的中线高度，m；

γ——土的天然容重，kN/m^3。

③c、φ 值的确定：

$$c = \frac{p_{\max} - p_{\min}}{\sum_{i=1}^{n} L_i} \tag{2-20}$$

$$\tan\varphi = \frac{\frac{p_{\max}}{G}\sum_{i=1}^{n} g_i\cos\alpha_i - \sum_{i=1}^{n} g_i\sin\alpha_i - c\sum_{i=1}^{n} L_i}{\frac{p_{\max}}{G}\sum_{i=1}^{n} g_i\sin\alpha_i + \sum_{i=1}^{n} g_i\cos\alpha_i} \tag{2-21}$$

式中 $p_{\max}$——最大水平推力，kN/m；

$p_{\min}$——最小水平推力，kN/m；

g_i——第 i 块的重力，kN/m；

G——滑动体总重，kN/m；

α_i——第 i 块滑动面与水平面夹角，(°)；

L_i——第 i 块滑动面在剖面上的线长度，m。

（四）安装要点及注意事项

（1）试样受力垫板与试验土体侧面充分吻合，可以用带有刃口的钢垫板边切入边削除垫板外侧的土体到要求的深度为止。

（2）钢垫板后放置枕木或钢框架，使土体能均匀地接受千斤顶推力。

（3）千斤顶与枕木间置放力传感器，千斤顶底座后放底座垫板。千斤顶活塞中心、传感器中心与钢垫板宽度的 1/2、高度的 1/3 处保持在同一直线上，相互紧贴密合，安装的相对位置如图 2-13 所示。

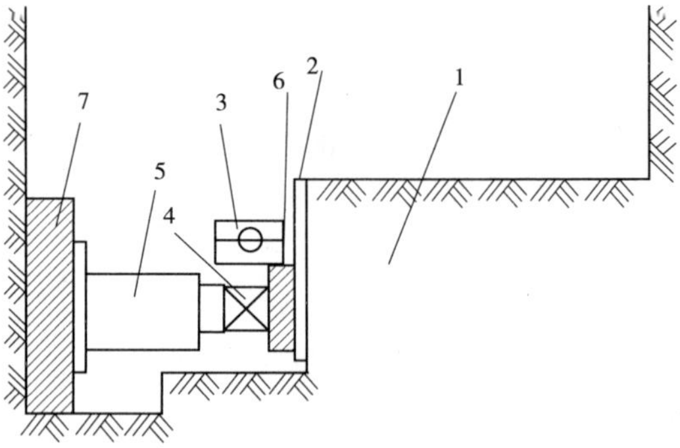

1—试验土体；2—钢垫板；3—位移计；4—力传感器；5—千斤顶；6—枕木或钢架；7—底座垫板

图 2-13　水平推剪试验装置

（4）从钢垫板的两端切入或埋入涂黄油黏合的双层薄钢板，并与推力钢垫板垂直。刮去双层钢垫板前端的土体，以免推剪试验时钢板运动受到土的阻力，影响试验结果的正确性。

(5)在钢垫板后两侧安装位移计,测定试验时土体的水平变形量,位移计的基座应设置在不受试验影响的稳定体上。

第七节　十字板剪切试验

一、概述

十字板剪切试验(Vane Shear Test,简称 VST)是一种通过对插入地基土中的规定形状和尺寸的十字板头施加扭矩,使十字板头在土体中等速扭转形成圆柱状破坏面,经过换算评定地基土不排水抗剪强度的现场试验。可用于测定原位应力条件下软黏性土的不排水抗剪强度,评定软黏性土的灵敏度;计算地基的承载力,判断软黏性土的固结历史。

十字板剪切试验在我国沿海软土地区被广泛使用。它可在现场基本保持原位应力条件下进行扭剪。适用于灵敏度 $S_t \leqslant 10$、固结系数 $c_v \leqslant 100\ \mathrm{m^2/a}$ 的均质饱和软黏土。对于不均匀土层,特别是夹有薄层粉细砂或粉土的软黏土,十字板剪切试验会有较大的误差,使用时必须谨慎。本节将以预钻式十字板剪切试验为主加以介绍。

二、十字板剪切试验所需的仪器设备

十字板剪切试验所需仪器设备包括十字板头、试验用探杆、贯入主机和测力与记录等试验仪器。目前使用的十字板剪切仪主要有两种:机械式十字板剪切仪和电测式十字板剪切仪。机械式十字板剪切试验需要用钻机或其他成孔机械预先成孔,然后将十字板头压入至孔底以下一定深度进行试验;电测式十字板剪切试验可采用静力触探贯入主机将十字板头压入指定深度进行试验。

(一)十字板头

常用的十字板为矩形,高径比(D/H)为 2,见图 2-14。国外推荐使用的十字板尺寸与国内常用的十字板尺寸不同,见表 2-9。

表 2-9　国内外常用的十字板尺寸　　(单位:mm)

十字板尺寸	高 H	直径 D	板厚 t
国外	125 ±25	62.5 ±12.5	2
国内	100	50	2 ~ 3
	150	75	2 ~ 3

对于不同的土类,应选用不同尺寸的十字板头,一般在软黏土中,选择 75 mm ×150 mm 的十字板较为合适,在稍硬土中可用 50 mm ×100 mm 的。

(二)轴杆

一般使用的轴杆直径为 20 mm,如图 2-14 所示。对于机械式十字板,按轴杆与十字板头的连接方式,国内广泛使用离合式,也有采用牙嵌式的。离合式连接方式是利用一个离合器装置,使轴杆与十字板头能够离合,以便分别做十字板总剪力试验和轴杆摩擦校正试验。套筒式轴杆是在轴杆外套上一个带有弹子盘的可以自由转动的钢管，使轴杆不与土接触，从而避免了二者的摩擦。套筒下端 10 cm 与轴杆间的间隙内涂以黄油，上端间隙灌以机油，以防泥浆进入。

（三）测力装置

对于普通十字板，一般用开口钢环测力装置；而电测十字板则采用电阻应变式测力装置，并配备相应的读数仪器。开口钢环测力装置（见图 2-15）是通过钢环的拉伸变形来反应施加扭力的大小。这种装置使用方便，但转动时有摇晃现象，影响测力的精确度。

电阻应变式测力装置是通过扭力传感器将十字板头与轴杆相连接（见图 2-16）。在高强弹簧钢的扭力柱上贴有两组正交的、与轴杆中心线成 45°的电阻应变片，组成全桥接法。扭力柱的上、下端分别与十字板头和轴杆相连接。

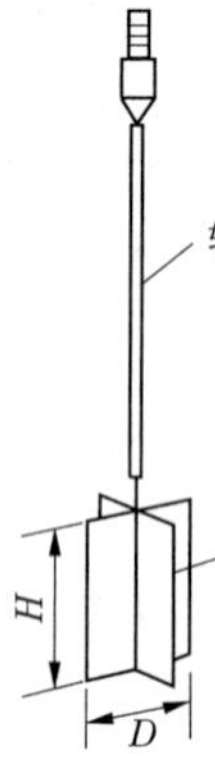

图 2-14　十字板

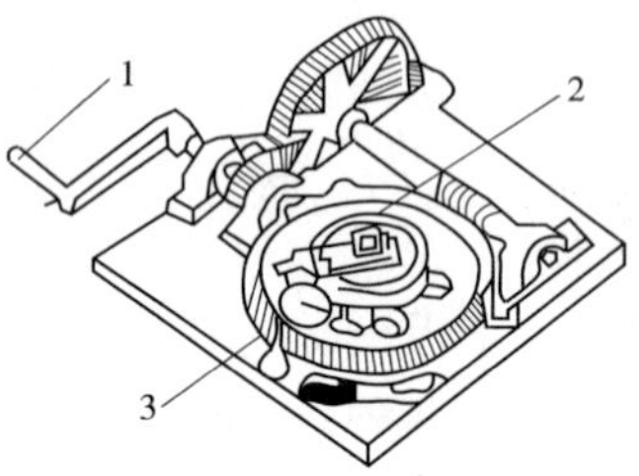

1—摇把；2—开口钢环；3—百分表

图 2-15　开口钢环测力装置

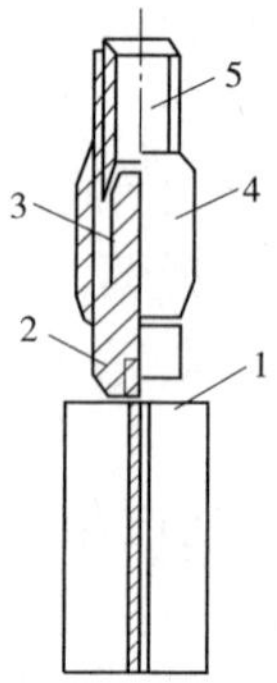

1—十字板头；2—扭力柱；3—应变片；
4—护套；5—钻杆

图 2-16　电阻应变式测力装置

扭力柱的外套筒主要用以保护传感器，它的上端丝扣与扭力柱接头用环氧树脂固定，下端呈自由状态，并用润滑防水剂保持它与扭力柱的良好接触。这样，应用这种装置就可以通过电阻应变传感器直接测读十字板头所受的扭力，而不受轴杆摩擦、钻杆弯曲及坍孔等因素的影响，从而提高了测试精度。

仪器的量程、准确度及其他仪器设备可参阅《土工试验规程　十字板剪切试验》（SL 237—044—1999）。仪器设备依据相应的检定规程进行检定和校准。

三、试验步骤

在试验之前，应对机械式十字板剪切仪的开口钢环测力计或电测式十字板剪切仪的扭力传感器进行标定。而试验点位置的确定应根据场地内地基土层钻探或静力触探试验结果，并依据工程要求进行。

用机械式十字板剪切仪在现场测定软黏性土的不排水抗剪强度和残余强度等的基本方法和要求如下：

（1）先钻探开孔，下直径为 127 mm 套管至预定试验深度以上 75 cm。再用提土器逐段清孔至套管底部以上 15 cm 处，以防止软土在孔底涌起并尽可能保持试验土层的天然结构和应力状态。关于下套管问题,已有一些勘察单位只在孔口下套一个3~5 m长的套管,只要保持满水,可同样达到维护孔壁稳定的效果,而这样则可大大节省试验时间。

(2)将十字板头、离合器、导轮、试验钻杆等逐节拧紧接好下入孔内至十字板与孔底接触。各杆件要直,各接头必须拧紧,以减少不必要的扭力损耗。

(3)接导杆,安装底座,并使其固定在套管上。然后将十字板徐徐压入土中至预定试验深度,并静止2~3 min。

(4)用摇把套在导杆上向右转动,使十字板离合齿啮合。

(5)安装传动部件,转动底盘使固定套锁定在底座上,再微动手柄使特制键落入键梢内;将角位移指针对准刻度盘的零位,装上量表并调至零位。

(6)按顺时针徐徐转动扭力装置上的旋转手柄,转速约为1°/10 s。十字板头每转1°测记钢环变形读数一次,直至读数不再增大或开始减小,即表示土体已被剪损,此时施于钢环的作用力(以钢环变形值乘以钢环变形系数算得)就是把原状土剪损的总作用力p_f值。

(7)拔下连接导杆与测力装置的特制键,套上摇把,连续转动导杆、轴杆和十字板头6转,使土完全扰动,再按步骤(4)以同样剪切速度进行试验,可得重塑土的总作用力p'_f值。

(8)拔下控制轴杆与十字板头连接的特制键,将十字板轴杆向上提3~5 m,使连接轴杆与十字板头的离合器处于离开状态,然后仍按步骤(4)测得轴杆与土间的摩擦力和仪器机械阻力值f。

试验深度处原状土十字板抗剪强度为

$$c_u = k(p_f - f)$$

其中,k为十字板常数,m^{-2},可按下式计算:

$$k = \frac{2L}{\pi D^2 H(1 + \frac{D}{3H})}$$

式中 L——率定时的力臂长,cm;

H——十字板头高度,cm;

D——十字板头直径。

重塑土十字板抗剪强度(或称残余强度)为

$$c'_u = k(p'_f - f)$$

土的灵敏度S_t为

$$S_t = \frac{c_u}{c'_u} \tag{2-22}$$

以上式中 p_f、p'_f——原状土、扰动土剪切破坏时的总作用力;

其余符号意义同上。

(9)完成上述基本试验步骤后,拔出十字板,继续钻进,进行下一深度的试验。

对于电测十字板剪切仪,可以采用静力触探的贯入机具将十字板头压入到试验深度,则不存在下套管和钻孔护壁问题。电测十字板剪切仪在进行重塑土剪切试验时也存在问题,按上述的试验技术要求,在原状土峰值强度测试完毕后,应连续转动6圈,使十字板头周围土体充分扰动。但由于电测法中电缆的存在，当探杆、扭力柱与十字板头一起连续转动时，电缆的缠绕，甚至接头处被扭断，使该项技术要求难以很好地执行。

试验点间距的选择，可根据工程需要及土层情况来确定，一般每隔 0.5 ~ 1 m 测定一次。在极软的土层中，也可以不拔出十字板，而连续压入十字板至不同的深度进行试验。

（10）试验成果整理分析。十字板剪切试验资料的整理应包括以下内容：

①计算各试验点原状土的不排水抗剪强度、重塑土抗剪强度和土的灵敏度。

②绘制各个单孔十字板剪切试验土的不排水抗剪强度、重塑土抗剪强度和土的灵敏度随深度的变化曲线，根据需要可绘制各试验点土的抗剪强度与扭转角的关系曲线。

③可根据需要，依据地区经验和土层条件，对实测土的不排水抗剪强度进行必要的修正。

一般饱和软黏土的十字板抗剪强度存在随深度增长的规律，对于同一土层，可以采用统计分析的方法对试验数据进行统计，在统计中应剔除个别的异常数据。

a. 地基上不排水抗剪强度

由于不同的试验方法（如剪切速率、十字板头贯入方式等）测得的十字板抗剪强度有差异，因此在把十字板抗剪强度用于实际工程时需要根据试验条件对试验结果进行适当的修正。如我国《铁路工程地质原位测试规程》（TB 10018—2003）建议，将现场实测土的十字板抗剪用于工程设计，当缺乏地区经验时可按式（2-23）进行修正：

$$c_{\mathrm{u(使用值)}} = \mu c_{\mathrm{u}} \tag{2-23}$$

式中 μ——修正系数，当 $I_{\mathrm{P}} \leqslant 20$ 时，取 1；当 $20 < I_{\mathrm{P}} \leqslant 40$ 时，取 0.9。

Bjerrum（1973）发现土的十字板抗剪强度受土的稠度影响，按式（2-23）取值。

Johnson 等（1988）根据墨西哥海湾的深水软土十字板剪切试验的经验，提出式（2-23）中修正系数 μ 可用式（2-24）或式（2-25）确定：

当 $20 \leqslant I_{\mathrm{P}} \leqslant 80$ 时 $$\mu = 1.29 - 0.020 I_{\mathrm{P}} + 0.000\,15 I_{\mathrm{P}}^2 \tag{2-24}$$

或当 $0.2 \leqslant I_{\mathrm{L}} \leqslant 1.33$ 时 $$\mu = 10^{-(0.077 + 2.098 I_{\mathrm{L}})} \tag{2-25}$$

式中 I_{P}——塑性指数；

I_{L}——液性指数。

由于剪切速率对不排水抗剪强度有很大影响，假如现场十字板剪切试验的剪切破坏时间 t_{f} 以 1 min 为准，当考虑剪切速率和土的各向异性时，有学者建议采用如下的修正公式：

$$c_{\mathrm{u(使用值)}} = \mu_A \mu_{\mathrm{R}} c_{\mathrm{u}} \tag{2-26}$$

式中 $c_{\mathrm{u(使用值)}}$——土的不排水抗剪强度工程取值；

c_{u}——现场十字板剪切试验测定土的不排水抗剪强度；

μ_{R}——与剪切破坏时间有关的修正系数，$\mu_{\mathrm{R}} = 1.05 - b(I_{\mathrm{P}})^{0.5}$，$I_{\mathrm{P}} > 5\%$，其中 $b = 0.015 + 0.007\,511 \lg t_{\mathrm{f}}$

μ_A——与土的各向异性有关的修正系数，介于 1.05 ~ 1.110，随 I_{P} 的增大而减小。

b. 估算土的液性指数 I_{L}

Johnson（1988）对大量试验结果进行了统计，得到如下关系式，可作为参考：

$$\frac{c_{\mathrm{u}}}{\sigma_{\mathrm{v}}} = 0.171 + 0.235 I_{\mathrm{L}} \tag{2-27}$$

式中　c_u——原状土的十字板抗剪强度；

σ_v——土中竖向有效应力。

c. 评价地基土的应力历史

利用十字板不排水抗剪强度与深度的关系曲线，可判断土的固结应力历史，如图 2-17 所示。

对于不同固结程度的地基土，也可利用下式计算土的超固结比 OCR：

$$\frac{c_u}{\sigma'_{v0}} = 0.25(OCR)^{0.95} \tag{2-28}$$

或

$$OCR = 4.3\left(\frac{c_u}{\sigma'_{v0}}\right)^{1.05} \tag{2-29}$$

我国《铁路工程地质原位测试规程》(TB 10018—2003)建议的方法与此类似。土的应力历史可由图 2-18 中 c_u—d 关系曲线按下列方法判定：

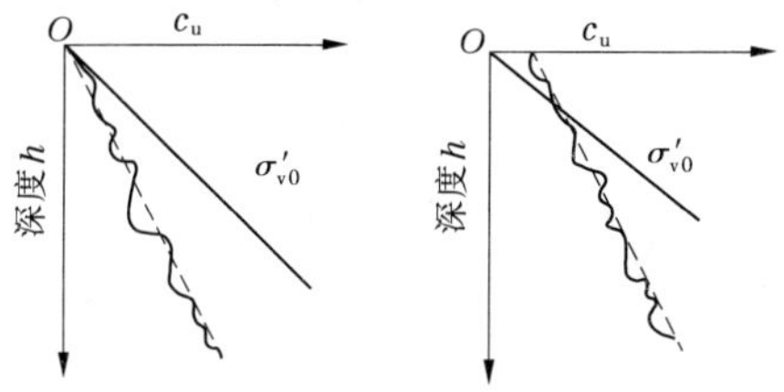

(a)正常固结土　(b)超固结土

图 2-17　图的十字板不排水抗剪强度与深度的变化曲线

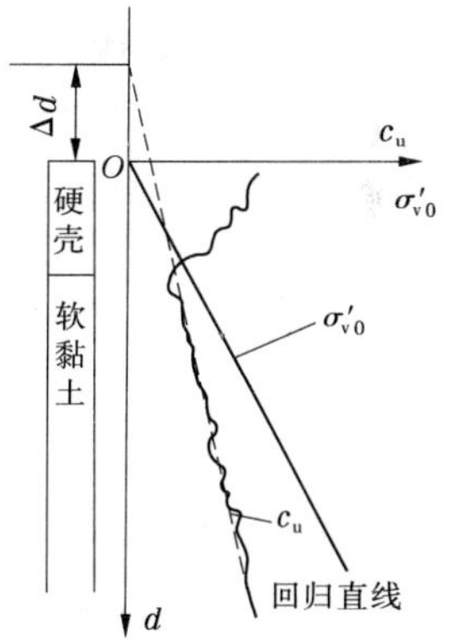

图 2-18　c_u、σ'_{v0}—d 关系曲线

(1)土的固结状态可根据图 2-18 中回归直线交于 d 轴的截距的正、负加以区分：$\Delta d>0$，为欠固结土；$\Delta d=0$，为正常固结土；$\Delta d<0$，为超固结土。

(2)土的超固结比采用 Mayne(1988)提出的经验关系式进行估算：

$$OCR = \frac{22c_u(I_P)^m}{\sigma'_{nc}} \tag{2-30}$$

式中　m——与土质地区特性有关的经验系数，可取 -0.48；

σ'_{nc}——正常固结土的有效自重应力。

四、十字板剪切试验的技术要求

根据《岩土工程勘察规范》(GB 50021—2001)，十字板剪切试验应满足以下主要技术要求：

(1)钻孔十字板剪切试验时，十字板头插入孔底以下的深度不应小于 3～5 倍钻孔直径，以保证十字板能在未扰动土中进行剪切试验。

(2)十字板头插入土中试验深度后，应至少静止 2～3 min，方可开始剪切试验。

(3)扭剪速率也应很好控制。剪切速率过慢，由于排水导致强度增长。剪切速率过快,对饱和软黏性土由于黏滞效应也使强度增长。扭剪速率宜采用(1°~2°) / 10 s,以此作为统一的标准速率,以便能在不排水条件下进行剪切试验。测记每扭转1°的扭矩,当扭矩出现峰值或稳定值后,要继续测读1 min,以便确认峰值或稳定扭矩。

(4)在峰值强度或稳定值测试完毕后,如需要测试扰动土的不排水强度,或计算土的灵敏度,则需用管钳夹紧试验探杆顺时针方向连续转动6圈,使十字板头周围土体充分扰动,然后测定重塑土的不排水强度。

(5)对于机械式十字板剪切仪,应进行轴杆与土之间摩擦阻力影响的修正。对于电测式十字板剪切仪,不需进行此项修正。

五、十字板剪切试验注意问题

(1)十字板剪力试验只适用于测定饱和软黏性土的抗剪强度。它对于具有薄层粉砂,粉土夹层的软黏性土,测定结果往往偏大,而且成果比较分散;对于富有砂层、砾石、贝壳、树根及其他未分解有机质的土层是不适用的。故在进行十字板剪力试验前,应先进行勘探,摸清土层分布情况。

(2)对于正常固结的饱和软黏性土,十字板试验能反映出软黏性土的天然强度随深度而增大的规律。但室内试验指标成果比较分散,难以反映强度随深度而增大的变化规律。

第八节　静力载荷试验

载荷试验(Plate Load Test,简称PLT)包括平板载荷试验和螺旋板载荷试验,它是在一定面积的承压板上向地基土逐级施加荷载,观测地基土的承受压力和变形的原位试验。其成果一般用于评价地基土的承载力,也可用于计算地基土的变形模量、现场测定湿陷性黄土地基的湿陷起始压力。

一、平板载荷试验

(一)试验目的和适用范围

平板载荷试验适用于各类地基土。它所反映的是相当于承压板下1.5~2.0倍承压板直径(或宽度)的深度范围内地基土的强度、变形的综合性状。

(二)平板载荷试验所需仪器设备

浅层平板载荷试验的试验设备由三部分组成:加荷系统、反力系统和量测系统。

1. 加荷系统

加荷系统包括承压板和加荷装置,承压板的功能类似于建筑物的基础,所施加的荷载通过承压板传递给地基土。承压板一般采用圆形或正方形的刚性板,也有根据试验的具体要求采用矩形承压板。

加荷装置总体上可分为千斤顶加荷装置和重物加荷装置两种,图2-19(a)~(d)为千斤顶加载方式,图2-19(e)、(f)为重物加载方式。重物加荷装置是将具有已知重量的标准钢锭、钢轨或混凝土块等重物按试验加载计划依次放置到加载台上,达到对地基土分级施加荷载的目的。千斤顶加荷装置是在反力装置的配合下对承压板施加荷载,根据使用的千斤顶类型,又分为机械式和油压式;根据使用千斤顶数量的不同,又分为单个千斤顶加荷装置和多个千斤顶联合加荷装置。

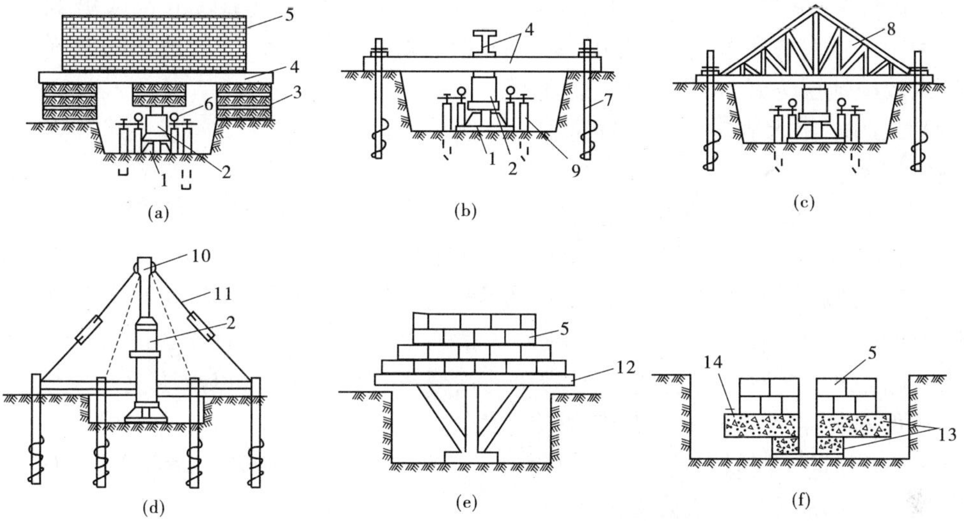

1—承压板;2—千斤顶;3—木垛;4—钢梁;5—钢锭;6—百分表;7—地锚;8—桁架;
9—立柱;10—分力帽;11—拉杆;12—荷载台;13—混凝土板;14—测点

图 2-19　常见的荷载试验反力与加载布置方式

经过标定的、带有油压表的千斤顶可以直接读取施加荷载的大小。如果采用不带油压表的千斤顶或机械式千斤顶,则需要配置应力计以确定施加荷载的大小,并在试验之前对应力计进行标定。

2. 反力系统

几种常见的载荷试验的反力系统布置形式见图 2-19(a)~(d)。载荷试验的反力可以由重物(见图 2-19(a))、地锚单独(见图 2-19(b)~(d))或地锚与重物联合提供,然后再与梁架组合成稳定的反力系统。当在岩体内(如探坑或探槽)进行载荷试验时,可以利用周围稳定的岩体提供所需要的反力,见图 2-20。

3. 量测系统

量测系统主要是指沉降量测系统、承压板的沉降量测系统,包括支撑柱、基准梁、位移测量元件和其他附件。根据载荷试验的技术要求,将支撑柱打设在试坑内适当的位置,将基准梁架设在支撑柱上,采用万向磁性表座将位移量测元件固定在基准梁上,组成完整的沉降量测系统。位移(沉降)测量元件可以采用百分表或位移传感器。

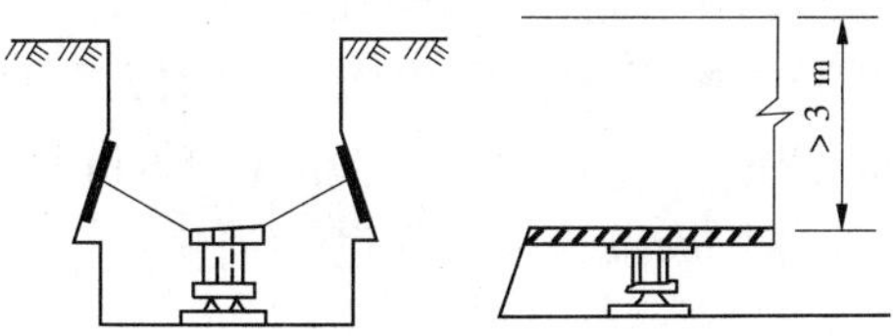

图 2-20　坚硬岩土体内荷载试验反力系统示意图

仪器的量程、准确度及其他仪器设备可参阅《土工试验规程　载荷试验》(SL 237—049—1999)。仪器设备依据相应的检定规程进行检定和校准。

（三）试验设备的安装及操作步骤

1. 试验设备的安装

这里以地锚反力系统为例加以叙述。

（1）下地锚：在确定试坑位置后，根据计划使用地锚的数量（4 只、6 只或更多），以试坑中心为中心点对称布置地锚。各个地锚的埋设深度应当一致，一般地锚的螺旋叶片应全部进入较硬地层为好，可以提供较大的反力。

（2）挖试坑：根据固定好的地锚位置来复测试坑位置，根据前述试验技术要点开挖试坑至试验深度。

（3）放置承压板：在试坑的中心位置，根据承压板的大小铺设不超过 20 mm 厚的砂垫层并找平；然后小心平放承压板，防止承压板倾斜着地。

（4）千斤顶和测力计的安装：以承压板为中心，从上到下在承压板上依次放置千斤顶、测力计和分力帽，使其重心保持在一条垂直直线上。

（5）横梁和连接件的安装：通过连接件将次梁安装在地锚上，以承压板为中心将主梁通过连接件安装在次梁下，形成完整的反力系统。

（6）沉降测量元件的安装：打设支撑柱，安装测量横杆（基准梁），固定位移百分表（或位移传感器），形成完整的沉降量测系统。

如果采用测力计来量测荷载的大小，在试验之前还需要安装测力计的百分表。如果采用位移传感器量测地基沉降，传感器的电缆线应连接到位移记录仪上，并进行必要的设置。

2. 试验操作步骤

（1）加载操作。加载等级一般分 10～12 级，并不应小于 8 级。最大加载量不应小于地基土承载力设计值的两倍，荷载的量测精度控制在最大加载量的 ±1% 以内。加载必须按照预先规定的级别进行，第一级荷载需要考虑设备的重量和挖掉土的自重。所加荷载是通过事先标定好的油压表读数或测力计百分表的读数反映出来的。因此，必须预先根据标定曲线或表格计算出预定的荷载所对应的油压表读数或测力计百分表读数。

（2）稳压操作。每级荷重下都必须保持稳压，由于加压后地基土沉降、设备变形和地锚受力拔起等都会引起荷载的减小，所以必须随时观察油压表的读数或测力计百分表指针的变动，并通过千斤顶不断的补压，使所施加的荷载保持相对稳定。

（3）沉降观测。采用慢速法时，对于土体，每级荷载施加后，间隔 5、5、10、10、15、15 min测读一次沉降，以后间隔 30 min 测读一次沉降，当连续 2 h、每小时沉降量不大于 0.1 mm 时，可以认为沉降已达到相对稳定标准，可施加下一级荷载，直至达到前述试验终止条件。

（4）试验观测与记录。当采用百分表观测沉降时，在试验过程中必须始终按规定将观测数据记录在载荷试验记录表中。试验记录是载荷试验中最重要的第一手资料，必须正确记录，并严格校对，确保试验记录的可靠性。

（5）试验数据整理计算。载荷试验的最后成果是通过对现场原始试验数据进行整理，并依据现有的规范或规定进行分析得出。其中载荷试验沉降观测记录是最重要的原始资料，不仅记录沉降，还记录了荷载等级和其他与载荷试验相关的信息，如承压板形状、尺寸、载荷点的试验深度、试验深度处的土性特征，以及沉降观测百分表或传感器在承压板上的位置等（一般以图示的方式标注在记录表上）。

载荷试验资料整理分以下几个步骤：

①绘制 p—s 曲线。根据载荷试验沉降观测原始记录，将(p,s)数据点绘在坐标纸上。

②p—s 曲线的修正。如果原始 p—s 曲线的直线段延长线不通过原点(0,0)，则需要对 p—s 曲线进行修正。可采用以下两种方法进行修正。

图解法：先以一般坐标纸绘制 p—s 曲线，如果开始的一些观测点(p,s)基本在一条直线上，则可直接用图解法进行修正。即将 p—s 曲线上的各点同时沿 s(沉降)坐标平移 s_0 使 p—s 曲线的直线段通过原点，如图 2-21 所示。

最小二乘修正法：对于已知 p—s 曲线开始一段近似为一直线（即 p—s 曲线具有明显的直线段和拐点），可用最小二乘法求出最佳回归直线的方程式。假设 p—s 曲线的直线段可以用下式来表示：

$$s = s_0 + c_0 p \tag{2-31}$$

需要确定两个系数 s_0 和 c_0。如果 s_0 等于零，则表明该直线通过原点，否则不通过原点。求得 s_0 后，$s' = s - s_0$ 即为修正后的沉降数据。

对于圆滑型或不规则型的 p—s 曲线（即不具有明显的直线段和拐点），可假设其为抛物线或高阶多项式表示的曲线，通过曲线拟合求得常数项，即 s_0，然后按 $s' = s - s_0$ 对原始数据进行修正。

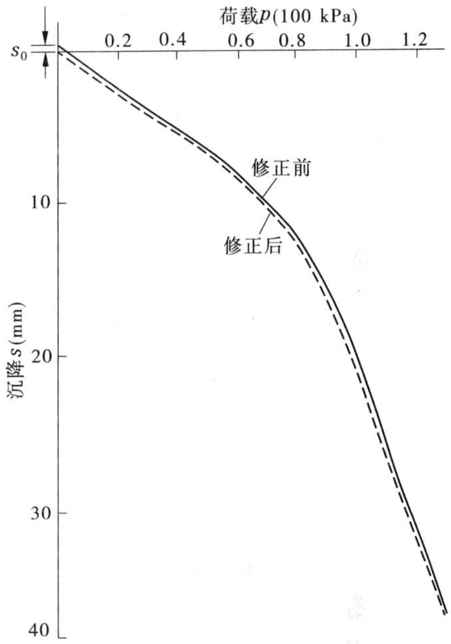

图 2-21 p—s 曲线修正的图解

③绘制 s—lg$t$ 曲线。在单对数坐标纸上绘制每级荷载下的 s—lg$t$ 曲线。同时需要标明每根曲线的荷载等级，荷载单位为 kPa。

④绘制 lg$p$—lg$s$ 曲线。需要时可在双对数坐标纸上绘制 lg$p$—lg$s$ 曲线，并注意标明坐标名称和单位。

（四）试验技术要求及注意问题

对于浅层平板载荷试验，应当满足下列技术要求。

1. 试坑的尺寸及要求

浅层平板载荷试验的试坑宽度或直径不应小于承压板宽度或直径的 3 倍。试坑底部的岩土应避免扰动，保持其原状结构和天然含水量，在承压板下铺设不超过 20 mm 的砂垫层找平，并尽快安装设备。

2. 承压板的尺寸

载荷试验宜采用圆形刚性承压板，根据土的软硬或岩体裂隙密度选用合适的尺寸。对于浅层平板载荷试验，承压板面积不应小于 0. 25 m^2；当在软土和粒径较大的填土上进行试验时，承压板面积不应小于 0. 5 m^2；对于强夯处理后的场地的地基强度测定，有时要求承压板的面积大于1.0 m×1.0 m。

对于土的浅层平板载荷试验，承压板的面积还应根据地基土的类型和试验要求有所不同。在工程实践中可根据试验岩土层状况选用适合的面积，一般情况下，可参照下面的经验值选取：

(1)对于一般黏性土地基，常用面积为0.5 m^2 的圆形或正方形承压板。

(2)对于碎石类土，承压板直径(或宽度)应为最大碎石直径的10~20倍。

(3)对于岩石类土或均质密实土，如 Q_3 老黏土或密实砂土，承压板的面积以0.1 m^2 为宜。

3. 位移量测系统的安装

基准梁的支撑柱或其他类型的支点应离承压板和地锚(如果采用地锚提供反力)一定的距离，以避免在试验过程中地表变形对基准梁有影响。与承压板中心的距离应大于1.5d(d 为边长或直径)，与地锚的距离应不小于0.8 m。

基准梁架设在支撑柱上时，不应两端固定，以避免由于基准梁杆热胀冷缩引起沉降观测的误差。沉降测量元件应对称地布置在承压板上，百分表或位移传感器的测头应垂直于承压板设置。

4. 加载方式

载荷试验的加载方式一般采用分级维持荷载沉降相对稳定法(通常称为慢速法)；有地区经验时，也可采用分级加荷沉降非稳定法(通常称为快速法)或等沉降速率法。关于加荷等级的划分，一般取10~12级，且不应小于8级。最大加载量不应小于地基土承载力设计值的2倍，荷载的量测精度应控制在最大加载量的±1%以内。

5. 沉降观测

当采用慢速法时，对于土体，每级荷载施加后，间隔5、5、10、10、15、15 min 测读一次沉降，以后间隔30 min 测读一次沉降，当连续2 h、每小时沉降量不大于0.1 mm 时，可以认为沉降已达到相对稳定标准，可施加下一级荷载；当试验对象是岩体时，间隔1、2、2、5 min测读一次沉降，以后每隔10 min 测读一次，当连续3次读数之差小于0.01 mm 时，认为沉降已达到相对稳定标准，可施加下一级荷载。

采用快速法时，每加一级荷载按间隔15 min 观测一次沉降。每级荷载维持2 h，即可施加下一级荷载。最后一级荷载可观测至沉降达到上述沉降相对稳定标准或仍维持2 h。

当采用等沉降速率法时，控制承压板以一定的沉降速率沉降，测读所施加的与沉降相应的荷载，直至试验达到破坏阶段。

6. 试验终止条件

载荷试验应尽可能进行到试验土层达到破坏阶段，然后终止试验。当出现下列情况之一时，认为地基已达破坏阶段，可终止试验：

(1)承压板周边的土体出现明显侧向挤出。

(2)本级荷载的沉降量急剧增大，p—s 曲线出现陡降段。

(3)在某级荷载下24 h 沉降速率不能达到稳定标准。

(4)总沉降量与承压板直径(或边长)之比超过0.06。

对于深层平板载荷试验，承压板采用直径为0.8 m 的刚性板，紧靠承压板周围外侧的土层高度不应小于 80 cm。关于终止试验条件，深层平板载荷试验也略有不同，表述如下：

（1）沉降量急剧增大，$p—s$ 曲线出现可判定极限承载力的陡降段，且总沉降量超过 $0.04b$（b 为承压板的直径）。

（2）在某级荷载下 24 h 沉降速率不能达到稳定标准。

（3）本级荷载下的沉降量大于前一级荷载下沉降量的 5 倍。

（4）当承压板下持力层坚硬，沉降量较小时，最大加载量已达到或超过地基土承载力设计值的 2 倍。

二、螺旋板载荷试验

（一）试验目的和适用范围

螺旋板载荷试验是将一螺旋形承压板旋入地下试验深度，通过传力杆对螺旋板施加荷载，观测螺旋板的沉降，以获得荷载—沉降—时间关系，然后根据理论公式或经验关系式获得地基土参数的一种现场测试技术。通过螺旋板试验可以确定地基土的承载力、变形模量、基床系数和固结系数等参数。

螺旋板载荷试验适用于地下水位以下一定深度处的砂土、软黏性土、一般黏性土和硬黏性土层。螺旋板旋入土中会引起一定的土体扰动，但如适当选择轴径、板径、螺距等参数，并保持螺旋板板头的旋入进尺与螺距一致，及保持与土接触面光滑，可使对土体的扰动减小到合理的程度。

（二）螺旋板载荷试验所需仪器设备

螺旋板载荷试验的试验设备同样包括加载系统、反力系统和量测系统，图 2-22 为 YDL 型螺旋板载荷试验装置。承压板是旋入地下的螺旋板，要求螺旋承压板应有足够的刚度，板头面积可以根据地基土的性质选择 100、200 cm^2 和 500 cm^2（板头直径分别为 113、160 mm 和 252 mm）。仪器的量程、准确度及其他仪器设备可参阅《土工试验规程 载荷试验》（SL 237—049—1999）。仪器设备依据相应的检定规程进行检定和校准。

（三）螺旋板载荷试验步骤

（1）螺旋板载荷试验的加荷方式、加荷等级以及试验结束条件均与平板载荷试验一样。试验方法同样有慢速法、快速法和等沉降速率法。

（2）螺旋板载荷试验 $p—s$ 曲线和试验土层的土性之间的理论关系与平板载荷试验有所不同。由于试验在土层中的某一深度进行，$p—s$ 曲线上的特征值除了比例界限压力和极限压力之外，还有初始压力（定义为 $p—s$ 曲线直线段的起点）。在理论上初始压力相当于试验深度处上覆土层的自重压力。可把螺旋板载荷试验假设为一刚性圆板作用在均质各向同性的弹性半无限体的内部（承压板埋置深度大于 6 倍板径），对于 $p—s$ 曲线的直线段，可采用弹性理论来分析压力与沉降之间的关系：

$$E = \alpha r \frac{p}{s} \tag{2-32}$$

式中　E——弹性介质的弹性模量，kPa；

$\frac{p}{s}$——$p—s$ 关系直线段的斜率，kN/m^2；

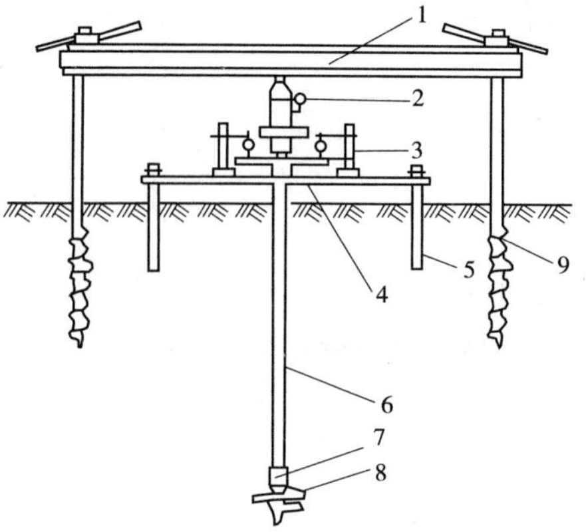

1—横梁;2—千斤顶;3—百分表及表座;4—基准梁;
5—立柱;6—传力杆;7—力传感器;8—螺旋板;9—地锚

图 2-22　YDL 型螺旋板载荷试验装置

r——圆板的半径,m;

α——与土的泊松比 μ 有关的影响系数,无量纲。

当假设土—板界面为完全黏结(粗糙)时:

$$\alpha = \frac{\pi}{4} \times \frac{(3-4\mu)(1+\mu)}{4(1-\mu)} \tag{2-33}$$

当假设土—板界面完全光滑时:

$$\alpha = \frac{(3-4\mu)(1+\mu)+(1-\frac{\pi}{4})(1-2\mu)^2}{4(1-\mu)} \tag{2-34}$$

根据螺旋板载荷试验,除了可以评价地基土的承载力,螺旋板载荷试验和深层平板载荷试验的变形模量可按下式计算:

$$E_0 = \omega \frac{pb}{s} \tag{2-35}$$

式中　ω——与试验深度和土类有关的系数,可以按表 2-10 选用;

b——承压板或螺旋板直径;

其他符号含义同上。

表 2-10　深层螺旋板载荷试验计算系数 ω

b/z	土类				
	碎石土	砂土	粉土	粉质黏土	黏土
0.30	0.477	0.489	0.491	0.515	0.524
0.25	0.469	0.480	0.482	0.506	0.514
0.20	0.460	0.471	0.474	0.497	0.505
0.15	0.444	0.454	0.457	0.479	0.487
0.10	0.435	0.446	0.448	0.470	0.478
0.05	0.427	0.437	0.439	0.461	0.468
0.01	0.418	0.429	0.431	0.452	0.459

注:b/z 为承压板直径与承压板底面深度之比。

利用螺旋板载荷试验的 p—s 曲线确定各个特征压力后,同样可以评价地基土的承载力。国内外的研究结果表明,可用极限压力 p_u 估算地基土的不排水抗剪强度 c_u。例如,基于实践经验,华东电力设计院提出软黏土的不排水抗剪强度 c_u 可根据等沉降速率法螺旋板载荷试验确定的极限承载力 p_u 按下式计算:

$$c_u = \frac{p_u - \gamma h}{9.0} \tag{2-36}$$

式中　γ——地基土的容重,kN/m^3;

h——试验深度，m。

第九节 静力触探试验

一、概述

静力触探试验（Static Cone Penetration Test 简称 CPT）是利用准静力以恒定的贯入速率将一定规格和形状的圆锥探头通过一系列探杆压入土中，同时测记贯入过程中探头所受到的阻力，根据测得的贯入阻力大小来间接判定土的物理力学性质的现场试验方法。

静力触探包括了孔压静力触探试验结果，结合地区经验，可用于土类定名，并划分土层的界面，评定地基土的物理、力学、渗透性质的相关参数，确定地基承载力，确定单桩极限承载力，判定地基土液化的可能性。

静力触探试验适应于软土、黏性土、粉土、砂类土和含有少量碎石的土层。

二、试验所需仪器设备

静力触探仪包括触探主机、反力装置、探杆、量测仪器等，仪器的量程、准确度及其他仪器设备可参阅《土工试验规程　静力触探试验》（SL 237—046—1999）。仪器设备依据相应的检定规程进行检定和校准。试验贯入装置见图 2-23。

三、试验步骤

在静力触探试验工作之前，应注意搜集场区既有的工程地质资料，根据地质复杂程度及区域稳定性，结合建筑物平面布置、工程性质等条件确定触探孔位、深度，选择使用的探头类型和触探设备。

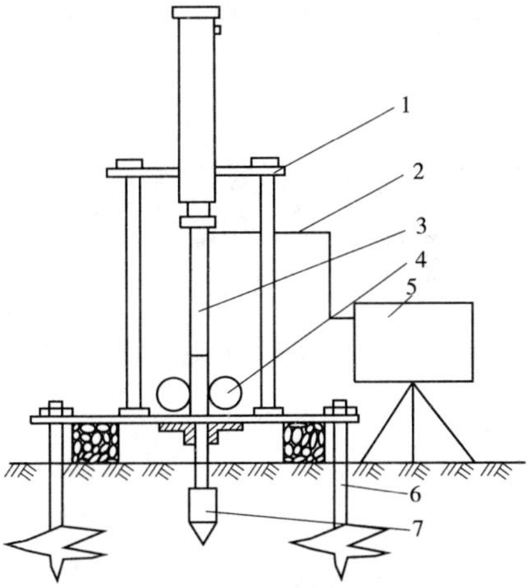

1—触探主机；2—导线；3—探杆；4—深度转换装置；5—测量记录仪；6—反力装置；7—探头

图 2-23　贯入装置示意图

（1）平整试验场地，设置反力装置。将触探主机对准孔位，调平机座（用分度值为 1 mm 的水准尺校准），并紧固在反力装置上。

（2）将已穿入探杆内的传感器引线按要求接到量测仪器上，打开电源开关，预热并调试到正常工作状态。

（3）贯入前应试压探头，检查顶柱、锥头、摩擦筒等部件工作是否正常。当测孔隙压力时，应使孔压传感器透水面饱和。正常后将连接探头的探杆插入导向器内，调整垂直并紧固导向装置，必须保证探头垂直贯入土中。启动动力设备并调整到正常工作状态。

（4）采用自动记录仪时，应安装深度转换装置，并检查卷纸机构运转是否正常；采用电阻应变仪或数字测力仪时，应设置深度标尺。

(5)将探头按(1.2 ±0.3) m/min 匀速贯入土中0.5 ~1.0 m(冬季应超过冻结线),然后稍许提升,使探头传感器处于不受力状态。待探头温度与地温平衡后(仪器零位基本稳定),将仪器调零或记录初读数,即可进行正常贯入。在深度6 m 内,一般每贯入1 ~2 m应提升探头检查温漂并调零;6 m 以下每贯入5 ~10 m 应提升探头检查回零情况,当出现异常时,应检查原因并及时处理。

(6)贯入过程中,当采用自动记录时,应根据贯入阻力大小合理选用供桥电压,并随时核对,校正深度记录误差,做好记录;使用电阻应变仪或数字测力计时,一般每隔0.1 ~0.2 m 记录读数1 次。

(7)当测定孔隙水压力消散时,应在预定的深度或土层停止贯入,并按适当的时间间隔或自动测读孔隙水压力消散值,直至基本稳定。

(8)当贯入到预定深度或出现下列情况之一时,应停止贯入:①触探主机达到额定贯入力或探头阻力达到最大容许压力;②反力装置失效;③发现探杆弯曲已达到不能容许的程度。

(9)试验结束后应及时起拔探杆,并记录仪器的回零情况。探头拔出后应立即清洗上油,妥善保管,防止探头被暴晒或受冻。

(10)试验数据整理计算。

①原始数据的处理。零点读数:当有零点漂移时,一般在回零段内用线性内插法进行校正,校正值等于读数值减零读数内插值。

记录深度与实际深度有误差时,应按线性内插法进行调整。

②绘制触探曲线。对于单桥探头,只需要绘制 p_s—h 曲线;对于双桥探头,要绘制的触探曲线包括 q_c—h 曲线、f_s—h 曲线和 R_f—h 曲线;在孔压静力触探试验中,除了双桥静力触探试验曲线外,还要绘制 u_2—h 曲线,最好采用修正后的锥尖阻力 q_t 和侧壁摩阻力 f_t 来绘制触探曲线,并结合钻探资料附上钻孔柱状图,如图2-24 所示。由于贯入停顿间歇,曲线会出现喇叭口或尖峰,在绘制静探曲线时,应加以圆滑修正。

如果在试验中做了孔压消散试验,还要绘制归一化超孔压随时间的变化曲线,即 $\overline{U}$—lg$t$ 曲线。其中,$\overline{U}$ 按下式计算:

$$\overline{U} = \frac{u_t - u_w}{u_2 - u_w} \tag{2-37}$$

式中 $\overline{U}$——归一化的超孔压,kPa;

u_t——消散至某时刻 t 的孔压值,kPa;

u_w——原位静止孔压,kPa;

u_2——消散试验孔压初始值,kPa。

以 $\overline{U}$ 为纵轴、时间 t 的对数 lg$t$ 为横轴绘制的归一化超孔压消散曲线 $\overline{U}$—lg$t$ 见图2-25。

CPT/CPTU 作为原位测试手段之一,其主要目的是为岩土工程设计提供设计参数,在解决一系列岩土工程问题中发挥作用。表2-11 概括了 CPT/CPTU 的直接应用领域,表中的可靠性打分(Rating)是基于目前在不同土类和设计问题的应用经验做出的,可以作为

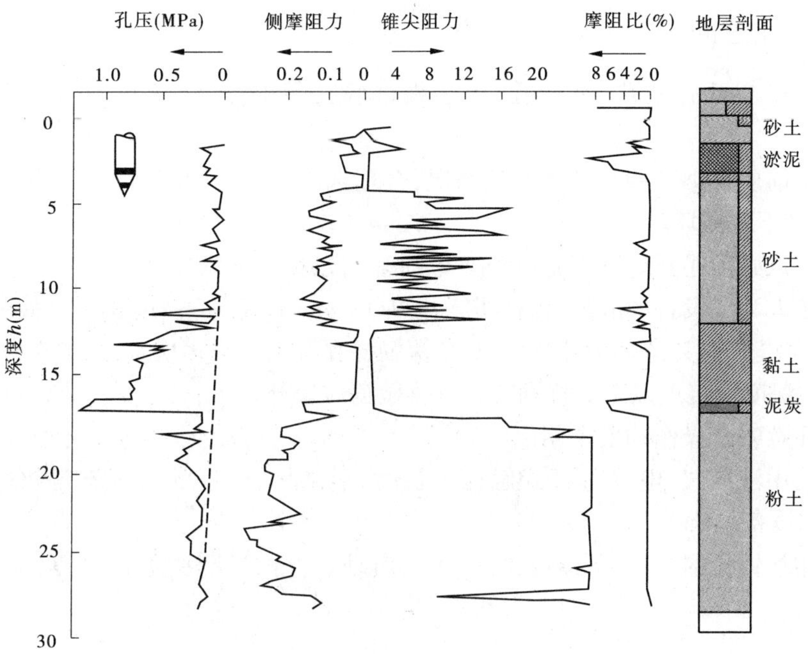

图 2-24　静力触探试验曲线与钻孔柱状图

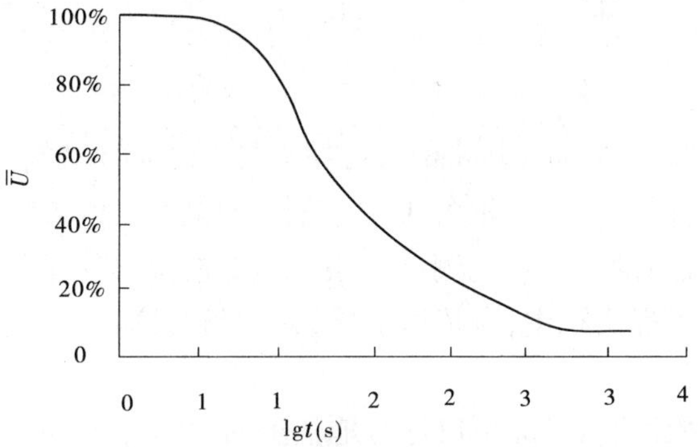

图 2-25　归一化超孔压消散曲线

参考。在下面的章节中将分类介绍 CPT/CPTU 成果在岩土工程领域的直接应用。

表 2-11　已有的 CPT/CPTU 成果直接应用领域的可靠性打分

土类	桩基设计	承载力计算	沉降计算	压实度控制	液化评价
砂土	1 ~ 2	1 ~ 2	2 ~ 3	1 ~ 2	1 ~ 2
黏土	1 ~ 2	1 ~ 2	3 ~ 4	3 ~ 4	
中间土类	1 ~ 2	2 ~ 3	3 ~ 4	2 ~ 3	

注:可靠性打分:1 代表高,2 代表高 - 中等,3 代表中等,4 代表中 - 低。

四、试验注意问题

(1)试验点与已有钻孔、触探孔、十字板试验孔等的距离,建议不小于 20 倍已有孔径。

(2)试验前应根据试验场地的地质情况,合理选用探头,使其在贯入过程中仪器的灵敏度较高而又不致损坏。

(3)试验点必须避开地下设施(管道、电缆等),以免发生意外。

(4)由于人为或设备的故障,而使贯入中断 10 min 以上,应及时排除。故障处理后,重新贯入前应提升探头,测记零读数。对超深触探孔分两次或多次贯入,或在钻孔底部进行触探时,在深度衔接点以下的扰动段其测试数据应舍弃。

(5)应注意安全操作和安全用电。

(6)当使用液压式、电动丝杆式触探主机时,活塞杆、丝杆的行程不得超过上、下限位,以免损坏设备。

(7)采用拧锚机时,应待准备就绪后才可启动。拧锚过程中如遇障碍,应立即停机处理。

第十节　圆锥动力触探试验

一、概述

圆锥动力触探试验(Dynamic Penetration Test,简称 DPT)是利用一定的锤击能量,将一定规格的圆锥探头打入土中,根据打入土中的难易程度(贯入阻力或贯入一定深度的锤击数)来判别土的性质的一种现场测试方法。DPT 按锤击能量的不同,划分为轻型、重型和超重型三种。在工程实践中,应根据土层的类型和试验土层的坚硬与密实程度来选择不同类型的试验设备。

根据圆锥动力触探试验指标,可以进行地基土的力学分层,定性评价地基土的均匀性和物理性质(状态、密实度),查明土洞、滑动面、软硬土层界面的位置。利用圆锥动力触探试验成果,并通过建立地区经验,可以评定地基土的强度和变形参数,评定天然地基的承载力,估算单桩承载力。

圆锥动力触探的试验数据通常以打入土中一定深度的锤击数表示,也可用动贯入阻力表示。圆锥动力触探可适应于不同的土类,设备相对简单、操作方便、适应性广,并有连续贯入的特性,但试验误差较大,再现性较差。

二、试验所需仪器设备

动力触探仪器包括落锤、探头和触探杆等,试验检定、校准及其他装置见规范《土工试验规程　动力触探试验》(SL 237—047—1999),试验装置及基本原理如图 2-26 所示,动力触探试验的理想自由落锤能量 E_M 可按式(2-38)计算:

$$E_M = \frac{1}{2}Mv^2 \tag{2-38}$$

式中 M——落锤的质量,kg;

v——锤自由下落碰撞探杆前的速度,m/s。

实际的锤击动能与理想的落锤能量不同,受落锤方式、导杆摩擦、锤击偏心、打头的材质、形状与大小、杆件传输能量的效率等因素的影响,要损失一部分能量,应按式(2-39)或式(2-40)~式(2-42)进行修正:

$$E_p = e_1 e_2 e_3 E_M \tag{2-39}$$

或者近似为

$$E_p \approx 0.60E_M \tag{2-40}$$

平均传至探头的能量,消耗于探头贯入土中所做功,即

$$E_p = \frac{R_d Ah}{N} \tag{2-41}$$

式中 E_p——平均每击传递给圆锥探头的能量,J;

e_1——落锤效率系数,对自由落锤,$e_1 \approx 0.92$;

e_2——能量输入探杆系统的传输效率系数,对于国内通用的大钢探头,$e_2 \approx 0.65$;

e_3——杆长传输能量的效率系数,它随杆长的增大而增大,杆长大于 3 m 时,$e_3 \approx 1.0$;

h——贯入深度;

N——贯入度为 h 的锤击数;

A——探头的截面面积,cm^2;

R_d——探头单位面积的动贯入阻力,J/cm^2。

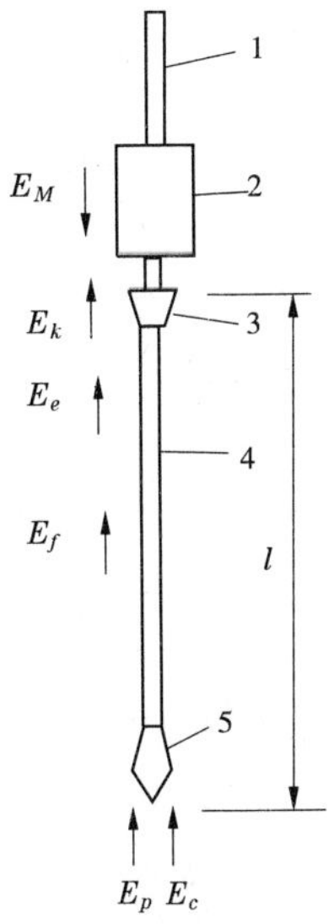

1—导杆;2—重锤;3—锤垫;4—探杆;5—探头

E_M—穿心锤下落能量;

E_K—锤与触探器碰撞时损失的能量;

E_C—触探器弹性变形所消耗的能量;

E_f—贯入时用于克服杆侧壁摩阻力所消耗能量;

E_p—由于土的塑性变形而消耗的能量;

E_e—由于土的弹性变形而消耗的能量

图 2-26 圆锥动力触探能量平衡示意图

$$R_d = \frac{E_p}{A} \times \frac{N}{h} = \frac{E_p}{A_s} \tag{2-42}$$

式中 s——平均每击的贯入度($s = \frac{h}{N}$);

其余符号含义同上。

从式(2-38)、式(2-39)和式(2-42)可以看出:当规定一定的贯入深度(或距离)h,采用一定规格(规定的探头截面、圆锥角和质量)的落锤和规定的落距,那么锤击数 N 的大小就直接反映了动贯入阻力 R_d 的大小,即直接反映被贯入土层的密实程度和力学性质。因此,实践中常采用贯入土层一定深度的锤击数作为圆锥动力触探的试验指标。

仪器的量程、准确度及其他仪器设备可参阅《土工试验规程 动力触探试验》(SL 237—047—1999)。仪器设备依据相应的检定规程进行检定和校准。

三、试验步骤

圆锥动力触探试验的类型，按贯入能力的大小可分为轻型、重型和超重型三种，其规格和适用土类见表2-12。

不同类型的DPT，其设备也有一定的差别，其中重型和超重型差别不大。这里分别介绍轻型和重型圆锥动力触探试验的试验设备和操作方法。

表2-12 圆锥动力触探的规格和适用土类

类型		轻型	重型	超重型
探头规格	直径(mm)	40	74	74
	截面面积(cm^2)	12.6	43	43
	锥角(°)	60	60	60
落锤	锤质量(kg)	10	63.5	120
	落距(cm)	50	76	100
探杆直径(mm)		25	42	50~60
试验指标 N		贯入30 cm击数 N_{10}	贯入10 cm击数 $N_{63.5}$	贯入10 cm击数 N_{120}
主要适用土类		浅部填土、砂土、粉土和黏性土	砂土、中密以下的碎石土和极软岩	密实和很密的碎石土、极软岩、软岩

(一)轻型圆锥动力触探

(1)先用轻便钻具(螺纹钻、洛阳铲等)钻至指定试验深度，然后将探头与探杆放入孔内，保持探杆垂直，探杆的偏斜度不应超过2%，就位后进行锤击贯入试验，贯入30 cm后记录该30 cm的锤击数；再继续向下贯入，记录下一试验深度的锤击数。重复该试验步骤至预定试验深度。在试验过程中为了减少碎土与钻杆之间的阻力，可以用小螺钻预先将碎土取出，然后再就位继续贯入试验。如遇密实坚硬土层，当贯入30 cm所需击数超过100击或贯入15 cm超过50击时，可以停止作业。如果需对下卧地层继续进行试验，可用钻机穿透坚实土层后再继续进行贯入试验。

(2)重锤提升有人力和机械两种方法，将10 kg的锤提升到50 cm高度时，自由落下。锤击频率应控制在15~30击/min。

(3)现场记录，以每贯入30 cm记录其相应锤击数，作为轻型圆锥动力触探的试验指标，当遇到较硬地层，锤击数较高时，也可分段记录，以每贯入10 cm记录一次锤击数，但资料整理时，必须按贯入30 cm所需击数作为指标进行计算。

(4)轻型动力触探的适用范围，主要是一般黏性土、素填土、粉土和粉细砂，连续贯入深度一般不超过4 m。主要用于测试并提供浅基础的地基承载力参数；检验建筑物地基的夯实程度；检验建筑物基槽开挖后，基底以下是否存在软弱下卧层等。

(二)重型圆锥动力触探

(1)试验进行之前,必须对机具设备进行检查,确认各部正常后才能开始工作,机具设备的安装必须稳固,试验时支架不得偏移,所有部件连接处螺纹必须紧固。

(2)试验时,应采取机械或人工的措施,使探杆保持垂直,探杆的偏斜度不应超过2%,重锤沿导杆自由下落,锤击频率 15 ~ 30 击/min。重锤下落时,应注意周围试验人员的人身安全,遵守操作纪律。

(3)在试验过程中,每贯入 1 m,宜将探杆转动一圈半;当贯入深度超过 10 m 时,每贯入 20 cm 宜转动探杆一次,以减少探杆与土层的摩阻力。

(4)在预钻孔内进行作业时,当钻孔直径大于 90 mm,孔深大于 15 m,实测击数大于 8 击/10 cm 时,可下直径不大于 90 mm 的套管,以减小探杆径向晃动。

(5)为保持探杆的垂直度,锤座距孔口的高度不宜超过 1.5 m。

(6)遇到密实或坚硬的土层,当连续三次 $N_{63.5}$ 大于 50 时,可停止试验,或改用超重型动力触探进行试验。

(7)重型动力触探的适用范围,主要是中砂 - 碎石类土,其次是粉细砂及一般黏性土。触探试验深度范围,一般在 1 ~ 16 m。主要用于查明地层在垂直方向和水平方向的均匀程度。

四、试验影响因素和试验指标的修正

影响动力触探的因素很复杂,对有些因素的认识也不完全一致。有些因素通过标准化统一后可得到控制,如机具设备、落锤方式等;但有些因素,如杆长、侧壁摩擦、地下水、上覆压力等,则在试验时是难以控制的。

(一)杆长影响

对杆长的影响,存在不同的看法,我国各个领域的规范或规程也不尽统一。例如《岩土工程勘察规范》(GB 50021—2001),对动力触探试验指标均不进行杆长修正;而有些行业的动力触探规程,如我国铁道部行业标准《铁路工程地质原位测试规程》(TB 10018—2003),仍规定需进行杆长修正。因此,在应用圆锥动力触探试验成果时,应根据建立岩土参数与动力触探指标之间的经验关系式时的具体条件,决定是否对试验指标进行杆长修正。

当需要对实测锤击数进行修正时,对于重型和超重型动力触探,分别采用式(2-43)和式(2-44)对实测锤击数进行修正。表 2-13、表 2-14 分别给出了重型和超重型动力触探试验的杆长修正系数 α_1 和 α_2。

$$N_{63.5} = \alpha_1 N'_{63.5} \tag{2-43}$$

式中 $N_{63.5}$——经修正后的重型圆锥动力触探锤击数;

$N'_{63.5}$——实测重型圆锥动力触探锤击数。

$$N_{120} = \alpha_2 N'_{120} \tag{2-44}$$

式中 N_{120}——经修正后的超重型圆锥动力触探锤击数;

N'_{120}——实测超重型圆锥动力触探锤击数。

(二)杆侧摩擦的影响

探杆侧壁摩擦的影响也很复杂。在有些土层中,特别是软黏土和有机土,侧壁摩擦对击数有重要影响。而对中密 - 密实的砂土,尤其在地下水位以上,由于探头直径比探杆直径稍大,侧壁摩擦是可以忽略的。

一般情况下,重型动力触探深度小于 15 m、超重型动力触探深度小于 20 m 时,可以不考虑杆侧摩擦的影响,如缺乏经验,应采取措施消除杆侧摩擦的影响(如用泥浆),或用用泥浆与不用泥浆进行对比试验来认识杆侧摩擦的影响。

表 2-13　重型圆锥动力触探锤击数修正系数 α_1

杆长(m)	锤击数								
	5	10	15	20	25	30	35	40	≥50
≤2	1.00	1.00	1.00	1.00	1.00	1.00	1.00	1.00	1.00
4	0.98	0.95	0.93	0.92	0.90	0.89	0.87	0.85	0.84
6	0.93	0.90	0.88	0.85	0.86	0.81	0.79	0.78	0.75
8	0.90	0.86	0.88	0.80	0.77	0.75	0.73	0.71	0.67
10	0.88	0.83	0.79	0.75	0.72	0.69	0.67	0.64	0.61
12	0.85	0.79	0.75	0.70	0.67	0.64	0.61	0.59	0.55
14	0.82	0.76	0.71	0.66	0.62	0.58	0.56	0.53	0.50
16	0.79	0.72	0.67	0.62	0.57	0.54	0.51	0.48	0.45
18	0.77	0.70	0.63	0.57	0.53	0.49	0.46	0.43	0.40
20	0.75	0.67	0.59	0.53	0.48	0.44	0.41	0.39	0.36

表 2-14　超重型圆锥动力触探锤击数修正系数 α_2

杆长(m)	锤击数											
	1	2	3	7	9	10	15	20	25	30	35	40
1	1.00	1.00	1.00	1.00	1.00	1.00	1.00	1.00	1.00	1.00	1.00	1.00
2	0.96	0.92	0.91	0.91	0.90	0.90	0.90	0.89	0.88	0.88	0.88	0.88
3	0.94	0.88	0.85	0.85	0.85	0.84	0.84	0.83	0.82	0.82	0.81	0.81
5	0.92	0.82	0.79	0.78	0.77	0.77	0.76	0.75	0.74	0.73	0.73	0.72
7	0.90	0.78	0.75	0.74	0.73	0.72	0.71	0.70	0.69	0.68	0.67	0.66
9	0.88	0.75	0.72	0.70	0.69	0.68	0.67	0.66	0.64	0.63	0.62	0.62
11	0.87	0.73	0.69	0.67	0.66	0.66	0.64	0.62	0.61	0.60	0.59	0.58
13	0.86	0.71	0.67	0.65	0.63	0.63	0.61	0.60	0.58	0.57	0.58	0.55
15	0.86	0.69	0.65	0.63	0.62	0.61	0.59	0.58	0.56	0.55	0.54	0.53
17	0.85	0.68	0.63	0.61	0.60	0.60	0.57	0.56	0.54	0.53	0.52	0.50
19	0.84	0.66	0.62	0.60	0.59	0.58	0.56	0.54	0.52	0.51	0.50	0.49

（三）上覆压力的影响

通过室内试验槽和三轴标定箱的试验研究，认为上覆压力对触探贯入阻力的影响是显著的。但对于一定相对密度的砂土，上覆压力对圆锥动力触探试验结果存在一个“临界深度”，即锤击数在此深度范围内随着贯入深度的增加而增大，超过此深度后，锤击数趋于稳定值，增加率减小，并且临界深度随着相对密度和探头直径的增加而增大。

对于一定粒度组成的砂土，动力触探击数 N 与相对密度 D_r，和有效上覆压力 σ'_v 间存在一定的相关关系，即

$$\frac{N}{D_r^2} = a + b\sigma'_v \tag{2-45}$$

式中　a、b——经验系数，随砂土的粒度组成变化。

五、试验资料的整理分析及工程应用

（一）试验资料的整理分析

圆锥动力触探试验资料的整理包括绘制试验击数随深度的变化曲线、结合钻探资料进行土层划分和计算单孔与场地各土层的平均贯入击数。

1. 绘制动力触探 N—h 或 N'—h 曲线图

根据不同的国家或行业标准，对圆锥动力触探试验结果（实测锤击数）目前存在进行修正和不进行修正两种。但无论是采用实测值还是修正值，资料整理方法相同。如图 2-27 所示，以实测锤击数 N' 或经杆长校正后的击数 N 为横坐标，贯入深度为纵坐标绘制 N—h 或 N'—h 曲线图。对轻型动力触探按每贯入 30 cm 的击数绘制 N_{10}—h 曲线；重型动力触探每贯入 10 cm 的击数绘制 $N_{63.5}$—h 或 $N'_{63.5}$—h 曲线。

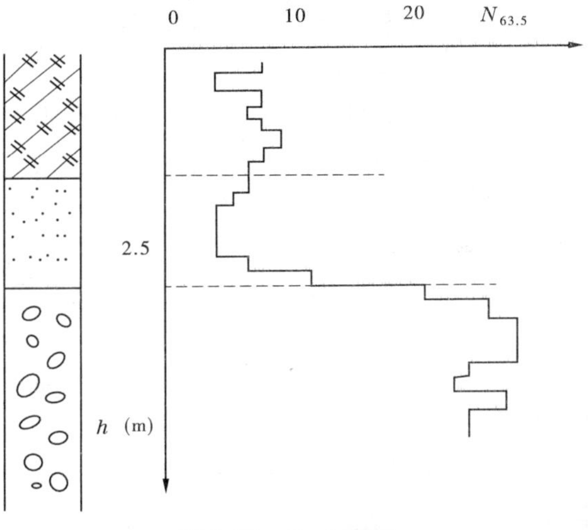

图 2-27　N—h 曲线

2. 划分土层界线

为了在工程勘察中有效地应用动力触探试验资料，在评价地基土的工程性质时，应结合勘察场地的地质资料对地基土进行力学分层。划分力学分层的原则：土层界限的划分要考虑动贯入阻力在土层变化附近的“超前”反应。当探头从软层进入硬层或从硬层进入软层，均有“超前”反应。所谓“超前”，即探头尚未实际进入下面土层之前，动贯入阻力就已“感知”土层的变化，提前变大或变小。反应的范围约为探头直径的 2 ~ 3 倍。因此，在划分土层时，当由软层（小击数）进入硬层（大击数）时，分层界线可选在软层最后一个小值点以下 2 ~ 3 倍探头直径处；由硬层进入软层时，分层界线可定在软层第一个小值点以上 2 ~ 3 倍探头直径处。

3. 计算各层的击数平均值

首先按单孔统计各层动贯入指标平均值，统计时，应剔除个别异常点，且不包括“超

前”和“滞后”范围的测试点。然后根据各孔分层贯入指标平均值,用厚度加权平均法计算场地分层贯入指标平均值和变异系数。以每层土的贯入指标加权平均值,作为分析研究土层工程性能的依据。

4. 成果分析

利用圆锥动力触探试验成果,不仅可以用于定性评定场地地基土的均匀性、确定软弱土层和坚硬土层的分布,还可以定量地评定地基土的状态或密实度,估算地基土的力学性质。

(二)试验成果的工程应用

圆锥动力触探试验成果的工程应用,包括评定天然地基的承载力、评定单桩承载力和检验地基土的加固效果。关于圆锥动力触探在地基土加固效果检验中的应用,由于其与标准贯入试验的应用相似,将在标准贯入试验一章中详细论述。

1. 评定地基土的状态或密实程度

根据我国《建筑地基基础设计规范》(GBJ 50007—2002),可采用重型圆锥动力触探的锤击数 $N_{63.5}$ 评定碎石土的密实度,见表 2-15。

表 2-15　碎石土的密实度

锤击数 $N_{63.5}$	密实度	锤击数 $N_{63.5}$	密实度
$N_{63.5} \leqslant 5$	松散	$10 < N_{63.5} \leqslant 20$	中密
$5 < N_{63.5} \leqslant 10$	稍密	$N_{63.5} > 20$	密实

注:①本表适用于平均粒径≤50 mm 且最大粒径不超过 100 mm 的卵石、碎石、圆砾、角砾。
②表中 $N_{63.5}$ 为按式(2-43)综合修正后的平均值。

2. 确定地基土的承载力与变形模量

利用动力触探的试验成果评价地基的承载力和变形模量,主要是依靠当地的经验积累,以及在经验基础上建立的统计关系式(或者以表格的形式给出)。我国原《建筑地基基础设计规范》(GBJ 7—89)曾以附表的形式给出采用动力触探锤击数估算地基土承载力基本值的有关成果,但在新的《建筑地基基础设计规范》(GBJ 50007—2002)中,删去了这些表格。其主要原因在于部分地区的经验难以适应我国各个地区,或者无法用一个经验关系式来概括不同地区的经验和成果。下面的经验表格主要参考原《建筑地基基础设计规范》(GBJ 7—89)和《岩土工程手册》(1994),在进行实际应用时,读者应当结合当地实践经验。

(1)可利用轻型动力触探指标 N_{10} 估计黏性土和素填土的承载力标准值,见表 2-16 和表 2-17。

表 2-16　N_{10} 与黏性土承载力标准值 f_k 的关系

N_{10}	15	20	25	30
f_k(kPa)	105	145	190	230

表 2-17　N_{10} 与素填土承载力标准值 f_k 的关系

N_{10}	10	20	30	40
f_k(kPa)	85	115	135	160

（2）根据北京市地区经验，N_{10}与地基土承载力标准值见表 2-18。

表 2-18　N_{10}与地基土的承载力标准值f_k(kPa)、变形模量E_0(MPa)的关系

轻便触探击数		8	10	15	20	25	30	35
填土（亚黏土）	f_k	75 75～85	85 75～90	95 85～100	105 95～130	115 105～125	130 130～140	140 130～150
	E_0	6	7	9	10	12	14	16
变质炉灰	f_k	65 65～70	70 65～75	80 75～100	90 80～100	100 90～110		
	E_0	6.5	7.5	9	11	13		
一般第四纪黏性土	f_k				125 105～140	145 120～165	160 140～180	180 160～210
	E_0				10	11.5	13.5	16
新近沉积黏性土	f_k	60 70	70 80	95 110	120 140	130 170		
	E_0	3	4	7	10	14		
粉、细砂轻亚黏土	f_k						140	35
	E_0						3	17
轻便触探击数		40	45	50	60	70	80	90
填土（亚黏土）	f_k	155 140～170	165 30～180	180 160～195				
	E_0	18	20	22				
变质炉灰	f_k							
	E_0							
一般第四纪黏性土	f_k	200 170～235	220 190～250	240 210～270	280 240～310	320 270～360	360 300～460	400 340～485
	E_0	18.5	21	23.5	28.5	33.5	38.5	43.5
新近沉积黏性土	f_k							
	E_0							
粉、细砂轻亚黏土	f_k	175	190	200	240	270	305	340
	E_0	21	24	25	33	38	44	50

注：①本表应考虑季节性温度变化对击数的影响，按不利条件取用。

②处于饱和状态或地下水有可能上升到持力层以内时，粉细砂及轻亚黏土应按表列数值减小 20%。

③f_k 系数按基础宽小于 3 m、基础埋深小于 0.5 m 的条件确定的。

(3)对中、粗、砾砂可参考表2-19评定地基承载力f_k。

表2-19 砾、粗、中砂的$N_{63.5}$与容许承载力f_k关系

$N_{63.5}$	3	4	5	6	8	10
f_k(kPa)	120	150	200	240	320	400

(4)对碎石土可参考表2-20评定地基承载力f_k。

表2-20 碎石土的$N_{63.5}$与容许承载力f_k关系

$N_{63.5}$	3	4	5	6	8	10	12
f_k(kPa)	140	170	200	240	320	400	480

3. 确定单桩承载力标准值R_k

沈阳市桩基础试验研究小组通过对沈阳地区$N_{63.5}$与桩的载荷试验的统计分析，得以下经验关系：

$$R_k = \alpha\sqrt{\frac{Lh}{s_p s}} \tag{2-46}$$

式中 R_k——单桩承载力标准值，kN；

L——桩长，m；

h——桩进入持力层的深度，m；

s_p——桩最后10击的平均每击贯入深度，cm；

s——在桩尖以上10 cm深度内修正后的重型动力触探平均每击贯入度，cm；

α——经验系数，按表2-21取用。

表2-21 经验系数α

桩类型	打桩机型号	持力层情况	α
桩管ϕ320 mm 打入式灌注桩	D_1-1200	中、粗砂	150
	D_1-1800	圆砾、卵石	200
预制混凝土打入桩 300 mm×300 mm	D_2-1800	中、粗砂	100
	D_2-1800	圆砾、卵石	200

4. 工程实例

某小区7层住宅楼拟建场地，原有暗河东西向穿过，河底最深约3 m，最宽约12 m。设计采用换土垫层后再采用静压预制桩作基础。施工单位将原暗河部位杂填土及淤泥挖除后以3∶7灰土分层碾压，回填至基底标高。每层以压路机来回碾压数遍。设计要求回填土承载力标准值为120 kPa。轻便动力触探试验检测结果见表2-22。

轻型动力触探检测结果表明，压实灰土的承载力满足设计要求，大于120 kPa。

表 2-22　压实灰土 N_{10} 检测结果

深度(m)	0～0.3	0.3～0.6	0.6～0.9	0.9～1.2	1.2～1.5
N_{10}	52	64	79	55	68
深度(m)	1.5～1.8	1.8～2.1	2.1～2.4	2.4～2.7	2.7～3.0
N_{10}	83	94	68	61	64

第十一节　标准贯入试验

一、概述

标准贯入试验(Standard Penetration Test,简称 SPT)是一种在现场用 63.5 kg 的穿心锤,以 76 cm 的落距自由落下,将一定规格的带有小型取土筒的标准贯入器打入土中,记录打入 30 cm 的锤击数(即标准贯入击数 N),并以此评价土的工程性质的原位试验。

标准贯入试验实际上仍属于动力触探范畴,所不同的是,其贯入器不是圆锥探头,而是标准规格的圆筒形探头(由两个半圆筒合成的取土器,见图 2-28)。通过标准贯入试验,从贯入器中还可以取得该试验深度的土样,可对土层进行直接观察,利用扰动土样可以进行与鉴别土类有关的试验。与圆锥动力触探试验相似,标准贯入试验并不能直接测定地基土的物理力学性质,而是通过与其他原位测试手段或室内试验成果进行对比,建立关系式,积累地区经验,才能用于评定地基土的物理力学性质。

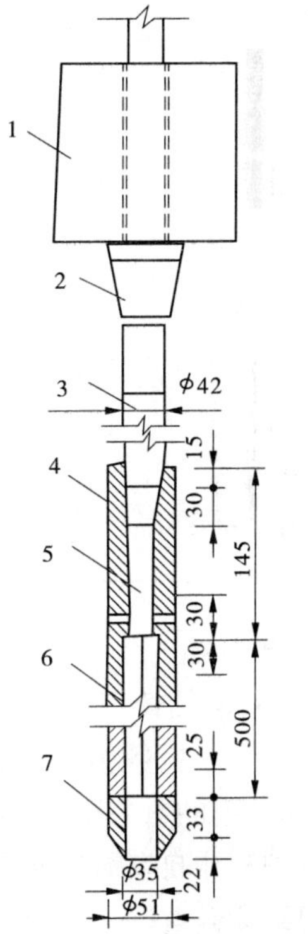

1—穿心锤;2—锤垫;3—触探杆;4—贯入器;5—出水孔;6—对开管;7—贯入器靴

图 2-28　标准贯入试验设备　(单位:mm)

利用标准贯入试验指标 N,结合地区经验,可用于评价地基土的物理状态,评价地基土的力学性能参数,计算天然地基的承载力,计算单桩的极限承载力及对场地成桩的可能性作出评价,评价场地砂土和粉土的液化可能性及等级。

标准贯入试验操作简单,地层适应性广,对不易钻探取样的砂土和砂质粉土尤为适用,当土中含有较大碎石时使用受限制。标准贯入试验的缺点是离散性比较大,故只能粗略地评定土的工程性质。

二、标准贯入试验的试验设备

标准贯入试验设备原先并无标准,各国和不同地区采用的各部件的规格有差异。国际土力学与基础工程协会(ICSMFE)于1957年成立专门委员会开展研究工作,以解决标准贯入试验的标准化问题,于1988年向第一届国际触探试验会议提出标准贯入试验国际标准建议稿,并于1989年获得通过,开始执行。

标准贯入试验设备主要由贯入器、触探杆(钻杆)和穿心锤三部分组成。如图2-28所示。

(一)贯入器

标准规格的贯入器由对开管和管靴两部分组成探头,对开管是由两个半圆管合成的圆筒型取土器;管靴是一个底端带刃口的圆筒体。二者通过螺纹连接,管靴起到固定对开管的作用。贯入器的外径、内径、壁厚、刃角与长度见表2-23。

表2-23 标准贯入试验设备

<table>
<tr><td colspan="2" rowspan="2">落锤</td><td>锤的质量(kg)</td><td>63.5</td></tr>
<tr><td>落距(mm)</td><td>76</td></tr>
<tr><td rowspan="6">贯入器</td><td rowspan="3">对开管</td><td>长度(mm)</td><td>>500</td></tr>
<tr><td>外径(mm)</td><td>51</td></tr>
<tr><td>内径(mm)</td><td>35</td></tr>
<tr><td rowspan="3">管靴</td><td>长度(mm)</td><td>50~76</td></tr>
<tr><td>刃口角度(°)</td><td>18~20</td></tr>
<tr><td>刃口单刃厚度(mm)</td><td>2.5</td></tr>
<tr><td colspan="2" rowspan="2">触探杆</td><td>直径</td><td>42</td></tr>
<tr><td>相对弯曲</td><td><1/1 000</td></tr>
</table>

(二)穿心锤

重63.5 kg的铸钢件,中间有一直径45 mm的穿心孔,此孔为放导向杆用。国际、国内的穿心锤除了重量相同外,锥型不完全统一。有直筒型或上小下大的锤型,甚至套筒型,因此穿心锤的重心不一样,其与钻杆的摩擦也不一。落锤能量受落距控制,落锤方式有自动脱钩和非自动脱钩两种。目前,国内外已普遍使用自动脱钩装置,但国际上仍有采用手拉钢索提升落锤。

(三)触探杆

国际上多用直径大于445 mm的无缝钢管,我国则常用直径为2 mm的工程地质钻杆做触探杆,在与穿心锤连接处设置一锤垫。我国目前采用的标准贯入试验设备与国际标准一致,各设备部件应符合表2-23的规定。

仪器的量程、准确度及其他仪器设备可参阅《土工试验规程　标准贯入试验》(SL 237—045—1999)。仪器设备依据相应的检定规程进行检定和校准。

三、试验技术要求与步骤

标准贯入试验需与钻探配合,以钻机设备为基础。按以下技术要求和试验步骤进行:

(1)标准贯入试验孔采用回转钻进,并保持孔内水位略高于地下水水位。

(2)先钻进至需要进行标准贯入试验位置的土层标高以上 15 cm 处,清孔后换用标准贯入器,并测量深度。

(3)采用自动脱钩的自由锤击法进行标准贯入试验,并减少导向杆与锤之间的摩擦阻力。试验过程中应避免锤击时偏心和晃动,保持贯入器、探杆、导向杆连接后的垂直度。

(4)将贯入器垂直打入试验土层中,锤击速率应小于 30 击/min。先打入 15 cm 不计锤击数,继续贯入土中 30 cm,记录其锤击数,此击数即为标准贯入击数 N。

若遇比较厚实的砂层,贯入不足 30 cm 的锤击数已超过 50 击时,应终止试验,并记录实际贯入深度 ΔS(cm)和累计击数 n,按下式换算成贯入 30 cm 的锤击数 N:

$$N = \frac{30n}{\Delta S}$$

(5)提出贯入器,将贯入器中土样取出进行鉴别描述,并记录,然后换以钻具继续钻进,至下一需要进行试验的深度,再重复上述操作。一般每隔 1.0 ~2.0 m 进行一次试验。

(6)在不能保持孔壁稳定的钻孔中进行试验时,应下套管以保护孔壁稳定或采用泥浆进行护壁。

四、试验资料整理分析

(一)原始数据修正

1. 杆长修正

与圆锥动力触探相同,关于试验成果杆长修正问题,国内外的意见并不一致,在建立标准贯入击数 N 与其他原位测试或室内试验指标的经验关系式时,对实测值是否修正和如何修正也不统一,因此在应用标准贯入试验成果时,需要特别注意,应根据建立统计关系式时的具体情形来决定是否对实测锤击数进行修正。因此,在勘察报告中,对于所提供的标准贯入锤击数应注明是否已进行了杆长修正。

如我国原《建筑地基基础设计规范》(GBJ 7—89)规定,标准贯入试验的最大深度不宜超过 21 m,当试验深度大于 3 m 时,实测锤击数 N'需按式(2-47)进行杆长度修正:

$$N = \alpha N' \tag{2-47}$$

式中 α——修正系数,按表 2-24 取值。

表 2-24 触探杆长度修正系数 α

触探杆长度(m)	≤3	6	9	12	15	18	21
α	1.00	0.92	0.86	0.81	0.77	0.73	0.70

表 2-24 中的 α 值是根据牛顿弹性碰撞理论计算而得,并非实测值,与实际情况不一定符合。关于试验深度限制在 21 m 以内,也主要是由于历史原因造成的。目前,在实际

工程勘察中，标准贯入试验的试验深度最大已超过 100 m，试验成果（N 值）仍能较好地反映土层的物理力学性质的变化。可见只要操作得当，并没发现锤击能量随着杆长增加而被吸收的情形。因此，在实际工程应用中，更趋向提供实测的锤击数，而不是修正值，以利于直观地对土层进行评价。

2. 上覆压力修正

有些研究者认为，应考虑试验深度处土的围压对试验成果的影响，认为随着土层中上覆压力增大，标准贯入试验锤击数相应地增大，应采用式(2-48)进行修正：

$$N_1 = c_N N \tag{2-48}$$

式中 N——实测标准贯入试验击数；

N_1——修正为上覆压力 $\sigma'_{v0}=100$ kPa 的标准贯入试验击数；

c_N——上覆压力修正系数(见表 2-25)。

表 2-25 上覆压力修正系数 c_N

提出者及年代	c_N
Gibb 和 Holtz(1957)	$c_N=\dfrac{39}{0.23\sigma'_{v0}+16}$
Peck 等(1974)	$c_N=0.77\lg\left(\dfrac{2\ 000}{\sigma'_{v0}}\right)$
Seed 等(1983)	$c_N=1-1.25\lg\left(\dfrac{\sigma'_{v0}}{100}\right)$
Skempton(1986)	$c_N=\dfrac{55}{0.28\sigma'_{v0}+27}$ 或 $c_N=\dfrac{75}{0.27\sigma'_{v0}+48}$

注：表中 σ'_{v0} 是有效上覆压力，以 kPa 计。

（二）试验成果整理

(1)标准贯入试验成果整理时，试验资料应当齐全，包括钻孔孔径、钻进方式、护孔方式、落锤方式、地下水位及孔内水位(或泥浆高程)、初始贯入度、预打击数、试验标准贯击数，以及记录深度、贯入器所取扰动土样的鉴别描述。若做过锤击能量标定试验，应有 $F(t)$—t 曲线。

(2)绘制标准贯入锤击数 N 与深度的关系曲线，可以在工程地质剖面图上，在进行标准贯入试验的试验点深度处标出标准贯入锤击数 N 值，也可以单独绘制标准贯入锤击数 N 与试验点深度的关系曲线(折线)。作为勘察资料时，对 N 值不必进行杆长、上覆压力等修正。

(3)结合钻探资料及其他原位试验结果，依据 N 值在深度上的变化，对地基土进行分层，对各土层的 N 值进行统计。统计时，需要剔除个别异常值。

五、标准贯入试验成果分析及工程实例

通过对标准贯入试验成果的统计分析，利用已经建立的关系式和当地工程经验，可对

砂土、粉土、黏性土的物理状态，土的强度、变形性质指标作出定性或定量的评价。在应用标准贯入锤击数 N 的经验关系评定地基土的参数时，要注意作为统计依据的 N 值是否做过有关修正。

（一）评定砂土的相对密度 D_r 和密实状态

（1）评定砂土的密实度。根据标准贯入试验锤击数 N，可按表 2-26 评价砂土的密实度。

表 2-26　砂土的密实度

标准贯入试验锤击数 N	砂土的密实度	标准贯入试验锤击数 N	砂土的密实度
$N \leqslant 10$	松散	$15 < N \leqslant 30$	中密
$10 < N \leqslant 15$	稍密	$N > 30$	密实

（2）建设部综合勘察研究院研究提出的 $N—D_r—\sigma'_{v0}$ 关系如图 2-29 所示，根据标准贯入试验锤击数和试验点深度，利用该图可以查得砂土的相对密实度 D_r。

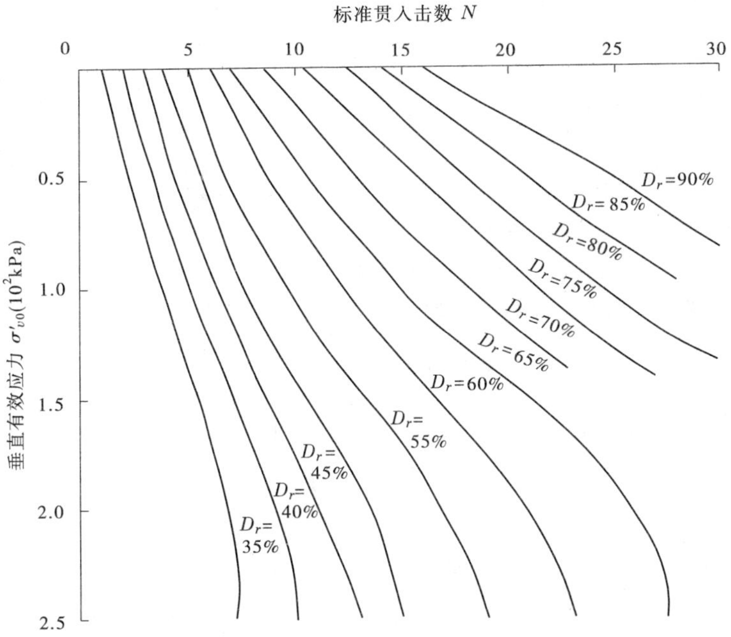

图 2-29　标准贯入击数与土的相对密度 D_r 和上覆压力（垂直有效应力）σ'_{v0} 的关系

（二）评定黏性土的稠度状态

（1）Terzaghi 和 Peck（1948）提出了标准贯入试验锤击数 N 与稠度状态关系，见表 2-27。

表 2-27　黏性土 N 与稠度状态关系

N	<2	2~4	4~8	8~15	15~30	>30
稠度状态	极软	软	中等	硬	很硬	坚硬
q_u（kPa）	<25	25~50	50~100	100~200	200~400	>400

（2）国内的研究人员根据149组标准贯入试验锤击数与黏性土液性指数资料，经统计分析得到二者的经验关系，如表2-28所示。

表2-28　N与液性指数I_L的经验关系

N	<2	2~4	4~7	7~18	18~35	>35
I_L	>1	1~0.75	0.75~0.5	0.5~0.25	0.25~0	<0
稠度状态	流动	软塑	软可塑	硬可塑	硬塑	坚硬

（三）评定土的强度指标

采用标准贯入试验成果，可以评定砂土的内摩擦角φ和黏性土的不排水抗剪强度c_u。国内外对此已经进行了大量的研究，得出了多种经验关系式。但是，标准贯入试验锤击数与土性指标（下文的砂土和黏性土强度与变形指标）之间的统计关系式同样具有地区特征，不应照抄照搬。使用以下的经验关系式时应与当地的地区经验相结合。

（1）采用标准贯入试验锤击数N评价砂土的内摩擦角，Gibb和Holtz（1957）的经验关系为

$$N = 4.0 + 0.015\frac{2.4}{\tan\varphi}\left[\tan^2\left(\frac{\pi}{4}+\frac{\varphi}{2}\right)e^{\pi\tan\varphi} - 1\right] + \sigma'_{v0}\tan^2\left(\frac{\pi}{4}+\frac{\varphi}{2}\right)e^{\pi\tan\varphi} \pm 8.7 \tag{2-49}$$

式中　σ'_{v0}——上覆压力，t/m^2。

（2）Wolff（1989）的经验关系为

$$\varphi = 27.1 + 0.3N_1 - 0.000\,54\,N_1^{\,2} \tag{2-50}$$

式中　N_1——上覆压力修正后的锤击数，采用Peck等的修正关系，即

$$N_1 = 0.771\lg\left(\frac{2\,000}{\sigma'_{v0}}\right)N \tag{2-51}$$

（3）Peck的经验关系为

$$\varphi = 0.3N + 27 \tag{2-52}$$

（4）Meyerhof的经验关系为

当$4 \leqslant N \leqslant 10$时
$$\varphi = \frac{5}{6}N + 26\frac{2}{3} \tag{2-53}$$

当$N > 10$时
$$\varphi = \frac{1}{4}N + 32\frac{1}{2} \tag{2-54}$$

将式（2-53）和式（2-54）用于粉砂时应减5°，用于粗、砾砂应加5°。

（5）根据标准贯入试验锤击数N评定黏性土的不排水抗剪强度c_u，Terzaghi和Peck的经验关系式为

$$c_u = (6.0 \sim 6.5)N \tag{2-55}$$

（6）新加坡的张明芳给出的标准贯入试验锤击数N与花岗岩残积土的不排水抗剪强度c_u之间的经验关系式为

$$c_u = (5 \sim 6)N \tag{2-56}$$

（四）评定土的变形参数（E_0或E_s）

（1）希腊的Schultze和Menzenbach提出的基于标准贯入试验锤击数估计压缩模量的

经验关系为

当 $N \geqslant 15$ 时

$$E_s = 4.0 + \beta(N - 6) \tag{2-57}$$

当 $N < 15$ 时

$$E_s = \beta(N + 6) \tag{2-58}$$

式中 E_s——压缩模量，MPa；

β——经验系数，见表 2-29。

表 2-29 不同土类的经验系数 β 值

土类	含砂粉土	细砂	中砂	粗砂	含硬砂土	含砾砂土
β	0.3	0.35	0.45	0.7	1.0	1.2

或者采用下式：

$$E_s = \alpha + \beta N \tag{2-59}$$

式中 α、β——经验系数，见表 2-30。

表 2-30 不同土类的 α 和 β 值

土类	细砂		砂土	黏质砂土	砂质黏土	粉砂
	地下水位以上	地下水位以下				
α	5.2	7.1	3.9	4.3	3.8	2.4
β	0.33	0.49	0.45	1.18	1.05	0.53

(2)国内一些勘察设计单位根据标准贯入试验成果建立的评定土的变形参数的经验关系式见表 2-31。

表 2-31 N 与 E_0、E_s 的经验关系

单位	关系式	适用土类
冶金部武汉勘察公司	$E_s = 1.04N + 4.89$	中南、华东地区黏性土
湖北省水利电力勘察设计院	$E_0 = 1.066N + 7.431$	黏性土、粉土
武汉城市规划设计院	$E_0 = 1.41N + 2.62$	武汉地区黏性土、粉土
西南综合勘察设计院	$E_s = 0.276N + 10.22$	唐山粉细砂

(五)试验成果的工程应用

标准贯入试验在国内外工程设计中已得到了十分广泛的应用，但由于标准贯入试验离散性较大，因此在应用中，不应根据单孔的 N 值对土的工程性质进行评价。同样地，在应用标准贯入锤击数 N 的经验关系评定土的有关工程性能时，要注意作为计算依据的 N 值是否做过有关修正。

1. 地基土的液化判别

目前，国内外用于砂土液化评价的现场试验手段主要有标准贯入试验和静力触探试验两种。我国《建筑抗震设计规范》(GB 50011—2001)中规定，当初步判别认为场地有液化可能，需进一步作液化判别时，应采用标准贯入试验判别地面下 15 m 范围内土的液化；

当采用桩基或埋深大于5 m的深基础时，还需要判别15～20 m范围内砂土和粉土的液化可能性。当饱和砂土和饱和粉土的标准贯入锤击数实测值(未经杆长修正)N小于液化判别标准贯入锤击数N_{cr}时，应判为液化土。

地面下15 m深度范围内液化判别标准贯入锤击数N_{cr}可按下式计算：

$$N_{cr} = N_0[0.9 + 0.1(d_s - d_w)]\sqrt{\frac{3}{\rho_c}} \tag{2-60}$$

而在地面以下15～20 m范围内液化判别标准贯入锤击数N_{cr}按下式计算：

$$N_{cr} = N_0[2.4 - 0.1(d_s - d_w)]\sqrt{\frac{3}{\rho_c}} \tag{2-61}$$

式中 N_0——液化判别标准贯入锤击数基准值，按表2-32采用；

d_s——饱和土标准贯入试验点深度，m；

d_w——地下水位深度，宜按建筑使用期内年平均最高水位或近期内年最高水位采用；

ρ_c——黏粒含量百分率，当小于3或为砂土时，应采用3。

表2-32 标准贯入锤击数基准值N_0

近、远震	设防烈度		
	7	8	9
近震	6	10	4
远震	8	12	—

2. 评定地基土的承载力

(1)与利用动力触探试验成果评价地基土的承载力一样，我国原《建筑地基基础设计规范》(GBJ 7—89)也曾规定，可利用N值确定砂土与黏性土的承载力标准值，见表2-33和表2-34。但在《建筑地基基础设计规范》(GBJ 50007—2002)中，这些经验表格并未纳入。这并不是否认这些经验的使用价值，而是这些经验在全国范围内不具有普遍意义。读者在参考这些表格时应结合当地实践经验。

表2-33 N值与砂土承载力标准值f_k的关系

N		10	15	30	50
f_k (kPa)	中、粗砂	180	250	340	500
	粉、细砂	140	180	250	340

表2-34 N值与黏性土承载力标准值f_k的关系

N	3	5	7	9	11	13	15	17	19	21	23
f_k(kPa)	105	145	190	235	280	325	370	430	515	600	680

注：表2-23及表2-34的N值为人拉锤的测试结果，人拉与自动的锤击数按$N_{(人拉)} = 0.74 + 1.12N_{(自动)}$进行换算。

(2)国内一些勘察设计单位基于当地实践提出的经验公式汇总于表2-35。

表 2-35　国内 N 值与 f_k 的经验关系

单位	f_k(kPa)经验关系	土类	注释
江苏省水利勘察总队	$23.3N$	黏性土、粉土	N 不作杆长修正
冶金部武汉勘察公司	$4.9+35.8N$	中南、华东地区黏性土、粉土	$N=3\sim23$
武汉市建筑规划设计院	$80+20.2N$ $152.6+17.48N$	一般黏性土 老黏性土	$3\leqslant N<18$ $18\leqslant N<22$
铁道部第三勘察设计院	$72+9.4N^{1.2}$ $-212+222N^{0.3}$ $-803+850N^{0.1}$	粉土 粉细砂 中粗砂	
纺织工业部设计院	$\dfrac{N}{0.00308N+0.01504}$ $105+10N$	粉土 细、中砂	
冶金部长沙勘察公司	$360+33.4N$ $387+5.3N$	红土 老黏土	$8\leqslant N\leqslant37$
武汉建筑软弱地基基础设计规定	$14.89+26.05N$ $42.21N-298.8$	武汉地区黏性土	$N<15$ $N>15$

(3)Terzaghi 建议的计算地基承载力(安全系数取 3)的经验关系式为

对于条形基础　$$f_k = 12N \tag{2-62}$$

对于独立方形基础　$$f_k = 15N \tag{2-63}$$

3. 确定单桩承载力

国家岩土工程勘察和地基基础设计规范没有关于利用标准贯入试验结果确定单桩的承载力的规定,但当积累了大量的工程经验后,可以用标准贯击数来估计单桩承载力。例如,北京市勘察设计研究院提出利用如下的经验公式估算单桩承载力:

$$Q_u = p_b A_p + \left(\sum p_{fc} L_c + \sum p_{fs} L_s\right) U + C_1 - C_2 x \tag{2-64}$$

式中　p_b——桩尖以上和以下 $4D$(D 代表桩径)范围内 N 平均值换算的桩极限端承力,kPa,见表 2-36;

p_{fc}、p_{fs}——桩身范围内黏性土、砂土 N 值换算的极限桩侧阻力,kPa,见表 2-36;

L_c、L_s——黏性土层、砂土层的桩段长度,m;

U——桩截面周长,m;

A_p——桩的截面面积,m^2;

C_1——经验参数,kN,见表 2-37;

C_2——孔底虚土折减系数,kN/m,取 16.1;

x——孔底虚土厚度,预制桩取 $x=0$,当虚土厚度大于 0.5 m 时,取 $x=0.5$,而端承力取 0。

表 2-36　N 与 p_{fc}、p_{fs} 和 p_b 的关系

N		1	2	4	8	12	14	20	24	26	28	30	35
预制桩	p_{fc}(kPa)	7	13	26	52	78	104	130					
	p_{fs}(kPa)			18	36	53	71	89	107	115	124	133	155
	p_b(kPa)			440	880	1 320	1 760	2 200	2 640	2 860	3 080	3 300	3 850
钻孔灌注桩	p_{fc}(kPa)	3	6	10	25	37	50	62					
	p_{fs}(kPa)		7	13	26	40	53	66	79	86	92	99	14
	p_b(kPa)			110	220	330	450	560	670	720	780	830	970

表 2-37　经验参数 C_1

桩型	预制桩		钻孔灌注桩
土层条件	桩周有新近堆积土	桩周无新近堆积土	桩周无新近堆积土
C_1(kN)	340	150	180

4. 地基处理效果检测

标准贯入试验是常用的地基处理效果检测试验手段之一。无论是强夯法、堆载预压法，还是水泥土搅拌法处理软土地基，都可以采用标准贯入试验手段，通过对比地基处理前后地基土的试验指标，对地基处理效果(质量)及其影响范围作出评定。下面给出两个实例加以说明。

1)强夯法地基处理效果检测实例

济南某机场扩建工程拟采用强夯加固浅层软土地基。与机场跑道和停机坪地基工程性能密切相关的是浅部新近堆积土层，可分为5层，依次为耕植土层、粉土层、粉质黏土层、粉土层和淤泥质粉质黏土层。在正式施工前，选择有代表性的区域进行试夯(在不同小区采用不同的强夯工艺)，并通过包括SPT在内的原位测试手段检验强夯处理效果。

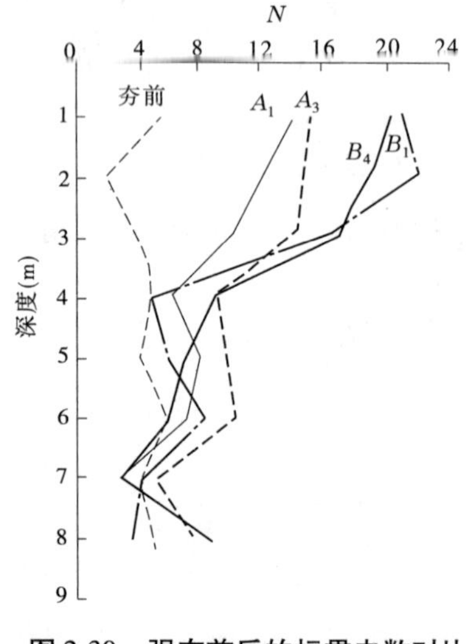

图 2-30　强夯前后的标贯击数对比

强夯施工结束后，在各试验小区的夯点中心和夯间进行了标准贯入试验，孔深为8.0 m，每隔1.0～1.5 m做一次标准贯入试验。夯心和夯间的锤击数相差不大，夯心略好于夯间。图2-30给出了相关四个试验小区(A_1,A_3,B_1 和 B_4)强夯后的标贯击数。

从标贯试验测试结果进行分析，在1.0～6.0 m深度范围内，强夯处理后，各试验小区内标贯击数均有明显提高，强夯加固效果明显，在1.0～3.5 m范围内效果尤其显著，但在6.0 m以下，地基土的改善效果不明显。

2)水泥土搅拌桩施工质量检测实例

某省高速公路水泥土深层搅拌桩检测工作实施细则明确规定,采用桩身现场取芯鉴别、标准贯入试验和芯样室内无侧限抗压试验三种手段对水泥土搅拌桩施工质量进行检验。根据现场和室内试验结果按表2-38及表2-39分别计算桩身上部和下部的各项试验各试验段的分数,然后按标贯击数70%,无侧限抗压强度15%,硬度或状态描述15%,计算出该层分数,再用层厚加权,得出该桩上下部分综合得分;当某层缺抗压强度的检测数据时,则不计该检测项目,按标贯击数占80%,硬度或状态描述占20%计算该层分数。每根桩的最终得分按照桩身上、下部分得分各占50%计算。

表2-38　桩身上部(桩身5 m以上)各项试验各试验段的分数

土名	硬度或状态		标准贯入试验		无侧限抗压强度	
	硬度	记分	击数	记分	强度(MPa)	记分
桩体土	坚硬-稍硬	100	>20	100	>0.45	100
	硬塑	75	10	75	0.15~0.45	75
	可塑-软塑	25~50	5	50	0.05~0.15	50
	流塑	0	<5	0	<0.05	0

表2-39　桩身下部(桩身5 m以下)各项试验各试验段的分数

土名	硬度或状态		标准贯入试验		无侧限抗压强度	
	硬度	记分	击数	记分	强度(MPa)	记分
桩体土	坚硬-稍硬	100	>15	100	>0.45	100
	硬塑	75	9	75	0.15~0.45	75
	可塑-软塑	25~50	4	55	0.03~0.15	50
	流塑	0	<4	0	<0.03	0

第十二节　旁压试验

一、概述

旁压试验(Pressure Meter Test,简称PMT)是工程地质勘察中常用的一种现场测试方法,于1930年前后由德国工程师Kogler发明,亦称横压试验。其原理是通过向圆柱形旁压器内分级充气加压,在竖直的孔内使旁压膜侧向膨胀,并由该膜(或护套)将压力传递给周围土体,使土体产生变形直至破坏,从而得到压力与扩张体积(或径向位移)之间的关系。根据这种关系对地基土的承载力(强度)、变形性质等进行评价。

旁压试验按将旁压器放置在土层中的方式分为预钻式旁压试验、自钻式旁压试验和压入式旁压试验。预钻式旁压试验是事先在土层中预钻一竖直钻孔,再将旁压器放到孔内试验深度(标高)处进行试验。预钻式旁压试验的结果很大程度上取决于成孔的质量,常用于成孔性能较好的地层。自钻式旁压试验(Self-Boring Pressure Meter Test,简称 SB-PMT)是在旁压器的下端装上切削钻头和环形刃具,在以静力压入土中的同时,用钻头将进入刃具的土切碎,并用循环泥浆将碎土带到地面。钻到预定试验深度后,停止钻进,进行旁压试验的各项操作。压入式旁压试验又分为圆锥压入式和圆筒压入式两种,都是用静力将旁压器压入指定的试验深度进行试验。压入式旁压试验在压入过程中对周围有挤土效应,对试验结果有一定的影响。目前,国际上出现一种将旁压腔与静力触探探头组合在一起的仪器,在静力触探试验的过程中可随时停止贯入进行旁压试验,从旁压试验贯入方式的角度看,这应属于压入式。

根据旁压试验成果,结合地区经验,可以用于评价地基土的承载力和变形参数;根据自钻式旁压试验的旁压曲线,可以推求地基土的原位水平应力、静止侧压力系数和不排水抗剪强度等土性参数。

旁压试验在最近的几十年来在国内外岩土工程实践中得到迅速发展并逐渐成熟,其试验方法简单、灵活、准确。适用于黏性土、粉土、砂土、碎石土、极软岩和软岩等地层的测试。

二、试验的仪器设备

旁压试验所需的仪器设备主要由旁压器、变形测量系统和加压稳压装置等部分组成。目前,国内普遍采用的预钻式旁压仪有两种型号:PY 型和较新的 PM 型。现以预钻式 PM 型旁压仪为例介绍试验的主要仪器设备。

(一)旁压器

旁压器又称旁压仪,是旁压试验的主要部件,整体呈圆柱形,内部为中空的优质铜管,外层为特殊的弹性膜。根据试验土层的情况,旁压器外径上可以方便地安装橡胶保护套或金属保护套(金属铠),以保护弹性膜不直接与土层中的锋利物体接触,延长弹性膜的使用寿命。

旁压器为外套弹性膜的三腔式圆柱形结构,以 PM－1 型旁压器为例,其三腔总长 450 mm,中腔为测试腔,长 250 mm,初始体积为 491 mm^3(带有金属护套则为 594 mm^3),上、下腔为保护腔,各长 100 mm,上、下腔之间有铜管相连,而与中腔隔离。PY 型旁压器与 PM 型结构相似,技术指标略有差异。图 2-31 是 PM－1 型旁压器及其操作控制系统的原理图,旁压器的主要技术指标见表 2-40。

(二)变形测量系统

变形测量系统由不锈钢储水筒、目测管、位移和压力传感器、显示记录仪、精密压力表、同轴导压管及阀门等组成,用于向旁压器注水、加压,并测量、记录旁压器在压力作用下的径向位移,即土体的侧向变形。精密压力表和目测管是在自动记录仪有故障时应急使用。

(三)加压稳压装置

加压稳压装置由高压储气瓶、精密调压阀、压力表及管路等组成,用来在试验中向土体分级加压,并在试验规定的时间内自动精确稳定各级压力。

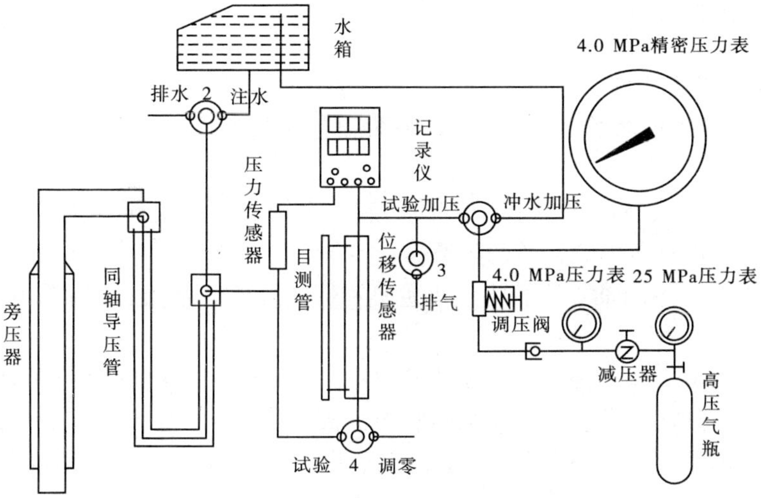

图 2-31　PM－1 型旁压仪系统原理图

仪器的量程、准确度及其他仪器设备可参阅《土工试验规程　旁压试验》(SL 237—048—1999)。仪器设备依据相应的检定规程进行检定和校准。

表 2-40　PM－1 型旁压器主要技术指标

序号	名称		指标(规格)	
			PM－1A	PM－1B
1	旁压器	标准外径(mm)	ϕ50	ϕ90
		带保护套外径(mm)	ϕ30	ϕ95
		测量腔有效长度(mm)	340	335
		旁压器总长(mm)	820	910
		测量腔初始体积 V_c(cm^3)	667.3	2 130
		V_c 用位移值 S 表示(cm)	34.75	35.29
2	精度	压力(%)	1	1
		旁压器径向位移(mm)	<0.05	<0.1
3	其他	测管截面面积(cm^2)	19.2	60.36
		最大试验压力(MPa)	2.5	2.5
		主机外形尺寸(cm×cm×cm)	23×36×85	23×36×85
		主机质量(kg)	≈25	≈26

三、技术要求及试验步骤

（一）试验前准备工作

使用前必须熟悉仪器的基本原理、管路图和各阀门的作用，并按下列步骤做好准备工作。

（1）向水箱注满蒸馏水或干净的冷开水，旋紧水箱盖。注意，试验用水严禁使用不干净水，以防生成沉积物而影响管道的畅通。

（2）连通管路。用同轴导压管将仪器主机和旁压器细心连接，并用专用扳手旋紧，连接好气源导管。

（3）注水。打开高压气瓶阀门并调节其上减压器，使其输出压力为 0.15 MPa 左右。将旁压器竖直置于地面，通过调节控制面板上的阀门，给旁压器和连接的导管注水，直至水上升至（或稍高于）目测管的“0”位为止。在此过程中，应不断晃动拍打导压管和旁压器，以排出管路中滞留的空气。

（4）调零。把旁压器垂直提高，使其测试腔的中点与目测管“0”刻度相齐平，然后调零，将旁压器放好待用。

（5）检查传感器和记录仪的连接等是否处于正常工况，并设置好试验时间标准。

（二）仪器校正

试验前，应对仪器进行弹性膜（包括保护套）约束力校正和仪器综合变形校正，具体项目按下列情况确定：

（1）旁压器首次使用或旁压仪有较长时间不用，两项校正均需进行。

（2）更换弹性膜（或保护套）需进行弹性膜约束力校正。为提高压力精度，弹性膜经过多次试验后，应进行弹性膜复校试验。

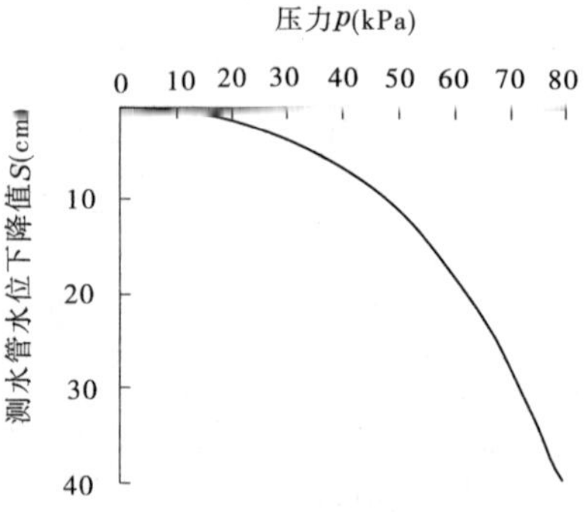

图 2-32　弹性膜约束力校正曲线图

（3）加长或缩短导压管时，需进行仪器综合变形校正试验。

弹性膜约束力校正方法是：将旁压器竖立于地面，按试验加压步骤适当加压（0.05 MPa 左右即可）使其自由膨胀。先加压，当测水管水位降至近 36 cm 时，退压至零。如此反复 5 次以上，再进行正式校正。其具体操作、观测时间等均按下述正式试验步骤进行。压力增量采用 10 kPa，按 1 min的相对稳定时间，测记压力及水位下降值，并据此绘制弹性膜约束力校正曲线图，如图 2-32 所示。

仪器综合变形校正方法是：连接好合适长度的导管，注水至要求高度后，将旁压器放入校正筒内，在旁压器受到刚性限制的状态下进行。按试验加压步骤对旁压器加压，压力增量为 100 kPa，逐级加压至 800 kPa 以上后终止校正试验。各级压力下的观测时间等均与正式试验一致。根据所测压力与水位下降值绘制其关系曲线，曲线应为一斜线，如

图 2-33所示。斜线对横轴 p 的斜率$\frac{\Delta S}{\Delta p}$即为仪器综合变形校正系数 α。压力、位移传感器在出厂时均已与记录仪一起配套标定。如在更换其中之一或发现有异常情况,应进行传感器的重新标定。

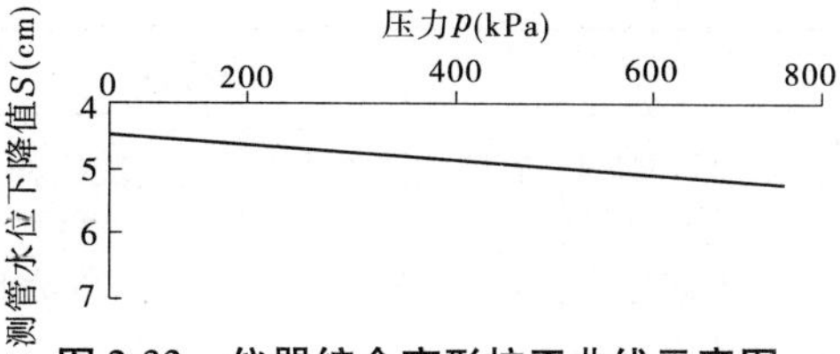

图 2-33　仪器综合变形校正曲线示意图

(三)预钻成孔

针对不同性质的土层及深度,可选用与其相应的提土器或与其相适应的钻机钻头。例如,对于软塑 - 流塑状态的土宜选用提土器;对于坚硬 - 可塑状态的土层可采用勺型钻;对于钻孔孔壁稳定性差的土层宜采用泥浆护壁钻进。

孔径根据土层情况和选用的旁压器外径确定,一般要求比所用旁压器外径大 2 ~ 3 mm 为宜,不应过大。钻孔深度应以旁压器测试腔中点处为试验深度。

旁压试验的可靠性关键在于成孔质量的好坏,钻孔直径应与旁压器的直径相适应。孔径太小,将使放入旁压器发生困难,或因放入而扰动土体;孔径太大会因旁压器体积容量的限制而过早地结束试验。图 2-34 反映了成孔质量对旁压曲线的影响。

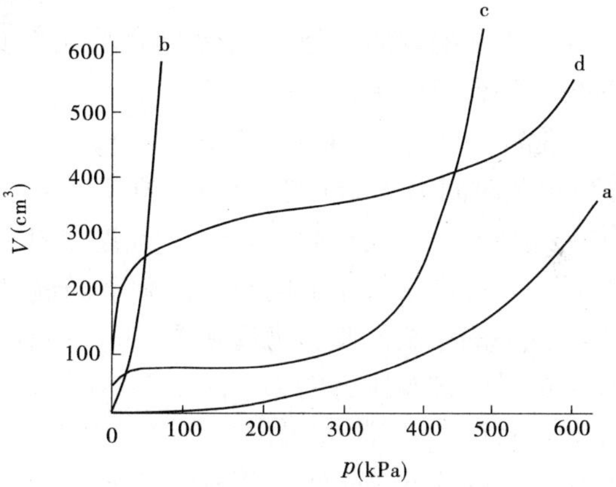

图 2-34　各种旁压曲线

预钻成孔的孔壁要求垂直、光滑,孔形圆整,并尽量减少对孔壁土体的扰动,同时保持孔壁土层的天然含水量。

从图上可以看出:a 线为正常的旁压曲线;b 线反映孔壁严重扰动,因旁压器体积容量不够而迫使试验终止;c 线反映孔径太大,旁压器的膨胀量有相当一部分消耗在空穴体积上,试验无法进行;d 线系钻孔直径太小,或有缩孔现象,试验前孔壁已受到挤压,故曲线没有前段。

值得注意的是试验必须在同一土层,否则不但试验资料难以应用,且当上下两种土层差异过大时会造成试验中旁压器弹性膜的破裂,导致试验失败。另外,试验点的垂直间距应根据地层条件和工程要求确定,但不宜小于 1 m,旁压试验孔与已有钻孔的水平距离不宜小于 1 m。对于在试验钻孔中取过土样或进行过标贯试验的孔段,由于土体已经受到不同程度的扰动,不宜进行旁压试验。

(四)试验

成孔后,应尽快进行试验。压力增量等级和相对稳定时间(观察时间)标准可根据现场情况及有关旁压试验规程选取确定,其中压力增量建议选取预估临塑压力 p_f 的 1/5 ~ 1/7,如不易预估,根据我国行业标准《PY 型预钻式旁压试验规程》(JGJ 69—90),可参考表 2-41 确定。

表 2-41　旁压压力增量建议值

土的特性	压力增量(kPa)
淤泥、淤泥质土、流塑状态的黏性土、松散的粉细砂	≤15
软塑状态的黏性土、疏松的黄土、稍密饱和粉土、稍密很湿的粉或细砂、稍密的粗砂	15～25
可塑－硬塑状态的黏性土、一般性质的黄土、中密－密实很湿的粉或细砂、中密的粗砂	25～50
硬塑－坚硬状态的黏性土、密实的粉土、密实的中粗砂	50～100

各级压力下的观测时间，可根据土的特征等具体情况，采用 1 min 或 2 min，按下列时间顺序测记测量管的水位下降值 S。

(1)观测时间为 1 min 时：15、30、60 s；

(2)观测时间为 2 min 时：15、30、60、120 s。

按上述技术要点成孔后，用钻杆(或连接杆)连接好旁压器，将旁压器小心地放置于试验位置。通过高压气瓶上的减压阀调整好输出压力(减压阀上的二级压力表示值)，使其压力比预估的最高试验压力高 0.1～0.2 MPa。对于 PM－2 型旁压器，则是使其输出压力比预估的最大试验压力的 1/2 高 0.1～0.2 MPa。

在加压过程中，当测管水位下降接近 40 cm 时或水位急剧下降无法稳定时，应立即终止试验以防弹性膜胀破。可根据现场情况，采用下列方法之一终止试验：

(1)尚需进行试验时：当试验深度小于 2 m，可迅速将调压阀按逆时针方向旋至最松位置，使所加压力为零。利用弹性膜的回弹，迫使旁压器内的水回流至测管。当水位接近"0"位时，取出旁压器。当试验深度大于 2 m 时，打开水箱盖，利用系统内的压力，使旁压器里的水回流至水箱备用。旋松调压阀，使系统压力为零，取出旁压器。

(2)试验全部结束：利用试验中当时系统内的压力将水排净后旋松调压阀。将导压管快速接头取下后，应罩上保护套，严防泥沙等杂物带入仪器管道。若准备较长时间不使用仪器，须将仪器内部所有水排尽，并擦净外表，放置在阴凉、干燥处。

另外，在试验过程中，如由于钻孔直径过大或被测岩土体的弹性区较大，有可能发生水量不够的情况，即岩土体仍处在弹性区域内，而施加压力远未达到仪器最大压力值，且位移量已达到 320 mm 以上，此时，若要继续试验，则应进行补水。

四、试验资料整理

在试验资料整理时，应分别对各级压力和相应的扩张体积(或径向增量)进行弹性膜约束力及体积校正。

(一)约束力校正

按式(2-65)进行约束力校正：

$$p = p_m + p_w - p_i \tag{2-65}$$

$$p_w = \gamma_w(H + Z) \tag{2-66}$$

式中 p——校正后的压力,kPa;

p_m——显示仪测记的该级压力的最后值,kPa;

p_w——静水压力,kPa;

H——测管原始"0"位水面至试验孔口高度,m;

Z——旁压试验深度,m;

γ_w——水的重力密度,kN/m³,一般可取 10 kN/m³;

p_i——弹性膜约束力,kPa,按各级总压力($p_m + p_w$)所对应的测管水位下降值由弹性膜约束力校正曲线查得。

(二)体积校正

按式(2-67)或式(2-68)进行体积(测管水位下降值)的校正:

$$V = V_m - \alpha(p_m + p_w) \tag{2-67}$$

$$S = S_m - \alpha(p_m + p_w) \tag{2-68}$$

式中 V、S——校正后体积和测管水位下降值;

V_m、S_m——$p_m + p_w$ 所对应的体积和测管水位下降值;

α——仪器综合变形系数(由综合校正曲线查得)。

(三)绘制旁压曲线

用校正后的压力 p 和校正后的测管水位下降值 S(为了行文简洁,下文中一般按 p—S 旁压曲线叙述)绘制 p—S 曲线,即旁压曲线。曲线的作图可按下列步骤进行:

(1)定坐标:在直角坐标系统中,以 S(cm)为纵坐标,p 为横坐标,各坐标的比例可以根据试验数据的大小自行选定。

(2)根据校正后各级压力 p 和对应的测管水位下降值 S,分别将其确定在选定的坐标上,然后先连直线段并两段延长,与纵轴相交的截距即为 S_0;再用曲线板连曲线部分,定出曲线与直线段的切点,此点为直线段的终点。

五、试验成果分析及工程实例

通过对旁压曲线的分析,可以确定土的初始压力 p_0、临塑压力 p_f 和极限压力 p_L 各特征压力。进而评定土的静止土压力系数 K_0,确定土的旁压模量 E_m 和旁压剪切模量 G_m,估算土的压缩模量 E_s 和剪切模量及软黏土不排水抗剪强度等。

(一)旁压试验各特征压力的确定

1. 初始压力 p_0 的确定

延长旁压曲线的直线段与纵轴相交,其截距为 S_0,S_0 所对应的压力即为初始压力 p_0,如图 2-35 所示。

2. 临塑压力 p_f 的确定

根据旁压曲线,有两种确定临塑压力 p_f 的方法:直线段的终点对应的压力值为临塑压力 p_f,见图 2-35。按各级压力下 30 ~ 60 s 的体积增量 $\Delta S_{60\sim30}$ 或 30 ~ 120 s 的体积增量 $\Delta S_{120\sim30}$ 与压力 p 的关系曲线辅助分析确定,如图 2-35 所示。

3. 极限压力 p_L 的确定

根据图 2-35 所示旁压曲线，采用下面的方法确定极限压力 p_L。手工外推法：凭眼力将曲线用曲线板加以延伸且与实测曲线光滑自然地连接，取 $S=2S_0+S_c$ 所对应的压力为极限压力 p_L。倒数曲线法：把临塑压力 p_f 以后曲线部分各点的水位下降值 S 取倒数 $1/S$，作 p—$1/S$ 关系曲线，此曲线为一近似直线。在直线上取 $1/(2S_0+S_c)$ 所对应的压力为极限压力 p_L。

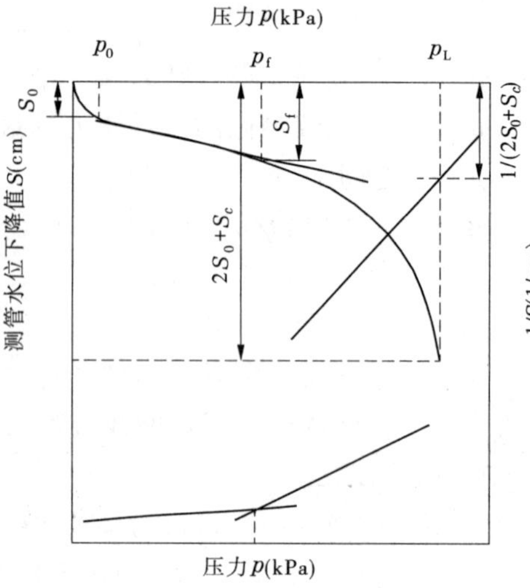

图 2-35 旁压曲线

(二)土的强度参数分析

1. 黏性土的不排水抗剪强度

当孔壁压力达到土体临塑压力 p_f 时，孔壁土体开始进入塑性状态，此时不排水抗剪强度 c_u 由下式获得：

$$c_u = p_f - p_0 \tag{2-69}$$

当孔壁压力达到土体极限压力 p_L 时，旁压腔周围土体已形成一个塑性区，塑性区外围为弹性区，c_u 由式(2-70)获得：

$$c_u = \frac{p^*}{1+\ln\left(\frac{G}{c_u}\right)} \tag{2-70}$$

式中 p^*——土的静极限压力，$p^*=p_L-p_0$；

G——剪切模量，可由卸荷再加荷获得。

当孔壁压力介于临塑压力 p_f 与极限压力 p_L 之间时，有

$$p = p_L + c_u\ln\left(\frac{\Delta V}{V}\right) \tag{2-71}$$

式中 $\Delta V = V - V_0$。

由式(2-71)可知，压力 p 与 $\ln\left(\frac{\Delta V}{V}\right)$ 曲线在塑性区成直线关系，其斜率即为不排水抗剪强度 c_u。

上述计算不排水抗剪强度的公式是假定旁压试验在未扰动土体内圆柱孔穴扩张得出的，而实际上孔壁土体的扰动是不可避免的。由以上公式得出的不排水抗剪强度 c_u 存在一定的误差。除了上述理论解，研究人员在实践中还提出了许多经验公式，基本上沿用了Ménard(1970)提出的形式，即

$$c_u = \frac{{p_L}^*}{5.5} \tag{2-72}$$

式中 ${p_L}^*$ 的意义同 p^*，以 kPa 计。

2. 砂土的有效内摩擦角 φ'

在砂土中进行旁压试验属于排水条件，由于砂土的变形涉及剪胀与剪缩问题，目前还

没有方法能够比较精确地评价砂土的有效内摩擦角 φ'。这里给出 Ménard(1970)提出的经验公式,即

$$\varphi' = 5.77\ln(\frac{P_{\mathrm{L}}^{*}}{250}) + 24 \tag{2-73}$$

式中p_{L}^{*}的意义同 p^{*},以 kPa 计。

(三)土的变形参数分析

1. 旁压模量 E_{m}

可按式(2-74)采用测压水位下降值表示的公式计算地基土的旁压模量 E_{m}:

$$E_{\mathrm{m}} = 2(1 + \mu)(S_c + \frac{S_0 + S_{\mathrm{f}}}{2})(\frac{p_{\mathrm{f}}}{S_{\mathrm{f}} - S_0}) \tag{2-74}$$

式中 μ——土的侧向膨胀系数(泊松比),可按地区经验确定,对于正常固结和轻度超固结的土类:砂石和粉土取 0.33,可塑到坚硬状态的黏性土取 0.38,软塑黏性土、淤泥和淤泥质土取 0.41。

S_c——旁压器中固有体积,用测管水位下降值表示,其值见仪器技术参数表。

其余符号意义同上。

2. 压缩模量 E_{s}、变形模量 E_0

地基土的压缩模量 E_{s}、变形模量 E_0 以及其变形参数可由地区经验公式确定。例如,铁路工程地基土旁压测试技术规程编制组通过与平板载荷试验对比,得出如下估算地基土变形模量的经验关系式:

对黄土 $$E_0 = 3.723 + 0.005\,32G_{\mathrm{m}} \tag{2-75}$$

对一般黏性土 $$E_0 = 1.836 + 0.002\,86G_{\mathrm{m}} \tag{2-76}$$

对硬黏土 $$E_0 = 1.026 + 0.004\,80G_{\mathrm{m}} \tag{2-77}$$

另外,通过与室内试验成果对比,建立起了估算地基土压缩模量的经验关系式。

对黄土,当深度小于等于 3.0 m 和大于 3.0 m 时,可分别采用式(2-78)和式(2-79)估算压缩模量 E_{s}:

$$E_{\mathrm{s}} = 1.797 + 0.001\,73G_{\mathrm{m}} \tag{2-78}$$

$$E_{\mathrm{s}} = 1.485 + 0.001\,43G_{\mathrm{m}} \tag{2-79}$$

对黏性土,则采用

$$E_{\mathrm{s}} = 2.092 + 0.002\,52G_{\mathrm{m}} \tag{2-80}$$

上列各式中,G_{m} 为旁压剪切模量。

3. 侧向基床系数 K_{m}

根据初始压力 p_0 和临塑压力 p_{f},采用下式估算地基土的侧向基床系数 K_{m}:

$$K_{\mathrm{m}} = \frac{\Delta p}{\Delta R} \tag{2-81}$$

式中 Δp——临塑压力与初始压力之差,$\Delta p = p_{\mathrm{f}} - p_0$;

ΔR——$\Delta R = R_{\mathrm{f}} - R_0$,$R_{\mathrm{f}}$ 和 R_0 分别为对应于临塑压力与初始压力的旁压器径向位移。

4. 试验成果应用

1) 土的分类

根据对旁压试验成果的分析,可得到旁压模量 E_m 和静极限压力p_L^*。利用$\frac{E_m}{p_L^*}$可进行土的分类:

当$7 < \frac{E_m}{p_L^*} < 12$,判为砂土;当$\frac{E_m}{p_L^*} > 12$,判为黏性土。

2) 确定地基承载力

利用旁压试验成果评定浅基础地基土承载力是比较可靠的。按临塑压力法,地基承载力标准值f_k为

$$f_k = p_f - p_0 \tag{2-82}$$

式中 p_f、p_0——临塑压力和初始压力,kPa。

或者按极限压力法,以极限压力 p_L 为依据确定地基承载力标准值:

$$f_k = \frac{p_L - p_0}{K} \tag{2-83}$$

p_0 可根据地区经验,通过式(2-84)采用计算法确定:

$$p_0 = K_0\gamma Z + u \tag{2-84}$$

式中 K_0——试验深度处静止土压力系数,其值按地区经验确定,对于正常固结和轻度超固结的土类可按:砂土和粉土取 0.5,可塑-坚硬状态黏性土取 0.6,软塑黏性土、淤泥和淤泥质土取 0.7;

K——安全系数,取 2~3,也可根据土类和当地经验取值;

γ——试验深度以上的重力密度,为土自然状态下的质量密度 ρ 与重力加速度 g 的乘积,$\gamma=\rho g$ 地下水位以下取有效重力密度,kN/m^3;

u——试验深度处的孔隙水压力,kPa,正常情况下,它极接近地下水位算得的静水压力,即在地下水以上 $u=0$,在地下水以下时,可由式(2-85)确定:

$$u = \gamma_w(Z - h_w) \tag{2-85}$$

式中 h_w——地面距地下水位的深度,m。

作图法确定 p_0 就是从旁压曲线直线段与纵轴的交点,作平行于横轴的直线并与旁压曲线相交,其交点所对应的压力为静止土压力 p_0(见图 2-35)。

当 p—S 曲线上的临塑压力 p_f 出现后,曲线很快拐弯,出现极限破坏。其极限压力 p_L 与临塑压力 p_f 之比 $p_L/p_f<1.7$ 时,地基承载力标准值f_k 应取极限压力 p_L 的 1/2。

3) 其他方面的应用

可以将旁压试验成果应用于浅层地基的沉降计算和桩基的承载力与沉降估算方面。但总的来讲,该方面的研究还不成熟。

第十三节　波速测试

一、概述

波速测试是依据弹性波在岩土体内的传播理论，测定剪切波（S 波）和压缩波（P 波）在地层中的传播时间，根据已知的相应传播距离，计算出地层中波的传播速度，间接推导出岩土体的小应变（$10^{-4} \sim 10^{-6}$）条件下的动力参数。

波速试验分跨孔法、单孔波速法（检层法）和面波法。跨孔法以 1 孔为激振孔，另布置 2 孔或 3 孔作检波孔，测定直达的压缩波初至和第一个直达剪切波的到达时间，计算传播速度。常用于多层体系地层中。单孔波速法是在同一孔中，在孔口设置振源，孔内不同深度处固定检波器，测出孔口振源所产生的波传到孔内不同深度处所需的时间，计算传播速度。常用于地层软硬变化大和层次较少或岩基上为覆盖层的地层中。面波法，采用稳态振动法。测定不同激振频率下端瑞利波（R 波）速度弥散曲线（即 R 波速与波长关系曲线），可以计算一个波长范围内的平均波速。当激振频率在 20 ~ 30 Hz 以上时，测试深度在 3 ~ 5 m。一般用于地质条件简单、波速快的土层下伏波速慢的土层场地。

波速试验适用于各类岩土体。

二、单孔法

（一）单孔法所需仪器设备

单孔法测试所需的测试设备一般包括以下两部分：

（1）弹性波激发装置（简称震源）；

（2）弹性波接收装置（包括检波器或拾震器、放大器及记录显示器，后者大多用电脑代替）。

通常，震源可以采用人工激发、超声波两种。人工激发是一种最简单的方法，用得也最普遍，见图 2-36。

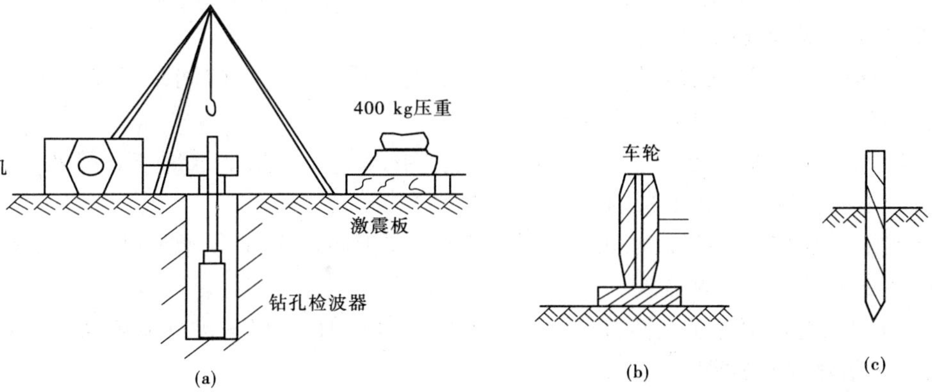

图 2-36　钻孔波速试验示意图

图 2-36 介绍了国内外常用的 3 种激震方法。最简单的是在地面插根短棒,如图 2-36(c)所示。图 2-36 中的 3 种方法产生的剪切波是不同的。应该说,激震板越长,剪切波的频率越低;压重越重,剪切波能量越大。所以,要求测试的土层越厚,图 2-36(a)法更适宜。

如果在敲击锤上已接了仪器的触发装置,那么激震板下可以不放置触发传感器(检波)。如要设置,必须保持检波器信号接收方向与激震方向一致,但与波的传播方向垂直。弹性波接收装置如图 2-37(a)所示,孔内测点布置方式如图 2-37(b)所示。仪器的量程、准确度及其他仪器设备可参阅《土工试验规程　波速试验》(SL 237—050—1999)。仪器设备依据相应的检定规程进行检定和校准。

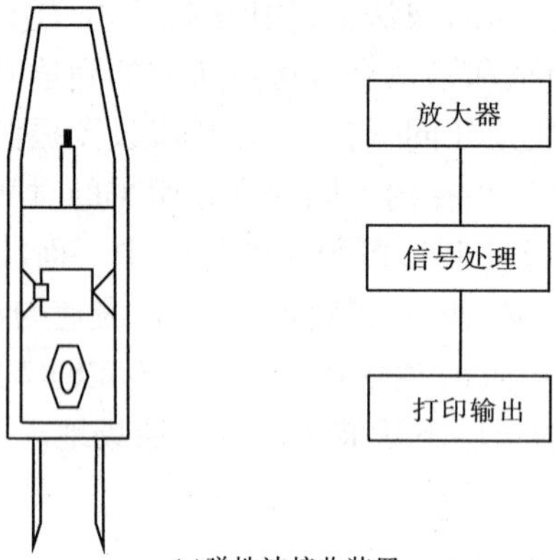

(a)弹性波接收装置

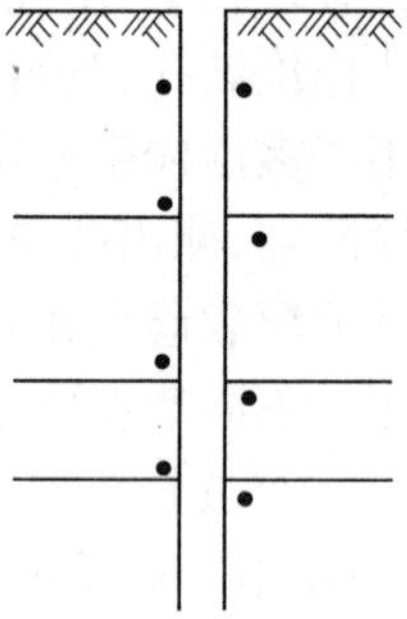

(b)孔内测点布置示意图

图 2-37　弹性波接收装置及测点布置示意图

(二)试验步骤

1. 现场布置

在指定测试地点打钻孔,垂直度要求与一般勘探孔一样。离开孔口 1 ~ 1. 5 m 布置激震装置。如要测试孔斜,钻孔内须设置 PVC 套管,管内有 4 个槽口,以备测斜仪沿槽口移动。

如果被测土层不厚、较硬或泥浆护壁后不会坍孔,测试前可将钻机移走;否则,钻机应留在孔位上备用。如孔内检波器没有在孔壁上固定的装置,则需钻机协助。

2. 孔内测点布置原则

一般应结合土层的实际情况布置测点,测点在垂直方向上的间距宜取 1 ~ 3 m,层位变化处应加密,具体按照下列原则布置:

(1)每一土层都应有测点,每个测点宜设在接近每一土层的顶部或底部处,尤其对于薄层,更不能将测点设在土层的中点。

(2)若土层厚度小于 1 m,可以忽略;若土层厚度超过 4 m,须增加测点。通常可以每间隔 1 ~2 m 设置一个测点。

(3)测点设置须考虑土性特点。如各土层相对均匀,可以考虑等间隔布置;否则只能根据土层条件按不等间隔布置。

3. 测试步骤

(1)向孔内放置三分量检波器,在预定深度固定(气压固定、机械固定)于孔壁上,并紧贴孔壁。

(2)测点布置:根据最小测试深度 h_1、测点间隔 dh 和测点个数 n,可确定各测点的坐标为

$$h_i = h_1 + (i-1)\mathrm{d}h \quad (i = 1,2,\cdots,n) \tag{2-86}$$

(3)激发:一般采用地面激震,距钻孔口距离为 dx 处埋设一厚木板,用大锤分别锤击木板的两端,产生正、反向的剪切波。

(4)接收:采用三分量检波器,在钻孔的不同深度 h_i 处分别记录正、反向剪切波的波形,检查记录波形的完整性及可判读性。

(5)如发现接受仪记录的波形不完整,或无法判读,则须重做,直至正常为止。

(三)试验资料整理

资料整理的核心部分是确定由激发点至波动信号接收点之间的传播时间。除有些数字化仪器可以直接读出传播时间之外,均须进行下列分析。

1. 确定激发波形的起始点

确定激发波形的起始点,也即波动起始时间。

2. 在接收波形中确定剪切波的起始点

由于弹性波在土体内(相当于弹性介质内传播)可形成压缩波和剪切波,前者速度 V_P 远大于后者 V_s,但波形较小。分析难点是从中找出剪切波到达的起点。当深度超时 30 m 时,压缩波不易显示,其首波可视做剪切波。但操作时,应按各地土层情况,由浅部记录至深层记录逐点分析,加以确定。

剪切波速具体资料整理的过程,应包括以下参数的计算:

(1)计算各地层剪切波速度平均值 $\overline{V}_{sj}$。

(2)根据各层 $\overline{V}_{sj}$、ρ_j 或 γ_j 计算剪切模量 G_j(j 为土层序号):

$$G_j = \rho_i \overline{V}_{sj}^2 = \frac{\gamma_j}{g}\overline{V}_{sj}^2 \tag{2-87}$$

式中 g——重力加速度,等于 0.009 81 km/s^2。

(3)计算场地土层平均剪切模量(20 m 内,但不超过覆盖层厚度 d_{ov}):

$$\overline{G} = \frac{\sum \Delta h_j \overline{V}_{sj}}{\sum \Delta h_j} \tag{2-88}$$

(4)确定场地覆盖层厚度 d_{ov}($V_{sj} \geqslant 500$ m/s)。

(5)计算场地土层平均剪切波速 V_{sm}(15 m 内、但不超过覆盖层厚度 d_{ov}):

$$V_{sm} = \frac{\sum \Delta h_j G_j}{\sum \Delta h_j} \tag{2-89}$$

(6)计算卓越周期 T(覆盖层厚度 d_{ov} 内):

$$T = 4\sum \frac{\Delta h}{\overline{V}_{sj}} \tag{2-90}$$

(7)计算场地指数 μ:

刚度指数 $\mu_G = 1 - e^{-6.6(\overline{G}-30)\times 10^{-3}}$ 当 $\overline{G} > 30$ MPa (2-91a)

$$\mu_G = 0 \quad 当 \overline{G} \leqslant 30\ \text{MPa} \tag{2-91b}$$

厚度指数 $$\mu_d = e^{-0.8(d_{ov}-5)\times 10^{-3}} \quad 当 d_{ov} \leqslant 80\ \text{m} \tag{2-92a}$$

$$\mu_d = 0 \quad 当 d_{ov} > 80\ \text{m} \tag{2-92b}$$

场地指数 $$\mu = 0.7\mu_G + 0.3\mu_d \quad 当 \overline{G} \leqslant 500\ \text{MPa} 或 d_{ov} > 5\ \text{m} \tag{2-93a}$$

$$\mu = 1 \quad 当 \overline{G} > 500\ \text{MPa} 或 d_{ov} \leqslant 5\ \text{m} \tag{2-93b}$$

(8)液化判别(如果15 m内的土层中有饱和粉土或砂土)剪切波速度临界值:

砂土 $$V_{scr} = k\sqrt{d_s - 0.01d_s^2} \quad (\text{m/s}) \tag{2-94}$$

粉土 $$V_{scr} = k\sqrt{d_s - 0.013\ 3d_s^2} \quad (\text{m/s}) \tag{2-95}$$

如果 $\overline{V}_{sj} > V_{scr}$,则可不考虑液化;否则土层可能液化。其中,$d_s$ 为砂土层或粉土层中剪切波速度测试点深度,m;k 为计算系数,可按表2-42取值。

表2-42 计算系数 k

抗震设防烈度	Ⅶ度	Ⅷ度	Ⅸ度
饱和砂土	92	130	184
饱和粉土	42	60	84

最终成果(见表2-43)绘成土层深度与剪切波波速关系图。

表2-43 波速测试的最终成果

土层编号	土名	层底埋深(m)	波速曲线	平均波速(m/s)
②	褐黄色粉质黏土	3.50	绘图	111.5
③	淤泥质粉质黏土	12.00		110.5
④	淤泥质黏土	21.15		122.3
⑤	黏质粉土	未穿		165.7

三、跨孔法

跨孔法,就是利用相隔一定间距的两个平行钻孔,一个孔设置激震器,作为震源,另一个孔放置检波器,接收信号。

(一)跨孔法所需仪器设备

接收设备与单孔法相同。激发装置则是可固定于钻孔内的双头锤,如图2-38所示。该锤的形式主要是两侧有固定撑,中间为锤垫,锤垫中间穿孔,将上、下两个撞击锤串连成一体。锤由绳索连接,引至孔口。向上拉绳索,产生向上撞击;放松绳索,产生向下撞击,由此产生起始振动方向不同的SV波。利用钻头及钻杆,也可作为激发装置,如图2-39所示。此时钻进深度必须配合测点位置。当钻头钻至指定位置时,只须在钻杆上绑扎一个检波器,作为起振信号的接收装置,用手锤敲击钻杆顶或把手底,即可得到起始振动方向不同的SV波。仪器的量程、准确度及其他仪器设备可参阅《土工试验教程　波速试验》(SL 237—050—1999)。仪器设备依据相应的检定规程进行检定和校准。

(二)试验步骤

1. 测孔布置

在测试点打 2 ~3 个垂直的互相平行的钻孔,一个为激发孔,其他为接收孔,孔距选择与土性有关,在土层中宜为 2 ~5 m,在岩层中宜为 8 ~15 m。对于松软土地区,激发孔与接收孔之间的距离不宜超过 4 m,不然接收到的波形较难分析。如果激发能量大一些,孔距可适当放大。钻孔垂直度的保证,是取得真实波速值的基础,因此对钻孔进行倾斜度的测试是必要的,一般当测试深度大于 15 m 时,应进行激震孔和测试孔倾斜度及倾斜方位的测量,测点间距宜取 1 m。

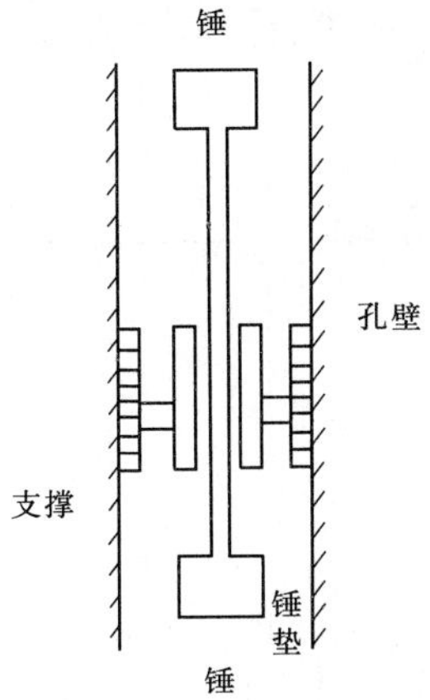

图 2-38 串心双头锤示意图

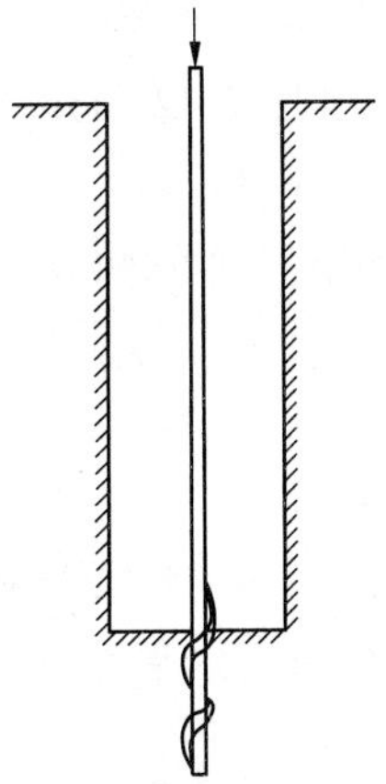

图 2-39 利用钻杆激发示意图

2. 孔内测点布置

(1)测点垂直间距宜取 1 ~2 m,近地表测点宜布置在 0.4 倍孔距的深度处,震源和检波器应置于同一地层的相同标高处。

(2)由于激发孔与接收孔相距 4 m 左右,而且是水平传播,因此软、硬土层交界面的影响更为突出,不应像图 2-40 所示那样将测点布置在软硬层界面附近。由于在软土层中,剪切波通过在硬土层中折射后,可能先于直达剪切波到达检波器,造成测到的是折射剪切波速度,从而造成硬土层错位,因此在测试中应尽可能避免(见图 2-41)。

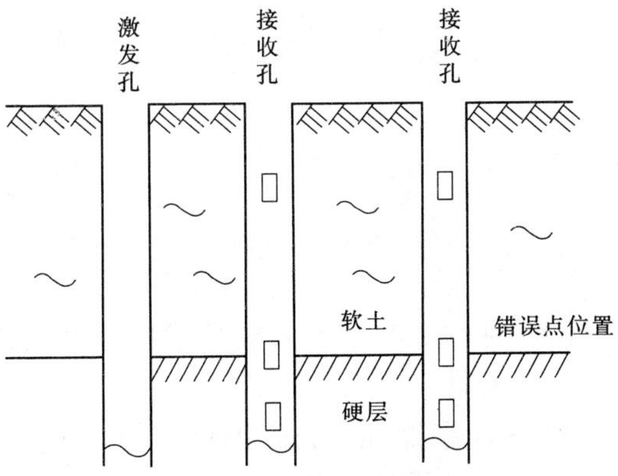

图 2-40 孔及测点示意图

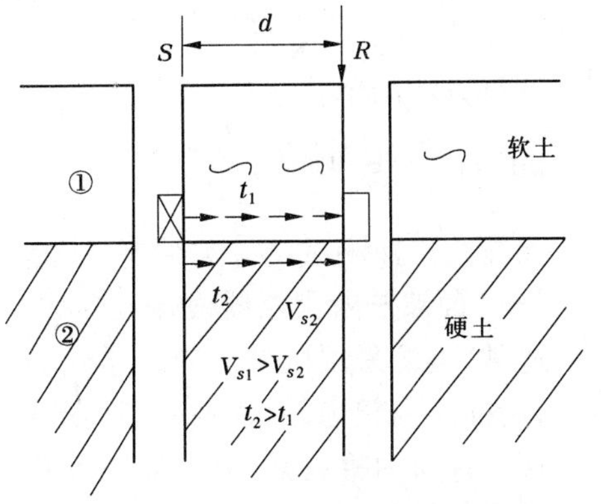

图 2-41 硬土层界面的影响

(3)测试步骤。

①将激发器与接收器同时分别放入两个孔内至预定的测点标高,并予以固定。

②调试仪器至正常状态。

③驱动锤击激发器,检查接收信号是否正常,如正常即予以储存。由接收到的信号算出剪切波在土中的传播时间。

④初步验算 V_s 值,检验是否在合理范围之内。如一切正常,继续进行下一点测试。

(三)试验资料整理

1. 计算激发点与接收点之间的实际距离

根据测斜的成果,整理出各测点在测试平面上的偏移距离,计算出激发点与接收点之间的实际距离,如图 2-42 所示。

由测斜可知 re、r_1e、x_1d、xd 和 xr 是理论的传播距离,实际传播距离为 x_1r_1,可由下式求得:

$$x_1r_1 = \sqrt{(r_1f)^2 + (x_1f)^2} \tag{2-96}$$

式中 $r_1f = rx + re - xd$;

$x_1f = x_1d + r_1e$。

2. 求得水平传播剪切波波速

由式(2-97)求得水平传播剪切波波速 V_s:

$$V_s = \frac{x_1r_1}{t} \tag{2-97}$$

式中 t——实际的传播时间,s;

x_1r_1——实际的传播距离,m。

3. 注意土层交界面处波速值的合理性

如该值与地质分层有矛盾,即高于或低于土层的可能的波速值时,应以地质勘察报告的分层为准。测到的波速值归入相应土层内统计,不以测点位置为准,因为此波速值的异常是由波在硬层(高速层)中折射引起的。

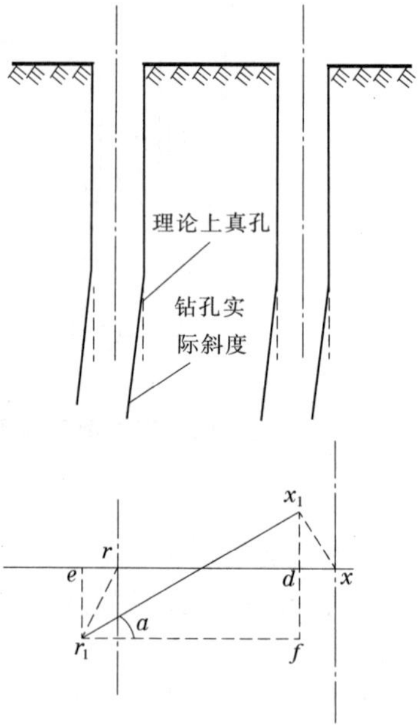

图 2-42 孔斜对传播距离的影响

4. 计算方法

计算方法同单孔法。

四、面波法

面波法波速测试又分为瞬态法和稳态法,宜采用低频检波器。

(一)面波法所需仪器设备

通常,震源采用机械式激震器或电磁式激震器,见图 2-43。前者振动能量较大,频率较低,传播距离较远;后者频率高,衰减较快,传播距离短。

接收设备由拾震器、放大器和计算机(作为数据采集处理设备)组成。其中,拾震器必须是宽频带的,并与激震器的频率范围相一致。此处不能使用地震勘探中使用的检波器。

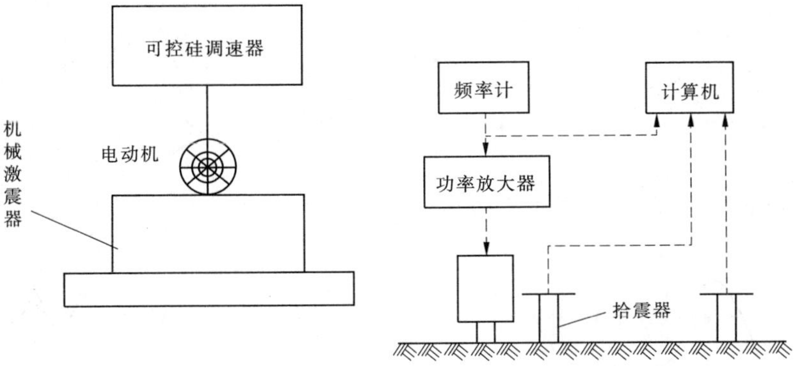

(a)机械式激震器　　(b)电磁式激震器

图 2-43　两种激震器

仪器的量程、准确度及其他仪器设备可参阅《土工试验教程　波速试验》(SL 237—050—1999)。仪器设备依据相应的检定规程进行检定和校准。

(二)试验步骤

在选定的测点布置好激震器。由垫板边作为起点,向外延伸。布置一皮尺,测试时拾震器与垫板的间距可由皮尺读出。

如场地比较均匀又不太大时,可选择一个点,并沿 3 个方向做试验;否则增加测点。具体测试步骤如下:

(1)将拾振器紧贴垫板,开动激震器,见图 2-44(a)。

(2)计算机屏幕显示,由拾振器测到的波动信号与频率计输入的波形在相位上是一致的,如图 2-44(b)所示。

(3)移动拾振器一定距离,此时两个波形相差一定相位。

(4)继续移动拾振器,如相位反向,即差 180°,如图 2-44(c)所示。此时,拾振器与垫板之间距离即为半个波长 $L/2$,量出 $L/2$ 的实际长度,并记录。

(5)再次移动拾振器,使两个波形相位重新一致。此时,拾振器与垫板的间距为一个波长 L,见图 2-44(a),依此类推,$2L$、$3L$ 均可测得。

(三)试验资料整理

(1)将实测的波频率 f、波数及波长 L 整理成表或图的形式。

(2)求得在各个频率下的 V_R 值,取平均值,即为场地的面波波速。

(3)剪切波波速 V_s 比面波波速 V_R 略大,并随泊松比 μ 由 0 增至 0.5 时,V_R 值接近 V_s 值。由于土层的泊松比一般为 0.3 ~ 0.5,尤其是饱和软黏土,其泊松比 μ 都在 0.45 ~ 0.5,因此 $V_R/V_s \approx 0.98$。

(4)由于测试的是面波,其反映的土层厚度一般认为是半波长,即有效深度 $H = L/2$。

五、试验成果应用

波速测试的成果应用主要体现在以下几个方面。

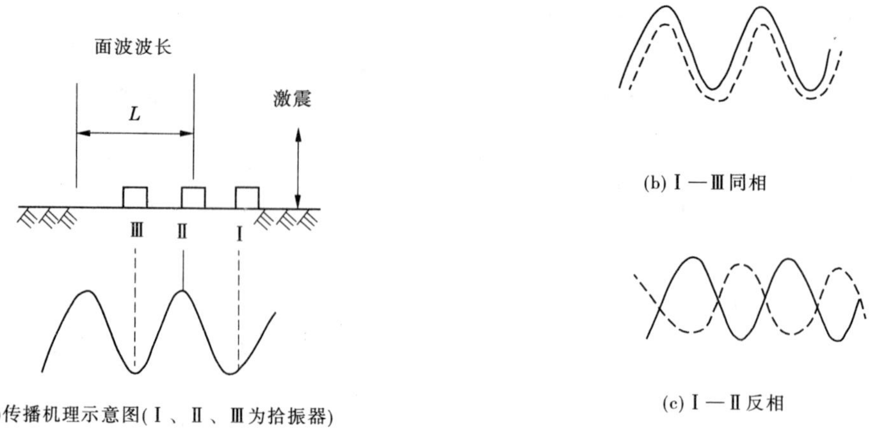

图 2-44　面波传播

(一)场地土类型的划分

利用波速测试成果,可根据表 2-44 进行场地土类型的划分。

表 2-44　土的类型

土的类型	岩土名称和性状	土的剪切波速范围(m/s)
坚硬土或岩石	稳定岩石、密实的碎石土	$V_s>500$
中硬土	中密、稍密的碎石土,中密的砾、粗、中砂,$f_{ak}>200$ kPa 的黏性土和粉土,坚硬黄土	$500\geq V_s>250$
中软土	稍密的砾、粗、中砂,除松散外的细粉砂,$f_{ak}\leq200$ kPa 的黏性土和粉土,$f_{ak}>130$ kPa 的填土,可塑黄土	$250\geq V_s>140$
软弱土	淤泥和淤泥质土,松散的砂,新近沉积的黏性土和粉土,$f_{ak}\leq130$ kPa 的填土,流塑黄土	$V_s\leq140$

(二)建筑场地覆盖层厚度的确定

(1)一般情况下,应按地面至剪切波速大于 500 m/s 的土层顶面的距离确定。

(2)当地面 5 m 以下存在剪切波速大于相邻上层土剪切波速 2.5 倍的土层,且其下卧岩土的剪切波速均不小于 400 m/s 时,可按地面至该土层顶面的距离确定。

(3)剪切波速大于 500 m/s 的孤石、透镜体,应视同周围地层。

(4)土层中的火山岩硬夹层,应视做刚体,其厚度应从覆盖土层中扣除。

(三)土层等效剪切波速的计算

土层等效剪切波速可按下列公式计算:

$$V_{se}=\frac{d_0}{t} \tag{2-98}$$

$$t=\sum_{i=1}^{n}\frac{d_i}{V_{si}} \tag{2-99}$$

式中　V_{se}——土层等效剪切波速，m/s；

d_0——计算深度，m，取覆盖层厚度和 20 m 二者中的较小值；

t——剪切波在地面至计算深度之间的传播时间；

d_i——计算深度范围内第 i 土层的厚度，m；

V_{si}——计算深度范围内第 i 土层的剪切波速，m/s；

n——计算深度范围内土层的分层数。

（四）建筑场地类别划分

按等效剪切波速和场地覆盖层厚度可对场地进行划分，共分四类场地。当有可靠的剪切波速和覆盖层厚度且其值处于表 2-45 所列场地类别的分界线附近时，允许按插值方法确定地震作用计算所用的设计特征周期。

表 2-45　土的类型划分和剪切波速范围

等效剪切波（m/s）	场地类别			
	Ⅰ	Ⅱ	Ⅲ	Ⅳ
$V_{se}>500$	0			
$500\geqslant V_{se}>250$	<5	≥5		
$250\geqslant V_{se}>140$	<3	3~50	>50	
$V_{se}\leqslant 140$	<3	3~15	15~80	>80

（五）判别砂土或粉土地基的地震液化

剪切波速越大，土越密实，土层越不易液化。据此，国内、外都在应用 V_s 来评价砂土或粉土地基的地震液化问题。

（1）天津市 TBT 1—88 规范：

$$V_{scri} = K_V(d_s - 0.0133d_s^2)^{\frac{1}{2}} \tag{2-100}$$

式中　V_{scri}——临界波速，m/s；

K_V——地震系数，烈度为Ⅶ度时，取 42，Ⅷ度时，取 60；

d_s——测点在饱和砂土或粉土地层中所处深度，m。

如实测的 $V_{si}>V_{scri}$，不液化；$V_{si}<V_{scri}$，液化。

（2）国家地震局工程力学所建立的判别式：

$$V_{scri} = K_V\left\{[1+0.125(d_s-3)d_s^{-0.25}-0.05(d_w-2)]\sqrt{\frac{3}{P_c}}\right\}^{0.2} \tag{2-101}$$

式中　K_V——地震系数，列度为Ⅶ、Ⅷ、Ⅸ度时，分别取 145、160、175；

d_w——地下水埋深，m；

其他符号意义同前。

当 $V_{si}>V_{scri}$时，土层不会液化；反之，会液化。

（3）美国西特公式：

$$V_{scri} = 292\sqrt{\frac{a_{max}}{g}Z\gamma_d} \tag{2-102}$$

式中　Z——饱和粉土或砂土埋深,m;

γ_d——土的非刚性修正系数(地表为1,12 m深处为0.85);

其他符号意义及判别方法同前。

(4)其他:根据国内、外研究,对于大多数粉土和砂土,产生液化的临界应变量 $\gamma_{cr} = 2\times10^{-4}$,可进行室内测试。现场波速试验的剪应变量很小,一般为 10^{-6} 级。

(六)其他应用

根据式(2-103)~式(2-107)可计算土层的动剪切模量 G_d、动弹性模量 E_d 和动泊松比 μ_d。另外,动泊松比可通过 V_p 或 V_s 值换算,也可按经验值取用:

$$V_s = \sqrt{\frac{G_d}{\rho}} \tag{2-103}$$

$$V_p = \sqrt{\frac{\lambda + 2G_d}{\rho}} \tag{2-104}$$

$$V_R = \left(\frac{0.87 + 1.12\mu}{1 + \mu}\right)V_S \tag{2-105}$$

$$G_d = \frac{E_d}{2(1 + \mu)} \tag{2-106}$$

$$\lambda = \frac{\mu E_d}{(1 + \mu)(1 - 2\mu)} \tag{2-107}$$

式中　V_s、V_p、V_R——分别为剪切波速、压缩波速和瑞利波速;

其他符号意义同前。

第十四节　压(注)水试验

一、压水试验

(一)概述

钻孔压水试验是水利水电工程地质勘察中最常用的岩土体原位渗透试验,其成果主要用于评价岩土体的渗透特性,是防渗帷幕设计的基本依据。

钻孔压水试验方法是用止水栓塞把一定长度(一般为5 m)的孔段隔开,然后用不同的压力向试段内送水,测定其相应的流量值。一般情况下,都需要进行3个压力、5个阶段的试验,并采用最大压力阶段的压力值和相应的流量值计算得出透水率;以5个阶段的 p、Q 值绘制 p—Q 曲线,判断其类型。最终是以试段透水率和 p—Q 曲线类型的组合来表示某一试段的试验成果。

(二)试验钻孔

压水试验钻孔的孔径一般为59~150 mm。压水试验钻孔宜采用金刚石或合金钻进,严禁使用泥浆钻进。试验钻孔的套管脚应止水。

(三)试验方法与试段长度

1. 试验方法

试验一般分为单栓塞分段压水和双栓塞分段压水两种。单栓塞压水试验是随钻孔的加深自上而下地进行的。相邻试段应互相衔接,可少量重叠,但不应漏段。双栓塞压水试验一般是在孔壁岩石完整、光滑、稳定的孔段进行的。试验孔段的连续钻进深度每一次都不宜超过 40 m。

2. 试段长度

试段长度一般为 5 m。对于含断层破碎带、强透水带等的孔段,试段长度应根据具体情况确定。

(四)压力值与压力阶段

1. 压力值

试验压力一般为 $p_1=0.3$ MPa,$p_2=0.6$ MPa,$p_3=1$ MPa。

2. 压力阶段

试验一般按 5 个压力阶段(即 p_1—p_2—p_3—p_4($p_4=p_2$)—($p_5=p_1$))进行。确定试验压力值及压力阶段的主要技术要点有:

(1)当试段位于基岩面以下 30 m 范围内或岩土体软弱时,应适当降低试验压力,以防止试验时岩土体抬动、破坏。

(2)逐级升压至最大压力值后,如该试段的透水率小于 1 Lu,可不再进行降压阶段的试验。

(3)试段压力是指作用于试段内的实际平均压力。当用安装在与试段连通的测压管上的压力表测压时,试段压力按式(2-108)计算:

$$p = p_p + p_z \tag{2-108}$$

式中 p——试段压力,MPa;

p_p——压力表指示压力,MPa;

p_z——压力表中心至压力计算零线的水柱压力,MPa。

当用安设在进水管上的压力表测压时,试段压力按式(2-109)计算:

$$p = p_p + p_z - p_s \tag{2-109}$$

式中 p_s——管路压力损失,MPa。

(4)压力计算零线的确定方法为:

①当地下水位在试段以下时,压力计算零线为通过试段中点的水平线;

②当地下水位在试段以内时,压力计算零线为通过地下水位以上试段中点的水平线;

③当地下水位在试段以上时,压力计算零线为地下水位线。

(5)管路压力损失的确定方法包括两种。

①当工作管内径一致,且内壁光滑度变化不大时,管路压力损失可用式(2-110)计算:

$$p_s = \lambda \cdot \frac{L_p}{d} \cdot \frac{v^2}{2g} \tag{2-110}$$

式中 λ——摩阻系数,$\lambda=2\times10^{-4}\sim4\times10^{-4}$ MPa/m;

L_p——工作管长度,m;

d——工作管内径,m;

v——管内流速,m/s;

g——重力加速度,$g=9.8\ \mathrm{m/s^2}$。

②当工作管内径不一致时,管路压力损失应根据实测资料确定。实测方法请直接参考《水利水电工程钻孔压水试验规程》(SL 31—2003)附录 A。

(五)试验设备

1. 止水栓塞

目前使用的栓塞有气压式、水压式、单管顶压式、双管循环式等类型,可根据具体条件选择。一般情况下,气压式和水压式栓塞止水的可靠性好,宜优先选用。对止水栓塞的基本要求是:栓塞长度不小于 8 倍钻孔孔径;止水可靠,操作方便。

2. 供水设备

在有条件的地方宜采用自流供水进行试验。供试验用水的水泵应工作可靠、压力稳定、出水均匀,并能满足在 1 MPa 压力下流量保持 100 L/min。为能保证供水压力稳定、出水均匀、工作可靠,当供水采用往复式水泵时,在其出口应安装容积大于 5 L 的稳压空气室。

3. 量测设备

试验压力量测设备有试段压力计和压力表等。试段压力计能直接测定试段压力,宜优先选用,但需注意其可靠性和耐久性。压力表应反映灵敏,其工作压力应保持在极限压力值的 1/3 ~3/4。流量计应能在 1.5 MPa 压力下正常工作,量测范围为 1 ~100 L/min,并能测出正向流量和反向流量。

(六)现场试验

1. 洗孔

一般孔段采用压水洗孔法。岩粉堵塞严重的孔段或拟进行双栓塞压水试验的孔段,宜采用活塞抽吸洗孔法。

2. 试段隔离

下塞前应对压水试验工作管进行检查。接头处应采取严格的止水措施。采用气压式或水压式栓塞时,充气(水)压力应比最大试验压力大 0.2 ~1.3 MPa,在试验过程中充气(水)压力应保持不变。当栓塞隔离无效时,应采取移动栓塞、起栓塞检查、更换栓塞或灌制混凝土塞位等措施加以处理。移动栓塞时只准向上移,其范围不应超过上一次试验的塞位。

3. 试验前水位观测

试验前应观测试段的地下水位。观测工作一般在试段隔离后,在工作管内进行。水位观测一般每隔 5 min 进行一次。当水位下降速度连续两次均小于 5 cm/min 时,观测工作即可结束。用最后的观测结果确定压力计算零线。水位观测过程中发现承压水或多层水等现象时,观测工作应遵照专门规定进行。

4. 压力和流量观测

流量观测前应调整调节阀,使试段压力达到预定值并保持稳定。试验的流量观测一般每隔 1 ~2 min 进行一次。当流量无持续增大趋势,且 5 次流量读数中最大值与最小值之差小于最终值的 10%,或最大值与最小值之差小于 1 L/min 时,本试段试验即可结束。

取最终值作为计算值。

试验在降压阶段，如出现水由岩土体向孔内回流的现象，应记录回流情况，待回流停止，试验段内的流量仍需达到上述的标准后方可结束本阶段试验。试验结束前，应认真检查原始记录是否齐全、正确，如有缺项应及时补充，发现错误应及时纠正。

（七）试验资料整理

1. 绘制 p—Q 曲线，确定 p—Q 曲线类型

绘制 p—Q 曲线时，应采用统一比例尺，即纵坐标（p 轴）1 mm 代表 0.01 MPa，横坐标（Q 轴）1 mm 代表 1 L/min。曲线图上各点应标明序号，并依次用直线连接，升压阶段用实线，降压阶段用虚线。试段的 p—Q 曲线类型应根据升压阶段 p—Q 曲线形状以及降压阶段 p—Q 曲线与升压阶段 p—Q 曲线之间的关系确定。p—Q 曲线的类型及曲线特点见表 2-46。

表 2-46　p—Q 曲线类型及曲线特点

类型名称	A（层流）型	B（紊流）型	C（扩张）型	D（冲蚀）型	E（充填）型
p—Q 曲线	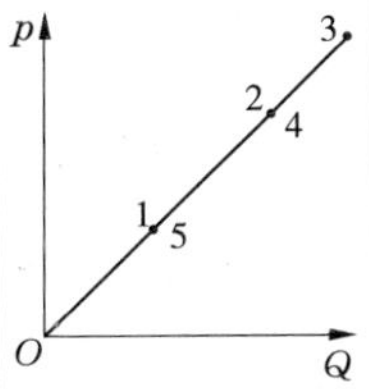	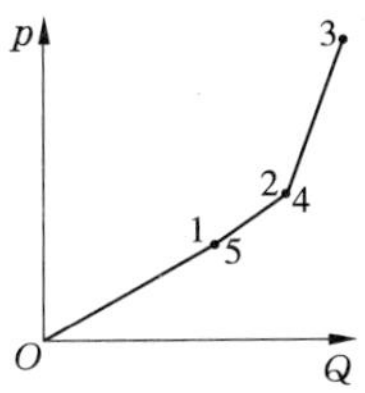	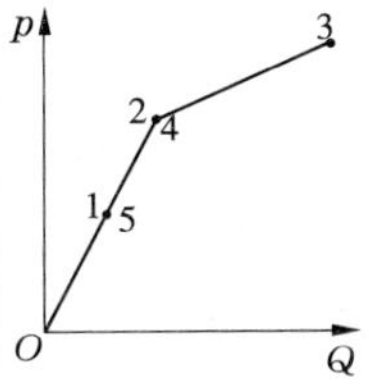	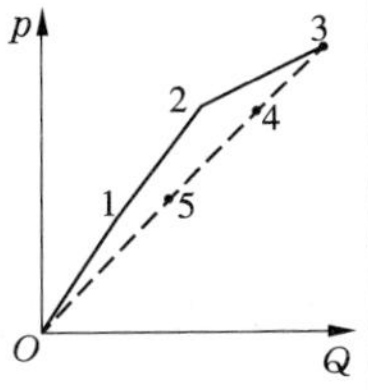	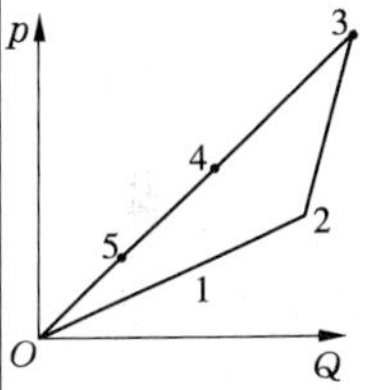
曲线特点	升压曲线为通过原点的直线，降压曲线与升压曲线基本重合	升压曲线凸向 Q 轴，降压曲线与升压曲线基本重合	升压曲线凸向 p 轴，降压曲线与升压曲线基本重合	升压曲线凸向 p 轴，降压曲线与升压曲线不重合，呈顺时针环状	升压曲线凸向 Q 轴，降压曲线与升压曲线不重合，呈逆时针环状

2. 试段透水率计算

试段透水率采用最大压力阶段（第三阶段）的压力值（p_3）和流量值（Q_3），按式（2-111）计算：

$$q = \frac{Q_3}{Lp_3} \tag{2-111}$$

式中　q——试段的透水率，Lu，试段透水率取两位有效数字；

L——试段长度，m；

Q_3——第三阶段的计算流量，L/min；

p_3——第三阶段的试验压力，MPa。

3. 用压水试验成果计算岩土体渗透系数

当压水试段位于地下水位以下，透水性较小（$q < 10$ Lu），且 p—Q 曲线为 A 型（层流型）时，可按式（2-112）计算岩土体渗透系数。

$$K = \frac{Q}{2\pi HL}\ln\frac{L}{r_0} \tag{2-112}$$

式中 K——岩土体渗透系数,m/d;

Q——压入流量,m^3/d;

H——试验水头,m;

L——试段长度,m;

r——钻孔半径,m。

当试段位于地下水位以下,透水性较小,p—Q 曲线为 B(紊流)型时,可用第一阶段的压力 p_1(换算成水头值,以米计)和流量也代入式(2-112)近似地计算渗透系数。当透水性较大时,公式(2-112)计算结果误差较大,宜采用其他水文地质试验方法测定岩土体渗透系数。

4. 试段试验成果表示

每个试段的试验成果,用试段透水率和 p—Q 曲线类型的符号(加括号)表示,如 0.23(A)、12(B)、8.5(D)等。

二、注水试验

(一)概述

注水试验是用人工抬高水头,向试坑或钻孔内注水,来测定松散岩土体渗透性的一种原位试验方法。通过注水试验所得的渗透系数,用于预测基坑排水量、评价储水工程地基或边坡渗漏的可能性,亦是选择地基处理方案的主要参数。

注水试验主要适用于不能进行抽水试验和压水试验,取原状土试样进行室内试验又比较困难的松散岩土体。注水试验可分为试坑注水试验和钻孔注水试验两种。试坑注水试验主要适用于地下水位以上且地下水位埋藏深度大于 5 m 的各类土层。钻孔注水试验则适用于各类土层和结构较松散、软弱的岩层,且不受水位和埋藏深度的影响。

(二)钻孔注水试验

钻孔注水试验包括钻孔常水头注水试验与钻孔降水头注水试验。

1. 钻孔常水头注水试验

1)试验原理和适用范围

钻孔常水头注水试验是在钻孔内进行的,在试验过程中水头保持不变。它一般适用于渗透性比较大的粉土、砂土和砂卵砾石层等。根据试验的边界条件,分为孔底进水和孔壁与孔底同时进水两种。

2)试验设备

钻孔注水试验设备见表 2-47。

3)试验步骤

(1)造孔与试段隔离:用钻机造孔,预定深度下套管。如遇地下水位,应采取清水钻进,孔底沉淀物不得大于 5 cm,同时要防止试验土层被扰动。钻至预定深度后,采用栓塞和套管进行试段隔离,确保套管下部与孔壁之间不漏水,以保证试验的准确性。对孔底进水的试段,用套管塞进行隔离;对孔壁和孔底同时进水的试段,除采用栓塞隔离试段外,还要根据试验土层种类,决定是否下入护壁花管,以防孔壁坍塌。

(2)流量观测及结束标准:试段隔离以后,用带流量计的注水管或量筒向试管内注入清水，试管中水位高出地下水位一定高度（或至孔口）并保持固定，测定试验水头值。保持试验水头不变，观测注入流量。开始先按 1 min 间隔测 5 次，5 min 间隔测 5 次，以后每隔 3 min 观测一次，并绘制 $q—t$ 曲线，直到最终的流量与最后 2 h 的平均流量之差不大于 10% 时，即可结束试验。

表 2-47　钻孔注水试验设备一览表

名称	规格	用途
钻机	钻孔深度和直径选用	造孔用
钻具	钻杆（N42 ~ N50 mm），钻具（N108 ~ N146 mm）	造孔用
套管	包括同孔径花管	护壁用
水泵	一般勘探用的配套水泵即可	供水用
流量计	水表、量筒、瞬时流量计等	测量注入水量
止水设备	气压、水压栓塞，套管塞（黏土与套管结合）	试段隔离
水位计	测钟和电测水位计	测地下水位和注水水位
水箱	容积 1 m^3	储存试验用水
记时钟表	秒表	记时用
米尺	皮尺	丈量用

4）资料整理

假定试验土层是均质的，渗流为稳定层流，根据常水头条件，由达西定律得出试验土层的渗透系数计算公式：

$$k = \frac{Q}{AH} \tag{2-113}$$

式中　k——试验土层的渗透系数，cm/min；

Q——注入流量，cm^3/min；

H——试验水头，cm；

A——形状系数，由钻孔和水流边界条件确定，据表 2-48 选用。

2. 饱和带钻孔降水头注水试验

1）试验原理和适用范围

钻孔降水头与钻孔常水头试验的主要区别是，在试验过程中，试验水头逐渐下降，最后趋于零。根据套管内的试验水头下降速度与时间的关系，计算试验土层的渗透系数。它要适用于渗透系数比较小的蒙古性土层，试验设备与钻孔常水头方法相同。

2）试验步骤

（1）造孔与试段隔离：与钻孔常水头相同。

（2）流量观测及结束标准：试段隔离后，向套管内注入清水，使管中水位高出地下水位一定高度，或至套管顶部后，停止供水，开始记录管内水位高度随时间的变化。量测管中水位下降速度，开始时间间隔为 1 min 观测 5 次，然后间隔为 5 min 观测 5 次，10 min 间隔观测 3 次，最后根据水头下降速度，一般可按 30 ~ 60 min 间隔进行，对较强透水层，观测时间可适当缩短。在现场，采用半对数坐标纸绘制水头下降比与时间的关系曲线（见图 2-45）。当水头比与时间关系呈直线时说明试验正确，即可结束试验。

表 2-48　钻孔注水试验的形状系数值

试验条件	简图	形状系数值	备注
试段位于地下水位以下，钻孔套管下至孔底，孔底进水	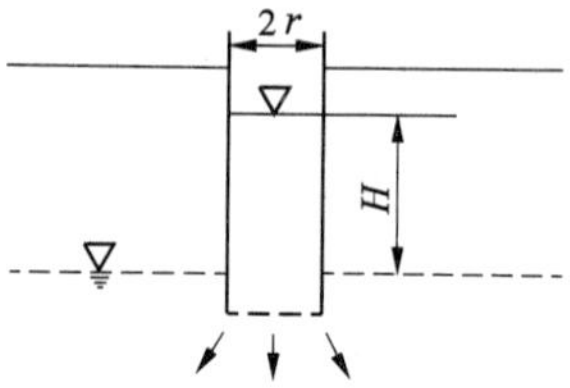	$A=5.5r$	
试段位于地下水位以下，钻孔套管下至孔底，孔底进水，试验土层顶板为不透水层	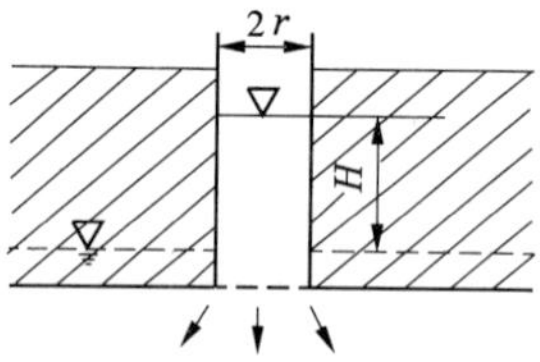	$A=4.0r$	
试段位于地下水位以下，孔内不下套管或部分下套管，试验段裸露或下花管，孔壁与孔底进水	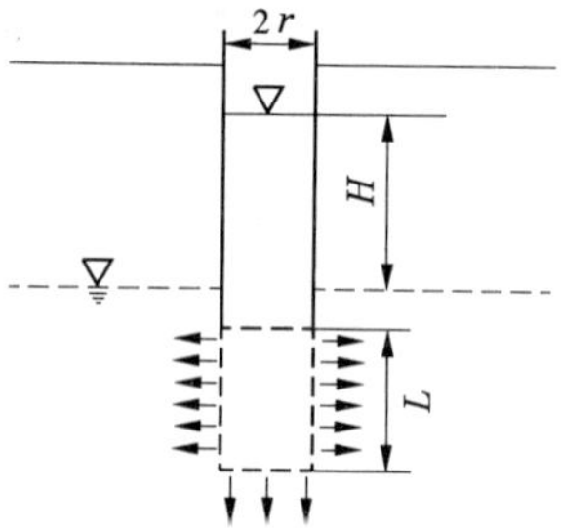	$A=\dfrac{2\pi L}{\ln\dfrac{mL}{r}}$	$\dfrac{mL}{r}>10$ $m=\sqrt{k_h/k_v}$ 式中：k_h、k_v 分别为试验土层的水平、垂直渗透系数，无资料时，m 值可根据土层情况估计
试段位于地下水位以下，孔内不下套管或部分下套管，试验段裸露或下花管，孔壁与孔底进水，试验土顶部为不透水	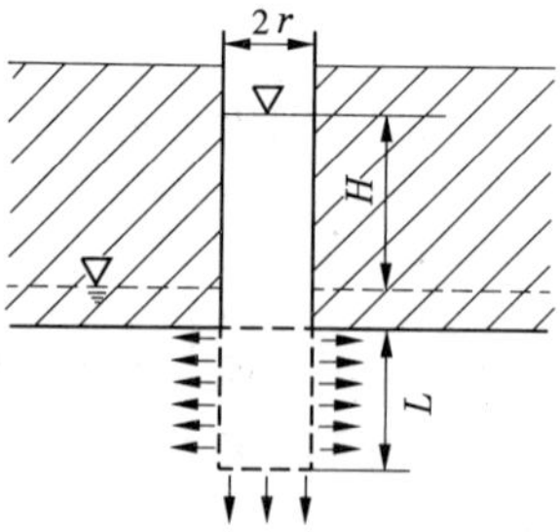	$A=\dfrac{2\pi L}{\ln\dfrac{2mL}{r}}$	$\dfrac{mL}{r}>10$ $m=\sqrt{k_h/k_v}$ 式中：k_h、k_v 分别为试验土层的水平、垂直渗透系数，无资料时，m 值可根据土层情况估计

3）资料整理

假定渗流符合达西定律，渗入土层的水等于套管内的水位下降后减少的水体积，可得

$$k=\frac{\pi r^2}{AH}\cdot\frac{\mathrm{d}H}{\mathrm{d}t} \tag{2-114}$$

根据注水试验的边界条件和套管中水位下降速度与延续时间的关系，由图 2-45 可知，降水头注水试验的渗透系数计算公式为

$$k = \frac{\pi r^2}{A} \cdot \frac{\ln \frac{H_1}{H_2}}{t_2 - t_1} \tag{2-115}$$

式中 H_1——在时间 t_1 时的试验水头，cm；

H_2——在时间 t_2 时的试验水头，cm。

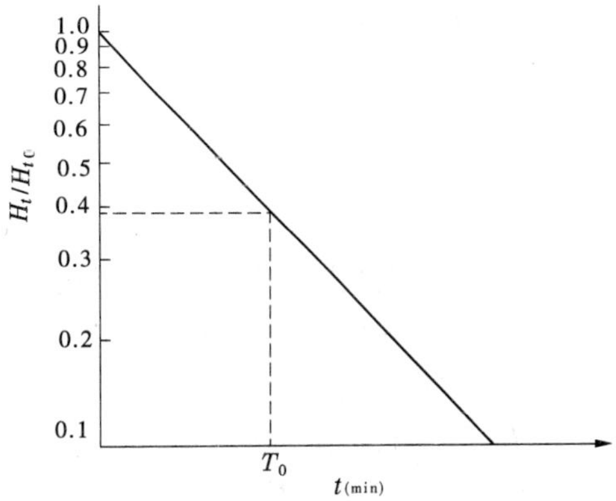

图 2-45 H_t/H_{t0}—t 曲线

如在任意时间 t，套管水位和压力零线之间的差值为 H_t，则当 $t=0$ 时，$H_t = H_{t0}$；当 $t = T_0$，$H_t = 0$ 时：

$$k = \frac{\pi r^2}{AT_0} \tag{2-116}$$

式中 T_0——注水试验的滞后时间，min。

式(2-115)和式(2-116)在 $\ln(H_1/H_2) = \ln(H_{t0}/H_t) = 1$ 或 $H_{t0}/H_t = 0.37$，$t = T_0 = t_2 - t_1$ 时的特定条件下完全相同。因此，在降水头试验中，可以用与其相对应的时间近似地代替注水试验的滞后时间，代入式(2-116)计算渗透系数，这样可以大大缩短试验时间。滞后时间的图解如图 2-45 所示。降水头注水试验的形状系数和水头注水试验相同(见表 2-48)。

采用双栓塞将套管隔离成 3 个试段，进行降水头注水试验，试验安装如图 2-46 所示，流量量测方法和前述基本相同，采用下述公式计算土层的渗透系数：

$$k = \frac{r^2 \Delta H}{2LH\Delta t} \tag{2-117}$$

式中 k——试段的渗透系数，cm/min；

r——工作管内半径，cm；

L——试段长度，cm；

Δt——逐次水位测量之间的时间间隔(即 $t_1 - t_0$，$t_2 - t_1$ 等)，min；

ΔH——在 Δt 时间内的水头下降值，cm；

H——在 Δt 时间后的试验水头值，cm。

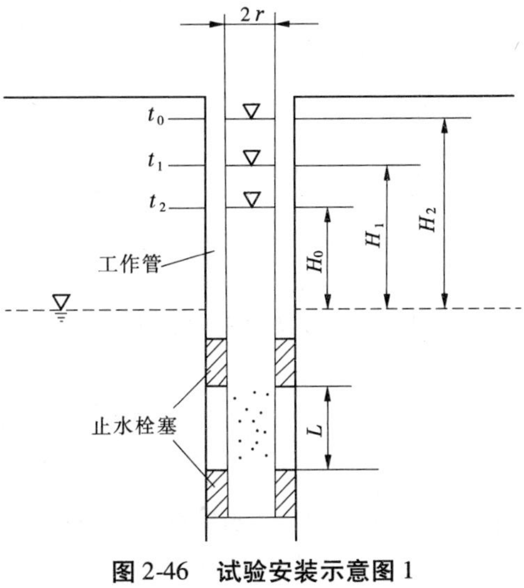

图 2-46 试验安装示意图 1

3. 包气带内钻孔降水头注水试验

当试段位于地下水位以上，在包气带内进行钻孔降水头注水试验时，其试验设备和试验方法与饱和带内钻孔降水头注水试验相同，但资料整理有所不同。

中国有色金属工业总公司、冶金部标准《注水试验规程》(YS 5214—2000)，考虑了包

气带的饱和度和孔隙度，试验安装如图 2-47 所示，采用下述公式计算渗透系数：

$$k = \frac{r\ln\frac{H_1}{H_2}}{4t_2\left[\frac{3(H_1 - H_2)}{4S_r nr} + 1\right]^{\frac{1}{3}} - t_1} \tag{2-118}$$

式中 k——试验土层的平均有效渗透系数，cm/min；

γ——注水管内半径，cm；

t_1——观测时间，min；

H_1——当 $t = t_1$时的管内水柱高度（从孔底算起），cm；

H_2——当 $t = t_2$时的管内水柱高度（从孔底算起），cm；

S_r——试验土层的最终饱和度；

n——试验土层的孔隙度。

美国采用双栓塞隔离试段，如图 2-48 所示，试段的渗透系数采用修正的 Jarvis 公式计算：

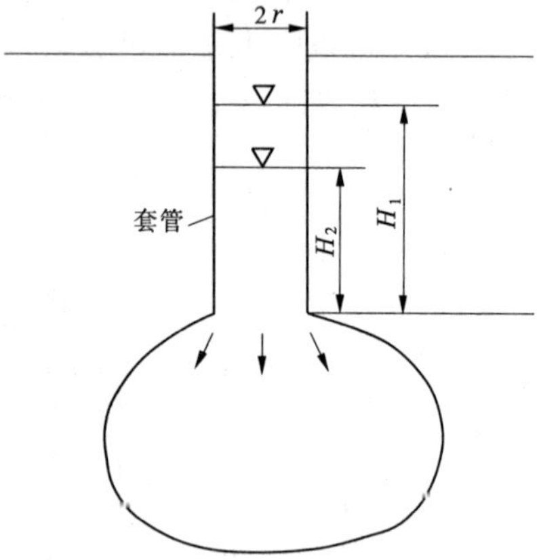

图 2-47 试验安装示意图 2

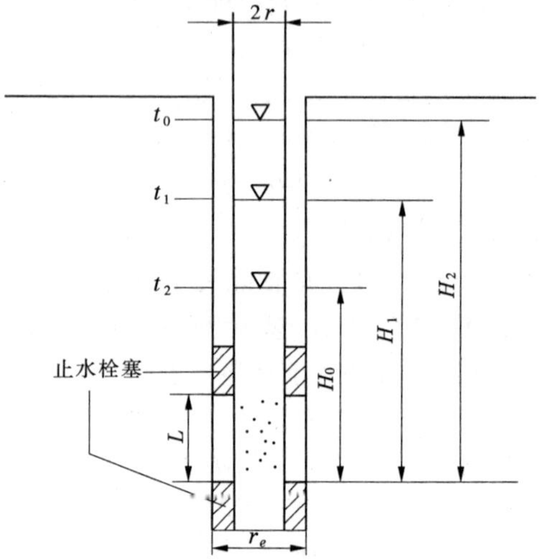

图 2-48 试验安装示意图 3

$$k = \frac{r_1^2}{2l\Delta t}\left[\frac{\text{arsh}\frac{1}{r_e}}{2}\ln\left(\frac{2H_1 - l}{2H_2 - l}\right) - \ln\left(\frac{2H_1H_2 - lH_2}{2H_1H_2 - lH_1}\right)\right] \tag{2-119}$$

式中 k——时段的平均渗透系数，cm/min；

l——试段的长度，cm；

r_1——工作管内半径，cm；

r_e——时段的有效半径，cm；

Δt——时间间隔（$t_1 - t_0$，$t_2 - t_1$），min；

H——试段底部至工作管中水面的水柱高度（在测量时间 t_0、t_1、t_2 时分别为 H_0、H_1、H_2），cm。

第三章　地基处理及质量检验

第一节　概　述

地基是否良好，广义地讲就是能否满足建（构）筑物的变形和承载力能力要求，因此它是一个动态概念。所以，地基需不需要进行处理或者处理到什么程度、采用什么手段进行处理是一个动态的概念，这就决定了地基处理问题的复杂性和多变形。地基处理的恰当与否，不仅关系到建（构）筑物的使用，还会影响到建设费用的高低、施工进程的快慢。

地基处理的目的是利用换算、夯实、挤密、胶结、加筋和热学等方法对地基土进行加固，用以改良地基土的工程特性。建筑物的地基所面临的问题有：

（1）地基的强度与稳定性问题。若地基的抗剪强度不足以支承上部荷载，地基就会产生局部剪切或整体滑动破坏，影响建筑物的正常使用，甚至成为灾难。

（2）地基的变形问题。当地基在上部荷载作用下，产生严重沉降或不均匀沉降时，就会影响建筑物的正常使用，甚至发生整体倾斜、墙体开裂、基础断裂等事故。

（3）地基的渗漏与溶蚀。如水库地基渗漏严重，会发生水量损失。

（4）地基振动液化与振沉。在强烈地震作用下，地下水位以下的松散细粉砂和粉土产生液化，使地基丧失承载力。

一、软弱地基处理的对象

《建筑地基基础设计规范》（GB 5007—2002）中规定，软弱地基主要由淤泥、淤泥质土、冲填土或其他高压缩性土构成。

（一）软土

淤泥及淤泥质土总称为软土。软土的特性是含水量高、空隙比大、渗透系数小、压缩性高、抗剪强度低。在外荷载作用下，软土地基承载力低，地基变形大，且变形稳定历时较长，在比较深厚的软土层上，建筑物基础的沉降往往持续数年甚至十年之久。软土地基是在工程实践中遇到最多的需要人工处理的地基。由于软土具有强度低、压缩性高和渗透性差等特点，在软土地基上修建建筑物，必须重视地基的变形和稳定问题。软土地基的承载力一般为 50 ~ 80 kPa，如果不作处理，就不能承受较大的建筑物荷载。

（二）冲填土

冲填土是在整治和疏通江河时，用挖泥船或泥浆泵把江河或港湾底部的泥砂用水力冲填形成的。冲填土的工程性质主要取决于颗粒组成、均匀性和排水固结条件，冲填土的物质成分比较复杂：①若以粉土、黏土为主，则属于欠固结的软弱土；②当冲填土主要由中砂粒以上的粗颗粒组成时，则不属于软弱土。

（三）杂填土

杂填土一般是覆盖在城市地表的人工杂物，包括碎砖瓦块等建筑垃圾、工业废料和生活垃圾等。杂填土的成分复杂，组成物质杂乱，分布极不均匀，结构松散且无规律性。杂填土的主要特征是强度低、压缩性高和均匀性差，即使在同一建筑物场地的不同位置，地基承载力和压缩性也有较大的差异。

（四）其他高压缩性土

饱和松散粉细砂及粉土，在机械震动、地震等动力荷载的重复作用下，有可能产生液化或震陷变形。另外，在基坑开挖时，也可能会产生流砂或管涌。因此，对于这类地基土，往往需要进行地基处理。

二、软弱地基处理方法

地基处理方案的确定需在论证地基处理的必要性及调查的基础上，经实地调查、考察和论证确定相应的可行性方案，并进行全面技术和经济比较以及现场试验确定最佳方案。软弱土地基处理方法见表 3-1。

地基处理是一项技术复杂、难度大的非常规工程，必须精心施工，并注意技术交底与质量监理、监测、效果检验处理等环节。

表 3-1　软弱土地基处理方法

编号	分类	处理方法	原理及作用	适用范围
1	碾压及夯实	重锤夯实法，机械碾压法，振动压实法，强夯法（动力固结）	利用压实原理，通过机械碾压夯击，把表层地基土压实，强夯则利用强大的夯击能，在地基中产生强烈的冲击波和动应力，使土体动力固结密实	碎石、砂土、粉土、低饱和度的黏性土、杂填土等。对饱和黏性土可采用强夯法
2	换土垫层	砂石垫层，素土垫层，灰土垫层，矿渣垫层	以砂石、素土、灰土和矿渣等强度较高的材料，置换地基表层软弱土，提高持力层的承载力，减少沉降量	暗沟、暗塘等软弱土地基
3	排水固结	天然地基预压，砂井预压，塑料排水板预压，真空预压，降水预压	通过改善地基排水条件和施加预压荷载，加速地基的固结和强度增长，提高地基的稳定性，并使基础沉降提前完成	饱和软弱土层；对于渗透性很低的泥炭土，则应慎重
4	振密挤密	振冲挤密，灰土挤密桩，砂桩，石灰桩，爆破挤密	采用一定的技术措施，通过振动或挤密，使土体孔隙减少，强度提高；也可在振动挤密的过程中，回填砂、砾石、灰土、素土等，与地基土组成复合地基，从而提高地基的承载力，减少沉降量	松砂、粉土、杂填土及湿陷性黄土

续表 3-1

编号	分类	处理方法	原理及作用	适用范围
5	置换及拌入	振冲置换，深层搅拌，高压喷射注浆，石灰桩等	采用专门的技术措施，以砂、碎石等置换软弱土地基中部分软弱土，或在部分软弱土地基中掺入水泥、石灰或砂浆等形成加固体，与周边土组成复合地基，从而提高地基的承载力，减少沉降量	黏性土、冲填土、粉砂、细砂等
6	土工聚合物	土工膜、土工织物、土工格栅等合成物	一种用于土工的化学纤维新型材料，可用于排水、隔离、反滤和加固补强等方面	软土地基、填土及陡坡填土、砂土
7	其他	灌浆，冻结，托换技术，纠偏技术	通过独特的技术措施处理软弱土地基	根据建筑物和地基基础情况确定

第二节　碾压法与夯实法

碾压与夯实是修路、筑堤、加固地基表层最常用的地基处理方法。通过处理，可使填土或地表疏松土的孔隙体积减小，密实度提高。目前，国内常用的有机械碾压法、振动压实法和重锤夯实法及强夯法等。

一、机械碾压法

机械碾压法是利用压路机、羊足碾、平碾、振动碾等机械将地基土压实，常用于处理一定含水量的填土地基或杂填土地基。碾压后，使其孔隙体积减小，密实程度提高。只要填土用料合适，压实能降低土的压缩性，提高其抗剪强度，减弱土的透水性，使经过处理的表层土成为能承担较大荷载的地基持力层，可作为建筑物的天然地基。

对于大面积填土，应分层碾压并逐步升高填土面标高；对于杂填土地基，应把影响深度以上部分挖去，然后分层碾压并逐层回填碾压；对于黏性土地基的碾压，一般用质量为 $8\times10^3\sim15\times10^3$ kg 的平碾（或振压机）或 12×10^3 kg 的羊足碾，每层铺土厚度为 20～30 cm，碾压数遍。

碾压效果主要取决于被压实土的含水量和压实机械的压实能力。在实际工程中若要获得较好的压实效果，应根据碾压机械的压实能力，控制碾压土的含水量，选择适合的分层碾压厚度和遍数，一般可以通过现场碾压试验确定。黏性土的碾压，通常用 80～100 kN 的平碾或 120 kN 的羊足碾，每层铺土厚度为 200～300 mm，碾压 8～12 遍。碾压后填土地基的质量以压实系数 λ_c 和现场含水量控制，压实系数为控制的干密度与最大干密度的比值，在主要受力层范围内一般要求 $\lambda_c>0.96$（砌体承重结构和框架结构），或 $\lambda_c>$

0.94～0.97(排架结构)。

二、振动压实法

振动压实法是通过在地基表面施加振动把浅层松散土振实的方法,可用于处理砂土和由炉灰、炉渣、碎砖等组成的杂填土地基。竖向振动力(50～100 kN)由偏心块产生,振动压实的效果与振动力的大小、填土成分和振动时间有关。当杂填土的颗粒或碎块较大时,应采用振动力较大的机械。

一般来说,振动时间越长,效果越好,但振动超过一定时间后振实效果将趋于稳定。在施工前应进行试振,找出振实稳定所需要的时间,振实范围应从基础边缘放出0.6 m左右,先振基槽两边,后振中间。经过振实的杂填土地基,承载力基本值可达100～120 kPa。

三、重锤夯实法

重锤夯实法是利用起重机械将夯锤提到一定高度(2.5～4.5 m),然后使夯锤(锤重一般不小于15 kN)自由落下并重复夯击,以加固地基。

机理:经夯击后,地基表层土体的干密度将增加,从而提高表层地基的承载力,降低压缩性。对于湿陷性黄土,重锤夯实可减少表层土的湿陷性;对于杂填土,可减少其不均匀性。

适用范围:处理距地下水位0.8 m以上稍湿的杂填土、黏性土、湿陷性黄土和分层填土等地基,在有效夯实深度内存在软黏土时不宜采用此法。

停夯标准:随着夯击次数的增加,土的每遍夯沉量逐渐减少,对于黏性土及湿陷性黄土,一般要求最后两遍平均夯沉量不大于1.0～2.0 cm;对于砂性土,不大于0.5～1.0 cm。

四、强夯法

强夯法是用起重机械将80～400 kN的夯锤起吊到6～30 m高度后,将夯锤自由落下,产生强大的冲击能量,对地基进行强力夯实,从而提高地基承载力,降低压缩性。强夯法是工程中最常用的地基处理方法之一。

(一)强夯法的加固机理

1.饱和土的强夯加固机理

饱和土的强夯加固机理可分为三个阶段:

(1)加载阶段:即夯击的一瞬间,夯锤的冲击使地基土体产生强烈振动和动应力,在波动影响带内,动应力和孔隙水应力急剧上升,而动应力往往大于孔隙水应力,动有效应力使土体产生塑性变形,破坏土的结构。

(2)卸载阶段:即夯击动能卸去的一瞬间,动能的总应力瞬息即逝,然而土中孔隙水应力仍然保持较高的水平,此时孔隙水应力大于有效应力,引起砂土液化。在黏性土地基中,当最大孔隙水应力大于小主应力、静止侧压力及土的抗拉强度之和时,土体开裂,渗透性迅速增大,孔隙水应力迅速下降。

(3)动力固结阶段:卸载之后,土体中仍然保持一定的孔隙水应力,从而产生排水固结。对于砂土，孔隙水应力的消散使砂土进一步密实；对于黏性土，孔隙水应力消散较慢，可能要延续2~4周。

2. 非饱和土的强夯加固机理

夯击能量产生的冲击波和动应力的反复作用，迫使土骨架产生塑性变形，由夯击能转化为土骨架的变形能，使土体密实，提高土的抗剪强度，降低土的压缩性。

(二)强夯法的特点与适用范围

1. 强夯法的特点

(1)施工工艺和施工设备简单，适用土质范围广，加固效果显著，可取得较高的承载力。

(2)具有工效高、施工速度快、节省加固原材料、施工费用低、耗用劳动力少等优点。

2. 强夯法的适用范围

(1)加固碎石土、砂土、低饱和度粉土、黏性土、湿陷性黄土、素填土、杂填土、工业废渣等地基处理。

(2)用于防治粉土及粉砂的液化。对于饱和软黏土，如采取一定技术措施也可采用此法进行加固，另外，还可用于水下夯实。

但强夯法对工程周围建筑物和设备有一定的振动影响，必需时，应采取防振、隔振措施。

(三)强夯法施工技术参数

强夯法施工技术参数包括单位夯击能、夯击点的布置及间距、单点夯击击数与夯击遍数、夯击间隔时间、处理范围、加固影响深度。

1. 单位夯击能

锤重与落距的乘积称为夯击能。强夯法的单位夯击能(指单位面积上所施加的夯击能)，应根据地基土类别、结构类型、荷载大小和处理深度等综合考虑，并通过现场试夯确定。一般对粗粒土可取1 000~3 000 $kN \cdot m/m^2$，细粒土取1 500~4 000 $kN \cdot m/m^2$。

2. 夯击点的布置及间距

夯击点的布置应根据基础型式和加固要求而定。对大面积地基，夯点一般采用等边三角形、等腰三角形或正方形布置；对条形基础，夯点可成行布置；对独立柱基础，可按柱网设置采取单点或成组布置，并在基础下面布置夯点。

夯击点间距通常取夯锤直径的3倍，第一遍夯击点间距为5~9 m，以后可适当减小。对处理深度较大或单击夯击能较大的工程，第一遍夯击点间距宜适当增大。

3. 单点夯击击数与夯击遍数

单点夯击击数指单个夯点一次连续夯击的次数。夯击遍数是对整个场地完成全部夯击点称为一遍，单点夯击遍数加满夯夯击遍数为整个场地的夯击遍数。

单点夯击击数应按现场试夯得到的夯击击数和夯沉量关系曲线确定，且应同时满足：

(1)最后两击的平均夯沉量不大于50 mm，当单击夯击能量较大时，夯沉量不大于100 mm。

(2)夯坑周围地面不应产生过大隆起。

(3)不因夯坑过深而产生起锤困难。

每夯击点的夯击数一般为 3 ~ 10 击。夯击遍数应根据地基土的性质确定，一般可取 2 ~ 3 遍，最后再以较低能量（如前几遍能量的 1/5 ~ 1/4，击数为 2 ~ 4 击）满夯一遍，以加固前几遍之间的松土和被振松的表层土。

4. 夯击间隔时间

两遍夯击之间应有一定的时间间隔，以利于土中超静孔隙水应力的消散，待地基稳定后再夯下遍，一般两遍之间间隔为 1 ~ 4 周；透水性较差的黏性土不少于 3 周；对无地下水或地下水在地面以下 5 m，含水率较低的碎石类土和透水性强的砂土，可取 1 ~ 2 d 间隔时间，甚至不需间隔时间，夯完一遍后，将土推平，连续夯击。

5. 处理范围

强夯处理范围应大于建筑物基础范围，每边超出基础外缘的宽度宜为设计处理深度的 1/3 ~ 1/2，且不小于 3 m。

6. 加固影响深度

强夯法的有效加固深度 H 与夯实击能的关系，可用经验公式估算，即

$$H = \alpha \sqrt{Mh} \tag{3-1}$$

式中 α——系数，对软黏土取 0.5，对黄土可取 0.34 ~ 0.5；

M——夯锤重，kN；

h——落距，m。

（四）质量控制

夯击前后应对地基土进行测试，包括室内土工试验、现场标准贯入、静力触探、旁压试验及现场载荷试验等，检验地基的实际影响深度。

检测要求：

（1）每个建筑物地基的检测点数不少于 3 处，检测深度和位置按设计要求；

（2）测定每点夯击后的地基平均变形值，以检测强夯效果。

因强夯后，土体的强度随夯击后间歇时间的增加而增加，故测试工作宜在强夯后 1 ~ 4 周进行。

第三节　换土垫层法

一、换土垫层法的原理

换土垫层法的原理是：当软弱土地基的承载力和变形满足不了建筑物的要求，而软弱土层的厚度又不很大时，将基础底面以下处理范围内的软弱土层部分或全部挖去，然后分层换填强度较大的砂、碎石或灰土等性能较稳定、无侵蚀的材料，并夯击、碾压至密实。

《建筑地基处理技术规范》（JGJ 79—2002）中规定：换土垫层法适用于淤泥、淤泥质土、湿陷性黄土、素填土、杂填土地基及暗沟、暗塘等浅层处理。填层的作用主要有：提高浅层地基的承载力；减小沉降量；加速软弱土层的排水固结；防止冻涨；消除膨胀土的涨缩作用。

工程中常用的垫层有：砂垫层、砂卵石垫层、碎石垫层、灰土或素土垫层、煤渣垫层及其他性能稳定、无侵蚀性的材料做成的垫层。

二、垫层设计要点

垫层的设计不但要满足建筑物对地基变形及稳定的要求,而且应符合经济合理的原则。设计内容主要是确定垫层断面合理的厚度和宽度。根据建筑物对地基变形及稳定的要求,对于换土垫层,既要求有足够的厚度置换可能被剪切破坏的软弱土层,又要有足够的宽度以防止砂填层向两侧挤动。对于有排水要求的垫层来说,除要求有一定厚度和宽度外,还需形成一个排水面,促进软弱土的固结,提高强度,以满足上部结构的要求。

(一)砂垫层厚度的确定

根据垫层作用的原理,砂垫层厚度必须满足在建筑物荷载作用下垫层本身不应产生冲剪破坏,同时通过垫层的应力也不会使下卧层产生局部剪切破坏,即应满足对软弱下卧层验算的要求。

垫层厚度 z(见图 3-1)应根据垫层底部下卧土层的承载力确定,并符合下式要求:

$$p_z + p_{cz} \leqslant f_z \tag{3-2}$$

式中 p_z——垫层底面处的附加应力设计值,kPa;

p_{cz}——垫层底面处土的自重压力标准值,kPa;

f_z——经深度修正后垫层底面处土层的地基承载力设计值,kPa。

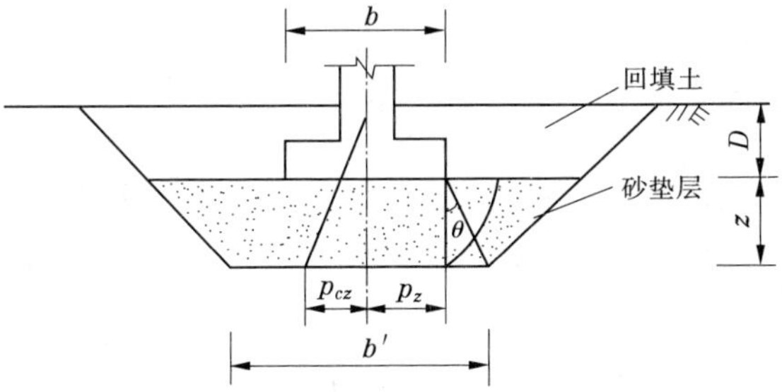

图 3-1　砂垫层剖面图

垫层底面处的附加压力值 p_z 可按压力扩散角进行简化计算:

条形基础

$$p_z = \frac{b(p - p_c)}{b + 2z\tan\theta} \tag{3-3}$$

矩形基础

$$p_z = \frac{bl(p - p_c)}{(b + 2z\tan\theta)(l + 2z\tan\theta)} \tag{3-4}$$

式中 b——矩形基础或条形基础底面的宽度,m;

l——矩形基础底面的长度,m;

p——基础底面压力的设计值,kPa;

p_c——基础底面处土的自重压力标准值,kPa;

z——基础底面下垫层的厚度,m;

θ——垫层的压力扩散角(°)。

砂填层的压力扩散角按表 3-2 选用。计算时,先假设一个垫层的厚度,然后验算,如不符合要求,则改变厚度,重新验算,直至满足要求为止。一般砂垫层的厚度为 1 ~ 2 m,过薄的垫层(<0.5 m)作用不显著,垫层太厚(>3 m)则施工较困难。

表 3-2　垫层的压力扩散角

z/b	中砂、粗砂、砾砂、圆砂、角砂、石屑、卵石、碎石、矿渣	粉质黏土、粉煤灰	灰土
0.25	20	6	28
≥0.50	30	23	

注:1. 当 $z/b<0.25$,除灰土材料均取 $\theta=28°$外,其余材料均取 $\theta=0°$,必要时,宜由试验确定。
2. 当 $0.25<z/b<0.50$ 时,θ 值可内插求得。

(二)砂垫层宽度的确定

砂垫层的宽度一方面要满足应力扩散的要求,另一方面防止垫层向两边挤动。关于宽度的计算,目前还缺乏可靠的理论方法,在实践中常常按照当地某些经验数据(考虑垫层两侧土的性质)或按经验方法确定。常用的经验方法是扩散角法,设垫层厚度为 z,垫层底宽按基础底面每边向外扩出考虑,那么条形基础下垫层底宽应不小于 $b+2z\tan\theta$。扩散角 θ 仍按表 3-2 的规定选用。砂垫层顶面宽度可从垫层两侧向上,按基坑开挖期间保持边坡稳定的当地坡经验确定。垫层顶面每边超出基础底边不小于 300 mm。

砂垫层断面确定后,对于比较重要的建筑物还要求验算基础的沉降,以便使建筑物基础的最终沉降值小于建筑物的允许沉降值。验算时一般不考虑砂垫层本身的变形。但沉降要求严或垫层后的建筑应计算垫层本身的变形。

按应力情况设计砂垫层的方法比较简单,故常被设计人员所采用。但是必须注意,应用此法演算砂垫层的厚度时,往往得不到接近实际的结果。因为增加砂垫层的厚度时,垫层底面处的附加应力 p_z 虽可减少,但自重应力 p_{cz} 却增大了,因而两者之和(p_z 和 p_{cz})的减少并不显著,所以这样设计的砂垫层往往较厚(偏于安全)。

三、施工要点

(1)垫层施工必须保证达到设计要求的密实度。密实方法常用的有振动法、碾压法等。这些方法都要求控制一定的含水率,分层铺砂厚 20 ~ 30 cm,逐层振密或压实,并应将下层的密实度检验合格后,方可进行上层施工。

(2)垫层的砂料必须具有良好的压实性。砂料的不均匀系数不能小于 5,以中粗砂为好,可在砂中掺入一定数量的碎石,但要分布均匀。

(3)开挖基坑铺设垫层时,必须避免对软弱土层的扰动和破坏坑底土的结构。基坑开挖后应及时回填,不应暴露过久或浸水,并防止践踏坑底。

(4)避免碎石挤入土中。当采用碎石垫层时,应在坑底先铺一层砂垫底,以免碎石挤入土中。

第四节　排水固结预压法

排水固结预压法是利用地基排水固结的特性,通过施加预压荷载,并增设各种排水条件(砂井和排水垫层等排水体),以加速饱和软黏土固结,提高土体强度的一种软土地基处理方法。

一、加固原理与应用条件

(一)加固原理

饱和软黏土地基在荷载作用下,孔隙水不断地排出,孔隙体积逐渐减小,地基发生固结变形。同时,随着超静孔隙水应力逐渐消散,有效应力逐渐提高,地基土的强度逐渐增长,地基变形也会相应减小。

(二)超载预压

在建筑场地先加一个和上部建筑物相当的压力进行预压,待强度变形达到设计要求后,将预压荷载移走,而后在经预压过的地基上修建建筑物,建筑物所引起的沉降即可大大减小。

(三)排水固结预压法应用条件

排水固结预压法用于处理淤泥、淤泥质土及其他饱和软黏土地基。对于砂类土和粉土,因透水性良好,无需用此法处理;对于含砂夹层的黏性土,因其具有较好的横向排水性能,可以不用竖向排水体(砂井等)处理,也能获得良好的加固效果。

二、堆载预压法

堆载预压法是在建筑物施工前,在地基表面分级堆土或加其他荷载,使地基土压密、沉降、固结,待达到预定的强度变形标准后再卸载,建造建(构)筑物,从而提高地基强度和减少建筑物建成后的沉降量。

(一)堆载预压法的特点

(1)使用的材料、机具和方法简单直接,施工操作方便。

(2)堆载预压需要一定时间,对厚度大的饱和软黏土,排水固结所需的时间很长。

(3)需要大量堆载材料,使用上受到一定限制。

(二)堆载预压法适用范围

各类软弱地基,包括天然沉积土层和人工冲填土层,如沼泽土、淤泥、淤泥质土以及水力冲填土,广泛用于冷藏库、油罐、机场跑道、集装箱码头等沉降要求比较高的地基。

(三)堆载预压法材料

堆载材料一般以散料为主,如采用施工场地附近的土、砂、石子、砖、石块等。堤坝、路基的预压可用其填土本身作为堆载;大型油罐、水池地基,常以容器充水对地基进行预压。

三、砂井堆载预压法

在软弱地基中用钢管打孔、灌砂,设置砂井作为竖向排水通道,并在砂井顶部设置砂垫层作为水平排水通道,在砂垫层上部堆载以增加土中附加应力,使土体中孔隙水较快地通过砂井和砂垫层排出,以达到加速土体固结,提高地基土强度的目的,见图3-2。

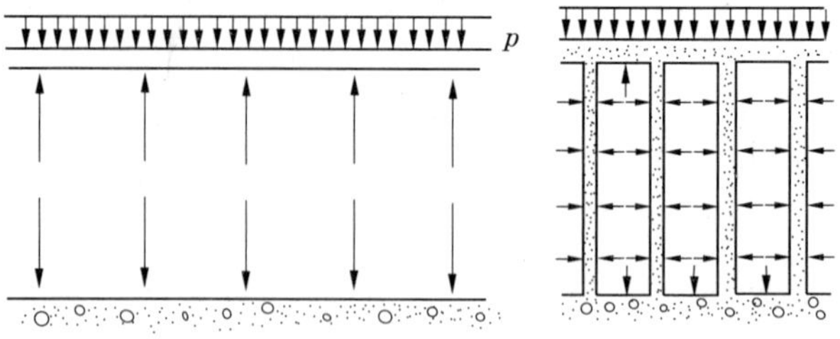

图 3-2　砂井堆载预压法图

(一)特点及适用范围

1. 砂井堆载预压法的特点

(1)砂井堆载预压法可加速饱和软黏土的排水固结(沉降速度可加快 2.0 ~2.5 倍),提高地基的抗剪强度和承载力,防止地基土滑动破坏。

(2)施工机具和方法简单,能就地取材,缩短工期,降低工程造价。

2. 砂井堆载预压法适用范围

加固透水性低的饱和软黏土,用于机场跑道、工业建筑、油罐、水池、水工建筑、道路、码头、岸坡等工程地基处理。对于泥炭等有机沉积土地基则不适用。

(二)砂井的构造和布置

(1)砂井的直径和间距。砂井的直径和间距由黏性土层的固结特性和施工期限确定,常用直径为 300 ~400 mm。砂井的间距常为砂井直径的 6 ~9 倍,一般不应小于 1.5 m。

(2)砂井长度。软黏土层不厚、底部有透水层时,砂井应穿透软黏土层;软黏土层较厚,其间有砂层或砂透镜体时,砂井应尽可能打至砂层或砂透镜体;软黏土层很厚,其中又无透水层时,可按地基的稳定性及建筑物变形量要求来决定砂井长度;路堤、土坝、岸坡、堆料场等,砂井长度应通过稳定分析确定,应超过最危险滑动面的深度。砂井长度一般为 10 ~20 m,常按梅花形和正方形布置。

(三)砂垫层

在砂井顶面应铺设排水砂垫层,以连通各个砂井形成通畅的排水面,将水排到场地以外。砂垫层厚度一般为 0.3 ~0.5 m;水下施工时,砂垫层厚度一般为 1 m 左右。为节省砂子,也可采用连通砂井的纵横砂沟代替整片砂垫层,砂沟的高度一般为 0.5 ~1.0 m,宽度取砂井直径的 2 倍。

(四)地基固结度计算

(1)竖向平均固结度 U_z 可按太沙基固结理论计算:

$$U_z = 1 - \frac{8}{\pi^2}\exp\left(-\frac{\pi^2}{4}T_v\right) \tag{3-5}$$

式中　T_v——时间因数。

如果考虑逐级加荷,则时间 t 从加荷历时的一半起算;如为双面排水,H 取土层厚度的一半。

(2)根据 Barron 的解法计算径向平均固结度 U_z:

$$U_z = 1 - \exp\left(-\frac{8}{F}T_H\right) \tag{3-6}$$

式中　T_H——水平向固结时间因数，$T_H = \frac{C_H t}{d_e^2}$，其中 C_H 为水平固结系数，m^2/s，$C_H = \frac{K_h(1+e)}{\gamma_w \alpha}$，$K_h$ 为水平渗透系数，m/s；

F——与 n 有关的系数：

$$F = \frac{n^2}{n^2-1}\ln(n) - \frac{3n^2-1}{4n^2}，n 为井径比，n = \frac{d_e}{d_w}。$$

(3)砂井的平均固结度：

$$U_{rz} = 1 - (1-U_r)(1-U_z) \tag{3-7}$$

四、真空预压法

真空预压法是以大气压力作为预压荷载。先在需加固的软土地基表面铺设一层透水砂垫层，再在其上覆盖数层不透气的塑料薄膜或橡胶布，四周密封，与大气隔绝。在砂垫层内埋设渗水管道，然后与真空泵连通，进行抽气，使透水材料保持较高的真空度，在土体孔隙水中产生负的孔隙水应力，将土中孔隙水和空气逐渐吸出，从而使土体固结。

第五节　挤密法和振冲法

一、挤密砂桩

挤密法是指在软弱土层中挤土成孔，从侧向将土挤密，然后再将碎石、砂、灰土、石灰或炉渣等填料充填密实成柔性的桩体，并与原地基形成一种复合地基，从而改善地基的工程性能。

(一)作用原理

1. 在松散砂土中的作用

由于成桩方法不同，在松散砂土中成桩时对周围砂层产生挤密作用和振密作用。采用冲击法或振动法往砂土中下沉桩管和拔管成桩时，由于桩管下沉对周围砂土产生很大的横向挤压力，孔隙比减小，密度增大，有效挤压密范围可达 3 ~ 4 倍桩径。

当采用振动法往砂土中下沉桩管和逐步拔管成桩时，下沉桩管对周围砂层产生的振密作用，有效振密范围可达 6 倍桩径左右。振密比挤密作用更显著，其主要特点是砂桩周围一定距离内地面发生较大的下沉。

2. 在软弱黏性土中的作用

由于软黏土的透水性很小，成桩时并不能导致土体孔隙水迅速排出使孔隙比减小，土体密实，而是密实的砂桩在软弱黏性土中取代了同体积的软弱黏性土，起置换作用并形成“复合地基”，使地基承载力有所提高，沉降变小。同时，砂桩在软弱黏性土地基中像砂井一样起排水作用，从而加快了地基的固结沉降速率。

（二）砂桩设计要点

由于砂桩在松散砂土中和软弱黏性土中的作用原理不同，因此砂桩间距计算方法也有不同。在砂土地基中，基本假定是挤密后土体中土颗粒增加而体积不变，控制加固后的孔隙比，从而根据设计要求的孔隙比计算桩距 L。

按三角形布置时：

$$L = 0.95d\sqrt{\frac{1+e_0}{e_0-e_1}} \tag{3-8}$$

按正方形布置时：

$$L = 0.89d\sqrt{\frac{1+e_0}{e_0-e_1}} \tag{3-9}$$

式中　L——桩距，m；

d——桩径，m；

e_0、e_1——天然地基土的孔隙比和设计要求的孔隙比。

二、挤密土桩和灰土桩

土、灰土或石灰、粉煤灰混合物（简称二灰）挤密桩是利用沉管、冲击、爆破等方法将钢管打入土中侧向挤密成孔，然后在孔中分层填入土、灰土或二灰土夯实而成的桩，它与周边土共同组成复合地基，承受上部荷载。

（一）特点及适用范围

1. 土和灰土挤密桩的主要特点

（1）土和灰土挤密桩成桩时为横向挤密，同样达到所要求的干密度指标，消除地基土的湿陷性，提高承载力，降低压缩性。

（2）与换土垫层相比，不需大量开挖回填土方工程量；处理深度较大，可达 12 ~ 15 m；成桩材料可就地取材，降低工程造价，二灰桩可利用工业废料粉煤灰，变废为宝。

（3）机具简单，施工方便，工效高。

2. 土和灰土挤密桩的适用范围

土和灰土（或二灰土）挤密桩适于加固地下水位以上的湿陷性黄土、素填土、杂填土等地基，可处理的深度为 5 ~ 15 m。当以消除地基土的湿陷性为主要目的时，宜选用土挤密桩法；当以提高地基土的承载力或增强其水稳定性为主要目的时，宜选用灰土挤密桩法；当地基土的含水率大于 24%、饱和度大于 65% 时，不宜选用灰土挤密桩法或土挤密桩法。

（二）桩的构造和布置

（1）桩孔直径：根据工程量、挤密效果、施工设备、成孔方法等情况而定，一般选用 30 ~ 60 cm。

（2）桩长：根据土质情况、桩处理地基深度、工程要求和成孔设备等因素确定，一般为 5 ~ 15 m。

（3）桩距和排距：桩孔一般按梅花形布置，其间距 s 可按下列公式计算：

$$s = 0.95d\sqrt{\frac{\overline{\lambda}_c\gamma_{d\max}}{\overline{\lambda}_c\gamma_{d\max}-\overline{\gamma}_d}} \tag{3-10}$$

式中 $\overline{\lambda}_c$——平均挤密系数；

$\gamma_{d\max}$——桩间土的最大干容重，kN/m^3；

$\overline{\gamma}_d$——地基挤密前土的平均干容重，kN/m^3。

(4)处理宽度：处理地基的宽度应大于基础的宽度。局部处理时，对非自重湿陷性黄土、素填土、杂填土等地基，每边超出基础的宽度不应小于0.25b（b为基础短边宽度），并大于0.5 m；对自重湿陷性黄土地基不应小于0.75b，并大于1.0 m。

三、振冲法

（一）振冲法加固机理

振冲法是以起重机吊起振冲器，潜水电机带动偏心块，使振动器产生高频振动，同时启动水泵，通过喷嘴喷射高压水流，用循环水带出孔中稠泥浆；在边振边冲的共同作用下，将振动器沉到土中的预定深度；经清孔后，从地面向孔内逐段填入砂石，或不加填料，使土体在振动作用下被挤密实，达到要求的密实度后即可提升振动器。

（二）分类

振冲法按加固机理和效果的不同，分为振冲置换法和振冲密实法两类。

(1)振冲置换法是在地基中借振冲器成孔，振密填料置换，形成一群以碎石、砂砾等散粒材料组成的桩体，与原地基土一起构成复合地基，使其排水性能得到很大改善，加速土层固结，使承载力提高，沉降量减少，它又名振冲置换碎石桩法。

(2)振冲密实法主要是利用振动和高压水流使砂层液化，砂颗粒相互挤密，重新排列，孔隙减少，从而提高砂层本身的承载力和抗液化能力，它又名振冲挤密砂桩法。振冲密实砂桩法根据砂土质的不同，又分加填料和不加填料两种。

（三）振冲法加固地基的特点

(1)技术可靠，机具设备简单，操作技术易于掌握，施工简便。

(2)可节省三材，因地制宜，就地取材，可采用碎石、卵石、砂、矿渣等作填料。

(3)加固速度快，节约投资，碎石桩具有良好的透水性，加速地基固结，地基承载力可提高1.3~1.35倍。

(4)振冲过程中的预振效应，可增加砂土地基抗液化能力。

（四）适用范围

振冲法适用于处理砂土、粉土、粉质黏土、素填土和杂填土等地基。对于处理不排水抗剪强度不小于20 kPa的饱和黏性土和饱和黄土地基，应在施工前通过现场试验确定其适用性。不加填料振冲加密适用于处理黏粒含量不大于10%的中砂、粗砂地基。

第六节 高压喷射注浆法与水泥土搅拌法

一、高压喷射注浆法

高压喷射注浆法又称旋喷法，是利用钻机把带有特殊喷嘴的注浆管钻进至土层的预定位置后，用高压脉冲泵，将水泥浆液通过钻杆下端的喷射装置，以高速高压射流喷入土体，冲击切削土层，使喷射流射程内的土体遭到破坏。同时，钻杆边转动边提升，使土体与水泥浆充分搅拌混合，凝聚固结后即在地基中形成一定强度的水泥土混合体，从而使地基得到加固。

(一)分类

根据使用机具设备不同，高压喷射注浆法分为单管法、二重管法和三重管法。

(1)单管法是用一根单管喷射高压水泥浆液作为喷射流，由于高压浆液射流在土中衰减快，破碎土的有效射程短，成桩直径一般为0.3～0.8 m。

(2)二重管法是用同轴双通道二重注浆管同时喷射高压浆液和压缩空气，形成复合喷射流，成桩直径在1 m左右。

(3)三重管法是用同轴三重注浆管同时喷射高压水流、压缩空气和水泥浆液。

根据注浆形式分为：①旋转喷射注浆(旋喷法)；②定向喷射注浆(定喷法)；③在某一角度范围内摆动喷射注浆(摆喷法)。

根据加固体形状可分为立柱、壁状和块状等。

(二)特点及适用范围

1.特点

高压喷射注浆具有以下特点：

(1)提高地基土的抗剪强度，改善土的变形性质。

(2)利用小直径钻孔旋喷成比孔径大8～10倍的大直径固结体；可通过调节喷嘴的旋喷速度、提升速度、喷射压力及旋转角度形成各种形状桩体；可制成垂直桩、斜桩或连续墙，并获得需要的强度。

(3)可用于已有建筑物地基加固而不扰动附近土体，施工噪音低，振动小。

(4)用于各种软弱土层，可控制加固范围。

(5)设备轻便，机械化程度高，能在狭窄场地施工。

(6)施工简便，操作容易，速度快，效率高，用途广，成本低。

2.适用范围

高压喷射注浆适用于淤泥、淤泥质土、流塑、软塑或可塑黏性土、粉土、砂土、黄土、素填土和碎石土等地基。当土中含有较多的大粒径块石、大量植物根茎或有较高的有机质时，以及地下水流速过大和已涌水的工程，应根据现场试验确定其适用性。

高压喷射注浆法可用于既有建筑和新建建筑的地基处理、深基坑侧壁挡土或挡水、基坑底部防止管涌与隆起、坝的防渗加固等。

二、水泥土搅拌法

水泥土搅拌法利用水泥(石灰)等材料作为固化剂，通过深层搅拌机在地基深部就地将软土和固化剂(浆体或粉体)强制拌和，利用固化剂和软土发生一系列物理化学反应，使其凝结成具有整体性、水稳性好和较高强度的水泥土(灰土)，与天然地基形成复合地基。

(一)加固机理

水泥加固土由于水泥用量少(8%～18%)，水泥水化反应完全是在土粒周围产生的，水泥与软黏土拌和后，水泥中的矿物和土中水发生强烈的水解和水化反应，生成水化物。石灰加固土除利用生石灰的吸水、膨胀和发热性能外，还利用石灰与软黏土发生离子交换和化学反应达到加固地基的目的。

（二）特点

水泥土搅拌法的特点是：①在地基加固过程中无振动、无噪音、无污染；②对被加固土体无侧向挤压，对邻近建筑物影响很小；③有效提高地基强度；④施工工期短，造价低廉。

（三）适用范围

水泥土搅拌法适用于处理正常固结的淤泥与淤泥质土、粉土、饱和黄土、素填土、黏性土以及无流动地下水的松散砂土等地基。当地基土的天然含水量小于30%（黄土含水量小于25%）、大于70%或地下水的 pH 值小于4时不宜采用此法。

（四）复合地基承载力

深层搅拌桩复合地基承载力可按下式计算：

$$f_{spk} = m[\frac{R_a}{A_p} + \beta(1 - m)f_{sk}] \tag{3-11}$$

式中 f_{spk}——复合地基的承载力特征值；

m——面积置换率；

R_a——单桩竖向承载力特征值；

A_p——桩的截面积；

β——折减系数。

R_a 应通过现场单桩载荷试验确定。初步设计值也可按照式(3-12)估算，并同时满足式(3-13)的要求，应使由桩身材料确定的单桩承载力大于（或等于）由桩周土和桩端土的抗力所提供的单桩承载力：

$$R_a = u_p \sum_{i=1}^{n} q_{si} l_i + \alpha q_p A_p \tag{3-12}$$

$$R_a = \eta f_{cu} A_p \tag{3-13}$$

式中 f_{cu}——与搅拌桩桩身水泥土配比相同的室内加固土试块（边长为70.7 mm的立方体，也可采用边长为50 mm的立方体）在标准养护条件下90 d龄期的立方体抗压强度平均值，kPa；

η——桩身强度折减系数，干法可取0.20～0.30，湿法可取0.25～0.33；

u_p——桩的周长，m；

n——桩长范围内所划分的土层数；

q_{si}——桩周第 i 层土的侧阻力特征值，对淤泥可取4～7 kPa，对淤泥质土可取6～12 kPa，对软塑状态的黏性土可取10～15 kPa，对可塑状态的黏性土可以取12～18 kPa；

l_i——桩长范围内第 i 层土的厚度，m；

q_p——桩端地基土未经修正的承载力特征值，kPa，可按现行国家标准《建筑地基基础设计规范》(GB 50007)的有关规定确定；

α——桩端天然地基土的承载力折减系数，可取0.4～0.6，承载力高时取低值。

水泥土搅拌桩平面布置可根据上部结构及加固目的要求,采用柱状、壁状、格栅状、块状等形式,只在基础范围内布桩,采用正方形或梅花形布桩形式。

第七节　其他地基处理方法

一、水泥粉煤灰碎石桩

水泥粉煤灰碎石桩简称 CFG 桩,是在碎石桩基础上加进一些石屑、粉煤砂和少量水泥,加水拌和制成的一种具有一定黏结强度的桩,也是近年来新开发的一种地基处理技术。通过高速水泥掺量及配比,可使桩体强度等级在 C5 ~ C20 变化。这种地基加固方法吸取了振冲碎石桩和水泥搅拌桩的优点。第一,施工工艺与普通振动沉管灌注桩一样,工艺简单,与振冲碎石桩相比,无场地污染,振动影响也较小。第二,所用材料仅需少量水泥,便于就地取材,基础工程不会与土部结构争"三材",这也是比水泥搅拌桩优越之处。第三,受力特性与水泥搅拌桩类似。

CFG 桩在受力特性方面介于碎石桩和钢筋混凝土桩之间。与碎石桩相比,CFG 桩桩身具有一定的刚度,不属于散体材料桩,其桩体承载力取决于桩侧摩阻力与桩端端承载力之和或桩体材料强度。当桩间土不能提供较大侧限力时,CFG 桩复合地基承载力高于碎石桩复合地基。与钢筋混凝土相比,桩体强度和刚度比一般混凝土小得多,这样有利于充分发挥桩体材料的潜力,降低地基处理费用。

二、加筋土技术

加筋土类似于钢筋混凝土中钢筋的作用,在抗拉强度较低的土中,加入抗拉强度较高的土工合成材料以提高土的抗剪强度。加筋土挡墙的特点如下。

(1)充分利用材料性能,以及土与拉筋的共同作用,因而使挡墙结构轻型化,其混凝土体积相当于重力式挡墙的3% ~5%。构件全部预制,实现了工厂化生产,不但保证了质量,而且降低了原材料消耗。

(2)它可做成很高的垂直填土挡墙,大大节省了占地面积,减小了土方量,由于构件较轻,施工简便,除需配备压实机械外,不需配备其他机械,施工易于掌握。施工迅速,质量易于控制,施工时无噪音。这对城市道路以及土地珍贵的地区而言,具有巨大的经济意义。

(3)适应性好,加筋土挡墙是由各构件相互拼装而成,具有柔性结构的性能。可承受较大的地基变形。在强大的冲击作用下,能利用本身的柔性变形消除大部分能量,因此特别适合于用做高速公路的隔离带。

(4)面板型可根据需要进行选择,拼装完成后造型美观,适合于城市道路的支挡工程。

工程造价较低。加筋土挡墙面板薄,基础尺寸小。当挡墙的高度超过 5 m 时,与重力式墙相比可降低造价 20% ~60%,且墙越高经济效益越佳。

(5)加筋土挡墙这一复合结构的整体性较好,所以在地震波的作用下,较其他类型的挡土结构稳定性强，具有良好的抗震性能。

三、土钉墙技术

土钉墙是由被加固土体、放置在土中的土钉体和面板组成的。土钉是将拉筋插入土体内部，常用钢筋做拉筋，尺寸小，全长度与土黏结，并在坡面上铺设混凝土，从而形成土体加固区带，其结构类似于重力式挡墙，用以弥补土体自身强度的不足，它不仅提高了土体整体刚度，又弥补了土体的抗拉强度和抗剪强度低的弱点，提高整个边坡的稳定性。适用于开挖支护和天然边坡加固，是一项实用的原位岩土加筋技术。

四、其他地基处理方法

除上述地基处理方法外，还有注浆法、锚杆静压桩法、树根桩法以及坑式静压法、柱锤冲扩桩法、单液硅化法和碱液法等。

注浆法适用于处理砂土、粉土、黏性土和人工填土等地基。

锚杆静压桩法适用于淤泥、淤泥质土、黏性土、粉土和人工填土等地基。

树根桩法适用于淤泥、淤泥质土、黏性土、粉土、砂土、碎石土、黄土和人工填土等地基。

坑式静压法适用于淤泥、淤泥质土、黏性土、粉土、人工填土和湿陷性黄土等地基。

柱锤冲扩桩法适用于处理杂填土、粉土、黏性土、素填土和黄土等地基。对地下水位以下饱和松软土层，应通过现场试验确定其适用性。地基处理深度不宜超过 6 m，复合地基承载力特征值不宜超过 160 kPa。对大型的、重要的或场地复杂的工程，在正式施工前应在有代表性的场地上进行试验。

注浆法、锚杆静压桩法、树根桩法以及坑式静压法的设计和施工应按行业标准《建筑地基基础加固技术规范》(JGJ 123—2000)有关规定执行。

第八节　复合地基载荷试验

复合地基载荷试验用于测定承压板下应力主要影响范围内复合土层的承载力和变形参数，复合地基载荷试验承压板应具有足够刚度。本试验适用于单桩复合地基载荷试验和多桩复合地基载荷试验。单桩复合地基载荷试验的承压板可用圆形或方形，面积为一根桩承担的处理面积；多桩复合地基载荷试验的承压板可用方形或矩形，其尺寸按实际桩数所承担的处理面积确定。桩的中心(或形心)应与承压板中心保持一致，并与荷载作用点相重合。

(1)承压板底面标高应与桩顶设计标高相适应。承压板底面下宜铺设粗砂或中砂垫层，垫层厚度取 50 ~ 150 mm，桩身强度高时宜取大值。试验标高处的试坑长度和宽度，应不小于承压板尺寸的 3 倍。基准梁的支点应设在试坑之外。

(2)试验前应采取措施，防止试验场地地基土含水量变化或地基土扰动，以免影响试验结果。

(3)加载等级可分为 8 ~ 12 级。最大加载压力不应小于设计要求压力值的 2 倍。

(4)每加一级荷载前后均应各读记承压板沉降量一次,以后每半个小时读记一次。当一小时内沉降量小于0.1 mm时,即可加下一级荷载。

(5)当出现下列现象之一时可终止试验:

①沉降急剧增大,土被挤出或承压板周围出现明显的隆起。

②承压板的累计沉降量已大于其宽度或直径的6%。

③当达不到极限荷载而最大加载压力已大于设计要求压力值的2倍。

(6)卸载级数可为加载级数的一半,等量进行,每卸一级,间隔半小时,读记回弹量,待卸完全部荷载后间隔3 h读记总回弹量。

(7)复合地基承载力特征值的确定:

①当压力—沉降曲线上极限荷载能确定,而其值不小于对应比例界限的2倍时,可取比例界限;当其值小于对应比例界限的2倍时,可取极限荷载的一半。

②当压力—沉降曲线是平缓的光滑曲线时,可按相对变形值确定。

对砂石桩、振冲桩复合地基或强夯置换墩:以黏性土为主的地基,可取 s/b 或 s/d 等于0.015所对应的压力(s 为载荷试验承压板的沉降量,b 和 d 分别为承压板宽度和直径,当其值大于2 m时,按2 m计算);以粉土或砂土为主的地基,可取 s/b 或 s/d 等于0.01所对应的压力。

对土挤密桩、石灰桩或柱锤冲扩桩复合地基,可取 s/b 或 s/d 等于0.012所对应的压力。对灰土挤密桩复合地基,可取 s/b 或 s/d 等于0.008所对应的压力。

对水泥粉煤灰碎石桩或夯实水泥土桩复合地基,以卵石、圆砾、密实粗中砂为主的地基,可取 s/b 或 s/d 等于0.008所对应的压力;以黏性土、粉土为主的地基,可取 s/b 或 s/d 等于0.01所对应的压力。

对水泥土搅拌桩或旋喷桩复合地基,可取 s/b 或 s/d 等于0.006所对应的压力。

对有经验的地区,也可按当地经验确定相对变形值。

按相对变形值确定的承载力特征值不应大于最大加载压力的一半。

(8)试验点的数量不应少于3点,当满足其极差不超过平均值的30%时,可取其平均值为复合地基承载力特征值。

第四章　基桩检测

第一节　桩的基础知识

一、概述

承受竖向荷载的桩是通过桩侧摩阻力和桩端阻力将上部荷载传递到深部土(岩)层的,因而桩的竖向承载力和桩所穿过的整个土层的状况,与桩底持力层的性质、桩的外形和尺寸密切相关。承受横向荷载的桩是通过桩身将荷载传给侧向土体的,其横向承载力与桩截面刚度、材料强度、桩侧土质条件、桩的入土深度和桩顶约束条件等密切相关。在实际工作中,以承受竖向荷载为主的桩基居多。

桩基可由单根桩构成,如一柱一桩;多数情况下是由多根桩组成的群桩,荷载通过承台传递给各桩桩顶。当承台与地面接触时,承台、桩、土将相互影响,共同作用,使群桩的承载性状发生较大变化并趋于复杂。影响桩基承载力的因素很多,主要有以下几方面:

(1)桩身所穿越土层的强度、变形性质和应力历史。桩基的竖向承载力受桩身所穿越的全部土层的影响,而横向承载力主要受靠近地面的上层土层的影响。桩侧土层若处于欠固结状态,在后期固结过程中产生的压缩变形可能对桩身产生负摩阻力。

(2)桩端持力土层的强度和变形性质。桩端持力土层对竖向承载力的影响程度,随桩的长径比(L/D)的增大而减小,随桩与土的模量比(E_P/E_S)的增大而提高,随持力土层与桩侧土层的模量比(E_{S_b}/E_{S_s})的增大而增大。

(3)桩身与桩底的几何特征。桩身的比表面积(侧表面积与体积之比)越大,桩侧摩阻力所提供的承载力就越高。因此,为提高桩的竖向承载力,可将桩身截面做成如图 4-1 所示的三角形、六边形、环形、“十”字形、“H”形等异形截面桩,或做成楔形、螺旋形、“糖葫芦”形等变截面桩。为提高桩端总阻力,常将桩端做成扩大头。桩身的横向刚度越大,对于减小横向荷载下桩的位移和桩身内力的效果越明显,因而横向荷载方向桩身可做成如图 4-2 所示的矩形、“T”形、“8”字形(二圆桩相切)、“十”字形等异形桩,或将承受弯矩较大的上段做成如图 4-1 所示的变截面桩。

(4)桩体材料强度。当桩端持力层(如砂卵石、基岩等)的承载力很高时,桩体材料的强度可能制约桩的竖向承载力,因而合适的混凝土强度和配筋,对于充分发挥桩端持力层的承载性能、提高竖向承载力十分重要。对于受横向荷载的桩,其承载力在很大程度上受桩体材料强度的制约,因此选择合适的混凝土标号和在受弯的桩段配置适量的钢筋,对提高其横向承载力十分重要。

(5)群桩的几何参数。桩的排列、桩距、桩的长径比、桩长与承台宽度之比等几何参数,对承台、桩、土的相互作用和群桩承载力影响较大,设计时应根据荷载、土质与土层分

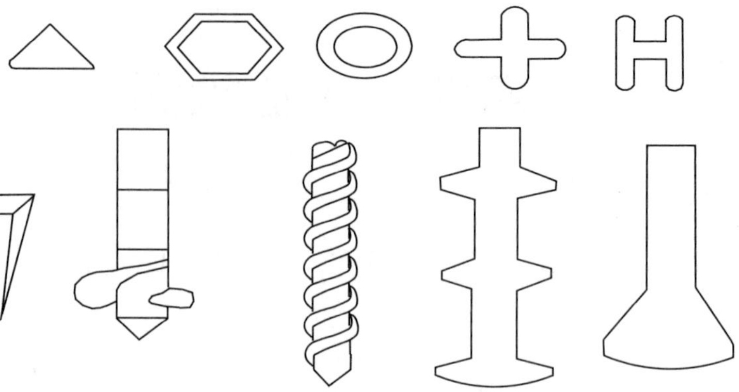

图 4-1　受竖向荷载的异形桩

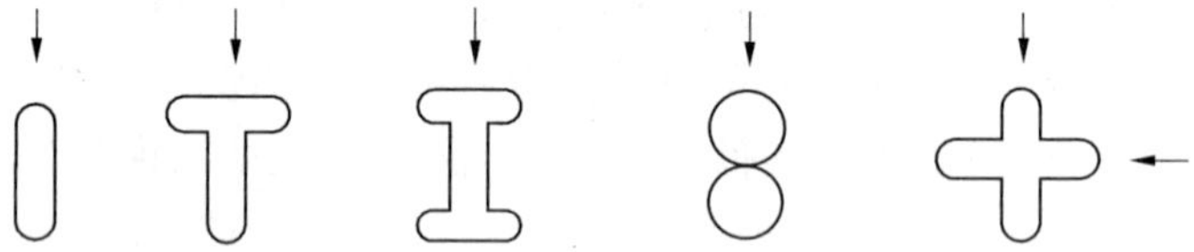

图 4-2　受横向荷载的异形桩

布、上部结构特点等综合分析，优化确定。

(6)成桩方法。成桩方法与工艺对桩侧摩阻力和桩端阻力都有一定影响。非饱和土特别是粉土、砂土中的打入式桩，其侧摩阻力和端阻力会因沉桩挤土效应而提高。采用泥浆护壁成孔的灌注桩，泥浆稠度过大形成的桩侧表面的"泥膏"会大大降低摩阻力，过厚的孔底沉淤会导致端阻力明显降低。

二、桩的分类

(一)按功能分类

1. 承受轴向压力的桩

各类建筑物、构筑物的桩基大体都是以承受竖向荷载为主的，基桩桩顶以轴向压力荷载为主，如图 4-3(a)所示。

2. 承受竖向拔力的桩

水下建筑抗浮力桩基、牵缆桩基、输电塔和微波发射塔桩基等，其主要功能以抵抗拔力为主，基桩荷载以轴向拔力为主，如图 4-3(b)所示。

3. 承受横向荷载的桩

外荷载以力或力矩形式在与桩身轴线垂直的方向(横向)作用于桩，使桩身横向受剪、受弯，这种情况下的桩称为横向荷载桩。横向荷载桩又分为主动桩和被动桩，分别如图 4-3(c)、图 4-3(d)所示。

(二)按桩土相互作用特点分类

1. 竖向荷载桩

1)摩擦桩

竖向荷载下基桩所发挥的承载力以侧阻力为主时，这种情况下的桩统称为摩擦桩。

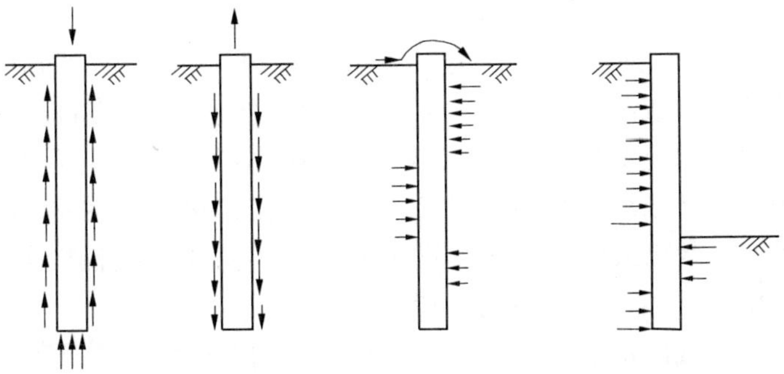

(a)受压桩　(b)抗拔桩　(c)横向荷载主动桩　(d)横向荷载被动桩

图 4-3　不同功能的桩

以下几种情况均可视为摩擦桩：

(1)桩端无坚实持力层且不扩底。

(2)桩的长径比很大，即使桩端置于坚实持力层上，由于桩身压缩量过大，传递到桩端的荷载较小。

(3)灌注桩桩底残留较厚的虚土、沉渣，形成一压缩性高的褥垫，致使坚实持力层无法充分发挥其承载性能。

(4)预制桩沉桩过程由于抗矩小、桩数多、沉桩速度快，使已沉入桩上涌，桩端阻力明显降低。

2)端承桩

竖向荷载下基桩所发挥的承载力以端阻力为主时，这种情况下的桩统称为端承桩。以下两种情况属于这一类：

(1)桩端置于坚实土体(砂、砾石、卵石、坚硬老黏土等)或岩层中，且桩的长径比不太大。

(2)桩底扩大。

2. 横向荷载桩

1)主动桩

桩顶受横向荷载，桩身轴线偏离初始位置，桩身所受土压力因桩主动变位而产生。风力、地震力、车辆制动力等作用下的建筑物均属于主动桩。

2)被动桩

沿桩身一定范围内承受侧向土压力，桩身轴线被该土压力作用而偏离初始位置。深基坑支挡桩、坡体抗滑桩、堤岸支护桩等均属于被动桩。

(三)按桩材分类

1. 木桩

木桩适合在地下水位以下地层中工作，因在这种条件下木桩能耐真菌的腐蚀而保持耐久性。当地下水位离地面深度较大而桩必须支承于地下水位以下时，可在地下水位以上部分代之以钢筋混凝土桩身，将其与下段木桩相连接。地下水位变化幅度大的地区不宜使用木桩。我国木材资源不足，因此工程实践中早已趋向于不采用木桩。

2. 钢桩

钢桩可根据荷载特征制作成各种有利于提高承载力的截面，如图 4-1 所示。管形和箱形截面桩的桩端常做成敞口式，以减小沉桩过程的挤土效应；当桩壁轴向抗压强度不够时，可将挤入管、箱中的土塞挖除，灌注混凝土。"H"形钢桩沉桩过程的排土量较小，沉桩贯入性能好。此外，"H"形桩的比表面积大，用于承受竖向荷载时能提供较大的摩阻力，还可在"H"形钢桩的翼缘或腹板上加焊钢板或型钢。对于承受侧向荷载的钢桩，可根据弯矩沿桩身的变化局部加强其截面钢度和强度。

钢桩除具有上述截面加工的易变性外，还具有抗冲击性能好、节头易于处理、运输方便、施工质量稳定等优点。钢桩的最大缺点是造价高，按我国价格，相当于钢筋混凝土桩的 3 ~4 倍。按照当前国情，钢桩还只能在极少数深厚软土层上的高重建筑物或海洋平台基础中使用。

3. 钢筋混凝土桩

钢筋混凝土桩的配筋率较低（一般为 0.3%），而混凝土取材方便、价格便宜、耐久性好。钢筋混凝土桩既可预制又可现浇（灌注桩），还可采用预制与现浇组合，适用于各种地层，成桩直径和长度可变范围大。因此，桩基工程中绝大部分都是用钢筋混凝土桩，桩基工程的主要研究对象和主要发展方向也是钢筋混凝土桩。

（四）按成桩方法分类

1. 预制桩

多年来，钢筋混凝土预制桩是建筑工程传统的主要桩型。20 世纪 90 年代以来，随着我国城市建筑的发展，施工环境受到越来越多的限制，预制桩的应用范围逐步缩小。但是，在市郊的新开发区，预制桩的使用是基本不受限制的。预制桩有如下特点：

（1）预制桩不易穿透较厚的砂土等硬夹层（除非采用预钻孔、射水等沉桩措施），只能进入砂、砾、硬黏土、强风化岩层等坚实持力层不大的深度。

（2）沉桩方法一般采用锤击，由此产生的震动、噪声污染必须加以限制。

（3）沉桩过程产生挤土效应，特别是饱和软黏土地区，沉桩可能导致周围建筑物、道路、管线等的损坏。

（4）一般说来预制桩的施工质量较稳定。

（5）预制桩打入松散的粉土、砂、砾层中，由于桩周和桩端土受到挤密，其侧摩阻力因土的加密和桩侧表面预加法向应力而提高，桩端阻力也相应提高。地基土的原始密度越低，承载力的提高幅度就越大。当建筑场地有较厚砂、砾层时，宜将桩打入该持力层，以大幅度提高承载力。当预制桩打入饱和软黏土时，土结构受到破坏并出现超孔隙水压，桩承载力存在显著的时间效应，即随休止时间而提高。

（6）建筑工程中预制桩的单桩设计承载力一般不超过 3 MN，而在海洋工程中，由于采用大功率打桩设备，桩的尺寸大，其单桩设计承载力可高达 10 MN。

（7）由于桩的贯入能力受多种因素制约，因而常常出现因桩打不到设计标高而截桩，造成浪费。

（8）预制桩由于承受运输、起吊、打击应力，要求配置较多钢筋，混凝土强度也要相应提高，因此其造价往往高于灌注桩。

2. 灌注桩

当前,灌注桩在我国已形成多种成桩工艺、多类桩型,使用范围已扩大到土木工程的各个领域。从国际上的情况看,灌注桩正朝两个方向迅速发展,即大直径巨型桩和小直径($d\leq250$ mm)微型桩。前者桩身直径大至4 m,扩底直径达9 m,其设计承载力,桩端支承于硬黏土层者高达40 MN,支承于基岩者高达70 MN。大直径桩多使用于高重建筑物,并多采用一柱一桩。20世纪80年代以来,随着高层建筑的迅速增多,大直径桩在我国建筑工程中已获得很大发展。微型桩则多用于地基的浅层处理,形成复合地基;或用于旧建筑物基础的托换加固。微型桩近年来在我国也开始发展起来。

灌注桩按其成桩过程对桩侧土体的影响程度可分为非挤土灌注桩、少量挤土灌注桩、挤土灌注桩三大类,每一类又包含多种成桩方法。灌注桩有如下共同优点:

(1)施工过程无大的噪声和震动(沉管灌注桩除外)。

(2)可根据土层分布情况任意变化桩长;可根据同一建筑物的荷载分布与土层情况采用不同桩径;对于承受侧向荷载的桩,可设计成有利于提高横向承载力的异形桩(见图4-2),还可设计成变截面桩,即在受弯矩较大的上部采用较大的截面。

(3)可穿过各种软、硬夹层,将桩端置于坚实土层和嵌入基岩,还可扩大桩底以充分发挥桩身强度和持力层的承载力。

(4)桩身钢筋可根据荷载的大小、性质,荷载沿深度的传递特征以及土层的变化配置。无需像预制桩那样配置起吊、运输、打击应力筋。其配筋率远低于预制桩,造价为预制桩的40%~70%。

三、各类桩的类型、特点与适用条件

(一)预制桩的类型、特点与适用条件

1. 普通钢筋混凝土预制桩

普通钢筋混凝土预制桩简称R. C. 桩,属传统桩型,其截面多为方形,常见截面尺寸为250 mm×250 mm~500 mm×500 mm。

R. C. 桩宜在工厂预制,高温蒸汽养护。蒸汽养护可大大加速强度增长,但动强度的增长速度较慢,因此蒸汽养护后达到了设计强度的R. C. 桩,一般仍需放置一个月左右碳化后再使用。

2. 预应力钢筋混凝土桩

预应力钢筋混凝土桩简称P. C. 桩。对桩身主筋施加预拉应力,混凝土受预压应力,从而提高了起吊时桩身的抗弯能力和冲击沉桩时的抗拉能力,改善了抗裂性能,并可节约钢材。

P. C. 桩的制作方法有离心法和捣注法两种。离心法一般制成环形截面,捣注法多为实心方形截面,也可采取抽芯方法制成外方带内圆孔的截面。为了减小沉桩时的排土量和提高沉桩贯入能力,往往将空心预应力管桩桩端制成敞口式。

(二)灌注桩的类型、特点与适用条件

灌注桩的成桩技术日新月异,种类繁多。灌注桩中的大部分已在我国工程实践中得到推广应用,其余的也在少数地区开始应用,下面仅对各类灌注桩的特点和尚不普遍熟悉

的成桩方法作简略介绍。

1. 干作业法成孔挤土灌注桩

1) 干作业法成孔灌注桩的特点

(1) 无需任何护壁措施,不产生挤土效应,桩侧土受机械扰动小。

(2) 孔壁由于钻孔使径向应力释放而产生微量变形,导致桩侧摩阻力有所降低。

(3) 成孔质量和浇筑质量比泥浆护壁及套管护壁易于控制,因而成桩质量一般较稳定可靠。

(4) 孔底虚土清理是成桩质量的主要制约因素。

(5) 这种成桩方法一般只适于在地下水位以上的黏性土、粉土层,其桩端可置于砂土、砾石等粗粒土层和强风化基岩上。

2) 干作业法钻孔扩底灌注桩

一般成孔方法是采用长螺旋钻或短螺旋钻钻出桩身孔,然后采用扩底专用设备扩底。干作业法钻孔扩底灌注桩法只适于黏性土中成桩。

2. 泥浆护壁非挤土灌注桩

泥浆护壁法(湿法)的基本原理是利用孔中的泥浆(其密度大于水的密度)平衡地下水水头和孔壁径向土压力,阻挡孔壁变形和坍塌。同时,由于泥浆的黏度高,泥浆可将土渣悬浮起来而排出孔外。护壁泥浆一般分为原土造浆和制备泥浆,前者适合在黏土、亚黏土中采用,后者适合在砾石、砂土、粉土、杂填土中采用。制备泥浆的材料多使用膨润土,也可用陶土加入适量纯碱(Na_2CO_3),有时还采用黏土。钻进过程采用正循环或反循环方式排渣。

在泥浆护壁成孔条件下,混凝土是采用导管水下灌注,即混凝土经导管从孔底将泥浆托起逐步向上浇筑。若操作不当,易造成断桩、夹泥、缩筋、露筋、离析等缺陷。泥浆护壁法生成桩质量的制约因素甚多,主导因素是泥浆的密度、稠度和清孔。

反循环排渣钻进的工作原理是:在泥浆护壁条件下的钻进过程中,钻渣通过井口于钻头底部的排渣管(从钻头中间通过与中空钻杆相连),由砂石泵或压缩空气吸至地面,在泥浆池内沉淀后,泥水流回钻孔使用,沉渣运出场外。

反循环钻孔具有如下优点:

(1) 清渣效果好。钻削下来的土块、石渣直接由孔底吸出,在放置钢筋笼和导管过程中沉淀下来的泥渣还可以从导管中抽出。

(2) 钻进效率高,比普通回旋正循环钻进要快 2 ~ 3 倍。一般钻进速度在黏性土中可达 12 m/h,在砂砾层中可达 1 ~ 2 m/h,在微风化基岩中可达 0.3 m/h。

(3) 产生泥浆量小,对泥浆质量的要求较低,每钻出 1 m^3 泥仅产生 1.5 ~ 2 m^3 废浆,仅为正循环的 1/4 ~ 1/3。只需保证有一定的静水压力,就可不坍孔,对泥浆黏度、密度要求不高。

(4) 能较准确地鉴别孔底岩性,可在排渣口用网斗取样鉴别,对桩端进入持力层的深度和持力层岩性可作出较准确地判断。

表 4-1 为目前国产常用反循环钻机的主要性能。日本、德国等国应用反循环钻机很广泛,研制了多种机型。日本的日立、利根、加腾、富士等公司共有 20 多种型号的反循环

钻机，其成孔直径为0.5～6.0 m，钻深最大可达650 m，排渣粒径可达30 cm。

表4-1　国产反循环钻孔机主要性能

型号	最大孔径(m)	最大钻深(m)	扭矩(kN·m)	沙石流量(m^3/s)
GPS－15	1.5	50	17.64	180
SZ－50	1.2	50	—	200

注：GPS－15型钻机系上海探矿机械厂生产，SZ－50型钻孔机系黑龙江省双城钻机厂生产。

3.钻孔扩底灌注桩

泥浆护壁条件下的钻孔扩底桩，其成孔工艺可钻、扩分离，即先钻桩身孔，后用专用扩孔器扩底，也可钻、扩合一(即钻孔、扩底由同一设备完成)。扩孔排浆方式大多采用反循环法，即使在桩身孔用干法成孔的条件下，为了在砂、砾层中扩孔能够成形而不出现坍孔，也常用泥浆护壁反循环法扩底。

4.部分挤土灌注桩

这种桩的特点是在成孔或浇筑过程中对桩周土产生部分排挤。对于非饱和土，桩周土受到一定挤密，桩侧摩阻力较非挤土浇筑桩有所提高；对于饱和黏性土，桩周土的扰动较挤土桩小，对环境的影响也较小。

下面简单介绍两种部分挤土灌注桩。

1)钻孔压注桩

钻孔压注桩成桩的基本原理是：螺旋钻头钻至设计深度时，细石混凝土或砂浆由钻杆底部泵出，边灌注边拔钻，直至地面，从而形成桩体；随后将钢筋笼由置于其顶部的振动器振动沉入素混凝土桩体中。

这种钻孔压注桩的最大优点如下：

(1)无需采用泥浆成套管护壁，工艺简单，成桩效率高。

(2)钻杆中泵出混凝土或砂浆有一定的压力。

(3)不易产生断桩、缩颈等质量缺陷，孔底不残留沉渣、虚土。

这种压注桩的成桩直径为0.4～1.0 m，深度最大为20 m。适用土层包括各类黏性土、松散砂土层，不受地下水位限制。

2)无砂混凝土桩

在我国工程实践中，近年开发出一种与上述工艺类似的成桩新方法：长螺旋钻钻至设计标高后，通过钻杆底部泵入水泥浆，当钻杆提升至地下水位以上时压浆；钻杆全部拔出后，放入钢筋笼和石子；为使水泥浆与石子混合均匀，通过绑于钢筋笼上塑料管第二次压入水泥浆进行搅拌。这样制成的桩是无砂混凝土桩，水泥用量相对较大，但具有上述压注桩的其他特点。

5.挤土灌注桩

挤土灌注桩是靠沉入土中的钢套挤土成孔、将混凝土通过套管进行灌注而成桩的。套管拔出或留在土中成为桩体的一部分。伴随沉管产生的挤土效应，对非饱和的散松砂、粉土、亚黏土将起到挤密作用，从而使桩的承载力提高。在饱和黏性土中成桩时，若桩距较小，桩数较多，将产生超孔隙水压，出现土体大量隆起和侧移现象，使周围建筑物和构筑物产生破坏性影响。沉管过程一般会产生噪声和振动，因此在建筑物密集区要慎重采用。

挤土灌注桩的优点是：无需排装和运输渣土，现场比较整洁，施工效率高，造价低。桩长度受套管长度和桩架起吊高度的限制，一般不超过 20 m。

挤土灌注桩种类较多，夯扩灌注桩是使用较多的一种。夯扩灌注桩成桩的工艺过程是：利用设置于套管中的夯锤或芯管，将套管中的混凝土夯挤或压挤出来，在桩底形成扩大头并使桩身混凝土密实和防止缩颈、断桩。就其工艺的不同又可分为以下几种夯扩桩。

1）弗兰克（Franki）灌注桩

弗兰克灌注桩（香港称其为建新桩）成桩的工艺流程是通过套管中的柱形自由落锤夯击套管下部的石柱或干硬性混凝土，由碎石或混凝土带动套管沉入土中。当套管贯入到设计深度后，再浇入适量混凝土，通过吊索将套管固定，碎石和混凝土被挤出管外，形成扩大头，随后吊入钢筋笼，继续灌注和夯捣混凝土，并逐步提起套管而成桩。

弗兰克灌注桩桩径随套管直径和提管速度的变化而变化，一般为 330 ~ 635 mm，其单桩承载力可达 1 400 kN。这种桩由于在套管内夯实，沉管过程的噪声、振动较普通沉管桩低。

2）无桩靴夯扩灌注桩

无桩靴夯扩灌注桩是由我国浙江省有关单位试验研究成功的，其成桩原理与得尔塔灌注桩（Delta pile）相似。

无桩靴夯扩灌注桩的特点如下：

（1）以夯密的干混凝土取代预制桩尖，因而可降低造价。

（2）柴油锤下端与内夯管连成一体，工序连续进行，可提高施工速度。

（3）夯扩头的扩大率（扩头底面积与桩身直径之比）在中密、稍密粉土持力层中为 1.6 ~ 3.5。对于桩长不大的情况，其承载力可提高 50% ~ 200%。

（4）桩身混凝土一次灌满，利用内夯管与柴油锤重量加压，而无需逐段夯击，比较简便，但只适用于桩身较短的情况。

这种桩的外管直径目前有 ϕ325 mm、ϕ377 mm 和 ϕ420 mm 三种。

四、桩的承载机理

桩是埋入土中的柱形杆件，其作用是将上部结构的荷载传递到深部较坚硬、压缩性小的土层或岩层上。总体上可考虑按竖向受荷与水平受荷两种工况来分析桩的承载性状。

（一）竖向受压荷载作用下的单桩

单桩竖向抗压极限承载力是指桩在竖向荷载作用下到达破坏状态前或出现不适于继续承载的变形所对应的最大荷载，由以下二个因素决定：一是桩本身的材料强度，即桩在轴向受压、偏心受压或在桩身压曲的情况下，结构强度的破坏；二是地基土强度，即地基土对桩的极限支承能力。通常情况下，第二个因素是决定单桩极限抗压承载力的主要因素，也是我们主要讨论的问题。

在竖向受压荷载作用下，桩顶荷载由桩侧摩阻力和桩端阻力承担，且侧阻和端阻的发挥是不同步的，即桩侧阻力先发挥，先达极限，端阻后发挥，后达极限；二者的发挥过程反应了桩土体系荷载的传递过程：在初始受荷阶段，桩顶位移小，荷载由桩上侧表面的土阻力承担，以剪应力形式传递给桩周土体，桩身应力和应变随深度递减；随着荷载的增大，桩顶位移加大，桩侧摩阻力由上至下逐步被发挥出来，在达到极限值后，继续增加的荷载则全部由桩端土阻力承担。随着桩端持力层的压缩和塑性挤出，桩顶位移增长速度加大，在桩端阻力达到极限值后，位移迅速增大而破坏，此时桩所承受的荷载就是桩的极限承载力。由此可以看出，桩的承载力大小主要由桩侧土和桩端土的物理力学性质决定，而桩的几何特征如长径比、侧表面积大小，桩的成桩效应也会影响到承载力的发挥。

1. 侧阻影响分析

从桩的承载机理来看，桩土间的相对位移是侧摩阻力发挥的必要条件，但不同类型的土，发挥其最大摩阻力所需位移是不一样的，如黏性土为 5 ~ 10 mm，砂类土为 10 ~ 20 mm，等等。大量试验结果表明，发挥侧阻所需相对位移并非定值，桩径大小、施工工艺和土层的分布状况都是影响位移量的主要因素。

成桩效应也会影响到侧摩阻力，因为不同的施工工艺都会改变桩周土体内应力应变场的原始分布，如挤土桩对桩周土的挤密和重塑作用，非挤土桩因孔壁侧向应力解除出现的应力松弛，等等；这些都会不同程度地提高或降低侧摩阻力的大小，而这种改变又与土的性质、类别，特别是土的灵敏度、密实度和饱和度密切相关。一般来说，饱和土中的成桩效应大于非饱和土的，群桩的大于单桩的。

桩材和桩的几何外形也是影响侧阻力大小的因素之一。同样的土，桩土界面的外摩擦角 δ 会因桩材表面的粗糙程度不同而差别较大，如预制桩和钢桩，侧表面光滑，δ 一般为 $\varphi/3 \sim \varphi/2$（φ 为土的内摩擦角），而对不带套管的钻孔灌注桩、木桩，侧表面非常粗糙，δ 可取 $2\varphi/3 \sim \varphi$。由于桩的总侧阻力与桩的表面积成正比，因此采用较大比表面积（桩的表面积与桩身体积之比）的桩身几何外形可提高桩的承载力。

随桩入土深度的增加，作用在桩身的水平有效应力成比例增大。按照土力学理论，桩的侧摩阻力也应逐渐增大；但试验表明，在均质土中，当桩的入土超过一定深度后，桩侧摩阻力不再随深度的增加而变大，而是趋于定值，该深度被称为侧摩阻力的临界深度。

对于在饱和黏性土中施工的挤土桩，要考虑时间效应对土阻力的影响。桩在施工过程中对土的扰动会产生超孔隙水压力，它会使桩侧向有效应力降低，导致在桩形成的初期侧摩阻力偏小；随时间的增长，超孔隙水压力逐渐沿径向消散，扰动区土的强度慢慢得到恢复，桩侧摩阻力也会得到提高。

2. 端阻影响分析

同侧摩阻力一样，桩端阻力的发挥也需要一定的位移量。一般的工程桩在桩容许沉降范围里就可发挥桩的极限侧摩阻力，但桩端土需更大的位移才能发挥其全部土阻力，所以说二者的安全度是不一样的。

持力层的选择对提高承载力、减少沉降量至关重要，即便是摩擦桩，持力层的好坏对桩的后期沉降也有较大的影响；同时要考虑成桩效应对持力层的影响，如非挤土桩成桩时对桩端土的扰动，使桩端土应力释放，加之桩端也常常存在虚土或沉渣，导致桩端阻力降低；挤土桩成桩过程中，桩端土受到挤密而变得密实，导致端阻力提高；但也不是所有类型的土均有明显的挤密效果，如密实砂土和饱和黏性土，桩端阻力的成桩效应就不明显。

桩端进入持力层的深度也是桩基设计时主要考虑的问题，一般认为，桩端进入持力层越深，端阻力越大；但大量试验表明，超过一定深度后，端阻力基本恒定。

关于端阻的尺寸效应问题，一般认为随桩尺寸的增大，桩端阻力的极限值变小。

端阻力的破坏模式分为整体剪切破坏、局部剪切破坏和冲入剪切破坏，主要由桩端土层和桩端上覆土层的性质确定。当桩端土层密实度好、上覆土层较松软，桩又不太长时，端阻一般呈现为整体剪切破坏，而当上覆土层密实度好时，则会呈现局部剪切破坏；当桩端密实度差或处在中高压缩性状态，或者桩端存在软弱下卧层时，就可能产生冲剪破坏。

实际上，桩在外部荷载作用下，侧阻和端阻的发挥和分布是较复杂的，二者是相互作用、相互制约的，如因端阻的影响，靠近桩端附近的侧阻会有所降低，等等。

3. 单桩荷载—位移曲线

常见的单桩荷载—位移（Q—s）曲线见图 4-4，它们反映了上述的几种破坏模式。

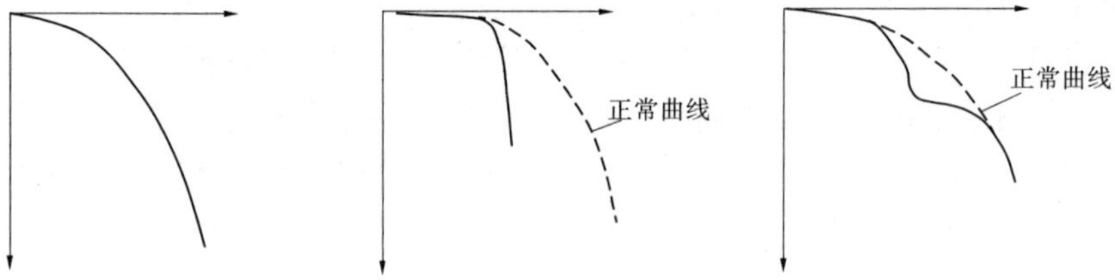

图 4-4　桩的破坏模式

（1）桩端持力层为密实度和强度均较高的土层（如密实砂层、卵石层等），而桩身土层为相对软弱土层，此时端阻所占比例大，Q—s 曲线呈缓变型，极限荷载下桩端呈整体剪切破坏或局部剪切破坏，如图 4-4（a）所示。这种情况常以某一极限位移 s_u 确定极限荷载，一般取 $s_u = 40 \sim 60$ mm；对于非嵌岩的长（超长）桩（$L/D > 80$），一般取 $s_u = 60 \sim 80$ mm；对于直径大于或等于 800 mm 的桩或扩底桩，Q—s 曲线一般也呈缓变型，此时极限荷载可按 $s_u = 0.05D$（D 为桩端直径）控制。

（2）桩端与桩身处在同类型的一般土层，端阻力不大，Q—s 曲线呈陡降型，桩端呈刺入（冲剪）破坏，如软弱土层中的摩擦桩（超长桩除外）；或者端承桩在极限荷载下出现桩身材料强度的破坏或桩身压曲破坏，Q—s 曲线也呈陡降型，如嵌入坚硬基岩的短粗端承桩。这种情况破坏特征点明显，极限荷载明确，如图 4-4（b）所示。

（3）桩端有虚土或沉渣，初始强度低，压缩性高，当桩顶荷载达一定值后，桩底部土被压密，强度提高，导致 Q—s 曲线呈台阶状；或者桩身有裂缝（如接头开裂的打入式预制桩和有水平裂缝的灌注桩），在试验荷载作用下闭合，Q—s 曲线也呈台阶状，如图 4-4（c）所示。这种情况一般也按沉降量确定极限荷载（同第（1）款中的规定）。

对于缓变形的 Q—s 曲线，极限荷载也可辅以其他曲线进行判定，如取 s—$\lg t$ 曲线尾部明显弯曲的前一级荷载为极限荷载，取 $\lg s$—$\lg Q$ 第二直线交会点荷载为极限荷载，取 Δs—Q 曲线的第二拐点为极限荷载，等等。

（二）竖向拉拔荷载作用下的单桩

承受竖向拉拔荷载作用的单桩其承载机理同竖向受压桩有所不同。首先，抗拔桩常见的破坏形式是桩－土界面间的剪切破坏，桩被拔出或者是复合剪切面破坏，即桩的下部沿桩－土界面破坏，而上部靠近地面附近出现锥形剪切破坏，且锥形土体会同下面土体脱离与桩身一起上移。当桩身材料抗拉强度不足（或配筋不足）时，也可能出现桩身被拉断现象。其次，当桩在承受竖向拉拔荷载时，桩－土界面的法向应力比受压条件下的法向应力数值小，这就导致土的抗剪强度和侧摩阻力降低（如桩材的泊松效应影响），而对复合剪切破坏可能产生的锥形剪切体，因其土体内的水平应力降低，也会使桩上部的侧摩阻力有所折减。

桩的抗拔承载力由桩侧阻力和桩身重力组成，而对上拔时形成的桩端真空吸引力，因其所占比例小，可靠性低，对桩的长期抗拔承载力影响不大，一般不予考虑。桩周阻力的大小与竖向抗压桩一样，受桩土界面的几何特征、土层的物理力学特性等较多因素的影响；但不同的是，黏性土中的抗拔桩在长期荷载作用下，随上拔量的增大，会出现应变软化的现象，即抗拔荷载达到峰值后会下降，而最终趋于定值。因而在设计抗拔桩时，应充分考虑抗拔荷载的长期效应和短期效应的差别。如送电线路杆塔基础由风荷载产生的拉拔荷载只有短期效应，此时就可以不考虑长期荷载作用的影响，而对于承受巨大浮托力作用的船闸、船坞、地下油罐基础以及地下车库的抗拔桩基，因长时间承受拉拔荷载作用，因而必须考虑长期荷载的影响。

为提高抗拔桩的竖向抗拔力，可以考虑改变桩身截面形式，如可采用人工扩底或机械扩底等施工方法，在桩端形成扩大头，以发挥桩底部的扩头阻力等。另外，桩身材料强度（包括桩在承台中的嵌固强度）也是影响桩抗拔承载力的因素之一，在设计抗拔桩时，应对此项内容进行验算。

（三）水平荷载作用下的单桩

桩所受的水平荷载部分由桩本身承担，大部分是通过桩传给桩侧土体，其工作性能主要体现在桩与土的相互作用上，即当桩产生水平变位时，促使桩周土也产生相应的变形，产生的土抗力会阻止桩变形的进一步发展。在桩受荷初期，由靠近地面的土提供土抗力，土的变形处在弹性阶段；随着荷载增大，桩变形量增加，表层土出现塑性屈服，土抗力逐渐由深部土层提供；随着变形量的进一步加大，土体塑性区自上而下逐渐开展扩大，最大弯矩断面下移，当桩本身的截面抗拒无法承担外部荷载产生的弯矩或桩侧土强度遭到破坏，使土失去稳定时，桩土体系便处于破坏状态。

按桩土相对刚度（即桩的刚性特征与土的刚性特征之间的相对关系）的不同，桩土体系的破坏机理及工作状态分为二类，一是刚性短桩，此类桩的桩径大，桩入土深度小，桩的抗弯刚度比地基土刚度大很多，在水平力作用下，桩身像刚体一样绕桩上某点转动或平移而破坏，此类桩的水平承载力由桩周土的强度控制；二是弹性长桩，此类桩的桩径小，桩入土深度大，桩的抗弯刚度与土刚度相比较具柔性，在水平力作用下，桩身发生挠曲变形，桩下段嵌固于土中不能转动，此类桩的水平承载力由桩身材料的抗弯强度和桩周土的抗力控制。

对于钢筋混凝土弹性长桩，因其抗拉强度低于轴心抗压强度，所以在水平荷载作用下，桩身的挠曲变形将导致桩身截面受拉侧开裂，然后渐趋破坏；当设计采用这种桩作为水平承载桩时，除考虑上部结构对位移限值的要求外，还应根据结构构件的裂缝控制等级，考虑桩身截面开裂的问题；但对抗弯性能好的钢筋混凝土预制桩和钢桩，因其可承受较大的挠曲变形而不至于截面受拉开裂,设计时主要考虑上部结构水平位移允许值的问题。

影响桩水平承载力的因素很多,包括桩的截面刚度、材料强度、桩侧土质条件、桩的入土深度和桩顶约束条件,等等。工程中通过静载试验直接获得水平承载力的方法因试验桩与工程桩边界条件的差别,结果很难完全反应工程桩实际工作情况。此时可通过静载试验测得桩周土的地基反力特性,即地基土水平抗力系数(反映了桩在不同深度处桩侧土抗力和水平位移的关系,可视为土的固有特性),为设计部门确定土抗力大小进而计算单桩水平承载力提供依据。

第二节　基桩检测概论

桩可以看做是垂直或微斜埋置于土体中的受力杆件。桩基础历史悠久、应用广泛,是处理不良地基的一种有效基础型式。目前,我国每年的用桩量在500万根左右,其中沿海地区和长江中下游软土地区占70% ~80%。由于桩的施工有高度的隐蔽性,而影响基桩工程的因素又多,如岩土工程条件、桩土的相互作用、施工技术水平等,所以影响桩的施工质量的不确定性因素众多。近年来,涉及基桩工程质量问题而直接影响建筑物结构正常使用与安全的事例很多。因此,加强基桩施工过程中的质量管理和施工后的质量检测,提高基桩质量检测工作的质量和检测评定结果的可靠性,对确保整个基桩工程的质量与安全具有重要意义。

一、基桩质量检测的内容与方法

基桩的承载力和完整性是基桩质量检测中的两项重要内容。按检测工作完成设计与施工质量验收规范所规定的具体检测项目的方式,宏观上可将各种检测方法划分为直接法、半直接法和间接法三类。

(一)直接法

直接法是通过现场原型试验直接获得检测项目结果或为施工验收提供依据的检测方法。在桩身完整性检测方面主要是钻孔取芯法,即直接从桩身混凝土中钻取芯样,以测定桩身混凝土的质量和强度,检查桩底沉渣和持力层情况,并测定桩长。承载力检测包括了单桩竖向抗压(拔)静载试验和单桩水平静载试验。前者用来确定单桩竖向抗压(拔)极限承载力,判定工程桩竖向抗压(拔)承载力是否满足设计要求,同时可以在桩身或桩底埋设测量应力(应变)传感器,以测定桩侧、桩端阻力,也可以通过埋设位移测量杆,测定桩身各截面位移量;后者除用来确定单桩水平临界和极限承载力、判定工程桩水平承载力是否满足设计要求外,还主要用于浅层地基土水平抗力系数的比例系数的确定,以便分析工程桩在水平荷载作用下的受力特性;当桩身埋设有应变测量传感器时,也可测量相应荷载作用下的桩身应力,并由此计算桩身弯矩。

(二)半直接法

半直接法是在现场原型试验基础上,同时基于一些理论假设和工程实践经验并加以综合分析才能最终获得检测项目结果的检测方法。主要包括以下四种:

(1)低应变法。在桩顶面实施低能量的瞬态或稳态激振，使桩在弹性范围内做弹性振动，并由此产生应力波的纵向传播，同时利用波动和振动理论对桩身的完整性做出评价的一种检测方法，主要包括反射波法、机械阻抗法、水电效应法等，其中反射波法物理意义明确、测试设备轻便简单、检测速度快、成本低，是基桩质量(完整性)普查的良好手段。

(2)高应变法。通过在桩顶实施重锤敲击，使桩产生的动位移量级接近常规静载试桩的沉降量级，以便使桩周岩土阻力充分发挥，通过测量和计算判定单桩竖向抗压承载力是否满足设计要求及对桩身完整性做出评价的一种检测方法，主要包括锤击贯入试桩法、波动方程法和静动法等，其中波动方程法是我国目前常用的高应变检测方法。高应变动力试桩物理意义较明确，检测准确度相对较高，而且检测成本低，抽样数量较静载试验大，更可用于预制桩的打桩过程监控和桩身完整性检查，但受测试人员水平和桩-土相互作用模型等问题的影响，这种方法在某些方面仍有较大的局限性，尚不能完全代替静载试验而作为确定单桩竖向极限承载力的设计依据。

(3)声波透射法。通过在桩身预埋声测管(钢管或塑料管)，将声波发射、接收换能器分别放入2根管内，管内注满清水为耦合剂，换能器可置于同一水平面或保持一定高差，进行声波发射和接受，使声波在混凝土中传播，通过对声波传播时间、波幅、声速及主频等物理量的测试与分析，对桩身完整性做出评价的一种检测方法。该方法一般不受场地限制，测试精度高，在缺陷的判断上较其他方法更全面，检测范围可覆盖全桩长的各个横截面，但由于需要预埋声测管，抽样的随机性差，且对桩身直径有一定的要求，检测成本也相对较高。

(4)自平衡试桩法。通过在桩底或桩的下部上下承载力相当的深度位置埋设一个荷载箱，沿垂直方向通过油压管加压，随着压力增大，荷载箱将自动脱离，从而调动桩侧阻力及桩端阻力的发挥，直到破坏。通过测得的两条向上、向下的 $Q—S$ 曲线就可得出桩的抗拔承载力及桩下段的抗压承载力，再经过换算，可得到单桩竖向抗压(拔)极限承载力和桩周土层的极限侧摩阻力、桩端土极限端阻力。该方法具有独特的优点，即不需要反力平台。

(三)间接法

依据直接法已取得的试验成果，结合土的物理力学试验或原位测试数据，通过统计分析，以一定的计算模式给出经验公式或半理论、半经验公式的估算方法。由于地质条件和环境条件的复杂性，施工工艺、施工水平及施工人员素质的差异性，该方法对设计参数的判断有很大的不确定性，所以只适用于工程初步设计的估算。如根据地质勘察资料进行单桩承载力与变形的估算，这在我国《建筑基桩技术规范》(JGJ 94—94)等相应规范中有明确规定；在《建筑基桩检测技术规范》(JGJ 106—2003)(以下简称《规范》)中没有涉及此类方法。

《规范》中强制规定了工程桩应进行承载力和完整性的抽样检测，同时对检测方法进行了分类，可根据不同的检测目的进行选择，如表4-2所示。其中直接法包括单桩竖向抗压静载试验、单桩竖向抗拔静载试验、单桩水平静载试验和钻芯法；半直接法包括低应变法、高应变法、声波透射法和自平衡试桩法。对于常用的钻(冲)孔桩、沉管桩、挖孔桩及预制桩，可以采用其中多种甚至全部方法进行检测，但对异形桩和组合型桩，一些方法就超出了其适用范围，如高应变法、低应变法和声波透射法。因此在选择检测方法时，应根据检测目的、检测方法的适用范围和能力，考虑设计要求、成桩工艺、地质条件和工程重要性等情况综合确定，同时也要兼顾实施中的经济合理性，即在满足正确评价的前提下，做到快速经济。

表 4-2　基桩质量检测的方法及检测目的

检测方法	检测目的
单桩竖向抗压静载试验	确定单桩竖向抗压极限承载力； 判定竖向抗压承载力是否满足设计要求； 通过桩身内力及变形测试，测定桩侧、桩端阻力； 验证高应变法的单桩竖向抗压承载力检测结果
单桩竖向抗拔静载试验	确定单桩竖向抗拔极限承载力； 判定竖向抗拔承载力是否满足设计要求； 通过桩身内力及变形测试，测定桩的抗拔摩阻力
单桩水平静载试验	确定单桩水平临界和极限承载力，推定土抗力参数； 判定水平承载力是否满足设计要求； 通过桩身内力及变形测试，测定桩身弯矩和挠曲
钻芯法	检测灌注桩桩长、桩身混凝土强度、桩底沉渣厚度，判定或鉴别桩底岩土性状，判定桩身完整性类别
低应变法	检测桩身缺陷及其位置，判定桩身完整性类别
高应变法	判定单桩竖向抗压承载力是否满足设计要求； 检测桩身缺陷及其位置，判定桩身完整性类别； 分析桩侧和桩端土阻力
声波透射法	检测灌注桩桩身缺陷及其位置，判定桩身完整性类别
自平衡试桩法	确定单桩竖向抗压(拔)极限承载力和桩周土层的极限侧摩阻力、桩端土极限端阻力

二、基桩质量检测程序及相关技术内容

检测机构遵循必要的检测工作程序，不但符合我国质量保证体系的基本要求，而且有利于检测工作开展的有序性和严谨性，使检测工作真正做到实现管理第一、技术第一和服务第一的最高宗旨。检测工作程序如图 4-5 所示。

(一) 接受委托

正式接手检测工作前，检测机构应获得委托方书面形式的委托函，以帮助了解工程概况，明确委托方意图即检测目的，同时也使即将开展的检测工作进入合法轨道。要注意的是，应尽量避免检测工作在前而委托在后，以免发生不必要的纠纷。

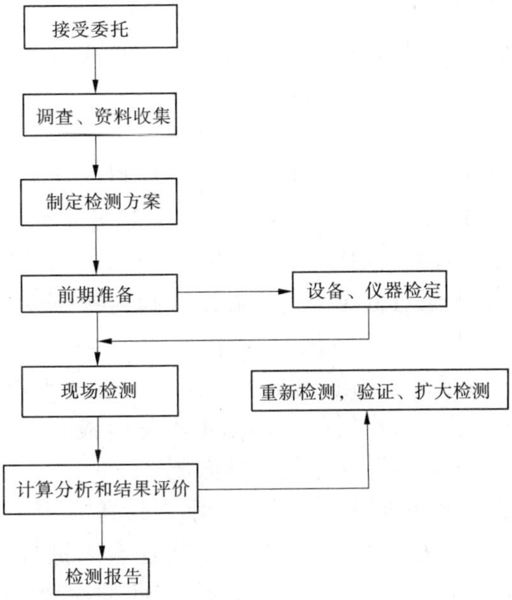

图 4-5　基桩质量检测工作程序

(二)调查、资料收集

为进一步明确委托方的具体要求和现场实施的可行性,了解施工工艺和施工中出现的异常情况,应尽可能收集相关的技术资料,必要时检测技术人员到现场勘察,使基桩检测做到有的放矢,以提高检测质量。主要收集内容包括:岩土工程勘察资料、受检桩设计施工资料、桩位平面图、现场辅助条件情况(如道路情况、水、电等)及施工工艺等;其中岩土勘察资料将对半直接法(如高、低应变法)的检测数据分析和处理起到重要作用;受检桩资料包含了施工和设计的重要信息,对桩的最终质量评定有很大帮助,主要内容包括桩号、桩横截面尺寸、设计桩顶标高、检测时桩顶标高、施工桩底标高、施工桩长、成桩日期、设计桩端持力层及单桩承载力特征值,等等。

(三)制定检测方案与前期准备

在明确了检测目的并获得相关技术资料后,应着手制定基桩检测方案,以向委托方书面陈述检测工作的形式、方法、依据标准和技术保证。方案的主要内容包括工程概况、抽样方案、所需的机械或人工配合、桩头的加固处理、试验周期等,必要时可针对检测方案中的细节同委托方或设计方共同研究确定,其中桩头的加固一般由检测部门出具加固图纸,而由委托方负责施工处理。有一点要说明的是,检测方案并非一成不变,需根据实际情况进行动态调整,因为在方案执行过程中,由于不可预知的原因,如委托要求的变化、现场检测尚未全部完成就已经发现质量问题而需进一步排查等,都可能使原检测方案中的抽检数量、受检桩桩位和检测方法发生变化。

在前期准备阶段有几个技术问题必须充分考虑,这些问题主要是开始检测时间的确定、抽样数量的确定和仪器设备的准备。

1. 开始检测时间

原则上,基桩质量检测结果应该能够反映基桩工作状态下的力学行为和表现,而由于混凝土龄期、地基土休止期等因素，基桩成桩后需要经过一定的时间才能进入正常工作状态。

混凝土灌注桩的开始检测时间主要取决于混凝土的龄期。桩身混凝土强度与混凝土龄期有关，表现为初期强度增长快，随后逐渐变缓趋于稳定，混凝土的物理力学特性和声学参数的变化趋势也大体如此。一般来说，基桩检测应在混凝土 28 d 龄期强度后进行，但受季节、气候、周边环境和工期等因素的影响，很多检测项目无法满足时间上的要求。

鉴于一些完整性检测方法对混凝土强度的要求可适当放宽，如低应变法和声波透射法，此时检测可提前进行；但检测时混凝土强度不能太低，否则会造成应力波或声波在混凝土中的传播衰减过快，而无法对桩身完整性做出准确判断；或同一场地由于桩的龄期相差大，导致声速的变异性增大。《规范》规定，当混凝土强度大于设计强度的 70% 且不低于 15 MPa 时即可检测。钻芯法检测的内容之一是桩身混凝土强度，此时受检桩应达到 28 d 龄期或同条件养护试块达到设计强度，但如果不是以检测混凝土强度为目的的验证检测，可根据实际情况适当放宽对混凝土龄期的限制。

静载检测和高应变法检测在桩身产生的应力水平较高，若混凝土强度不足，有可能引起桩身损伤或破坏而使试验无法继续进行，高应变法还会因桩身应力—应变关系的严重非线性出现测试信号失真的现象，所以为了分清责任，此类检测应在混凝土强度达到 28 d 龄期或设计强度时进行；另外，承载力检测应考虑土的时间效应问题。成桩过程中，土受到的扰动与施工工艺、土性及土的类别有关，如非挤土桩与挤土桩的差别、高灵敏度饱和黏性土与砂土的差别等，一般随休止时间的增长，受扰动的土体会重新固结，强度逐渐恢复提高，桩的承载力也相应增加。在我国软土地区，这种时间效应的现象最为明显。研究资料表明，时间效应可使桩的承载力比初始值增长 40% ~400%，其变化规律一般是初始增长速度较快，随后逐渐减慢，达到一定时间后趋于相对稳定，其增长的快慢和幅度与土性及土的类别有关。除非在特定的土质条件和成桩工艺下积累大量的对比数据，否则很难得到承载力的时间效应关系。所以基桩检测对地基土的休止时间有明确的规定，如砂土 7 d，黏性土 25 d 等，对因工期紧而无法满足休止时间的检测项目，应在检测报告中注明。承载力检测前地基土应达到的休止时间如表 4-3 所示。

表 4-3　基桩检测开始时地基土体应达到的休止时间

土的类别		休止时间(d)
砂土		7
粉土		10
黏性土	非饱和	15
	饱和	25

注：对于泥浆护壁灌注桩，宜适当延长休止时间。

由于受基桩工程施工工期的制约，同时也为满足信息化施工的要求，对桩身强度已满足设计要求的预制桩，在有成熟地区经验时，休止时间可缩短，比如端承型锤击预制桩，收锤时贯入度已很小。

2. 抽样

1）抽样规则

首先受检桩应具有代表性，才能对工程桩实际质量问题做出反映。受检测成本和检测周期的影响，很难对基桩工程中的所有基桩均进行检测，此时就必须采取抽检的方式，在一定概率保证的前提下，对基桩质量进行评定，以查明隐患，确保基桩安全。为此，靠有限抽检数量暴露基桩存在的质量问题时，抽检桩就应具有代表性，其抽样原则如下：

（1）施工质量有疑问的桩。如当灌注桩施工过程中出现停电、停水或堵管现象时，可能会影响到混凝土的浇筑而出现桩身质量问题。

（2）设计方认为重要的桩。主要考虑上部结构作用的要求，选择桩顶荷载大、沉降要求严格的桩作为受检桩，如框架结构的中柱承台桩、框筒结构的筒心部位的桩等。

（3）局部地质条件出现异常的桩。有时因地质勘察不是很全面或勘探孔少，无法对整个建（构）筑物覆盖区的地层条件作出详细描述，桩的施工桩长与地勘不符，如预应力管桩施工时，同一场地、相同的施工工艺收锤时却出现桩长差别较大的现象，此时应选择部分桩长与地勘不符的桩作为受检桩。

（4）施工工艺不同的桩。对同一场地的单位工程应尽量选择相同的施工工艺进行桩的施工，除非受地质条件等外界因素限制，如静压预制桩工地，因静压设备尺寸的影响而无法靠近邻近建筑物进行边桩施工，只得改部分边桩桩型为钻孔桩。此时，在选择受检桩时，应将这部分桩考虑在内。

（5）承载力验收检测时适量选择完整性检测中判定的Ⅲ类桩。这也是对Ⅲ类桩的验证检测手段。

前四类桩均须与委托方、设计、监理及勘察单位进行协商确定。除此之外，还应考虑受检桩的随机性，如低应变法检测中将桩号末尾号码相同的桩作为受检桩，等等。

2）抽样数量

a. 完整性检测

按《规范》规定，完整性检测抽检数量应符合以下要求：

（1）柱下三桩或三桩以下承台抽检桩数不得少于 1 根，即每个承台下基桩至少有 1 根被检测到，涵盖了单桩单柱应全数检测之意。

（2）抽检数量不得少于总桩数的 20% 且不少于 10 根是下限规定，对设计等级为甲级、地质条件复杂、成桩质量可靠性低的灌注桩，则不得少于总桩数的 30% 且不得少于 20 根。应该说按设计等级、地质情况和成桩质量可靠性确定灌注桩抽检比例大小是符合惯例且是合理的。

（3）对端承型大直径灌注桩，承载力一般设计较高，桩身质量是控制承载力的主要因素，所以对此类桩的桩身完整性检测尤为重要。但低应变法受尺寸效应的影响，对大直径桩的完整性判别存在一定问题，而钻芯法和声波透射法恰好可以满足测试需要，且在完整性判别方面定位更准、可靠性较高，钻芯法还能对桩端持力层情况和沉渣厚度进行判定。对端承型大直径灌注桩进行钻芯法或声波透射法检测时，除满足（1）、（2）两款规定外，抽检数量不得少于总桩数的 10% 。

（4）地下水位以上终孔的人工挖孔桩，因桩端持力层易于人工核验，且桩底沉渣能清除干净，混凝土浇筑质量比水下浇筑更可靠，所以抽检数量可适当减少，但不应少于总桩数的 10% 且不应少于 10 根；单节混凝土预制桩的桩身质量同样有较大保证，因而也适用这条规定。

（5）对复合地基中类似素混凝土桩的增强体进行检测时，抽检数量可按《建筑地基处理技术规范》（JGJ 79—2002）中的有关规定进行。

b. 承载力检测

（1）按照传统的百分比抽样原则，单位工程内同一条件下的工程桩竖向抗压静载试验抽检数量低限不得少于总桩数的 1% 且不少于 3 根；当总桩数在 50 根以内时，不应少于 2 根。若规定的检测数量不足以为设计提供可靠依据或设计另有要求时，可根据实际情况增加试桩数量，如对地质条件变化较大的地区，或采用了新桩型、新工艺的工程，受检桩的数量应适当增加。另外，如果施工时桩参数发生了较大变动或施工工艺发生了变化，即使施工前进行过试桩，施工后也应根据情况变化重新选择试桩。如挤土群桩施工时，由于土体的侧挤和隆起，桩被挤断、拉断、上浮等现象时有发生；尤其是大面积密集群桩施工，再加上施打顺序不合理或打桩速率过快等不利因素，常引发严重的质量事故。有时施工前虽做过静载试验并以此为设计依据，但因前期施工的试桩数量毕竟有限，挤土效应并未充分显现，施工后的基桩承载力与施工前的试桩结果相差甚远，对此应给予足够的重视。

（2）对预制桩和满足高应变法适用范围的灌注桩，可采用高应变法进行单桩竖向抗压承载力验收检测。高应变法在我国的应用不到 20 年，目前仍处于发展和完善阶段。作为一种以检测承载力为主的试验方法，尚不能完全取代静载试验。高应变法检测的可靠性比静载试验低，实施现场测试及对测试数据的分析很大程度上取决于检测人员的技术水平和经验，不单纯依靠静动对比试验资料，因为检测一旦超出高应变法的适用范围，如锤击设备无法匹配时，静动对比在机理上就不具备了可比性。尤其是灌注桩，实测信号质量不易保证，分析中的不确定因素较多，更需不断积累验证资料，提高分析判断能力和现场检测技术水平。《规范》规定，当有本地区相近条件的对比验证资料时，高应变法也可作为单桩竖向抗压承载力验收检测的补充；抽检数量为总桩数的 5%，且不少于 5 根。

（3）对端承型大直径灌注桩，往往不允许任何一根桩承载力失效，但因试验荷载大或受场地限制，有时很难甚至无法进行静载试验，此时可采用钻芯法测定沉渣厚度，进行桩端持力层的钻芯鉴别（包括动力触探、标贯试验、岩芯抗压强度试验等），对桩的竖向抗压承载力进行可靠估算。《规范》规定，单位工程钻芯法的抽样数量不应少于总桩数的 10% 且不少于 10 根。也可进行深层平板载荷试验，岩基载荷试验，终孔后混凝土灌注前的桩端持力层鉴别，有条件时可预埋荷载箱进行桩端载荷试验，对桩端承载性状进行可靠估计。

（4）相对于传统静载试桩相当困难的水上试桩、坡地试桩、基坑底试桩、狭窄场地试桩等情况，可采用自平衡试桩法确定单桩竖向抗压（拔）极限承载力和桩周土层的极限侧摩阻力、桩端土极限端阻力。自平衡试桩法用于工程桩承载力评价时，在同一条件下的试桩数量不宜少于总桩数的 1%，工程总桩数在 50 根以内时不应少于 2 根，其他条件不应少于 3 根。

（5）桩的竖向抗拔和水平静载试验抽检数量同样按照传统的百分比抽样原则，为总桩数的 1% 且不少于 3 根。

3. 仪器设备

应根据不同的检测目的组织配套、合理的试验设备，如承载力检测中的千斤顶、压力表、压力（荷重）传感器、位移计，完整性检测中的加速度（或速度）型传感器和数据采集系统,等等。所谓试验设备合理,是指仪器设备在试验过程中应有足够的量测精度及使用安全,如根据最大试验荷载合理选择千斤顶和不同量程的压力表或压力(荷载)传感器。检测前应对使用的仪器进行系统调试,所有计量器具必须在计量检定的有效期之内,以保证基桩检测数据的可靠性和可追溯性,如承载力检测中用到的压力表、压力(荷重)传感器、百分表、应变传感器、速度计、加速度计等必须有有效的计量检定证书;当检测环境差时,计量器具仍有可能因操作不当或环境恶劣而受到损坏,或计量参数发生变化,所以检测前还应加强对计量器具配套设备的检查或模拟测试,有条件时可建立校准装置进行自校,如发现问题应重新检定。

另外,现场检测环境有可能受到温湿度、电压波动、电磁干扰和振动冲击等外界因素的影响而不能满足仪器的使用要求,此时应采取有效防护措施,以确保仪器处于正常工作状态。

(四)现场检测、数据分析与验证扩大检测

现场检测宜先进行完整性检测,后进行承载力检测。相对静载试验而言,完整性检测(除钻芯法外)作为普查手段,具有速度快、费用低和抽检数量大的特点,容易发现基桩施工的整体质量问题,同时也可为有针对性地选择静载试桩提供帮助,所以完整性检测宜安排在静载试验之前。当基础埋深较大,基坑开挖产生土体侧移将桩推断或机械开挖将桩碰断的现象时有发生,此时完整性检测应等到开挖至基底标高后进行。不论完整性检测还是承载力检测,必须严格按照规范的要求进行,以使检测数据可靠、减少试验误差,如静载试验中基准桩与试桩的间距、百分表安装位置及稳定判别标准、高应变法对锤重的要求、低应变法中传感器的安装位置、声波透射法中对测点间距的要求,等等。

当测试数据受外界环境干扰、人员操作失误或仪器设备故障影响变得异常时,应及时查明原因并加以排除,然后组织重新检测,否则用不正确的测试数据进行分析,得出的结果必然是不正确的。如低应变法检测时,邻近大型机器运转所产生的低频振动使测试信号出现畸变;声波透射法检测时,因人员操作失误,使声波发射和接收换能器不同步,造成声时或声速突然变得异常;钻芯法检测时,因钻芯孔倾斜,钻头未达桩底便已偏出桩体。

验证检测是针对检测中出现的缺乏依据、无法或难于定论的情况所进行的同类方法或不同类方法的核验过程,以做到结果评价的准确和可靠。如对桩身浅部缺陷可采用开挖验证;预制桩桩身或接头存在裂隙时可采用高应变法验证;单孔钻芯检测发现桩身混凝土有质量问题时,宜在同一基桩上增加钻孔验证;对低应变法检测中不能明确完整性类别的桩或Ⅲ类桩,可根据实际情况采用静载试验、钻芯法、高应变法或开挖等适宜的方法验证检测。同时也要注意完整性检测和承载力检测概念上的不同,因为在实际检测中会发现,有时完整性合格的Ⅰ、Ⅱ类桩,承载力却达不到设计要求;有时承载力满足设计要求的桩,完整性判别却为Ⅲ、Ⅳ类,而这两种桩在使用上都存在结构安全和耐久性方面的隐患。如桩身出现水平整合型裂缝或断裂的桩,低应变法检测为Ⅲ类或Ⅳ类,但高应变法检测可能为Ⅱ类,且竖向抗压承载力可能满足设计要求。当这些桩承受水平荷载或上拔荷载时,则很难满足使用上的要求。

扩大检测是针对初次抽检发现的基桩承载力不能满足设计要求或完整性检测中Ⅲ、Ⅳ类桩比例较大时所进行的同类方法的再次抽样检测。扩大检测不能盲目进行,应首先会同甲方、设计、监理等有关方分析和判断基桩的整体质量状况,尽可能查明产生质量问题的原因,以分清责任。当无法做出准确判断,为基桩补强或变更设计方案提供可靠依据时,则应进行扩大抽样检测。检测数量宜根据地质条件、基桩设计等级、桩型和施工质量变异性等因素合理确定,并经有关方认可。

(五)检测结果评价和检测报告

桩的设计要求通常包含承载力、混凝土强度以及施工质量验收规范规定的各项内容,而施工后基桩检测结果的评价包含了承载力和完整性两个相对独立的评价内容。

在《规范》中,桩身完整性定义为:反映桩身截面尺寸相对变化、桩身材料密实性和连续性的综合定性指标;桩身缺陷定义为:使桩身完整性恶化,在一定程度上引起桩身结构强度和耐久性降低的桩身断裂、裂缝、夹泥(杂物)、空洞、蜂窝、松散等现象的统称。

注意,桩身完整性不是严格的定量指标,对不同的桩身完整性检测方法,具体的评价内容和判定特征各异,为了便于采用,按缺陷对桩身结构承载力的影响程度,《规范》将桩身完整性类别统一划分为四类,如表4-4所示。

表4-4　桩身完整性分类

桩身完整性类别	分类原则
Ⅰ类桩	桩身完整
Ⅱ类桩	桩身有轻微缺陷,不会影响桩身结构承载力的正常发挥
Ⅲ类桩	桩身有明显缺陷,对桩身结构承载力有影响
Ⅳ类桩	桩身存在严重缺陷

在进行结果评价时,要考虑桩的设计条件、承载性状及施工等多方面因素,不能只机械地按测试信号进行评判。

对完整性类别为Ⅳ类的基桩,因存在严重缺陷,对桩身结构承载力的发挥有很大影响,所以必须进行工程处理。处理方式包括补桩、补强、设计变更或由原设计单位复核以确定是否可满足结构安全和使用功能要求等。有一点要强调的是,对实测桩长明显小于施工记录桩长的桩,一种情况是桩端未进入设计要求的持力层或进入持力层深度不够,承载力达不到设计要求;一种情况是桩端进入了持力层,承载力能够满足设计要求;无论能否满足使用要求,这种桩都背离了桩身完整性中连续性的内涵,所以应判为Ⅳ类桩。

对于单桩承载力检测结果评价,《规范》强调了以承载力特征值是否满足设计要求作为结论。所谓的承载力特征值是根据一个单位工程内同条件下的单桩承载力检测结果的统计分析,并考虑一定的安全储备而得到的数值结果。所以说特征值满足设计要求并没有涵盖所有基桩承载力均满足设计要求之意,即无法给出全部基桩承载力是否合格的结论。这又与过去常说的“仅对来样负责”不同。

总之,检测结果评价要按以下原则进行:①完整性检测与承载力检测相互配合,多种检测方法相互验证与补充;②在充分考虑受检桩数量及代表性基础上,结合设计条件(包括基础和上部结构型式、地质条件、桩的承载性状和沉降控制要求)与施工质量可靠性,给出检测结论。

检测报告是最终向委托方提供的重要技术文件。作为技术存档资料，检测报告首先应结论准确，用词规范，具有较强的可读性；其次是内容完整、精炼，常规的内容包括：

(1)委托方名称，工程名称、地点，建设、勘察、设计、监理、施工单位名称，基础、结构型式，层数，设计要求，检测目的，检测数量，检测日期。

(2)地质条件描述。

(3)受检桩的桩号、桩位和相关施工记录。

(4)检测方法，检测仪器设备，检测过程叙述。

(5)受检桩的检测数据，实测与计算分析曲线、表格和汇总结果。

(6)与检测内容相应的检测结论。特别强调的是，报告中应包含受检桩原始检测数据和曲线，并附有相关的计算分析数据和曲线，对仅有检测结果而无任何检测数据和曲线的报告则视为无效。

第三节　基桩动测的基本理论

一、概述

(一)基桩动测定义

基桩动测是指在桩顶激发产生沿桩体轴向传播的弹性波动，在桩顶或桩顶附近的桩体上布设传感器拾取在桩体中传播的波动信号，根据波动信号对桩体的质量进行分析判断的方法。桩顶激振荷载多采用落锤冲击荷载，有时也采用频率可控的持续振动激振源，前者称为瞬态激振，后者则称为稳态激振。激振荷载的大小不同，桩体发生的变形大小也不同。小荷载激发的桩体变形小，对应的动测方法称为低应变动测；大荷载激发的桩体变形大，对应的动测方法称为高应变动测。低应变和高应变方法的理论基础均为一维弹性杆波动理论。

(二)基桩动测发展简况

基桩动力测试分析方法源于动力打桩问题的研究。动力打桩公式在打入式预制桩施工中的应用已有近百年历史，可以说，动力试桩技术的发展始于动力打桩公式。

1960 年，Smith 提出了桩锤－桩－土系统的集中质量法差分求解模型，从而提供了一套较为完整的桩－锤－土系统打桩波动问题的处理方法，建立了目前高应变动力检测数值计算方法的雏形，为应力波理论在基桩工程中的应用奠定了基础。之后，世界上部分国家开展了系列动力测试桩承载力的研究工作，并于 20 世纪 80 年代形成了实用的高应变现场测试和室内波动方程分析方法。

采用低应变法检测桩身完整性研究工作也在同期开展，其中机械阻抗法在 20 世纪 70 年代初已取得了进展；而低应变反射波法早期研究虽然也在英、法等国开展，却有报道说其研究并不成功。不过进入 80 年代后，这一方法发展速度很快，在国际上基本占据了低应变动力检测桩身完整性的主导地位。

我国的桩动力检测理论研究与实践始于 20 世纪 70 年代，其中包括两部分内容：一是研究开发具有我国特色的方法，如湖南大学的动力参数法、四川省建筑科学研究院和中国建筑科学研究院共同研究的锤击贯入试桩法、西安公路研究所的水电效应法、成都市城市建设研究所的机械阻抗法、冶金部建筑研究总院的共振法等；二是对国外刚开始流行的高应变动测技术进行尝试，如南京工学院等单位在渤海12号平台进行的钢管桩动力测试、甘肃省建筑科学研究所与上海铁道学院合作研制我国第一台打桩分析仪。这些早期的探索与实践加速了动测技术的推广普及，为我国在短期内达到桩动测技术的国际先进水平创造了有利条件。

20世纪90年代中期，建工行业标准《基桩低应变动力检测规程》（JGJ/T 93—95）和《基桩高应变动力检测规程》（JGJ 106—97）的相继颁布，标志着我国基桩动测技术发展进入了相对成熟期。由于我国的经济发展速度快、建设规模大，客观上的市场需求使国内从事桩动测业务的人员、机构、所用仪器种类、动测验桩总量及其涉及的桩型，均居世界各国首位。

（三）高应变与低应变的划分

1. 按桩体位移大小划分

高应变动力试桩利用数十甚至数百千牛的重锤打击桩顶，使桩产生的动位移接近常规静载试桩的沉降量级，以便使桩侧和桩端岩土阻力较大乃至充分发挥，即桩周土全部或大部分产生塑性变形，直观表现为桩出现贯入度。不过，对于嵌入坚硬基岩的端承型桩、超长的摩擦型桩，不论是静载还是高应变试验，欲使桩下部及桩端岩土进入塑性状态，从概念上讲似乎不大可能。

低应变动力试桩采用数牛至数百牛重的手锤、力棒或上千牛重的铁球锤击桩顶，或采用几百牛出力的电磁激振器在桩顶激振，桩－土系统处于弹性状态，桩顶位移比高应变低2～3个数量级。

2. 按桩身应变量级划分

高应变桩身应变量通常在0.1‰～1.0‰。对于普通钢桩，超过1.0‰的桩身应变已接近钢材屈服台阶所对应的变形；对于混凝土桩，视混凝土强度等级的不同，桩身出现明显塑性变形对应的应变量约为0.5‰～1.0‰。低应变桩身应变量一般小于0.01‰。

3. 关于桩体变形的非线性问题

众所周知，钢材和在很低应力应变水平下的混凝土材料具有良好的线弹性应力－应变关系。混凝土是典型的非线性材料，随着应力或应变水平的提高，其应力－应变关系的非线性特征趋于显著。打入式混凝土预制桩在沉桩过程中已历经反复的高应力水平锤击，混凝土的非线性大体上已消除，因此高应变检测时的锤击应力水平只要不超过沉桩时的应力水平，其非线性可忽略。但对灌注桩，锤击应力水平较高时，混凝土的非线性会多少表现出来，直观反映是通过应变式力传感器测得的力信号不归零（混凝土出现塑性变形），所得的一维纵波波速比低应变法测得的波速低。更深层的问题是桩身中传播的不再是线性弹性波，一维弹性杆的波动方程不能严格成立。而在工程检测时，一般不深究这一问题，以使实际工程应用得以简化。

（四）动测法在分部（分项）工程验收中的作用

按照《建筑工程施工质量验收统一标准》（GB 50300—2001）的划分，地基与基础工程属于单位工程的分部工程，而基桩工程则属于子分部工程。基桩础是由基桩和连接于桩顶的承台（有时也包括与承台相连的梁、板）构成的基础。施工质量验收时，一般是对组成整个基础的全部或部分基桩进行验收，所以基桩检测工作是分部（分项）工程施工质量验收中的一个环节。在《建筑地基基础工程施工质量验收规范》（GB 50202—2002）中，对桩的质量检验标准分为主控项目和一般项目，桩的承载力和桩身完整性均列为主控项目。

考虑到桩的承载力和桩身完整性抽样检测的离散性远较桩身材料的力学、化学性能的检验离散性大，影响桩动测结果正确性的不确定因素较多，分部工程验收合格不仅需要检验批的主控项目和一般项目质量经抽样检验合格，同时还需要完整的施工记录、质量检查记录。所以，在《规范》中，没有要求承载力和桩身完整性检测给出是否合格的结论。对于单桩承载力只给出是否满足设计要求的结论。而对于桩身完整性，由于其判定指标本身就是非严格定量化的，设计一般不给出桩身完整性“不合格”的具体桩数比例要求，即一旦出现“坏桩”，一般采取以下几种措施：通过验证检测证实桩的可用性；直接补强、补桩；设计复核并确认（如不进行补桩或补强，而对基础或上部结构进行加强）。这些措施的采用是以确保结构正常使用与安全为前提。

与静载试验和钻芯等直接方法相比，动测法的主要特点是检测速度快、费用低和检测覆盖面广。如采用低应变方法的抽检比例一般占总桩数的20%以上，可降低直接法小比例抽测漏检的概率，并得出基础中所有基桩整体施工质量的粗略估计。

1. 低应变法的作用

低应变法适用于检测混凝土桩的桩身完整性，判定桩身缺陷的程度及位置。它属于快速普查桩的施工质量的一种半直接法。

桩身缺陷有三个指标，即位置、类型（性质）和程度。缺陷程度对桩身完整性分类是第一位重要的（如建筑工程基桩的使用功能多数为竖向承压桩）。动测法检测时，不论缺陷的类型如何，其综合表现均为桩的阻抗变小，即完整性动力检测中分析的仅是阻抗变化，阻抗的变小可能是任何一种或多种缺陷类型及其程度大小的综合表现。所以对于桩身不同类型的缺陷，低应变测试信号中主要反映出桩身阻抗减小的信息，缺陷性质往往较难区分。例如，混凝土灌注桩出现的缩颈与局部松散、夹泥、空洞等，只凭测试信号就很难区分。因此，对缺陷类型进行判定，应结合地质、施工情况综合分析，或采取钻芯、声波透射等其他方法。需要指出，尽管利用实测曲线拟合法分析能给出定量的结果，但由于桩的尺寸效应、测试系统的幅频相频响应、高频波的弥散、滤波等造成的实测波形畸变，以及桩侧土阻尼、土阻力和桩身阻尼的耦合影响，曲线拟合法还不能达到准确定量的程度。所以，低应变动测法根据阻抗的变小既不能判断缺陷的具体类型，也不能对桩身缺陷程度作定量判定；当高应变动测法用于灌注桩完整性检测时也如此。这比较符合目前动测法的技术水平。

对于灌注桩扩径而表现出的阻抗变大，应在分析判定时予以说明，因扩径对桩的承载力有利，不应作为缺陷考虑。

低应变法的理论基础是一维线弹性杆件模型。一维理论要求应力波在桩身中传播时平截面假设成立，所以对薄壁钢管桩和类似于H型钢桩的异型桩，低应变法不适用，这在GB 50202—2002中同样没有提出要求。

由于受桩型（如截面多变）、地质条件、激振方式、桩的尺寸效应、桩身材料阻尼等因素的影响，桩过长（或长径比较大）或桩身截面阻抗多变或变幅较大引起的应力波多次反射，往往测不到桩底反射或正确判断桩底反射位置，从而无法评价整根桩的完整性。另外，检测结果分析判定的准确性与操作人员的技术水平和实践经验有很大关系。因此，对该方法寄予过高的期望是不适宜的。比如，在《规范》中，没有规定检测桩的有效长度、推定桩身混凝土强度等级和区分缺陷类型这些功能。

2. 高应变法的作用

高应变法检测的主要功能之一是判定单桩竖向抗压承载力是否满足设计要求。它是单桩竖向抗压静载试验的补充，属于半直接法。

这里所说的承载力是指在桩身强度满足桩身结构承载力的前提下，得到的桩周岩土对桩的抗力（静阻力）。所以要得到极限承载力，应使桩侧和桩端岩土阻力充分发挥，否则不能得到承载力的极限值，只能得到承载力检测值。由于高应变法试桩时产生的桩顶动位移一般小于静载试验，特别对于具有缓变型静载试验 $Q—s$ 曲线的桩（如大直径灌注桩、扩底桩和超长桩）表现得更为明显，一般难以得到桩的承载力极限值。所以，该方法不宜用于为设计提供依据的前期试桩，而只用于工程桩验收检测。另外，由于该方法受桩型、地质和施工条件变异、操作人员的素质和经验等因素影响，检测分析结果的准确性还不能与静载试验相媲美。因此，对设计等级高的基桩工程，《规范》规定只能作为静载试验的补充，以弥补静载试验抽检数量少、代表性差的不足。

高应变法检测桩身完整性的可靠性比低应变法高，只是与低应变法检测的快捷、廉价相比，在带有普查性的完整性检测中应用尚有一定困难。但由于其激励能量和检测有效深度大的优点，特别在判定桩身水平整合型缝隙、预制桩接头等缺陷时，能够在查明这些“缺陷”是否影响竖向抗压承载力的基础上，合理判定缺陷程度。

二、弹性杆的纵向振动

（一）杆的纵向振动方程

考虑一材质均匀、截面恒定的弹性杆，长度为 L，截面面积为 A，弹性模量为 E，质量密度为 ρ。取杆轴为 x 轴。若杆变形时平截面假设成立，受轴向力 F 作用，将沿杆轴向（纵向）产生位移 u、质点运动速度 $V=\frac{\partial u}{\partial t}$和应变 $\varepsilon=\frac{\partial u}{\partial x}$，这些动力学和运动学量只是 x 和时间 t 的函数。由于杆具有无穷多的振型，则每一振型各自对应的运动量分布形式都不相同。

由图 4-6，杆 x 处的单元 dx，如果 u 为 x 处的位移，则在 $x+dx$ 处的位移为 $u+\frac{\partial u}{\partial x}dx$，显然单元 dx 在新位置上的长度变化量为$\frac{\partial u}{\partial x}dx$，而$\frac{\partial u}{\partial x}$即为该单元的平均应变。根据虎克定律，应力与应变之比等于弹性模量 E，可写出

$$\frac{\partial u}{\partial x}=\frac{\sigma}{E}=\frac{F}{AE} \tag{4-1}$$

式中　σ——杆 x 截面处的应力。

将式（4-1）两边对 x 微分，得

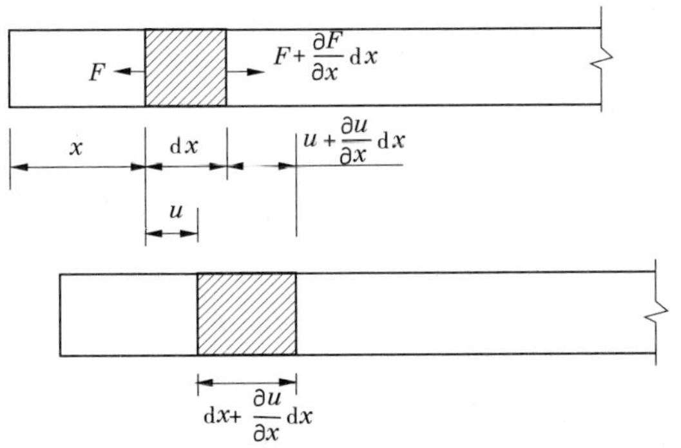

图 4-6　杆单元的位移

$$AE\frac{\partial^2 u}{\partial x^2}=\frac{\partial F}{\partial x} \tag{4-2}$$

利用牛顿定律，考虑该单元的不平衡力（惯性力）列出平衡方程

$$\frac{\partial F}{\partial x}\mathrm{d}x=\rho A\mathrm{d}x\frac{\partial^2 u}{\partial x^2} \tag{4-3}$$

合并式(4-2)和式(4-3)两式，得

$$\frac{\partial^2 u}{\partial t^2}=\left(\frac{E}{\rho}\right)\frac{\partial^2 u}{\partial x^2} \tag{4-4}$$

定义 $c=\sqrt{\frac{E}{\rho}}$ 为位移、速度、应变或应力波在杆中的纵向传播速度，得到如下一维波动方程

$$\frac{\partial^2 u}{\partial t^2}-c^2\frac{\partial^2 u}{\partial x^2}=0 \tag{4-5}$$

有两点需要说明：

(1)对于实际桩而言，平衡方程(4-3)左边的不平衡力中既包含了惯性力的影响，也计入了单元的土阻力影响，只是考虑微元 $\mathrm{d}x$ 的平衡时没有显含土阻力罢了。另外，当采用数值求解实际桩的波动问题时，一般假设土阻力的产生有赖于其相邻桩段的运动位移和质点运动速度，也就是说，土阻力的产生是被动的，只有先计算出桩段的运动量值，才有可能算出与桩段相邻的土阻力值，通过静力平衡，扣除该单元的土阻力后，再将该桩段力值传递给下一个桩段。

(2)一维杆的纵波传播速度与三维介质中的纵波（压缩波）传播速度不同，其表达式为 $c_P=\sqrt{\frac{1-v}{(1-2v)(1+v)}}\cdot c$（式中 v 为介质材料的泊松比），相当于声波透射法中定义的声速，当 $v=0.20$ 时，$c_P=1.054c$；$v=0.30$ 时，$c_P=1.160c$。

（二）杆的纵向振动方程的解

1. 行波解（达朗贝尔解）

考虑杆的纵振动 u 沿杆轴线方向的传播，做变量代换

$$u(x,t)=u(\xi,\eta) \tag{4-6}$$

其中

$$\xi = x + ct, \eta = x - ct \tag{4-7}$$

应用复合函数求导法则得

$$\frac{\partial^2 u}{\partial x^2} = \frac{\partial^2 u}{\partial \xi^2} + 2\frac{\partial^2 u}{\partial \xi \partial \eta} + \frac{\partial^2 u}{\partial \eta^2}$$

$$\frac{\partial^2 u}{\partial x^2} = c^2\left(\frac{\partial^2 u}{\partial \xi^2} - 2\frac{\partial^2 u}{\partial \xi \partial \eta} + \frac{\partial^2 u}{\partial \eta^2}\right)$$

代入式(4-5)整理得

$$\frac{\partial^2 u}{\partial \xi \partial \eta} = 0 \tag{4-8}$$

对 ξ 积分得

$$\frac{\partial u}{\partial \eta} = f_1(\eta)$$

其中 $f_1(\eta)$ 是关于 η 的任意函数。

再对 η 积分得 $u = \int f_1(\eta)\mathrm{d}\eta + g(\xi)$

其中 $g(\xi)$ 是关于 ξ 的任意函数。令 $f(\eta) = \int f_1(\eta)\mathrm{d}\eta$，代入上式得

$$u = f(\eta) + g(\xi)$$

即

$$u(x,t) = f(x - ct) + g(x + ct) \tag{4-9}$$

式(4-9)称为一维波动方程(4-5)的行波解，又称达朗贝尔解，它可以形象地揭示杆的纵向振动沿杆轴线方向的传播情况。对式(4-9)揭示的情况讨论如下。

1)上行波、下行波和波的传播速度

按照式(4-9)，杆的振动位移 u 可以分解为 u_1 和 u_2 两部分，即

$$\begin{aligned} u_1 &= f(x - ct) = f(\eta) \\ u_2 &= g(x + ct) = g(\xi) \end{aligned} \tag{4-10}$$

现证明 u_1 为沿杆轴线向 x 轴正方向传播的行波，u_2 为沿杆轴线向 x 轴负方向传播的行波，两者的传播速度均为 c。问题证明的基本前提是波动传播过程中波形不变，即波动所到之处杆的振动过程和振动方式不变，大量波动现象所揭露的物理事实可以支持这一前提。

根据波动所到之处所引起的质点振动过程和方式不变这一前提，有

$$\begin{aligned} u_1 &= f(x - ct) = f(\eta) = \text{const} \\ u_2 &= g(x + ct) = g(\xi) = \text{const} \end{aligned} \tag{4-11}$$

因此，必然有

$$\begin{aligned} \eta &= x - ct = \text{const} \\ \xi &= x + ct = \text{const} \end{aligned} \tag{4-12}$$

设：当 $t = t_0$ 时，波动传播到 $x = x_0$；当 $t = t_0 + \Delta t$ 时，波动传播到 $x = x_0 + \Delta x$。

根据式(4-12)有

$$\eta = x - ct = (x_0 + \Delta x) - c(t_0 + \Delta t)$$
$$\xi = x + ct = (x_0 + \Delta x) + c(t_0 + \Delta t)$$

关于 η 得

$$c = \frac{\Delta x}{\Delta t} \tag{4-13}$$

关于 ξ 得

$$c = -\frac{\Delta x}{\Delta t} \tag{4-14}$$

波速 c 作为介质的物理参数理应为正实数，从而，随时间的推移（$\Delta t > 0$），式(4-13)中的 $\Delta x > 0$，而式(4-14)中的 $\Delta x < 0$。即，随时间的推移，u_1 在向 x 轴的正方向移动，而 u_2 在向 x 轴的负方向移动。按式(4-13)和式(4-14)，u_1 和 u_2 两者的移动（传播）速度均为 c。

上述关于一维波动传播的情况可以由图 4-7 表示。

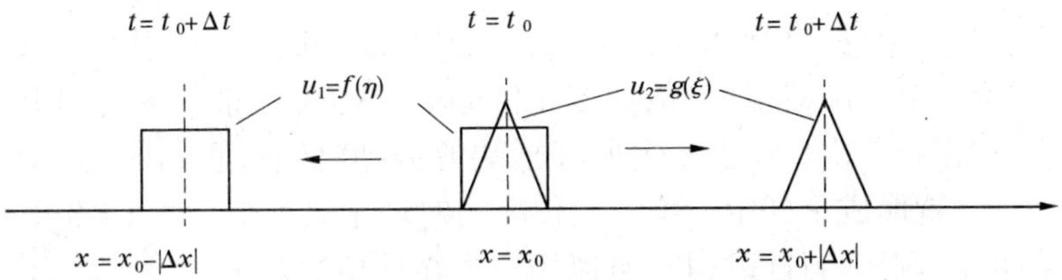

图 4-7　上行波和下行波的传播示意图

工程上定义：$u_1 = f(\eta) = W_d$ 为下行波，$u_2 = g(\xi) = W_u$ 为上行波。W_d 和 W_u 形状不变且各自独立地以波速 c 分别沿 x 轴正向和负向传播的特性是解释应力波传播规律的最直观方法，见图 4-8。同时，因方程(4-5)的线性性质，我们可单独研究上、下行波的特性，利用迭加原理求出杆在 t 时刻 x 位置处的合力、速度、位移。

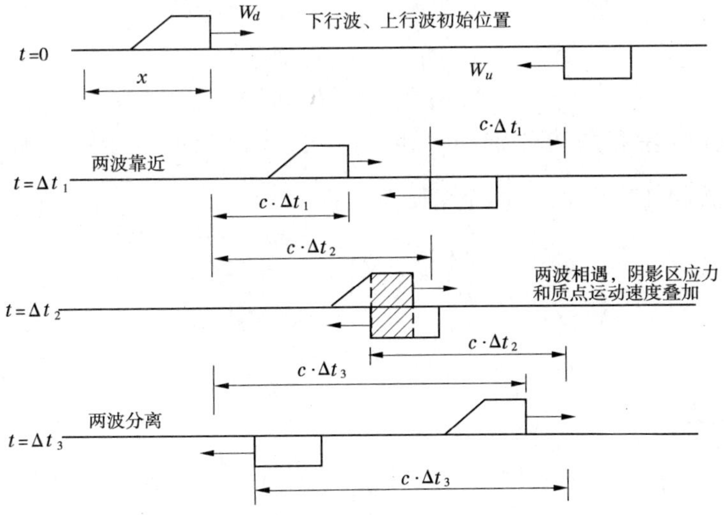

图 4-8　下(右)行波和上(左)行波的传播

2）特征线

由式(4-7)得

$$x = \eta + ct$$
$$x = \xi - ct \tag{4-15}$$

式(4-15)描述了沿 x 轴传播的一维波动空间(x)与时间(t)的映射(对应)关系。其中,第一式表示的是下行波空间与时间的映射关系,第二式表示的是上行波空间与时间的关系。在 x—t 坐标平面上两者都是直线,前者可称为下行波特征线,后者可称为上行波特征线。

如图 4-9 所示为在有限长度弹性杆中传播的一维波动特征线。杆件的长度为 l,在杆中 $x = l_1$ 处存在一个反射界面。当 $t = t_0$ 时,在杆的顶端激发一个振动过程。振动沿杆轴线方向向下传播,遇到界面 l_1 时发生反射和透射。反射波上行,在 $t = t_1$ 时返回杆顶端。透射波继续下行,至杆底端 l 处发生反射,在 $t = t_2$ 时反射上行波返回到杆顶端。上行返回杆顶端的反射波还可以在杆顶端发生反射,转为下行波离开杆顶端向下传播,遇界面 l_1 和杆底端 l 可再次发生反射并上行返回至杆顶端。如此反复形成多次反射波 t_3、t_4、t_5、t_6 等。

在杆顶端安置一个检波器(速度或加速度传感器),即可记录并观察到上述在杆顶端激发的振动时间过程和各次反射上行返回杆顶端的振动时间过程,各个振动过程在时间域中前后依次出现,就形成了杆中一维波动传播的时域记录波形(见图 4-8 中杆顶端向右延伸的图形)。可见,利用特征线分析,可以描绘出在杆顶端观测的时域波形。根据图4-8 所示特征线描绘的传波动情况,可以计算出各次反射波到达杆顶端的时间。设 $t_0 = 0$,则

$$t_1 = \frac{2l_1}{c}, t_2 = \frac{2l}{c}, t_3 = \frac{4l_1}{c}, t_4 = \frac{2l + 2l_1}{c}, t_5 = \frac{6l_1}{c}, t_6 = \frac{4l}{c}, \cdots$$

2. 分离变量法解

采用分离变量法求解波动方程(4-5),令其解具有如下形式

$$u(x,t) = U(x) \cdot G(t) \tag{4-16}$$

代入波动方程得

$$\frac{1}{U}\frac{\mathrm{d}^2 U}{\mathrm{d}x^2} = \frac{1}{c^2}\frac{1}{G}\frac{\mathrm{d}^2 G}{\mathrm{d}t^2} \tag{4-17}$$

由于式(4-17)左右两边分别与 t 和 x 有关,所以只能等于一个常数,令其等于 $-\left(\frac{\omega}{c}\right)^2$ 并代入式(4-17),得以下两个常微分方程

$$\frac{\mathrm{d}^2 U}{\mathrm{d}x^2} + \left(\frac{\omega}{c}\right)^2 U = 0 \tag{4-18}$$

$$\frac{\mathrm{d}^2 G}{\mathrm{d}t^2} + \omega^2 G = 0 \tag{4-19}$$

它们的通解分别为

$$U(x) = A\sin\frac{\omega}{c}x + B\cos\frac{\omega}{c}x \tag{4-20}$$

$$G(t) = C\sin\omega t + D\cos\omega t \tag{4-21}$$

式中 ω——角频率,$\omega = 2\pi f$;

A、B、C、D——任意常数，分别由边界条件和初始条件确定。考虑两种边界条件，一种为两端自由，另一种为一端自由、一端固定。

1）杆的两端自由

此时，应力在杆两端必须为零。因为应力等于 $E\frac{\partial u}{\partial x}$，则杆两端必须满足应变为零的边界条件

$$\left.\frac{\partial u}{\partial x}\right|_{x=0} = A\frac{\omega}{c}(C\sin\omega t + D\cos\omega t) = 0 \tag{4-22}$$

$$\left.\frac{\partial u}{\partial x}\right|_{x=L} = \frac{\omega}{c}\left(A\cos\frac{\omega L}{c} - B\sin\frac{\omega L}{c}\right)(C\sin\omega t + D\cos\omega t) = 0 \tag{4-23}$$

因为式(4-12)和式(4-13)必须对任何时刻 t 都成立，故由式(4-12)得 $A=0$。同时，为保证振动的存在，B 只能为有限值，则由式(4-13)得

$$\sin\frac{\omega L}{c} = 0 \text{ 或} \frac{\omega L}{c} = \pi, 2\pi, 3\pi, \cdots, n\pi \tag{4-24}$$

式(4-14)即为杆的振动频率方程。相应的固有振动频率为

$$\omega_n = n\pi\frac{c}{L} \text{ 或} f_n = n\frac{c}{2L}(n = 1,2,3,\cdots) \tag{4-25}$$

利用初始条件 $u(x,t)|_{t=0} = 0$，得到方程(4-5)在两端自由和初始条件下的位移特解为

$$u_n = u_0\cos\frac{n\pi}{L}x \cdot \sin\frac{n\pi}{L}t(n = 1,2,3,\cdots) \tag{4-26}$$

上式表明：两端自由杆的纵向振动为具有 n 个节点、幅度为 u_0 的余弦波形式，$\cos\frac{n\pi}{L}x$ 是与各阶固有频率对应的振型函数，其前三阶振型曲线见图 4-9。

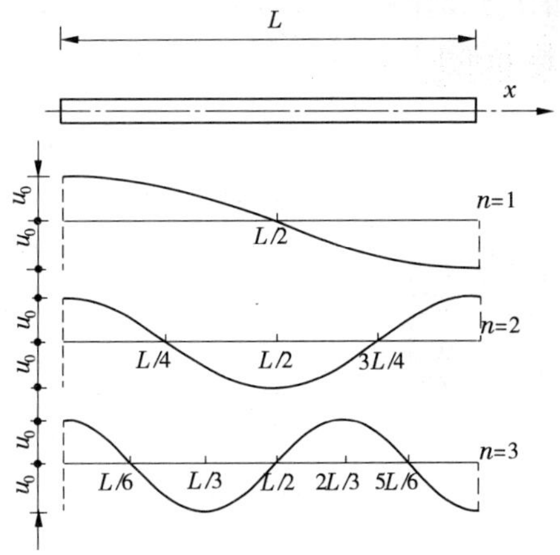

图 4-9　两端自由杆的前三阶振型曲线

2）杆的一端自由、一端固定

此时的边界条件为

$$\left.\frac{\partial u}{\partial x}\right|_{x=0} = 0 \text{ 和} u|_{x=L} = 0$$

导出频率方程为

$$\cos\frac{\omega}{c}L = 0 \text{ 或} \frac{\omega}{c}L = \frac{\pi}{2}, \frac{3\pi}{2}, \frac{5\pi}{2}, \cdots, \frac{(2n-1)\pi}{2}(n = 1,2,3,\cdots) \tag{4-27}$$

相应的固有振动频率和一端自由、一端固定条件下的位移特解分别为

$$\omega_n = \frac{(2n-1)\pi}{2}\frac{c}{L}$$

$$\text{或} f_n = \frac{(2n-1)}{2}\frac{c}{2L}(n = 1,2,3,\cdots) \tag{4-28}$$

$$u_n = u_0 \cos\frac{(2n-1)\pi}{2L}x \cdot \sin\frac{(2n-1)\pi}{2L}t$$

$$(n = 1,2,3,\cdots) \qquad (4\text{-}29)$$

上式表明：一端自由、一端固定的杆，其纵向振动也是 n 个节点的余弦波形式，其前三阶振型曲线见图 4-10。

分离变量法得到的波动方程频率域的解可以为认识杆中传播的一维波动的频率特性提供依据，同时也可以为利用波的频率特征进行基桩质量检测（譬如，共振法和机械阻抗法等）提供理论基础。

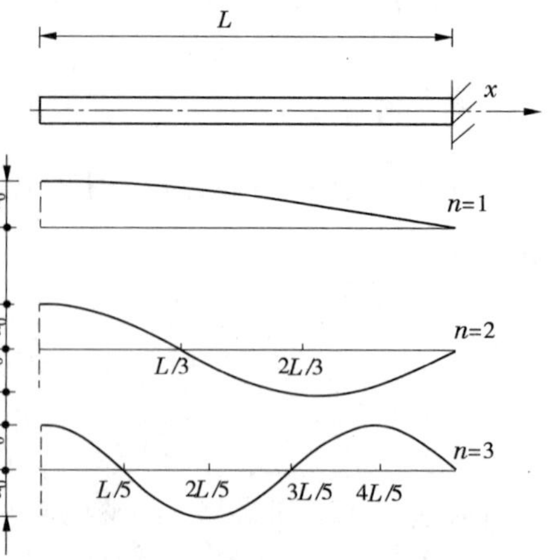

图 4-10　一端自由、一端固定杆的前三阶振型曲线

（三）杆中应力波的传播速度 c 与质点运动速度 V

设一维弹性杆的质量密度为 ρ，弹性模量为 E，横截面面积为 A，如图 4-11 所示，杆的一端在时刻 $t = t_0$ 时受到一个冲击力 P 的作用。经过时间 $\mathrm{d}t$，杆上自受力端起长度为 $\mathrm{d}L$ 的范围被压缩，即力 P 对杆端的压缩经过时间 $\mathrm{d}t$ 所传递的距离为 $\mathrm{d}L$。所以，沿杆轴向传播的压缩波的传播速度 c 为

$$c = \frac{\mathrm{d}L}{\mathrm{d}t} \tag{4-30}$$

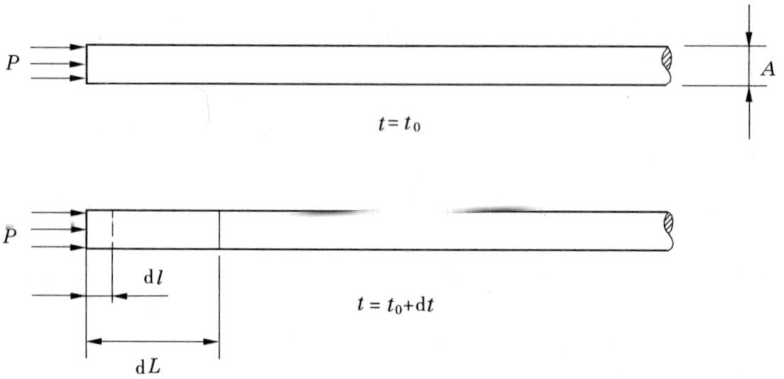

图 4-11　一维杆一端受轴向冲击力作用的变形

观察杆受力端的运动，在力 P 的作用下，杆端在时间 $\mathrm{d}t$ 内发生的位移为 $\mathrm{d}l$。从运动角度看，在力 P 的作用下，杆内质点的运动（振动）速度为 V

$$V = \frac{\mathrm{d}l}{\mathrm{d}t} \tag{4-31}$$

从受力和变形的角度看，在力 P 的作用下，杆的轴向应变 ε 为

$$\varepsilon = \frac{\mathrm{d}l}{\mathrm{d}L} \tag{4-32}$$

即

$$\mathrm{d}l = \varepsilon \mathrm{d}L$$

两边同除以 dt,有
$$\frac{\mathrm{d}l}{\mathrm{d}t} = \varepsilon \cdot \frac{\mathrm{d}L}{\mathrm{d}t}$$

将式(4-30)和式(4-31)代入上式得

$$V = c \cdot \varepsilon \tag{4-33}$$

式(4-33)明确了杆内质点振动速度 V 与压缩波的传播速度 c 之间的关系,揭示了质点振动速度与波传播速度之间的区别与联系。

(四)杆中的轴力 F 与质点运动速度 V

在冲击力 P 的作用下杆内产生轴力 F。轴力 F 与质点运动(振动)速度 V 之间的关系在基桩动测(特别是高应变动测)分析中具有重要的意义。

1. 轴力 F 与质点运动速度 V 的一般关系

杆内的轴向应力 $\sigma = F/A$,应力与应变的关系为 $\sigma = E \cdot \varepsilon$,从而有

$$F = EA\varepsilon \tag{4-34}$$

把式(4-33)代入上式得

$$F = \frac{EA}{c}V \tag{4-35}$$

根据一维弹性杆的波动方程和行波解,沿杆轴向传播的纵波速度为 $c = \sqrt{\frac{E}{\rho}}$,所以有 $E = \rho \cdot c^2$。代入式(4-35)整理得

$$F = \rho cAV \tag{4-36}$$

令
$$Z = \rho cA = \frac{EA}{c} \tag{4-37}$$

Z 为一维弹性杆的波阻抗,代入式(4-36)得

$$F = ZV \tag{4-38}$$

式(4-38)即为弹性杆轴力 F 与质点运动速度 V 的一般关系。

2. 上行波、下行波轴力与质点运动速度的关系

考虑杆的轴向位移 u 的变化与杆变形性质的关系。

如图 4-12 所示,杆 ab 受拉伸或压缩,发生均匀的拉伸变形或压缩变形,对应的拉伸应变为 ε_t,压缩应变为 ε_c。规定压应变为正,拉应变为负,即 $\varepsilon_c > 0, \varepsilon_t < 0$。

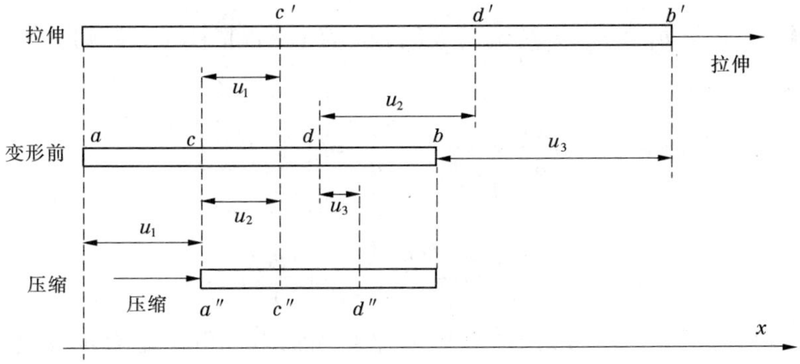

图 4-12　杆的拉伸和压缩

杆件受拉时，$u_3 > u_2 > u_1$，即$\frac{\partial u}{\partial x} > 0$，所以有 $\varepsilon_t = -\frac{\partial u}{\partial x}$。

杆件受压时，$u_3 < u_2 < u_1$，即$\frac{\partial u}{\partial x} < 0$，所以有 $\varepsilon_c = -\frac{\partial u}{\partial x}$。

可见，按"压正、拉负"的约定，杆的轴向应变 ε 与轴向位移 u 之间的关系可表示为

$$\varepsilon = -\frac{\partial u}{\partial x} \tag{4-39}$$

下行波位移 $$u_1 = f(\eta) = f(x - ct)$$

下行波应变 $$\varepsilon\downarrow = -\frac{\partial u_1}{\partial x} = -\frac{\partial f}{\partial \eta}\cdot\frac{\partial \eta}{\partial x} = -\frac{\partial f}{\partial \eta}$$

下行波质点振速 $$V\downarrow = \frac{\partial u_1}{\partial t} = \frac{\partial f}{\partial \eta}\cdot\frac{\partial \eta}{\partial t} = -c\frac{\partial f}{\partial \eta} = c\cdot\varepsilon\downarrow$$

从而有 $$\varepsilon\downarrow = V\downarrow / c \tag{4-40}$$

上行波位移 $$u_2 = g(\xi) = f(x + ct)$$

上行波应变 $$\varepsilon\uparrow = -\frac{\partial u_2}{\partial x} = -\frac{\partial g}{\partial \xi}\cdot\frac{\partial \xi}{\partial x} = -\frac{\partial g}{\partial \xi}$$

上行波质点振速 $$V\uparrow = \frac{\partial u_2}{\partial t} = \frac{\partial g}{\partial \xi}\cdot\frac{\partial \xi}{\partial t} = c\frac{\partial g}{\partial \xi} = -c\cdot\varepsilon\uparrow$$

从而有 $$\varepsilon\uparrow = -V\uparrow / c \tag{4-41}$$

把式(4-40)、式(4-41)分别代入式(4-38)可得下行波和上行波轴力与质点振动速度之间的关系。

下行波轴力 $F\downarrow$ 与下行波质点振速 $V\downarrow$ 之间的关系为

$$F\downarrow = Z\cdot V\downarrow \tag{4-42}$$

上行波轴力 $F\uparrow$ 与上行波质点振速 $V\uparrow$ 之间的关系为

$$F\uparrow = -Z\cdot V\uparrow \tag{4-43}$$

3. 任一截面上的轴力、质点振动速度与上行波、下行波的关系

根据一维波动方程行波解，杆件任一截面处的位移都是下行波和上行波叠加的结果，即

$$u = u_1 + u_2 = f(\eta) + g(\xi) = f(x - ct) + g(x + ct) \tag{4-44}$$

质点振动速度为

$$V = \frac{\partial u}{\partial t} = \frac{\partial u_1}{\partial t} + \frac{\partial u_2}{\partial t} = V\downarrow + V\uparrow \tag{4-45}$$

轴力为

$$F = EA\varepsilon = -EA\frac{\partial u}{\partial x} = -EA\left(\frac{\partial u_1}{\partial x} + \frac{\partial u_2}{\partial x}\right) = F\downarrow + F\uparrow \tag{4-46}$$

可见，只要位移满足叠加原理，质点振动速度和轴力也就满足叠加原理。所以，任一截面处的轴力（测量值）F_m 和质点振动速度（测量值）V_m 与下行波和上行波的关系可表示为

$$\begin{cases} V_m = V\downarrow + V\uparrow \\ F_m = F\downarrow + F\uparrow \end{cases} \tag{4-47}$$

将式(4-45)和式(4-46)代入上式,可解出

$$\begin{cases} V\downarrow = \frac{1}{2}(V_m + \frac{F_m}{Z}) \\ V\uparrow = \frac{1}{2}(V_m - \frac{F_m}{Z}) \\ F\downarrow = \frac{1}{2}(F_m + ZV_m) \\ F\uparrow = \frac{1}{2}(F_m - ZV_m) \end{cases} \tag{4-48}$$

根据式(4-48),可以将桩身测量截面处实测得到的轴力 F_m 和质点振动速度 V_m 中的下行波分量和上行波分量分离出来。

(五)杆中的波阻抗变化与波的反射、透射

根据式(4-37),杆件波阻抗变化有两种情况(见图4-13):一是材料性质发生变化;二是杆件的横截面面积发生变化。波动在波阻抗变化的位置上会产生反射和透射。研究入射波、反射波和透射波与波阻抗变化的关系是波动理论研究的一个基本问题,也是解决基桩检测和其他工程实际问题的理论基础。

由波阻抗变化截面处的连续条件得

$$\begin{cases} V_1\downarrow + V_1\uparrow = V_2\downarrow + V_2\uparrow \\ F_1\downarrow + F_1\uparrow = F_2\downarrow + F_2\uparrow \end{cases} \tag{4-49}$$

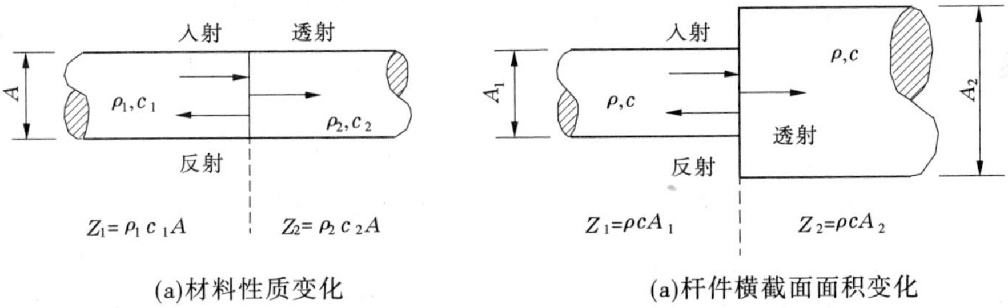

图4-13 杆件波阻抗变化的两种基本情况

将式(4-42)和式(4-43)代入式(4-49)可以得出以下两组关系式:

$$\begin{cases} V_1\downarrow + V_1\uparrow = V_2\downarrow + V_2\uparrow \\ Z_1V_1\downarrow - Z_1V_1\uparrow = Z_2V_2\downarrow - Z_2V_2\uparrow \end{cases} \tag{4-50}$$

$$\begin{cases} F_1\downarrow + F_1\uparrow = F_2\downarrow + F_2\uparrow \\ F_1\downarrow/Z_1 - F_1\uparrow/Z_1 = F_2\downarrow/Z_2 - F_2\uparrow/Z_2 \end{cases} \tag{4-51}$$

由式(4-50)可以解出

$$
\begin{cases}
V_1\uparrow = \dfrac{Z_1 - Z_2}{Z_1 + Z_2}V_1\downarrow + \dfrac{2Z_2}{Z_1 + Z_2}V_2\uparrow \\
V_2\downarrow = \dfrac{2Z_1}{Z_2 + Z_1}V_1\downarrow + \dfrac{Z_2 - Z_1}{Z_2 + Z_1}V_2\uparrow
\end{cases}
\tag{4-52}
$$

由式(4-51)可以解出

$$
\begin{cases}
F_1\uparrow = \dfrac{Z_2 - Z_1}{Z_2 + Z_1}F_1\downarrow + \dfrac{2Z_1}{Z_2 + Z_1}F_2\uparrow \\
F_2\downarrow = \dfrac{2Z_2}{Z_1 + Z_2}F_1\downarrow + \dfrac{Z_1 - Z_2}{Z_1 + Z_2}F_2\uparrow
\end{cases}
\tag{4-53}
$$

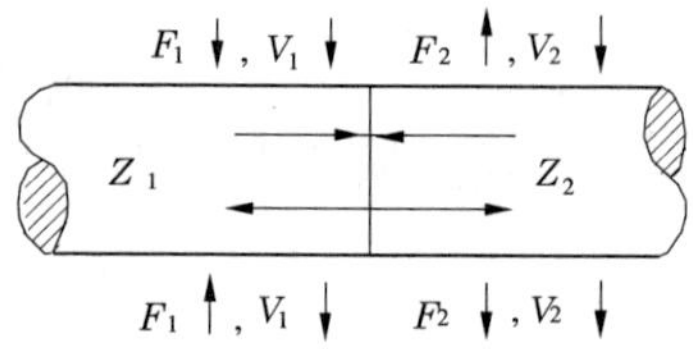

图 4-14　波阻抗界面处的上行波和下行波

如图 4-14 所示,式(4-52)和式(4-53)中等号右边第一项为波阻抗 Z_1 介质中的下行波($V_1\downarrow$ 或 $F_1\downarrow$),第二项为波阻抗 Z_2 介质中的上行波($V_2\uparrow$ 或 $F_2\uparrow$),对于波阻抗界面而言,两者都是入射波,为原动力波动;等号左边均为离开波阻抗界面的波动,是入射波(原动力波)的次生波。

当杆中仅有介质 Z_1 中的下行波入射时,式(4-52)和式(4-53)变为如下形式

$$
\begin{aligned}
V_1\uparrow &= \frac{Z_1 - Z_2}{Z_1 + Z_2}V_1\downarrow \qquad & F_1\uparrow &= \frac{Z_2 - Z_1}{Z_2 + Z_1}F_1\downarrow \qquad & &\text{(反射波)} \\
V_2\downarrow &= \frac{2Z_1}{Z_2 + Z_1}V_1\downarrow \qquad & F_2\downarrow &= \frac{2Z_2}{Z_1 + Z_2}F_1\downarrow \qquad & &\text{(透射波)}
\end{aligned}
\tag{4-54}
$$

上式中,$V_1\uparrow$ 和 $F_1\uparrow$ 是入射波 $V_1\downarrow$、$F_1\downarrow$ 的反射波,$V_2\downarrow$ 和 $F_2\downarrow$ 是入射波 $V_1\downarrow$、$F_1\downarrow$ 的透射波。式(4-54)反映了入射波由波阻抗为 Z_1 的介质向波阻抗为 Z_2 的介质入射时,在 Z_1 与 Z_2 界面处形成的反射波、透射波与入射波之间的关系。这种关系可归纳如下。

1. 反射波与入射波

(1)$Z_2 > Z_1$:反射波质点运动速度 $V_1\uparrow$ 与入射波质点运动速度 $V_1\downarrow$ 反号。即,若入射波质点运动向右(或向下),则反射波质点运动向左(或向上);反之,若入射波质点运动向左(或向上),则反射波质点运动向右(或向下)。

反射波轴力 $F_1\uparrow$ 与入射波轴力 $F_1\downarrow$ 同号。即,若入射波为压力波,反射波也为压力波;若入射波为拉力波,反射波也为拉力波,反射波与入射波的力波性质相同。

(2)$Z_2 < Z_1$:反射波质点运动速度 $V_1\uparrow$ 与入射波质点运动速度 $V_1\downarrow$ 同号。即,若入射波质点运动向右(或向下),则反射波质点运动也向右(或向下);若入射波质点运动向左(或向上),反射波质点运动也向左(或向上)。

反射波轴力 $F_1\uparrow$ 与入射波轴力 $F_1\downarrow$ 反号。即,若入射波为压力波,则反射波为拉力波;若入射波为拉力波,则反射波为压力波,反射波与入射波的力波性质相反。

2. 透射波与入射波

无论是轴力还是质点运动速度,透射波与入射波均同号。即,透射波质点运动方向与入射波质点运动方向相同;透射波力波性质(拉或压)与入射波力波性质相同。

(六)杆侧摩阻力

如图 4-15 所示,在均质杆侧面 i 处存在桩侧摩阻力 $R(i)$。

在截面 i 左侧有

$$\begin{cases} F_1 = F_1\downarrow + F_1\uparrow \\ V_1 = V_1\downarrow + V_1\uparrow \end{cases} \quad (4\text{-}55)$$

在截面 i 右侧有

$$\begin{cases} F_2 = F_2\downarrow + F_2\uparrow \\ V_2 = V_2\downarrow + V_2\uparrow \end{cases} \quad (4\text{-}56)$$

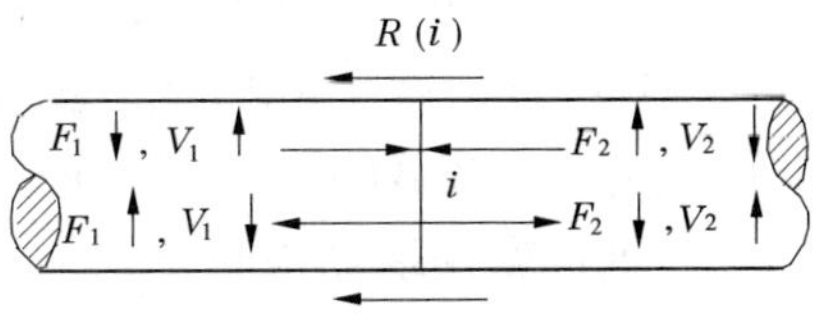

图 4-15　杆侧摩阻力的作用

按轴力平衡条件和位移连续条件有

$$\begin{cases} F_1 - F_2 = R(i) \\ V_1 = V_2 \end{cases} \quad (4\text{-}57)$$

将式(4-55)、式(4-56)代入式(4-57),并考虑式(4-42)、式(4-3),可以解出:

$$\begin{cases} F_1\uparrow = F_2\uparrow + \dfrac{1}{2}R(i) \\ F_2\downarrow = F_1\downarrow - \dfrac{1}{2}R(i) \end{cases} \quad (4\text{-}58)$$

式(4-58)表明,上行波通过侧摩阻力 $R(i)$ 作用截面时,力幅增加 $\frac{1}{2}R(i)$;而下行波通过侧摩阻力 $R(i)$ 作用截面时,力幅减小 $\frac{1}{2}R(i)$。换言之,由于侧摩阻力的作用,当力波通过截面时,会产生一个向上的压力波和一个向下的拉力波,压力波和拉力波的幅值均为 $\frac{1}{2}R(i)$。

第四节　桩身完整性检测

一、低应变法检测桩身完整性

(一)概述

虽然应力波在桩身传播时,由于桩 - 土相互作用以及桩身材料的阻尼作用要引起应力波的衰减,由于尺寸效应要产生频散,但是用一维应力波理论对桩身完整性进行检测判定,仍是低应变动测法的理论基础。

由基础知识可知,分析的实质是桩身阻抗变化引起的上行波,可以说,如果没有上行波,就不可能判断桩身完整性。由于波传播的复杂性,为满足反射波法的工程实用性,仅知道“缺陷处有同向反射且反射波幅愈高缺陷就愈严重”或“强土阻力将引起负向反射”有可能过于粗浅了。因为,与高应变法不同,低应变法虽然不必考虑反射波与入射波的相互作用(牵扯到桩身强度控制问题)以及桩 - 土相互作用使土产生的非线性或塑性变形,但会考虑阻抗变化对应力波产生孤立的一次作用,这说明对基本理论掌握有欠缺。

低应变法在测试分析时无论采用瞬态激振的时域分析还是采用瞬态或稳态激振的频

域分析，只是习惯上从波动理论或振动理论两个不同角度去分析，数学上忽略截断和泄漏误差时，时域信号和频域信号可通过傅立叶变换建立对应关系。所以，对于同一根桩，只要边界、初始条件相同，时域和频域分析结果理应殊途同归，因此《规范》将上述方法合并编写并统称为低应变（动测）法。据了解，一般都采用瞬态激振的时域分析法进行分析，极个别采用结合频域的综合方法或实测曲线拟合法分析。

（二）低应变法现场检测技术

1. 测试仪器和设备

1）测量响应系统

建议低应变动力检测采用的测量响应传感器为压电式加速度传感器。根据压电式加速度计的结构特点和动态性能，当传感器的可用上限频率在其安装谐振频率的1/5以下时，可保证较高的冲击测量精度，且在此范围内，相位误差完全可以忽略。所以，应尽量选用自振频率较高的加速度传感器。

对于桩顶瞬态响应测量，习惯上是将加速度计的实测信号积分成速度曲线，并据此进行判读。实践表明：除采用小锤硬碰硬敲击外，速度信号中的有效高频成分一般在2 000 Hz以内。但这并不等于说，加速度计的频响线性段达到2 000 Hz就足够了。这是因为，加速度原始信号比积分后的速度波形中要包含更多和更尖的毛刺，高频尖峰毛刺的宽窄和多寡决定了它们在频谱上占据的频带宽窄和能量大小。事实上，对加速度信号的积分相当于低通滤波，这种滤波作用对尖峰毛刺特别明显。当加速度计的频响线性段较窄时，就会造成信号失真。所以，在±10%幅频误差内，加速度计幅频线性段的高限不宜小于5 000 Hz，同时也应避免在桩顶敲击处表面凹凸不平时用硬质材料锤（或不加锤垫）直接敲击。

2）激振设备

瞬态激振操作应通过现场试验选择不同材质的锤头或锤垫，以获得低频宽脉冲或高频窄脉冲。除大直径桩外，冲击脉冲中的有效高频分量可选择不超过2 000 Hz（钟形力脉冲宽度为1 ms，对应的高频截止分量约为2 000 Hz）。桩直径小时脉冲可稍窄一些。选择激振设备没有过多的限制，如力锤、力棒等。锤头的软硬或锤垫的厚薄和锤的质量都能起到控制脉冲宽窄的作用，通常前者起主要作用；而后者（包括手锤轻敲或加力锤击）主要是控制力脉冲幅值。因为不同的测量系统灵敏度和增益设置不同，灵敏度和增益都较低时，加速度或速度响应弱，相对而言降低了测量系统的信噪比或动态范围；两者均较高时又容易产生过载和削波。通常手锤即使在一定锤重和加力条件下，由于桩顶敲击点处凹凸不平、软硬不一，冲击加速度幅值变化范围很大（脉冲宽窄也发生较明显变化），有些仪器可能没有加速度超载报警功能，而削波的加速度波形积分成速度波形后可能不容易被察觉。所以，锤头及锤体质量选择并不需要拘泥某一种固定形式，可选用工程塑料、尼龙、铝、铜、铁、硬橡胶等材料制成的锤头，或用橡皮垫作为缓冲垫层，锤的质量从几百克至几十千克不等，主要目的是以下两点：

（1）控制激励脉冲的宽窄以获得清晰的桩身阻抗变化反射或桩底反射（见图4-16），同时又不明显产生波形失真或高频干扰。

（2）获得较大的信号动态范围而不超载。

稳态激振设备可包括扫频信号发生器、功率放大器及电磁式激振器。由扫频信号发生器输出等幅值、频率可调的正弦信号，通过功率放大器放大至电磁激振器输出同频率正弦激振力作用于桩顶。

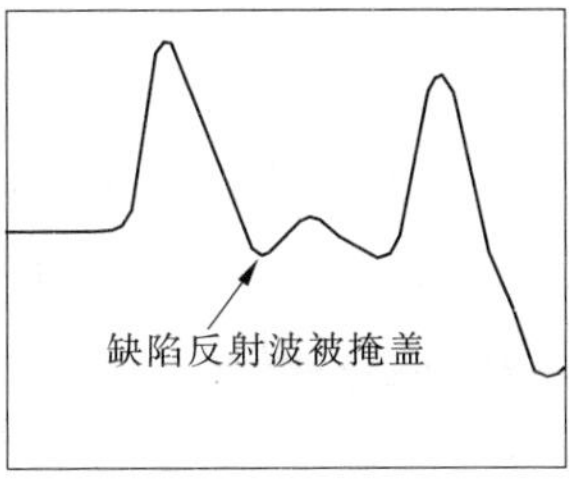

(a)脉冲过宽

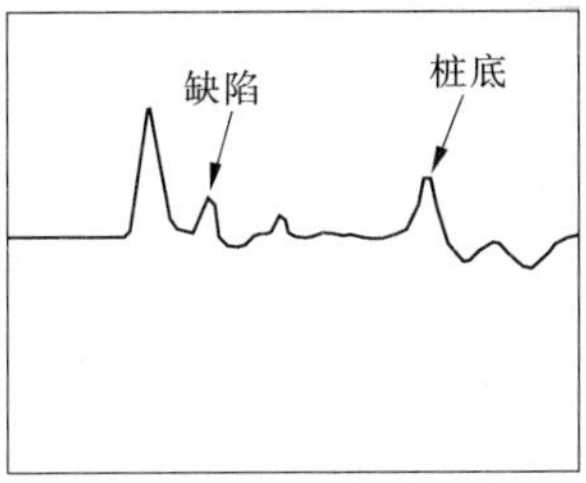

(b)脉冲宽度合适

图 4-16　不同激励脉冲宽度

2. 测试前的准备

1) 桩头处理

桩顶条件和桩头处理好坏直接影响测试信号的质量。对低应变动测而言，判断桩身阻抗相对变化的基准是桩头部位的阻抗。因此，要求受检桩桩顶的混凝土质量、截面尺寸应与桩身设计条件基本等同。灌注桩应凿去桩顶浮浆或松散、破损部分，并露出坚硬的混凝土表面，桩顶表面应平整干净且无积水；应将敲击点和响应测量传感器安装点部位磨平，多次锤击信号重复性较差时，多与敲击或安装部位不平整有关；妨碍正常测试的桩顶外露主筋应割掉。对于预应力管桩，当法兰盘与桩身混凝土之间结合紧密时，可不进行处理，否则，应采用电锯将桩头锯平。

当桩头与承台或垫层相连时，相当于桩头处存在很大的截面阻抗变化，对测试信号会产生影响。因此，测试时桩头应与混凝土承台断开；当桩头侧面与垫层相连时，除非对测试信号没有影响，否则应断开。

2) 测试参数设定

从时域波形中找到桩底反射位置，仅仅是确定了桩底反射的时间，根据 $\Delta T = 2L/c$，只有已知桩长 L 才能计算波速 c，或已知波速 c 计算桩长 L。因此，桩长参数应以实际记录的施工桩长为依据，按测点至桩底的距离设定。测试前桩身波速可根据本地区同类桩型的测试值初步设定。根据前面测试的若干根桩的真实波速的平均值，对初步设定的波速进行调整。

对于时域信号，采样频率越高，则采集的数字信号越接近模拟信号，越有利于缺陷位置的准确判断。一般应在保证测得完整信号(时段 $2L/c + 5$ ms，1 024 个采样点)的前提下，选用较高的采样频率或较小的采样时间间隔。但是，若要兼顾频域分辨率，则应按采样定理适当降低采样频率或增加采样点数。如采样时间间隔为 50 μs，采样点数 1 024，FFT 频域分辨率仅为 19. 5 Hz。

稳态激振是按一定频率间隔逐个频率激振，要求在每一频率下激振持续一段时间，以达到稳态振动状态。频率间隔的选择决定了速度幅频曲线和导纳曲线的频率分辨率，它影响桩身缺陷位置的判定精度；间隔越小，精度越高，但检测时间很长，降低工作效率。一般频率间隔设置为 3 Hz、5 Hz 和 10 Hz。每一频率下激振持续时间的选择,理论上越长越好,这样有利于消除信号中的随机噪声和传感器阻尼自振项的影响。实际测试过程中,为提高工作效率,只要保证获得稳定的激振力和响应信号即可。

3. 传感器安装和激振操作

(1)传感器用耦合剂黏结时,黏结层应尽可能薄;必要时可采用冲击钻打孔安装方式,但传感器底安装面应与桩顶面紧密接触。激振以及传感器安装均应沿桩的轴线方向。

(2)激振点与传感器安装点应远离钢筋笼的主筋,其目的是减少外露主筋振动对测试产生干扰信号。若外露主筋过长而影响正常测试,应将其割短。

(3)测桩之目的是激励桩的纵向振动振型,但相对桩顶横截面尺寸而言,激振点处为集中力作用,在桩顶部位难免出现与桩的径向振型相对应的高频干扰。当锤击脉冲变窄或桩径增加时,这种由三维尺寸效应引起的干扰加剧。传感器安装点与激振点距离和位置不同,所受干扰的程度各异。研究成果表明:实心桩安装点在距桩中心约 $2R/3$(R 为半径)时,所受干扰相对较小;空心桩安装点与激振点平面夹角等于或略大于 90°时也有类似效果,该处相当于径向耦合低阶振型的驻点。另外应注意,加大安装与激振两点间距离或平面夹角,将增大锤击点与安装点响应信号的时间差,造成波速或缺陷定位误差。传感器安装点、锤击点布置见图 4-17。

(4)当预制桩、预应力管桩等桩顶高于地面很多,或灌注桩桩顶部分桩身截面很不规则,或桩顶与承台等其他结构相连而不具备传感器安装条件时,可将两支测量响应传感器对称安装在桩顶以下的桩侧表面,且宜远离桩顶。

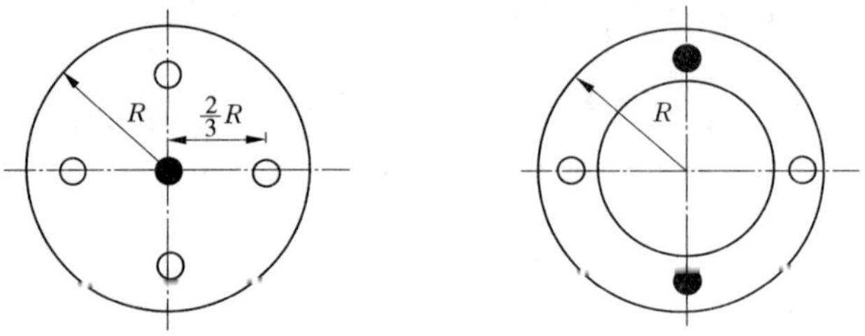

图 4-17　传感器安装点、锤击点布置示意图

(5)瞬态激振通过改变锤的重量及锤头材料,可改变冲击入射波的脉冲宽度及频率成分。锤头质量较大或刚度较小时,冲击入射波脉冲较宽,低频成分为主;当冲击力大小相同时,其能量较大,应力波衰减较慢,适合于获得长桩桩底信号或下部缺陷的识别。锤头较轻或刚度较大时,冲击入射波脉冲较窄,含高频成分较多;冲击力大小相同时,虽其能量较小并加剧大直径桩的尺寸效应影响,但较适宜于桩身浅部缺陷的识别及定位。

(6)为了能对室内信号分析发现的异常提供必要的比较或解释依据,检测过程中,同一工程的同一批试桩的试验操作宜保持同条件,不仅要对激振操作、传感器和激振点布置等某一条件改变进行记录,也要记录桩头外观尺寸和混凝土质量的异常情况。

(7)桩径增大时,桩截面各部位的运动不均匀性也会增加,桩浅部的阻抗变化往往表现出明显的方向性。故应增加检测点数量,通过各接收点的波形差异,大致判断浅部缺陷是否存在方向性。每个检测点有效信号数不宜少于 3 个,而且应具有良好的重复性,通过叠加平均提高信噪比。

(三)检测数据分析与判定

1. 桩身波速平均值的确定

为分析不同时段或频段信号所反映的桩身阻抗信息、核验桩底信号并确定桩身缺陷位置,需要确定桩身波速及其平均值。

当桩长已知、桩底反射信号明确时,在地质条件、设计桩型、成桩工艺相同的基桩中,选取不少于5根Ⅰ类桩的桩身波速值按下列三式计算其平均值

$$c_m = \frac{1}{n}\sum_{i=1}^{n} c_i \tag{4-59}$$

$$c_i = \frac{L}{\Delta T} \tag{4-60}$$

$$c_i = 2L \cdot \Delta f \tag{4-61}$$

式中 c_m——桩身波速的平均值;

c_i——第 i 根受检桩的桩身波速值,《规范》要求 c_i 取值的离散性不能太大,即 $|c_i - c_m|/c_m \leqslant 5\%$;

L——测点下桩长;

ΔT——速度波第一峰与桩底反射波峰间的时间差,见图4-18;

Δf——幅频曲线上桩底相邻谐振峰间的频差,见图4-19;

n——参加波速平均值计算的基桩数量($n \geqslant 5$)。

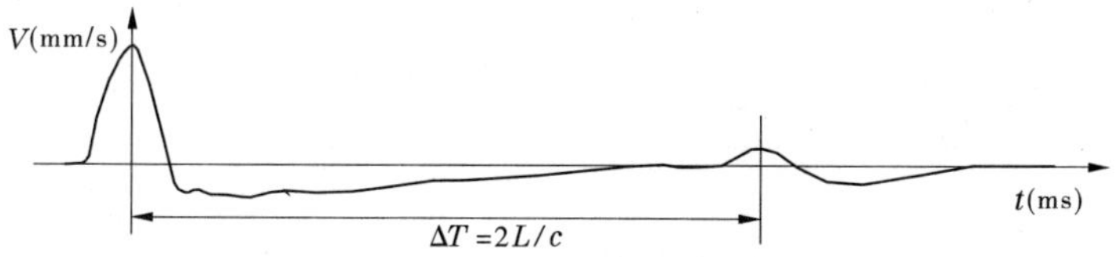

图4-18 完整桩典型时域信号特征

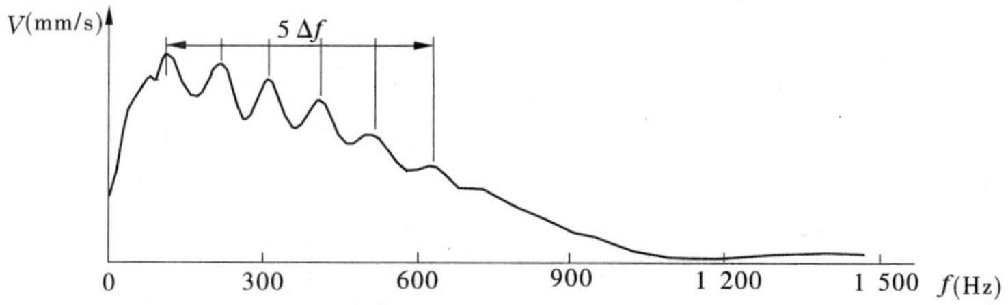

图4-19 完整桩典型速度幅频信号特征

需要指出的是,桩身平均波速确定时,要求 $|c_i - c_m|/c_m \leqslant 5\%$ 的规定在具体执行中并不宽松,因为如前所述,影响单根桩波速确定准确性的因素很多;如果被检工程桩桩数量较多,尚应考虑尺寸效应问题,即参加平均波速统计的被检桩的测试条件应尽可能一致,桩身也不应有明显扩径。

当无法按上述方法确定时,波速平均值可根据本地区相同桩型及成桩工艺的其他基桩工程的实测值,结合桩身混凝土的骨料品种和强度等级综合确定。虽然波速与混凝土

强度二者并不呈一一对应关系，但考虑到二者整体趋势上呈正相关关系，且强度等级是现场最易得到的参考数据，故对于超长桩或无法明确找出桩底反射信号的桩，可根据本地区经验并结合混凝土强度等级，综合确定波速平均值，或利用成桩工艺、桩型相同且桩长相对较短并能够找出桩底反射信号的桩确定的波速，作为波速平均值。

此外，当某根桩露出地面且有一定的高度时，可沿桩长方向间隔一可测量的距离段安置两个测振传感器，通过测量两个传感器的响应时差，计算该桩段的波速值，以该值代表整根桩的波速值。

2. 桩身缺陷位置计算

可采用下列两式的一个进行计算：

$$x = \frac{1}{2} \cdot \Delta t_x \cdot c \tag{4-62}$$

$$x = \frac{1}{2} \cdot \frac{c}{\Delta f'} \tag{4-63}$$

式中 x——桩身缺陷至传感器安装点的距离；

Δt_x——速度波第一峰与缺陷反射波峰间的时间差，见图 4-20；

c——受检桩的桩身波速，无法确定时用 c_m 值替代；

$\Delta f'$——幅频信号曲线上缺陷相邻谐振峰间的频差，见图 4-21。

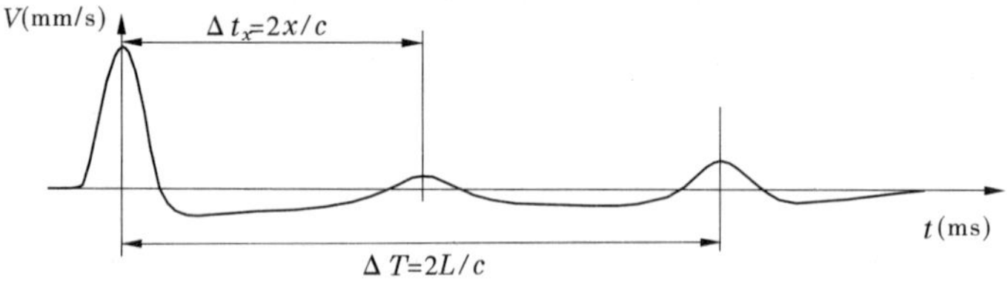

图 4-20 缺陷桩典型时域信号特征

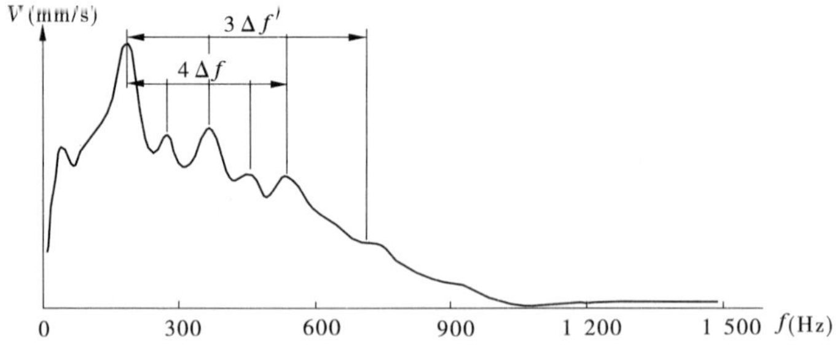

图 4-21 缺陷桩典型速度幅频信号特征

本方法确定桩身缺陷的位置是有误差的，原因是：

（1）缺陷位置处 Δt_x 和 $\Delta f'$ 存在读数误差；采样点数不变时，提高时域采样频率降低了频域分辨率；波速确定的方式及用抽样所得平均值 c_m 替代某具体桩身段波速带来的误差。

（2）前面述及的尺寸效应问题分为横向尺寸效应和纵向尺寸效应。

横向尺寸效应表现为传感器接收点测到的入射峰总比锤击点处滞后，考虑到表面波或剪切波的传播速度比纵波低得多，特别对大直径桩或直径较大的管桩，这种从锤击点起由近及远的时间线性滞后将明显增加。而波从缺陷或桩底以一维平面应力波反射回桩顶时，引起的桩顶面径向各点的质点运动却在同一时刻都是相同的，即不存在由近及远的时间滞后问题。所以严格地讲，按入射峰－桩底反射峰确定的波速将比实际的高，若按“正确”的桩身波速确定缺陷位置将比实际的浅。因此，时域采样时宜适当兼顾频域分辨率，用速度频谱分析确定的 Δf 计算波速；若能测到 $4L/c$ 的二次桩底反射，则由 $2L/c$ 至 $4L/c$ 时段确定的波速是正确的。

3. 桩身完整性类别判定

由于桩身完整性检测不仅是低应变动测法的功能，钻芯法、高应变法和声波透射法也有此项功能，故《规范》在基本规定的表 3.5.3 中规定了桩身完整性分类的统一四类划分标准，以便于检测结果的采纳。

1）时域和频域综合分析方法

波形分析相结合，也可根据单独的时域或频域波形进行完整性判定，一般在实际应用中是以时域分析为主、频域分析为辅。

依据实测时域或幅频信号特征进行桩身完整性判定的分类标准见表 4-5，显然缺陷类别的判定是定性的。这里需特别强调，仅依据信号特征分析桩身完整性是不够的，需要检测分析人员结合缺陷出现的深度、测试信号衰减特性，以及设计桩型、成桩工艺、地质条件、施工情况等综合分析判定。

表 4-5　桩身完整性判定

类别	时域信号特征	幅频信号特征
Ⅰ	$2L/c$ 时刻前无缺陷反射波，有桩底反射波	桩底谐振峰排列基本等间距，其相邻频差 $\Delta f \approx c/2L$
Ⅱ	$2L/c$ 时刻前出现轻微缺陷反射波，有桩底反射波	桩底谐振峰排列基本等间距，其相邻频差 $\Delta f \approx c/2L$，轻微缺陷产生的谐振峰与桩底谐振峰之间的频差 $\Delta f' > c/2L$
Ⅲ	有明显缺陷反射波，其他特征介于Ⅱ类和Ⅳ类之间	
Ⅳ	$2L/c$ 时刻前出现严重缺陷反射波或周期性反射波，无桩底反射波； 或因桩身浅部严重缺陷使波形呈现低频大振幅衰减振动，无桩底反射波	缺陷谐振峰排列基本等间距，相邻频差 $\Delta f' > c/2L$，无桩底谐振峰； 或因桩身浅部严重缺陷只出现单一谐振峰，无桩底谐振峰

表 4-5 没有列出桩身无缺陷或有轻微缺陷但无桩底反射这种信号特征的类别划分。事实上，低应变法测不到桩底反射信号，这类情形受多种因素和条件影响，例如：

——软土地区的超长桩，长径比很大。

——桩周土约束很大，应力波衰减很快。

——桩身阻抗与持力层阻抗匹配良好。

——桩身截面阻抗显著突变或沿桩长渐变。

——预制桩接头缝隙影响。

其实,当桩侧和桩端阻力很强时,高应变法同样也测不出桩底反射。所以,上述原因造成无桩底反射也属正常。此时的桩身完整性判定,只能结合经验、参照本场地和本地区的同类型桩综合分析或采用其他方法进一步检测。

所以,绝对要求同一工程所有的Ⅰ、Ⅱ类桩都有清晰的桩底反射也不现实。对同一场地、地质条件相近、桩型和成桩工艺相同的基桩,因桩端部分桩身阻抗与持力层阻抗相匹配而导致实测信号无桩底反射波时,只能按本场地同条件下有桩底反射波的其他桩实测信号判定桩身完整性类别。但是,不能忽视动测法的这种局限性。因为缺陷出现部位较深,桩侧土阻力较强,此时,低应变法无能为力,应采用其他方法进行检测和验证。

桩身完整性分析判定,从时域信号或频域曲线特征表现的信息判定相对来说较简单直观,而分析缺陷桩信号则复杂些。有的信号的确是因施工质量缺陷产生的,但也有是因设计构造或成桩工艺本身局限性导致的不连续(断面)而产生的,例如预制打入桩的接缝、灌注桩的逐渐扩径再缩回原桩径的变截面、地层硬夹层影响等。因此,在分析测试信号时,应仔细分清哪些是缺陷波或缺陷谐振峰,哪些是因桩身构造、成桩工艺、土层影响造成的类似缺陷信号特征。另外,根据测试信号幅值大小判定缺陷程度,除受缺陷程度影响外,还受桩周土阻尼大小及缺陷所处的深度影响。相同程度的缺陷因桩周土性质不同或缺陷埋深不同,在测试信号中其幅值大小各异。因此,如何正确判定缺陷程度,特别是缺陷十分明显时,如何区分是Ⅲ类桩还是Ⅳ类桩,应仔细对照桩型、地质条件、施工情况结合当地经验综合分析判断。不仅如此,还应结合基础和上部结构型式对桩的承载安全性要求,考虑桩身承载力不足引发桩身结构破坏的可能性,进行缺陷类别划分,不宜单凭测试信号定论。

2)时域信号曲线拟合法

将桩划分为若干单元,以实测或模拟的力信号作为已知边界条件,设定并调整桩身阻抗及土参数,通过一维波动方程数值计算,计算出速度时域波形并与实测的波形进行反复比较,直到两者吻合程度达到满意为止,从而得出桩身阻抗的变化位置及变化量大小。该计算方法类似于高应变的曲线拟合法,只是拟合所用的桩－土模型没有高应变拟合法那么复杂。

3)判断

根据速度幅频曲线或导纳曲线中基频位置(如理论上的刚性支承桩的基频为 $\Delta f/2$),利用实测导纳值与计算导纳值相对高低、实测动刚度的相对高低进行判断。此外,还可对速度幅频信号曲线进行二次谱分析。

图 4-22 为完整桩的导纳曲线。计算导纳值 N_c、实测导纳值 N_m 和动刚度 K_d 分别按下列公式计算:

导纳理论计算值:

$$N_c = \frac{1}{\rho c_m A} \tag{4-64}$$

实测导纳几何平均值:

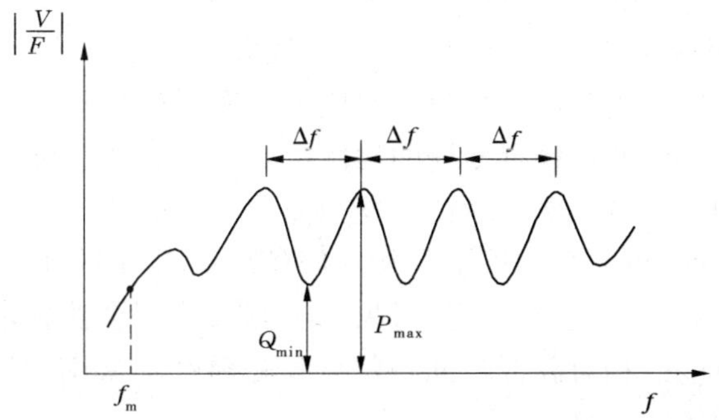

图 4-22　均匀完整桩的速度导纳曲线

$$N_m = \sqrt{P_{max} Q_{min}} \tag{4-65}$$

动刚度：

$$K_d = \frac{2\pi f_m}{\left|\frac{V}{F}\right|_m} \tag{4-66}$$

式中　ρ——桩材质量密度，kg/m^3；

c_m——桩身波速平均值，m/s；

A——设计桩身截面积，m^2；

P_{max}——导纳曲线上谐振波峰的最大值，m/(s·N)；

Q_{min}——导纳曲线上谐振波谷的最小值，m/(s·N)；

f_m——导纳曲线上起始近似直线段上任一频率值，Hz；

$\left|\frac{V}{F}\right|_m$——与 f_m 对应的导纳幅值，m/(s·N)。

理论上，实测导纳值 N_m、计算导纳值 N_c 和动刚度 K_d 就桩身质量好坏而言存在一定的相对关系：完整桩，N_m 约等于 N_c，K_d 值正常；缺陷桩，N_m 大于 N_c，K_d 值低，且随缺陷程度的增加其差值增大；扩径桩，N_m 小于 N_c，K_d 值高。

值得说明的是，稳态激振过程在某窄小频带上激振，由于其能量集中、信噪比高、抗干扰能力强等特点，所测的导纳曲线、导纳值及动刚度比采用瞬态激振方式重复性好、可信度较高。

4）几点讨论

a. 桩身阻抗多变或渐变

低应变法的误判高发区中主要包含了桩身出现阻抗多变或渐变的情况。《规范》建议，对以下两种情况的桩身完整性判定宜结合其他检测方法进行：①实测信号复杂，无规律，无法对其进行准确评价；②桩身截面渐变或多变且变化幅度较大的混凝土灌注桩。

当桩身存在不止一个阻抗变化截面（包括在桩身某一范围内阻抗渐变的情况）时，由于各阻抗变化截面的一次和多次反射波相互迭加，除距桩顶第一阻抗变化截面的一次反射能辨认外，其后的反射信号可能变得十分复杂，难于分析判断。此时，首先要查找测试各环节是否有疏漏，然后再根据施工和地质情况分析原因，并与同一场地、同一测试条件下的其他桩测试波形进行比较,有条件时可采用实测曲线拟合法试算。确实无把握且疑问桩对基础与上部结构的安全或正常使用可能有较大影响时,应提出验证检测的建议。

对于混凝土灌注桩,采用时域信号分析时应区分桩身截面渐变后恢复至原桩径并在该阻抗突变处的一次反射,或扩径突变处的二次反射。当灌注桩桩身截面(阻抗)渐变或突变,在阻抗突变处的一次或二次反射常表现为类似明显扩径、严重缺陷或断桩的相反情形,从而造成误判。因此,可结合成桩工艺和地质条件综合分析,加以区分;无法区分时,应结合其他检测方法综合判定。必要时,可采用实测曲线拟合法辅助判定桩身完整性或借助实测导纳值、动刚度的相对高低辅助判定桩身完整性。采用实测曲线拟合法进行辅助分析时,宜符合下列规定:

(1)信号不得因尺寸效应、测试系统频响等影响产生畸变。

(2)桩顶横截面尺寸应按现场实际测量结果确定。

(3)通过同条件下、截面基本均匀的相邻桩曲线拟合,确定引起应力波衰减的桩土参数取值。

(4)宜采用实测力波形作为边界条件输入。

(5)嵌岩桩的完整性判别:对于嵌岩桩,桩底沉渣和桩端持力层是否为软弱层、溶洞等是直接关系到该桩能否安全使用的关键因素。虽然低应变动测法不能确定桩底情况,但理论上可以将嵌岩桩桩端视为杆件的固定端,并根据桩底反射波的方向判断桩端端承效果。当桩底时域反射信号为单一反射波且与锤击脉冲信号同向时,或频域辅助分析时的导纳值相对偏高,动刚度相对偏低时,理论上表明桩底有沉渣存在或桩端嵌固效果较差。注意,虽然沉渣较薄时对桩的承载能力影响不大,但低应变法很难回答桩底沉渣厚度到底能否影响桩的承载力和沉降性状,并且确实出现过有些嵌入坚硬基岩的灌注桩的桩底同向反射较明显,而钻芯却未发现桩端与基岩存在明显胶结不良的情况。所以,出于安全和控制基础沉降考虑,若怀疑桩端嵌固效果差,应采用静载试验或钻芯法等其他检测方法核验桩端嵌岩情况,确保基桩使用安全。

b. 滤波

对于低应变法动力试桩而言,除随机噪声应该滤外,数字滤波是不得已而为之的信号处理方式。大直径桩的尺寸效应是桩所固有的,如果桩的径向干扰振型被明显激励出来,即使将桩顶接收到的干扰信号滤除,但应力波沿桩身传播背离一维纵波理论、由此引起的误差将无法滤除。所以,只能通过控制激励脉冲宽度将干扰减小。对传感器动态特性不良引起的安装谐振和低频漂移,可以在选择测量系统中慎重考虑,并根据其频响范围控制激励脉冲宽度。通常,我们希望滤除的尺寸效应和测量系统频响特性不良所引起的干扰波频段大都落在响应信号的有效频段范围内,干扰被滤除了,有用的信息也随之被滤除。如果你知道回到室内要进行数字滤波,为什么不能在检测时就在现场获得理想的测试波形呢?通过改变锤头材料或锤垫厚度来调整激励脉冲宽度就可以做到这一点,即机械滤波。这对测试系统的模拟滤波也同样适用。

c. 有用信息的提取

在确保测试质量的前提下,我们希望通过信号分析得到更多的有用信息。由于信号分析处理方法以及对响应信号的更多有用信息的认知仍在不断深化,如频域分析中的细化、变时基、倒频谱等方法已经渗入到低应变测桩这一领域，对促进低应变信号分析技术的发展将是有益的。由于地质条件以及与此相关的桩型和施工工艺在我国各地差别很大，而桩侧、桩端土条件是控制响应信号中有用信息量多寡的最主要因素。因此，岩土工程条件的诸多影响因素很难在本书中全面反映，需要检测人员在实践中不断摸索和积累经验。

d. 关于Ⅲ类桩的判定标准

过去，对Ⅲ类桩的解释分为以下两种：一是属于“不合格”桩；二是认为有缺陷，能否使用有待进一步验证。根据《规范》的桩身完整性分类表 3.5.1 的定义——“桩身有明显缺陷，对桩身结构承载力有影响”，可以看出，被确认的Ⅲ类桩属于过去所谓“不合格”类。这是因为，桩身结构承载力不仅指竖向抗压承载力，尽管建筑工程基桩大都以竖向承载为主，比如有水平整合型裂缝的桩，竖向抗压承载力可能不受影响，但是水平承载力以及桩的耐久性会受影响。更主要的是从技术能力上分析，低应变法判断桩身完整性的准确程度十分有限。客观地说，有些情况下的判断有很多经验成分，只有结合其他更可靠、更适用的方法才能作出准确判断，因此不能对该法期望过高。这和医学检查内脏器官是否有病变一样，一般先是采用如 X 光、B 超、彩超、CT 等非直接方法，可能还要经过专家会诊；不能确诊时，就要采用直接法，如内窥镜甚至是开刀活体检验。所以，通过低应变检测虽然不一定能肯定Ⅲ类桩，但至少应找出可能影响桩结构承载力的疑问桩。另外，桩合格与否的评定项目不仅仅是桩身完整性一项，基桩验收时还可采取验证、设计复核、直接或间接补强等多种手段，进行重新或让步验收。故《规范》未要求作出“合格”或“不合格”的评定。由于没有涉及“合格”评定的责任，也许有人会误解为这是一种回避责任的做法，其实不然，上述提法只是想为检测人员在充分体现自身技术水平、经验的情况下提供灵活判断的可能性。从职业道德上讲，对质量问题的小题大做或视而不见，是检测人员之大忌。

（四）检测报告

人员水平低、测试过程和测量系统各环节出现异常、人为信号再处理影响信号真实性等，均直接影响结论判断的正确性，只有根据原始信号曲线才能鉴别。《规范》以强制性条文的形式规定——低应变检测报告应给出桩身完整性检测的实测信号曲线。

检测报告还应包括足够的信息：

（1）工程概述。

（2）岩土工程条件。

（3）检测方法、原理、仪器设备和过程叙述。

（4）受检桩的桩号、桩位平面图和相关的施工记录。

（5）桩身波速取值。

（6）桩身完整性描述、缺陷的位置及桩身完整性类别。

（7）时域信号时段所对应的桩身长度标尺、指数或线性放大的范围及倍数，或幅频信号曲线分析的频率范围、桩底或桩身缺陷对应的相邻谐振峰间的频差。

（8）必要的说明和建议，比如对扩大或验证检测的建议。

（9）为了清晰地显示出波形中的有用信息，波形纵横尺寸的比例应合适，且不应压缩过小，比如波形幅值的最大高度仅 1 cm 左右，$2L/c$ 的长度仅 2 ~ 3 cm。因此每页纸所附波形图不宜太多。

二、高应变法检测桩身完整性

（一）概述

由第一部分的基础知识我们知道，对于等截面均匀桩，只有桩底反射能形成上行拉力波，且一定是 $2L/c$ 时刻到达桩顶。如果动测实测信号中于 $2L/c$ 之前看到上行的拉力波，那么一定是由桩身阻抗的减小所引起的。假定应力波沿阻抗为 Z_1 的桩身传播途中，在 x 深度处遇到阻抗减小（设阻抗为 Z_2）且无土阻力的影响，则 x 界面处的反射波为

$$F_R = \frac{Z_2 - Z_1}{Z_1 + Z_2} F_L \tag{4-67}$$

定义桩身完整性系数 $\beta = Z_2/Z_1$，根据上式得到

$$\beta = \frac{F_L + F_R}{F_L - F_R} \tag{4-68}$$

由于 F_L 和 F_R 不能直接测量，而只能通过桩顶所测的信号进行换算。如果不计土阻力的影响，则 x 位置处的入射波（下行波）与桩顶 $x=0$ 处的实测力波有以下对应关系：

$$F_I = F_d(t_1)$$

$$F_R = F_u(t_x)$$

式中　$t_x = t_1 + 2x/c$。所以，无土阻力影响的桩身完整性计算公式为

$$\beta = \frac{F_d(t_1) + F_u(t_x)}{F_d(t_1) - F_u(t_x)} \tag{4-69}$$

当考虑土阻力影响时（见图 4-23），桩顶处 t_x 时刻的上行波 $F_u(t_x)$ 不仅包括了由于阻抗变化所产生的 F_R 作用，同时也受到了 x 界面以上桩段所发挥的总阻力 R_x 的影响，即

$$F_u(t_x) = F_R + \frac{R_x}{2} \tag{4-70}$$

或

$$F_R = F_u(t_x) - \frac{R_x}{2} \tag{4-71}$$

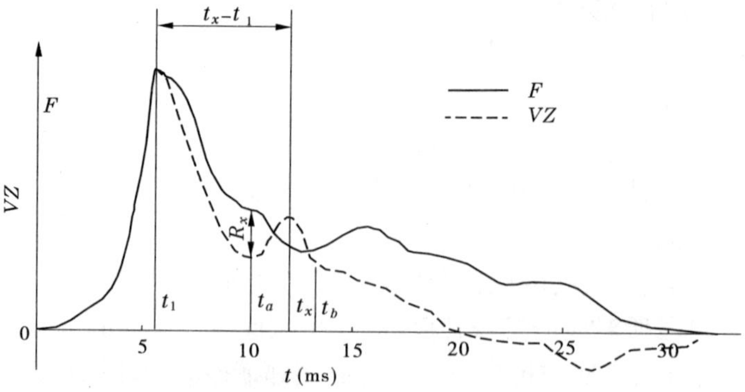

图 4-23　桩身完整性系数计算

同样,对于 x 位置处的入射波 F_1,可以通过把桩顶初始下行波 $F_d(t_1)$ 与 x 桩段全部土阻力所产生的下行拉力波迭加求得:

$$F_1 = F_d(t_1) - \frac{R_x}{2} \tag{4-72}$$

将上两式代入式(4-69),得

$$\beta = \frac{F_d(t_1) - R_x + F_u(t_x)}{F_d(t_1) - F_u(t_x)} \tag{4-73}$$

用桩顶实测力和速度表示为

$$\beta = \frac{F(t_1) + F(t_x) - 2R_x + Z[V(t_1) - V(t_x)]}{F(t_1) - F(t_x) + Z[V(t_1) + V(t_x)]} \tag{4-74}$$

这里,Z 为传感器安装点处的桩身阻抗,相当于等截面均匀桩缺陷以上桩段的桩身阻抗。显然式(4-74)对等截面桩桩顶下的第一个缺陷程度计算才严格成立。缺陷位置按下式计算

$$x = c\frac{t_x - t_1}{2} \tag{4-75}$$

以上式中 x——桩身缺陷至传感器安装点的距离;

t_x——缺陷反射峰对应的时刻;

R_x——缺陷以上部位土阻力的估计值,等于缺陷反射波起始点的力与速度乘以桩身截面力学阻抗之差值。

根据式(4-74)计算的 β 值,我国及世界各国普遍认可的桩身完整性分类见表 4-6。

表 4-6 桩身完整性判定

类别	Ⅰ	Ⅱ	Ⅲ	Ⅳ
β 值	$\beta = 1.0$	$0.8 \leqslant \beta < 1.0$	$0.6 \leqslant \beta < 0.8$	$\beta < 0.6$

由于高应变法测试桩身完整性和测试桩的承载力仪器及现场试验相同,下面仅介绍其利用高应变法判定桩身完整性的方法。

(二)桩身完整性判定方法

高应变法检测桩身完整性具有锤击能量大、可对缺陷程度定量计算、连续锤击可观察缺陷的扩大和逐步闭合情况等优点。但和低应变法一样,检测的仍是桩身阻抗变化,一般不宜判定缺陷性质。在桩身情况复杂或存在多处阻抗变化时,可优先考虑用实测曲线拟合法判定桩身完整性。桩身完整性判定可采用以下方法进行:

(1)采用实测曲线拟合法判定时,拟合所选用的桩土参数应按承载力拟合时的有关规定;根据桩的成桩工艺,拟合时可采用桩身阻抗拟合或桩身裂隙(包括混凝土预制桩的接桩缝隙)拟合。

(2)对于等截面桩,可按表 4-6 并结合经验判定;桩身完整性系数 β 和桩身缺陷位置 x 应分别按式(4-73)和式(4-75)计算。注意:式(4-73)仅适用于截面基本均匀桩的桩顶下第一个缺陷的程度定量计算。

(3)出现下列情况之一时,桩身完整性判定宜按工程地质条件和施工工艺,结合实测曲线拟合法或其他检测方法综合进行:

——桩身有扩径的桩。

——桩身截面渐变或多变的混凝土灌注桩。

——力和速度曲线在峰值附近比例失调、桩身浅部有缺陷的桩。

——锤击力波上升缓慢,力与速度曲线比例失调的桩。

具体采用实测曲线拟合法分析桩身扩径、桩身截面渐变或多变的情况时,应注意合理选择土参数,因为土阻力(土弹簧刚度和土阻尼)取值过大或过小,一定程度上会产生掩盖或放大作用。

高应变法锤击的荷载上升时间一般不小于 2 ms,因此对桩身浅部缺陷位置的判定存在盲区,也无法根据式(4-73)来判定缺陷程度。只能根据力和速度曲线的比例失调程度来估计浅部缺陷程度,不能定量给出缺陷的具体部位,尤其是锤击力波上升非常缓慢时,还大量耦合有土阻力的影响。对浅部缺陷桩,宜用低应变法检测并进行缺陷定位。

三、声波透射法检测桩身完整性

(一)概述

声波检测一般是以人为激励的方式向介质(被测对象)发射声波,在一定距离上接收经介质物理特性调制的声波(反射波、透射波或散射波),通过观测和分析声波在介质中传播时声学参数和波形的变化,对被测对象的宏观缺陷、几何特征、组织结构、力学性质进行推断和表征。而声波透射法则是以穿透介质的透射声波为测试和研究对象的。

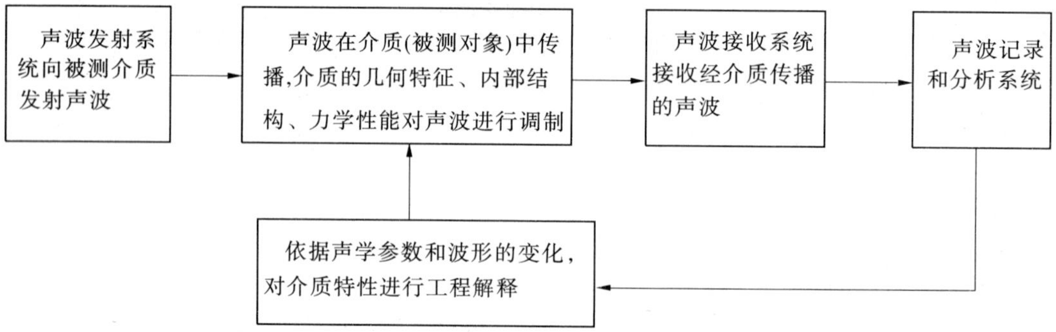

混凝土灌注桩的声波透射法检测是在结构混凝土声学检测技术基础上发展起来的。结构混凝土的声学检测始于 1949 年,经过几十年的研究、探索和实践,这项技术在仪器设备、测试方法、应用范围、数据分析、处理方法等方面得到了很大发展,在许多国家和地区得到了广泛应用,成为混凝土无损检测的重要手段。

至 20 世纪 70 年代,声波透射法开始用于检测混凝土灌注桩的完整性。其基本方法是:基桩成孔后,灌注混凝土之前,在桩内预埋若干根声测管作为声波发射和接收换能器的通道,在桩身混凝土灌注若干天后开始检测,用声波检测仪沿桩的纵轴方向以一定的间距逐点检测声波穿过桩身各横截面的声学参数,然后对这些检测数据进行处理、分析和判断,确定桩身混凝土缺陷的位置、范围、程度,从而推断桩身混凝土的连续性、完整性和均匀性状况,评定桩身完整性等级。

目前,对混凝土灌注桩的完整性检测主要有钻芯法及高、低应变动测法和声波透射法等四种方法,与其他几种方法比较,声波透射法有其鲜明的特点:检测全面、细致,声波检测的范围可覆盖全桩长的各个横截面,信息量相当丰富,结果准确可靠,且现场操作简便、迅速,不受桩长、长径比的限制,一般也不受场地限制。

声波透射法以其鲜明的技术特点成为目前混凝土灌注桩(尤其是大直径灌注桩)完整性检测的重要手段,在工业与民用建筑、水利电力、铁路、公路和港口等工程建设的多个领域得到了广泛应用。

(二)声波透射法检测仪器及设备

1.检测仪器

混凝土声波检测设备主要包含了声波仪和换能器两大部分。用于混凝土检测的声波频率一般在 20~250 kHz,属超声频段,因此通常也可称为混凝土的超声波检测,相应的仪器也叫超声仪。

混凝土声波仪的功能,是向待测的结构混凝土发射声波脉冲,使其穿过混凝土,然后接收穿过混凝土的脉冲信号。仪器显示声脉冲穿过混凝土所需时间、接收信号的波形、波幅等。根据声脉冲穿越混凝土的时间(声时)和距离(声程),可计算声波在混凝土中的传播速度;波幅可反映声脉冲在混凝土中的能量衰减状况;根据所显示的波形,经过适当处理后可对被测信号进行频谱分析。

目前,国内检测机构使用较多的是智能型声波仪,即第四代混凝土声波仪,下面主要介绍数字式声波仪的组成与特点。

随着工程检测实践需求的不断提高和深入,大量的数据、信息需要在检测现场作及时处理、分析,以便充分运用波形所带来的被测构件内部的各种信息,对被测混凝土结构的质量作出更全面、更可靠的判断,使现场检测工作做到既全面、细致,又能突出重点。在电子技术和计算机技术高速发展的背景下,智能型声波仪应运而生。智能型声波仪实现了数据的高速采集和传输,大容量存储和处理,高速运算,配置了多种应用软件,大大提高了检测工作效率,在一定程度上实现了检测过程的信息化。

1)数字式声波仪的基本组成

数字式声波仪一般由计算机、高压发射与控制、程控放大与衰减、A/D 转换与采集四大部分组成。高压发射电路受主机同步信号控制,产生受控高压脉冲激励发射换能器,电声转换为超声脉冲传入被测介质,接收换能器接收到穿过被测介质的超声信号后转换为电信号,经程控放大与衰减对信号作自动调整,将接收信号调节到最佳电平,输送给高速 A/D 采集板,经 A/D 转换后的数字信号以 DMA 方式送入计算机,进行各种信息处理。

2)数字式声波仪的特点

模拟式声波仪是将接收放大后的连续模拟信号直接送到显示系统,以示波器直接显示;数字式声波仪则是通过信号采集器采集信号,将收集到的一系列离散信号经 A/D 转换变为数字信号加以存储、显示,再经 D/A 转换变为模拟量在屏幕上显示。

(1)数字化信号便于存储、传输和重现。

(2)数字化信号便于进行各种数字处理,如频域分析、平滑、滤波、积分、微分。

(3)可用计算机软件自动进行声时和波幅的判读,这种方法的准确度和可操作性均明显优于模拟式声波仪的自动整形关门测读。后者易出现滞后、丢波、提前关门等现象引起测试误差,且波幅测试精度也较低。

(4)计算机可完成大量的数据、信息处理工作。可依据各种规程的要求,编制好相应的数据处理软件,根据检测目的,选用相应数据处理软件对测试数据进行分析,得出检测结果(或结论),明显提高了检测工作效率。

3)数字式声波仪的要求

中国工程建设标准化协会标准《超声法检测混凝土缺陷技术规程》(CS21:2000)对混凝土声波仪的技术要求作了较详细的规定,现介绍如下。

(1)具有清晰、显示稳定的示波装置。示波装置显示的波形是我们测量和分析混凝土各声学参数的基础,因此波形稳定、清晰是必须具备的条件。

(2)声时最小分度为0.1 μs。这个指标决定了声时测量精度,因而也决定了声速测量的精度。混凝土声波仪具有多种功能,即可用于检测结构混凝土强度,也可用于检测混凝土缺陷。用于检测强度时,由于混凝土强度－声速相关曲线多为幂函数或指数函数型,声速的较小偏差会导致推定强度的较大偏差,因此测强时,对声时测量精度要求更高。在《规范》中对声时测量精度放宽至0.5 μs,因为声波法测桩时主要是测桩身完整性,回避了桩身强度问题。

(3)具有最小分度为1 dB的衰减系统。模拟式仪器采用衰减器测量波幅,其最小分辨率取决于衰减器,衰减器的最小分度为1 dB。数字式声波仪的波幅判读由计算机软件进行,精度优于1 dB。在《规范》中对波幅测试系统的精度提出了一个总体要求:声波波幅测量相对误差小于5%。

(4)接收放大器的频响范围为10～500 kHz,总增益不小于80 dB,接收灵敏度(在信噪比为3:1时)不大于50 μV;仪器实际工作频率(信号频率)取决于换能器,在检测混凝土时,平面换能器的标算频率为20～250 kHz,径向换能器为20～60 kHz,换能器的频率上限远低于放大器频带上限,即使是宽带换能器也可满足测试要求。

接收灵敏度,即对微弱信号的接收分辨能力,它取决于仪器的放大能力和信噪比水平。单纯考虑接收放大器的增益是不全面的,所以用信噪比达到了3:1时的接收灵敏度指标更切合实际,它可以直观反映出仪器与超声波穿透距离有关的重要因素。接收灵敏度越高,可测距离越大,对微弱信号的识别能力越强。总增益不小于80 dB相当于测试信号的幅值可相差10^4量级,可满足工程测试要求,《规范》要求系统带宽为1～200 kHz,相当于径向换能器工作频率为20～60 kHz,系统最大动态范围为100 dB(相当于10^5量级)。

(5)电源电压波动范围在标算值±10%的情况下能正常工作,该指标体现了仪器对电源电压的适应范围,即当电源在此范围波动时,其全部技术指标仍能达到额定值。

(6)连续正常工作时间不少于4 h。为保证现场检测工作的连续、高效,仪器应达到此要求。

(7)声波发射脉冲为阶跃或矩形脉冲,电压幅值为200～1 000 V。

(8)具有手动游标测读和自动测读方式。当自动测读时，在同一测读条件下，1 h内每隔 5 min 测读一次声时的差异应不大于 2 个采样点；数字式仪器以自动判读为主，在大测距或信噪比较低时，需要手动游标读数。手动或自动判读声时，在同一测试条件下，测读数据的重复性是恒量测试系统稳定性的指标，故应建立一定的检查声时测量重复性的方法，在重复测试中，判定首波起始点的样本偏差点数乘以采样间隔就是声时测读差异。

(9)波形显示幅度分辨率应不低于 1/256，并且具有可显示、存储和输出打印数字化波形的功能，波形最大存储长度不宜小于 4 kbt。

数字化声波仪波幅读数精度取决于数字信号采样的精度（A/D 转换位数）以及屏幕波形幅度，在采样精度一定的条件下，加大屏幕幅度可提高波幅读数的精度，直接读取波幅电压值其读数精度应达 mV 级，并取小数点后有效位数两位。实测波形的形态有助于对混凝土缺陷的判断，数字式声波仪应具有显示存储和打印数字化波形的功能。波形的最大存储长度由最大探测距离决定。

(10)自动测读条件下，在显示的波形上应有光标指示声时、波幅的位置。这样做的目的是及时检查自动读数是否存在错误，如果存在偏差，则应重新测读或者改用手动游标测读。

(11)宜具有幅度谱分析功能（FFT 功能）。声波信号的主频源移程度是反映声波在混凝土中衰减程度的一个指标，也是判断混凝土质量优劣的一个指标。模拟式声波仪只能根据时域波形进行估算，精度较低，频域分析能较准确地反映声波信号的主频漂移程度，是数字式声波仪的一大优势，一般的数字式声波仪都具有幅度谱分析功能。

4)数字式声波仪的校验

仪器的各项技术指标应在出厂前用专门仪器进行性能检测，购买仪器后，在使用期内应定期（一般为一年）送计量检定部门进行计量检定（或校准）。即使仪器在检定周期内，在日常检测中也应对仪器性能进行校验。

a. 仪器声时检测系统校验

用声波仪测定的空气声速与空气标准声速进行比较的方法来对声波仪的声时检测系统进行校验，具体步骤如下：

(1)取常用的厚度振动式换能器一对，接于声波仪器上，将两个换能器的辐射面相互对准，以间距为 50、100、150、200 mm…依次放置在空气中，在保持首波幅度一致的条件下，读取该间距所对应的声时值 t_1、t_2、t_3、…、t_n，同时测量空气的温度 T_k（读至 0.5 ℃），如图 4-24 所示。

测量时应注意下列事项：两换能器间距的测量误差绝对值应不大于 0.5%；换能器宜悬空相对放置，若置于地板或桌面时，应在换能器下面垫以海绵或泡沫塑料并保持两个换能器的轴线重合及辐射面相互平行；测数点应不少于 10 个。

(2)空气声速测量值计算：以测距 l 为纵坐标，以声时读数 t 为横坐标，绘制时—距坐标图（如图 4-25 所示），或用回归分析方法求出 l 与 t 之间的回归直线方程：

$$l = a + bt \tag{4-76}$$

式中　a、b——待求的回归系数。

坐标图中直线 AB 的斜率 $\Delta l/\Delta t$ 或回归直线方程的回归系数 b 即为空气声速的实测值 v^{s}(精确至0.1 m/s)。

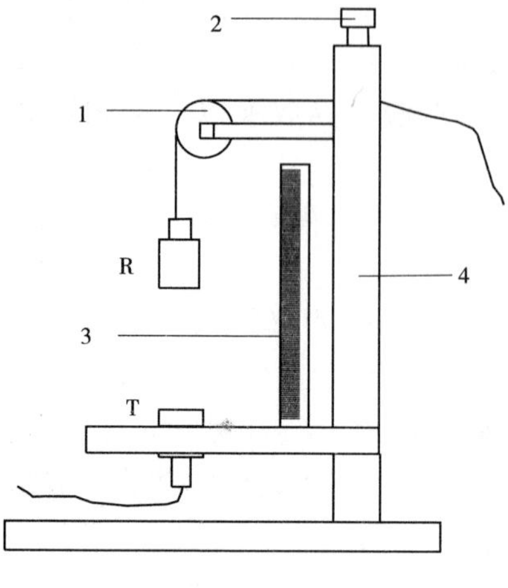

图4-24　声波仪声时检测系统校验换能器悬挂装置示意图

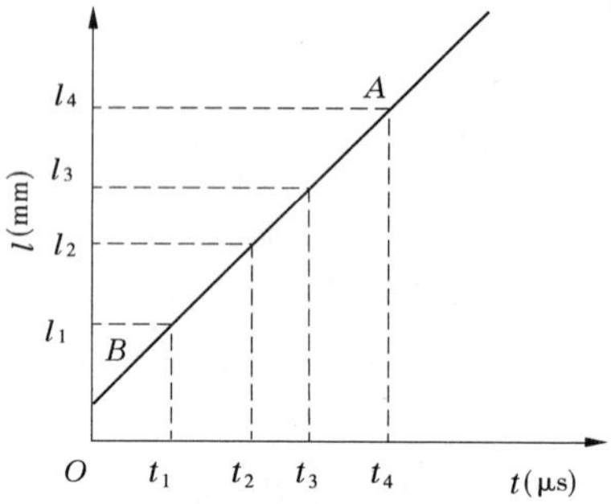

图4-25　测空气声速的时—距图

(3)空气声速的标准值应按下式计算:

$$v^{c} = 331.4 \times \sqrt{1 + 0.00367 T_{k}} \tag{4-77}$$

式中　v^{c}——空气声速的标准值,m/s;

T_{k}——空气的温度,℃。

(4)空气声速实测值 v^{s} 与空气声速标准值 v^{c} 之间的相对误差 e_{r},应按下式计算:

$$e_{r} = (v^{c} - v^{s})/v^{c} \times 100\% \tag{4-78}$$

通过式(4-78)计算的相对误差 e_{r} 的绝对值应不大于0.5%,否则仪器计时系统不正常。

b. 波幅测试系统校验

仪器波幅检测准确性的校验方法较简单。

将屏幕显示的首波幅度调至一定高度,然后把仪器衰减系统的衰减量增加或减小6 dB,此时屏幕波幅高度应降低一半或升高一倍。如果波幅高度变化不符,表示仪器衰减系统不正确或者波幅计量系统有误差,但要注意,在测试时,波幅变化过程中不能超屏。

2. 换能器

1)声波换能器的功能

运用声波检测混凝土,首先要解决的问题是如何产生声波以及接收经混凝土传播后的声波,然后进行测量。解决这类问题通常采用能量转换方法:首先将电能转化为声波能量,向被测介质(混凝土)发射声波,当声波经混凝土传播后,为了度量声波的各声学参数,又将声能量转化为最容易量测的量——电量,这种实现电能与声能相互转换的装置称为换能器。

换能器依据其能量转换方向的不同,又分为发射换能器和接收换能器:发射换能器——实现电能向声能的转换;接收换能器——实现声能向电能的转换。

发射换能器和接收换能器的基本构成是相同的,一般情况下,可以互换使用,但有的接收换能器为了增加测试系统的接收灵敏度而增设了前置放大器，这时，收、发换能器就不能互换使用。

2）声波换能器的工作原理

实现电声能量转换的方式有多种，如电磁法、静电法、磁致伸缩法及压电伸缩法等。在声波检测中，由于要求换能装置具有较高的频率、稳定一致的工作状态和不大的体积，一般都采用压电伸缩法，即压电式换能器。

3）换能器的主要技术指标

a. 工作频率

换能器的工作频率，也就是换能器的谐振频率（压电体的自振频率）（见图 4-26），它取决于压电体的材料特性和几何尺寸。

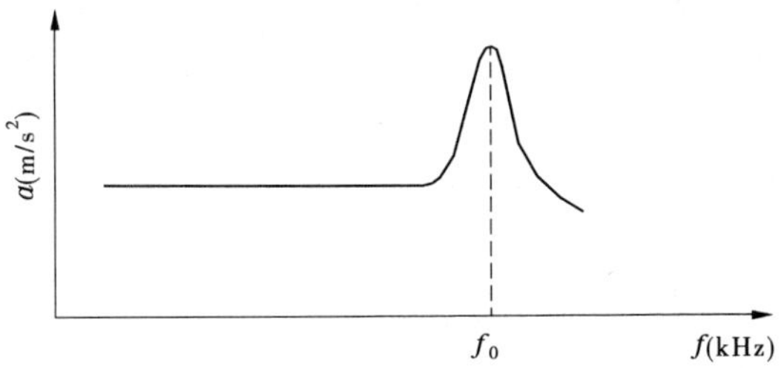

图 4-26　换能器的频响特性

设压电体厚度为 δ（mm），压电体声速为 c（m/s），则压电体的自振频率 f_0（kHz）为

$$f_0 = c/2\delta \tag{4-79}$$

如果用声波仪直接接收发射换能器发射的声波信号（未经其他介质调制），并对接收信号作频谱分析，则频谱图的主频值应接近发射换能器的谐振频率。

目前，用于结构混凝土检测的平面换能器的工作频率一般为 20～250 kHz，用于混凝土灌注桩跨孔检测的增压式径向换能器工作频率一般为 20～50 kHz，圆环式径向换能器的工作频率一般为 20～60 kHz。

如果频域分析是测试的重点，则对换能器频响曲线的带宽有一定要求：换能器有尽可能宽的频带范围，在频带范围内幅值基本不变，这样才能在发射脉冲穿过混凝土后明显地呈现各频率成分幅值的衰减状况。

b. 换能器的指向性

换能器的指向性是换能器的发射响应（电压响应或功率响应）或接收响应（声压灵敏度或功率灵敏度）的幅值随方位角的变化而变化的一种特性。通常，它在某个参考方向上有一个极大值，将这种指向性响应按其相对比值画成图，就可以得到指向性图。

发射换能器指向性形成的原因是发射换能器各部分所发射声波在自由场远场区中干涉叠加的结果，将辐射面上每一点看做点声源，点声源是没有指向性的球面波，所有这些子波相互叠加，在发射空间的远场变形成了指向性。

接收换能器指向性的形成是由于接收换能器处于声源的远场区，到达接收换能器表面上的声波产生的总声压是各子波干涉叠加的结果，这一总声压随入射声线束入射角变化而变化，其开路输出电压也随入射声线束入射角变化而变化。

一般的换能器收、发构造相同，功能可以互易，可以证明在这种条件下，换能器的发射指向性图和接收指向性图是相同的。

4)声波换能器的技术要求

用于混凝土灌注桩声波透射法检测的换能器应符合下列要求：

(1)圆柱状径向振动：沿径向(水平方向)无指向性。

(2)径向换能器的谐振频率宜采用 20～60 kHz，有效工作面轴向长度不大于 150 mm。当接收信号较弱时，宜选用带前置放大器的接收换能器。

应根据测距大小和被测介质(混凝土)质量的好坏来选择合适频率的换能器。低频声波衰减慢，在介质中传播距离远，但对缺陷的敏感性和分辨力低；高频声波衰减快，在介质中传播距离短，但对缺陷的敏感性和分辨力高。一般在保证具有一定接收信号幅度的前提下，尽量使用较高频率的换能器，以提高声波对小缺陷的敏感性。使用带前置放大器的接收换能器可提高测试系统的信噪比和接收灵敏度，此时可选用较高频率的换能器。

声波换能器有效工作面长度是指起到换能作用部分的实际轴向尺寸，该尺寸过大将夸大缺陷实际尺寸并影响测试结果。

(3)换能器的实测主频与标称频率相差应不大于 10%，对用于水中的换能器，其水密性应在 1 MPa 水压下不渗漏。

换能器的实测频率与标称频率应尽可能一致。实际频率差异过大易使信号鉴别和数据对比造成混乱。

混凝土灌注桩的检测一般用水作为换能器与介质的耦合剂。一般桩长不大于 90 m，在 1 MPa 压力下不渗漏，就是保证换能器在 90 m 深的水下能正常工作。

3. 声测管

声测管是声波透射法测桩时，径向换能器的通道，其埋设数量决定了检测剖面的个数(检测剖面数为 C_n^2，n 为声测管数)，同时也决定了检测精度：声测管埋设数量多，则两两组合形成的检测剖面多，声波对桩身混凝土的有效检测范围更大、更细致，但需消耗更多的人力、物力，增加成本；减小声测管数量虽然可以缩减成本，但同时也减小了声波对桩身混凝土的有效检测范围，降低了检测精度和可靠性。

声测管之间应保持平行，否则对测试结果造成很大影响，甚至导致检测方法失效。声测管两两组合形成的每一个检测剖面，沿桩长方向具有许多个测点(测点间距不大于 250 mm)，我们以桩顶面两声测管之间边缘距离作为该剖面所有测点的测距，在两声测管相互平行的条件下，这样处理是可行的。但两声测管不平行时，在实测过程中，检测人员往往把因测距的变化导致的声学参数的变化误认为是混凝土质量差别所致，而声参数对测距的变化都很敏感。这必将给检测数据的分析、结果的判定带来严重影响。虽然在有些情况下，可对斜管测距进行修正，作为一种补救办法，但当声测管严重弯折翘曲时，往往无法对测距进行合理的修正，导致检测方法失效。

因此，声测管的埋设质量(平行度)直接影响检测结果的可靠性和检测试验的成败。《规范》对声测管的埋设数量作了具体规定。声测管的埋设数量由桩径大小决定，如图 4-27所示。

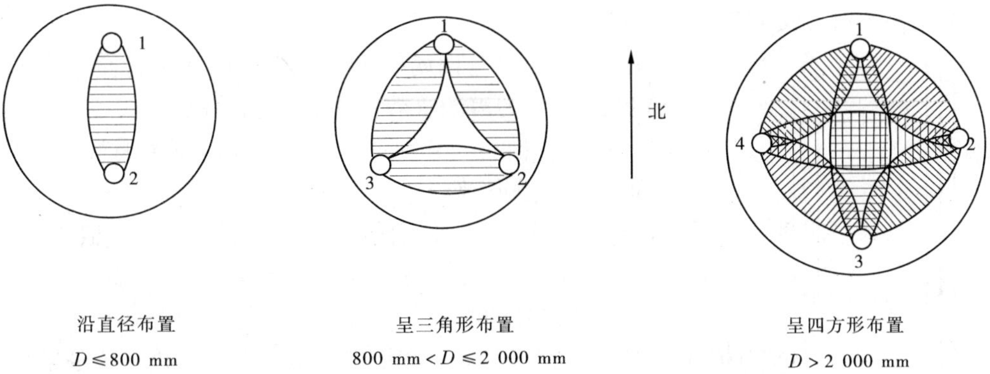

图 4-27　测管布置图(图中阴影为声波的有效检测范围)

(三)声波透射法现场测试技术

1. 检测前的准备工作

(1)按照《规范》第 3.2.1 条的要求,安排检测工作程序。

(2)按照《规范》第 3.2.2 条的要求,调查、收集待检工程及受检桩的相关技术资料和施工记录。比如桩的类型、尺寸、标高、施工工艺、地质状况、设计参数、桩身混凝土参数、施工过程及异常情况记录等信息。

(3)检查测试系统的工作状况,必要时(更换换能器、电缆线等)应按时 - 距法对测试系统的延时 t_0 重新标定,并根据声测管的尺寸和材质计算耦合声时 t_w、声测管壁声时 t_p。

(4)将伸出桩顶的声测管切割到同一标高,测量管口标高,作为计算各测点高程的基准。

(5)向管内注入清水,封口待检。

(6)在放置换能器前,先用直径与换能器略同的圆钢作吊绳。检查声测管的通畅情况,以免换能器卡住后取不上来或换能器电缆被拉断,造成损失。有时,对局部漏浆或焊渣造成的阻塞可用钢筋导通。

(7)用钢卷尺测量桩顶面各声测管之间外壁净距离,作为相应的两声测管组成的检测剖面各测点测距,测试误差小于 1%。

(8)测试时径向换能器宜配置扶正器,尤其是声测管内径明显大于换能器直径时,换能器的居中情况对首波波幅的检测值有明显影响。扶正器就是用 1 ~ 2 mm 厚的橡皮剪成一齿轮形,套在换能器上,齿轮的外径略小于声测管内径。扶正器既保证换能器在管中能居中,又保护换能器在上下提升中不致与管壁碰撞,损坏换能器。软的橡皮齿又不会阻碍换能器通过管中某些狭窄部位。

2. 检测步骤

现场的检测过程一般分两个步骤进行,首先是采用平测法对全桩各个检测剖面进行普查,找出声学参数异常的测点。然后,对声学参数异常的测点采用加密测试、斜测或扇形扫测等细测方法进一步检测,这样一方面可以验证普查结果,另一方面可以进一步确定异常部位的范围,为桩身完整性类别的判定提供可靠依据。

1）平测普查（如图4-28所示）

平测普查可以按照下列步骤进行：

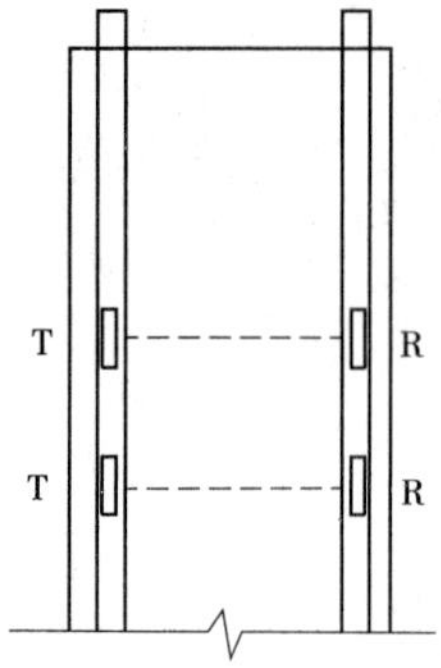

T—发射换能器；R—接收换能器

图4-28　平测普查

（1）将多根声测管以两根为一个检测剖面进行全组合（共有C_n^2个检测剖面，n为声测管数），进行剖面编码。

（2）将发、收换能器分别置于某一剖面的两声测管中，并放至桩的底部，保持相同标高。

（3）自下而上将发、收换能器以相同的步长（一般不宜大于250 mm）向上提升。每提升一次，进行一次测试，实时显示和记录测点的声波信号的时程曲线，读取声时、首波幅值和周期值（模拟式声波仪），宜同时显示频谱曲线和主频值（数字式仪器）。重点是声时和波幅，同时也要注意实测波形的变化。

（4）在同一桩的各检测剖面的检测过程中，声波发射电压和仪器设置参数应保持不变。由于声波波幅和主频的变化，对声波发射电压和仪器设置参数很敏感，而目前的声波透射法测桩，对声参数的处理多采用相对比较法，为使声参数具有可比性，仪器性能参数应保持不变。

2）对可疑测点的细测（加密平测、斜测、扇形扫测）

通过对平测普查的数据分析，可以根据声时、波幅和主频等声学参数相对变化及实测波形的形态，找出可疑测点。

对可疑测点，先进行加密平测（换能器提升步长为10～20 cm），核实可疑点的异常情况，并确定异常部位的纵向范围。再用斜测法对异常点缺陷的严重情况进行进一步的探测。斜测（如图4-29（a）所示）就是让发、收换能器保持一定的高程差，在声测管内以相同步长同步升降进行测试，而不是像平测那样让发、收换能器在检测过程中始终保持相同的高程。斜测又分为单向斜测和交叉斜测（如图4-29所示）。

由于径向换能器在铅垂面上存在指向性，因此斜测时，发、收换能器中心连线与水平面的夹角不能太大，一般可取30°～40°。

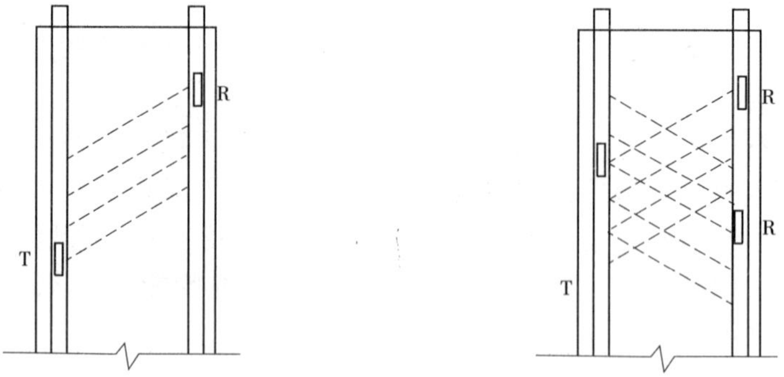

(a)单向斜测　　(b)交叉斜测

T—发射换能器；R—接收换能器

图4-29　斜测细查

（1）局部缺陷：如图 4-30（a）所示，在平测中发现某测线测值异常（图中用实线表示），进行斜测，在多条斜测线中，如果仅有一条测线（实线）测值异常，其余皆正常，则可以判断这只是一个局部的缺陷，位置就在两条实线的交点处。

（2）缩颈或声测管附着泥团：如图 4-30（b）所示，在平测中发现某（些）测线测值异常（实线），进行斜测。如果斜测线中、通过异常平测点发收处的测线测值异常，而穿过两声测管连线中间部位的测线测值正常，则可判断桩中心部位是正常混凝土，缺陷应出现在桩的边缘，声测管附近，有可能是缩颈或声测管附着泥团。当某根声测管陷入包围时，由它构成的两个测试面在该高程处都会出现异常测值。

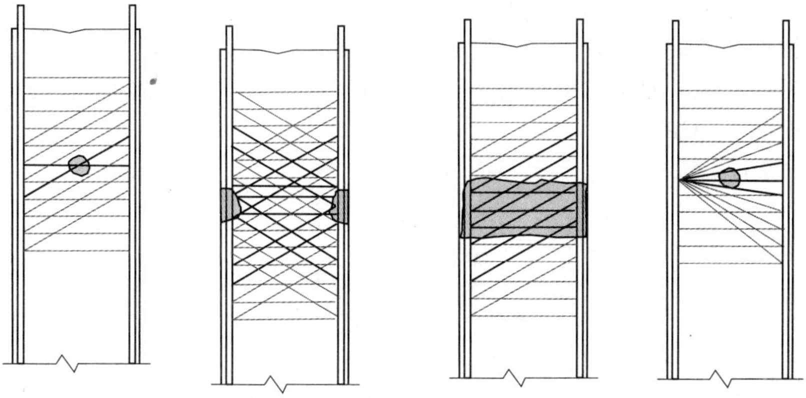

(a)局部缺陷　(b)缩颈或声测管附着泥团　(c)层状缺陷(断桩)　(d)扇形扫测

图 4-30　灌注桩的交叉斜测和扇形扫测

（3）层状缺陷（断桩）：如图 4-30（c）所示，在平测中发现某（些）测线值异常（实线），进行斜测。如果斜测线中除通过异常平测点发收处的测线测值异常外，所有穿过两声测管连线中间部位的测线测值均异常，则可判定该声测管间缺陷连成一片。如果三个测试面均在此高程处出现这样情况，若不是在桩的底部，测值又低下严重，则可判定是整个断面的缺陷，如夹泥层或疏松层，既断桩。

斜测有两面斜测和一面斜测。最好进行两面斜测，以便相互印证，特别是像图 4-30（b）那种缩颈或包裹声测管的缺陷，两面斜测可以避免误判。

（4）扇形扫查测量：在桩顶或桩底斜测范围受限制时，或者为减少换能器升降次数，作为一种辅助手段，也可扇形扫查测量，如图 4-30（d）所示。一只换能器固定在某高程不动，另一只换能器逐点移动，测线呈扇形分布。要注意的是，扇形测量中各测点测距是不相同的，虽然波速可以换算，相互比较，但振幅测值却没有相互可比性（波幅除与测距有关，还与方位角有关，且不是线性变化），只能根据相邻测点测值的突变来发现测线是否遇到缺陷。

测试中还要注意声测管接头的影响。当换能器正好位于接头处，有时接头会使声学参数测值明显降低，特别是振幅测值。其原因是接头处存在空气夹层，强烈反射声波能量。遇到这种情况，判断的方法是：将换能器移开 10 cm，测值立刻正常，反差极大，往往属于这种情况。另外，通过斜测也可作出判断。

3）对桩身缺陷在桩横截面上的分布状况的推断

对单一检测剖面的平测、斜测结果进行分析，我们只能得出缺陷在该检测剖面上的投影范围，桩身缺陷在空间的分布是一个不规则的几何体，要进一步确定缺陷的范围（在桩身横截面上的分布范围），则应综合分析各个检测剖面在同一高程或邻近高程上的测点的测试结果，如图4-31所示，一灌注桩桩身存在缺陷，在三个检测剖面的同一高程上通过细测（加密平测和斜测），确定了该桩身缺陷在三个检测剖面上的投影范围，综合分析桩身缺陷的三个剖面投影可大致推断桩身缺陷在桩横截面上的分布范围。

桩身缺陷的纵向尺寸可以比较准确地检测，因为测点间距可以任意小，所以在桩身纵剖面上可以有任意多条测线。而桩身缺陷在桩横截面上的分布则只是一个初略的推断，因为在桩身横截面上最多只有 C_n^2 条测线（n 为声测管埋设数量）。

近几年发展起来的灌注桩声波层析成像（CT）技术是检测灌注桩桩身缺陷在桩内的空间分布状况的一种新方法。

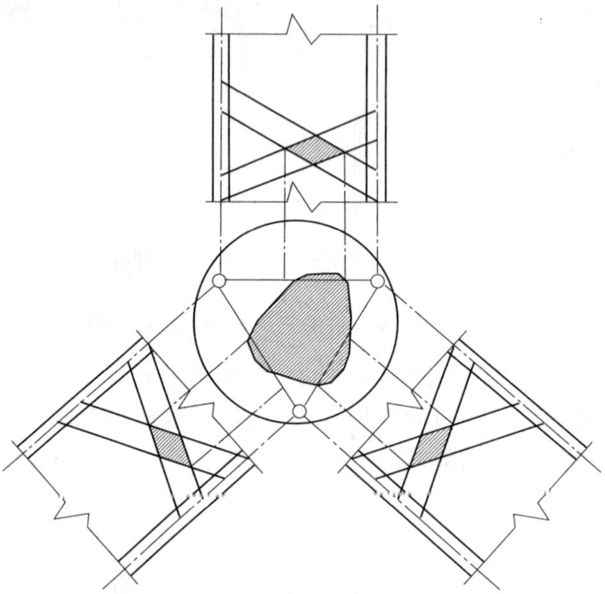

图4-31　桩身缺陷在桩横截面上的分布及在各检测剖面上的投影

（四）检测数据分析与结果判定

灌注桩的声波透射法检测需要分析和处理的主要声学参数是声速、波幅、主频，必要时观察和记录波形，目前大量使用的数字式声波仪有很强的数据处理、分析功能，几乎所有的数学运算都是由计算机来完成的。作为一个合格的现场检测技术员，了解这些数据整理的方法有助于对桩身缺陷的正确判别和桩身完整性的正确判定。

1. 声学参数的计算和波形记录

1）波速

首先计算各测点波速：

$$t_{ci} = t_i - t_0 - t' \tag{4-80}$$

$$v_i = \frac{l'}{t_{ci}} \tag{4-81}$$

式中 t_{ci}、t_i——第 i 测点的声时和声时测试值，μs；

t_0——测试系统延时，μs；

t'——几何因素声时修正值，μs，$t' = t_w + t_p$；

l'——每个检测剖面相应两声测管外壁间的净距离，mm；

v_i——第 i 测点声速，km/s。

2）波幅

这里说的波幅是测点首波幅值，它有两种表示方式。一种是用分贝（dB）数表示，即用测点实测首波幅值与某一基准幅值比较得出的分贝数；另一种是直接以示波屏上首波高度表示，单位是毫米（或示波屏刻度格数）。

目前大量使用的数字式声波仪采用的是第一种方式：

$$A_{pi} = 20\lg \frac{a_i}{a_0} \tag{4-82}$$

式中 A_{pi}——第 i 测点波幅值，dB；

a_i——第 i 测点信号首波峰值，V；

a_0——基准幅值，也就是 0 dB 对应的幅值，V。

波幅的数值与测试系统（仪器、换能器、电缆线）的性能、状态、设置参数、声耦合状况、测距、测线倾角相关，只有在上述条件均相同的条件下，测点波幅的差异才能真实地反映被测混凝土质量差异导致的声波能量衰减的差异。

3）频率

这里说的频率是指测点声波接收信号的主频，计算接收信号的主频通常有两种方法：

（1）周期法：直接取测试信号的前一两个周期，用周期与频率的倒数关系进行计算：

$$f_i = \frac{1\ 000}{T_i} \tag{4-83}$$

式中 f_i——第 i 测点信号的主频值，kHz；

T_i——第 i 测点信号的周期，μs。

（2）频域分析法：数字式声波仪一般都配有频谱分析软件，可启动软件直接对测试信号进行频域分析，获得信号的主频值。由于用于混凝土检测的声波都是复频波，因而使用频谱分析计算信号主频比周期法更精确。

2. 数据分析与判断

1）声速判据

声速是分析桩身质量的一个重要参数，在《规范》中对声速的分析、判断有两种方法：概率法和声速低限值法。

a. 概率法

（1）概率法的基本原理。正常情况下，由随机误差引起的混凝土的质量波动是符合正态分布的，这可以从混凝土试件抗压强度的试验结果得到证实，由于混凝土质量（强度）与声学参数存在相关性，可大致认为正常混凝土的声学参数的波动也服从正态分布规律。

混凝土构件在施工过程中，可能因外界环境恶劣及人为因素导致各种缺陷，这种缺陷由过失误差引起，缺陷处的混凝土质量将偏离正态分布，与其对应的声学参数也同样会偏离正态分布。

（2）混凝土声速随机波动与正态分布。由于混凝土质量的随机波动不可避免，其质量波动符合正态分布，那么反映正常混凝土质量的指标如强度（或声速）是服从正态分布的随机变量。对于一个质量正常的混凝土构件（例如桩），我们对其 n 个测点进行声速测试，得到 n 个测试值，那么以 n 个声速测试值的平均值为坐标原点，声速测试值为横坐标，各个声速测试值出现的频度为纵坐标，则可得到如图 4-32 所示的正态分布图。

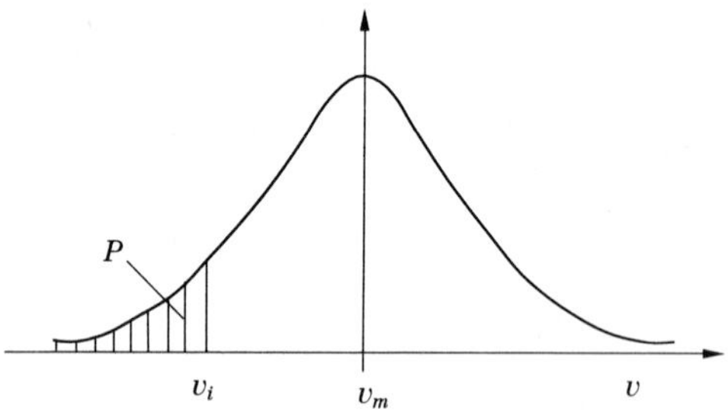

图 4-32　声速测试值的正态分布图

从正态分布图上可以看到：

（1）平均值出现的频度最高，越偏离平均值，出现频度越小，v 轴为曲线的渐近线。

（2）整个曲线与 v 轴所包围的面积为 1，某一测值 v_i 与 v 轴、曲线三者所包围的面积表示小于 v_i 的测值出现的概率。

（3）曲线左、右对称，即大于平均值的概率和小于平均值的概率各占 50%。

b. 描述正态分布的特征量

（1）平均值：n 个测试值的算术平均值，即

$$v_{\mathrm{m}} = \frac{\sum_{i=1}^{n} v_i}{n} \tag{4-84}$$

（2）标准差

$$s_{\mathrm{v}} = \sqrt{\frac{\sum_{i=1}^{n} (v_i - v_{\mathrm{m}})^2}{n-1}} \tag{4-85}$$

（3）变异系数

$$\delta = \frac{s_{\mathrm{v}}}{v_{\mathrm{m}}} \tag{4-86}$$

一个正态分布随机变量的平均值 v_{m} 和标准差 s_{v} 确定了，其正态分布曲线也就确定了，标准差反映了随机变量的离散程度。标准差越大，变量越离散，正态分布曲线越平缓。

如果作适当的数学变换，就可以把正态分布转化为标准正态分布：

$$\lambda_i = \frac{v_i - v_m}{s_v} \tag{4-87}$$

λ 又称为分位点，其含义为：某个测试值与平均值之差是标准差的多少倍。如果 v_i 服从正态分布，则 λ_i 服从标准正态分布，其分布函数为

$$\Phi(\lambda) = \int_{-\infty}^{\lambda} \frac{1}{\sqrt{2\pi}} e^{-\frac{x^2}{2}} dx \tag{4-88}$$

如图 4-33 所示。

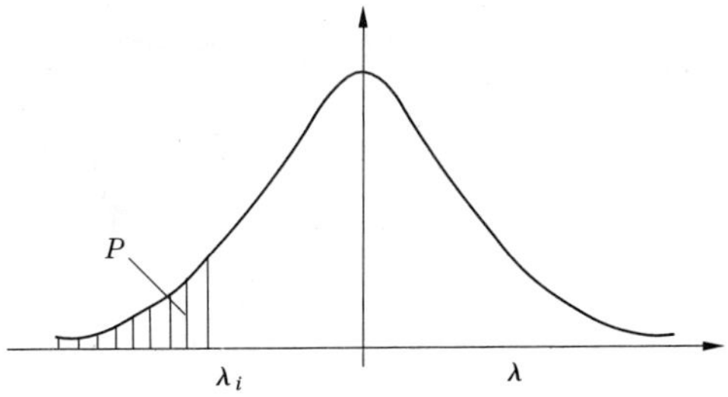

图 4-33 随机变量的标准正态分布图

c. 判别随机变量异常的临界值的确定原则和方法

确定随机变量临界值，也就是确定区分随机波动与过失误差的一个判断标准，凡低于这个标准的取值就认为偏离了正态分布规律，是异常值。

判别方法是：根据抽样测试结果，确定抽样母体的正常随机波动、离散水平，再按正常波动水平推算一个点或相邻点在正常波动情况下可能出现的最低值，这个值就是临界值。因为若低于这个值，则说明这样的低值不可能是由正常波动引起的，而是过失误差导致的，那么这样的低值就是异常值。

临界值的确定分两种情况：单个测点临界值和相邻测点的临界值。

（1）单个测点临界值 v_c。质量正常的混凝土声速的测试值应符合正态分布，如图4-32所示，图中的阴影面积表示低于 v_i 的测值出现的概率 P。

如果对一混凝土构件进行了 n 个测点的测试，得到 n 个声速测试值 $v_i(i = 1, 2, \cdots, n)$，那么在概率分布图上 $P = 1/n$ 对应的测值 v_{c0} 就是这一组 n 个测试值在混凝土质量正常随机波动下可能出现的最低值，如果在 n 个测值中出现了低于 v_{c0} 的测值，则这个值偏离了正态分布，也就是说它偏离了混凝土质量的正常波动，是过失误差所致，因而是质量异常点。在实际应用时，按下列步骤进行：

先计算 n 个测试值的平均值 v_m 和标准差 s_v，查标准正态分布表，求出 $P = 1/n$ 对应的分位值 λ。此时

$$\lambda = \frac{v_{c0} - v_m}{s_v} \tag{4-89}$$

$$v_{c0} = v_m + \lambda s_v \tag{4-90}$$

令 $\lambda_1 = -\lambda$，则

$$v_{c0} = v_m - \lambda_1 s_v \tag{4-91}$$

（2）相邻测点临界值 v_{c3}。混凝土构件的内部缺陷往往有一定尺寸，在测试过程中如

果按一定间距逐点测试，不但可能测到单个异常值，还可能测得与其相邻的异常点。

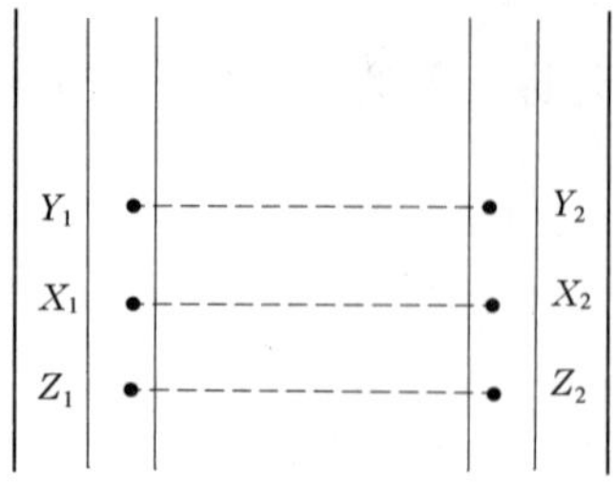

图 4-34　孔中测试时的相邻测点测值异常

如果某测点 X 的测值小于某一临界值 v_0 的概率为 P，对于混凝土灌注桩的声波测试，如图 4-34 所示，与 X 相邻的 Y、Z 点至少有一个与 X 一样出现异常（测值小于 v_0）的概率为 $2P^2$。这种情况在正常波动条件下不可能出现，即 n 个测试值不应该出现 1 例。对应的界限概率为 $1/n$。因此 $2P^2 = \frac{1}{n}$，$P=\sqrt{\frac{1}{2n}}$，由标准正态分布表可得对应 $P=\sqrt{\frac{1}{2n}}$ 的分位值 λ，令 $\lambda_3 = -\lambda$，$v_{c3} = v_m + \lambda s_v = v_m - \lambda_3 s_v$，则相应的声速临界值为

$$v_{c3} = v_m - \lambda_3 s_v \tag{4-92}$$

由于

$$\lambda_3 < \lambda_1 \tag{4-93}$$

显然

$$v_{c3} > v_{c0} \tag{4-94}$$

即相邻点的临界值判据更严。凡单测点测值小于 v_{c0} 或两相邻测点测值均小于 v_{c3}，都可以视为测点测值异常。在《规范》中只给出了单测点的临界值判据。灌注桩的混凝土质量的离散性显然高于上部结构混凝土，加上声测管平行度的影响，因此灌注桩混凝土声参数（声速）离散性较大（包括可能出现异常的高值），除非检测剖面所有测点的声速值都非常均匀，否则采用相邻点的临界值判据可能过严。因此，在采用声速临界值判据时，《规范》使用了“可判定”的宽松措辞。

d. 灌注桩的声波检测时声速临界值的计算方法

（1）将同一检测面各测点的声速值 v_i 由大到小依次排序，即

$$v_1 \geqslant v_2 \geqslant \cdots \geqslant v_i \geqslant \cdots \geqslant v_{n-k} \geqslant \cdots \geqslant v_{n-1} \geqslant v_n \tag{4-95}$$

式中　v_i——按序列排列后的第 i 个测点的声速测量值；

n——某检测剖面的测点数；

k——逐一去掉式（4-95）v_i 序列尾部最小数值的数据个数。

（2）对逐一去掉 v_i 序列中最小值后余下的数据进行统计计算，当去掉最小数值的数据个数为 k 时，对包括 v_{n-k} 在内的余下数据 $v_1 \sim v_{n-k}$ 按下列公式进行统计计算：

$$v_0 = v_m - \lambda s_v \tag{4-96}$$

$$v_m = \frac{1}{n-k}\sum_{i=1}^{n-k} v_i \tag{4-97}$$

$$s_v = \sqrt{\frac{1}{n-k-1}\sum_{i=1}^{n-k}(v_i - v_m)^2} \tag{4-98}$$

以上式中　v_0——异常判断值；

v_m——$n-k$ 个数据的平均值；

s_v——$n-k$ 个数据的标准差；

λ_1——由表 4-7 查得的与 $n-k$ 相对应的系数。

表 4-7　统计数据个数 $n-k$ 与对应的系数

$n-k$	20	22	24	26	28	30	32	34	36	38
λ_1	1.64	1.69	1.73	1.77	1.80	1.83	1.86	1.89	1.91	1.94
$n-k$	40	42	44	46	48	50	52	54	56	58
λ_1	1.96	1.98	2.00	2.02	2.04	2.05	2.07	2.09	2.10	2.11
$n-k$	60	62	64	66	68	70	72	74	76	78
λ_1	2.13	2.14	2.15	2.17	2.18	2.19	2.20	2.21	2.22	2.23
$n-k$	80	82	84	86	88	90	92	94	96	98
λ_1	2.24	2.25	2.26	2.27	2.28	2.29	2.29	2.30	2.31	2.32
$n-k$	100	105	110	115	120	125	130	135	140	145
λ_1	2.33	2.34	2.36	2.38	2.39	2.41	2.42	2.43	2.45	2.46
$n-k$	150	160	170	180	190	200	220	240	260	280
λ_1	2.47	2.50	2.52	2.54	2.56	2.58	2.61	2.64	2.67	2.69

(3)将 v_{n-k} 与异常判断值 v_0 进行比较，当 $v_{n-k} \leqslant v_0$ 时，v_{n-k} 及其以后的数据均为异常，去掉 v_{n-k} 及其以后的异常数据，再用数据 $v_1 \sim v_{n-k-1}$ 并重复式(4-96)～式(4-98)的计算步骤，直到 v_i 序列中余下的全部数据满足：

$$v_i > v_0 \tag{4-99}$$

此时，v_0 为声速的异常判断临界值 v_{c0}。

(4)声速异常时的临界值判据为

$$v_i \leqslant v_{c0} \tag{4-100}$$

当式(4-100)成立时，声速可判定为异常。

影响桩身混凝土质量的因素，比上部结构混凝土复杂得多，与标养试件相比更是相去甚远，因此对于用概率法临界值判断出来的可疑测点，还应结合其他声参数指标和判据，来综合判定可疑测点是否就是桩身缺陷。

e. 声速低限值法

概率法本质上说是一种相对比较法，它考察的只是某测点声速与所有测点声速平均值的偏离程度，在使用时，没有与声速的绝对值相联系，可能会导致误判或漏判。

(1)如果一混凝土灌注桩实测声速普遍偏低(低于混凝土声速的正常取值)，但离散度小，采用概率法是无法找到异常测点的，这样将导致漏判。

(2)有的工程，为了抢进度，采用比桩身混凝土设计强度高 1～2 个等级的混凝土进行灌注，虽然桩身混凝土声速有较大的离散性，可能出现异常测点，但即使是声速最低的测点也在混凝土声速的正常取值范围，不应判为桩身缺陷。而用概率法判据，可能视其为桩身缺陷,造成误判。

鉴于上述原因,在《规范》中增加了低限值异常判据。一方面,当检测剖面 n 个测点的声速值普遍偏低且离散性很小时,宜采用声速低限值判据:

$$v_i < v_L \tag{4-101}$$

式中 v_i——第 i 测点的声速;

v_L——声速低限值,由预留同条件混凝土试件的抗压强度与声速对比试验结果,结合本地区实际经验确定。

当式(4-101)成立时,可直接判定为声速低于低限值异常。

另一方面,当各测点声速离散较大,用概率法判据判断存在异常测点,但异常点的声速在混凝土声速的正常取值范围内时,不应判为桩身缺陷。

使用低限值异常判据应注意:当桩身混凝土龄期未够,提前检测时,应注意低限值的合理取值。应该在混凝土达到龄期后,对各类完整性等级的桩抽取若干根进行复检,考察声速随龄期增长的情况,否则低限值判据没有实际意义。

2)波幅判据

接收波首波波幅是判定混凝土灌注桩桩身缺陷的另一个重要参数,首波波幅对缺陷的反应比声速更敏感,但波幅的测试值受仪器设备、测距、耦合状态等许多非缺陷因素的影响,因而其测值没有声速稳定。

如果说桩身质量正常的混凝土声速的波动与正态分布规律有一定的偏差,但大致符合的话,那么桩身混凝土声波波幅与正态分布的偏离可能更远,采用基于正态分布规律的概率法来计算波幅临界值可能更缺乏可靠理论依据。

在《规范》中采用下列方法确定波幅临界值判据:

$$A_m = \frac{1}{n}\sum_{i=1}^{n} A_{pi} \tag{4-102}$$

$$A_{pi} < A_m - 6 \tag{4-103}$$

式中 A_m——同一检测剖面各测点的波幅平均值,dB;

n——同一检测剖面测点数。

即波幅异常的临界值判据为同一剖面各测点波幅平均值的一半。

当式(4-103)成立时,波幅可判定为异常。

这是沿用 JGJ/T 93—95 的处理方法,由于桩内测试时波幅本身波动很大,采用波幅平均值的一半作为临界值判据可能过严,造成误判,因此《规范》采用了“可”的措辞。

在实际应用中,应注意将异常点波幅与混凝土的其他声参量综合起来分析判断。

3)主频判据

声波接收信号的主频漂移程度反映了声波在桩身混凝土中传播时的衰减程度,而这种衰减程度又能体现混凝土质量的优劣。声波接收信号的主频漂移越大,该测点的混凝土质量就越差。接收信号的主频与波幅有一些类似,也受诸如测试系统状态、耦合状况、测距等许多非缺陷因素的影响,其波动特征与正态分布也存在偏差,测试值没有声速稳定,对缺陷的敏感性不及波幅,在实测中用得较小。

在《规范》中只是把它作为桩身缺陷的一个辅助判据,即“主频 - 深度曲线上主频值明显降低的测点可判定为异常”。

在一般的工程检测中,主频判据用得不多,只作为声速、波幅等主要声参数判据之外的一个辅助判据。

4)实测声波波形

实测波形可以作为判断桩身混凝土缺陷的一个参考,前面讨论的声速和波幅只与接收波的首波有关,接收波的后续部分是发、收换能器之间各种路径声波迭加的结果,目前作定量分析比较难,但后续波的强弱在一定程度上反映了发、收换能器之间声波在桩身混凝土内各种声传播路径上总的能量衰减。在检测过程中应注意对测点实测波形的观察,应选择混凝土质量正常测点的有代表性的波形记录下来并打印输出,对声参数异常的测点的实测波形应注意观察其后续波的强弱,对确认桩身缺陷的测点宜记录并打印实测波形。

(五)桩身混凝土缺陷的综合判定

1. 综合判定的必要性

在灌注桩的声波透射法检测中,如何利用所检测的混凝土声参数去发现桩身混凝土缺陷、评价桩身混凝土质量从而判定桩的完整性类别是我们检测的最终目的,同时又是声学检测中的一个难题。其原因一方面是因为混凝土作为一种多种材料的集结体,声波在其中的传播过程是一个相当复杂的物理过程;另一方面,混凝土灌注桩的施工工艺复杂、难度大,混凝土的硬化环境和条件以及影响混凝土质量的其他各种因素远比上部结构复杂和难以预见,因此桩身混凝土质量的离散性和不确定性明显高于上部结构混凝土。另外,从测试角度看,在桩内进行声测时,各测点的测距及声耦合状况的不确定性也高于上部结构混凝土的声学测试,因此一般情况下桩的声测测量误差高于上部结构混凝土。

前面我们讨论了用于判断桩身混凝土缺陷的多个声学指标——声速、波幅、主频、实测波形,它们各有特点,但均有不足,在实际应用时,既不能唯“声速论”,也不能不分主次将各种判据同等对待。声速与混凝土的弹性性质相关,波幅与混凝土的黏塑性相关,采用以声速、波幅判据为主的综合判定法对全面反映混凝土这种黏弹塑性材料的质量是合理的、科学的处理方法。

在《规范》中第10.4.7条明确指出:桩身完整性类别应结合桩身混凝土各声学参数临界值、混凝土声速低限值以及桩身质量可疑点加密测试后确定的缺陷范围,按规范表3.5.1的规定和表10.4.7的特征进行综合判定。

2. 综合判定的方法

相对于其他判据来说声速的测试值是最稳定的,可靠性也最高,而且测试值是有明确物理意义的量,与混凝土强度有一定的相关性,是进行综合判定的主要参数。波幅的测试值是一个相对比较量,本身没有明确的物理意义,其测试值受许多非缺陷因素的影响,测试值没有声速稳定,但它对桩身混凝土缺陷很敏感,是进行综合判定的另一重要参数。

综合分析往往贯彻于检测过程的始终,因为检测过程中本身就包含了综合分析的内容(例如对平测普查结果进行综合分析找出异常测点进行细测),而不是说在现场检测完成后才进行综合分析。

现场检测与综合分析可按以下步骤：

(1)采用平测法对桩的各检测剖面进行全面普查。

(2)对各检测剖面的测试结果进行综合分析确定异常测点。

①采用概率法确定各检测剖面的声速临界值。

②如果某一检测剖面的声速临界值与其他剖面或同一工程的其他桩的临界值相差较大，则应分析原因，如果是因为该剖面的缺陷点很多声速离散太大则应参考其他桩的临界值；如果是因声测管的倾斜所至，则应进行管距修正，再重新计算声速临界值；如果声速的离散性不大，但临界值明显偏低，则应参考声速低限值判据。

③对低于临界值的测点或 *PSD* 判据中的可疑测点，如果其波幅值也明显偏低，则这样的测点可确定为异常点。

(3)对各剖面的异常测点进行细测(加密测试)。

①采用加密平测和交叉斜测等方法验证平测普查对异常点的判断并确定桩身缺陷在该剖面的范围和投影边界。

②细测的主要目的是确定缺陷的边界，在加密平测和交叉斜测时，在缺陷的边界处，波幅较为敏感，会发生突变；声速和接收波形也会发生变化，应注意综合运用这些指标。

(4)综合各个检测剖面细测的结果推断桩身缺陷的范围和程度。

①缺陷范围的推断。考察各剖面是否存在同一高程的缺陷。

如果不存在同一高程的缺陷，则该缺陷在桩身横截面的分布范围不大，该缺陷的纵向尺寸将由缺陷在该剖面的投影的纵向尺寸确定。

如果存在同一高程的缺陷，则依据该缺陷在各个检测剖面的投影大致推断该缺陷的纵向尺寸和在桩身横截面上的位置和范围。

对桩身缺陷几何范围的推断是判定桩身完整性类别的一个重要依据，也是声波透射法检测混凝土灌注桩完整性的优点。

②缺陷程度的推断。对缺陷程度的推断主要依据以下四个方面：

缺陷处实测声速与正常混凝土声速(或平均声速)的偏离程度。

缺陷处实测波幅与同一剖面内正常混凝土波幅(或平均波幅)的偏离程度。

缺陷处的实测波形与正常混凝土测点处实测波形相比的畸变程度。

缺陷处 *PSD* 判据的突变程度。

(5)在对缺陷的几何范围和程度作出推断后，对桩身完整性类别的判定可按规范表 10. 4. 7的特征进行，但还需综合考察下列因素：桩的承载机理(摩擦型或端承型)、桩的设计荷载要求、受荷状况(抗压、抗拔、抗水平力等)、基础类型(单桩承台或群桩承台)、缺陷出现的部位(桩上部、中部还是桩底)，等等。

3. 桩身混凝土均匀性的评价

对桩身各高程的实测声速进行数理统计(桩身各高程的波速取同一高程各检测剖面测点波速的平均值)，可以得到桩身混凝土声速的平均值 v_m、标准差 s_v、离异系数 C_v：

$$C_v = \frac{s_v}{v_m} \tag{4-104}$$

由于混凝土声速与强度存在相关性,因此声速的离散性大小可以在一定程度上定性地反映混凝土强度的离散性大小,但是声速与强度的相关性为非线性,这种相关性在桩身混凝土中受许多因素干扰(配合比、硬化环境等),没有上部结构混凝土稳定。所以,桩身混凝土声速的离异系数与强度的离异系数在数值上存在很大差别,且声速的数理统计值(v_m,s_v)与测距也有关系。波速的数理统计值(s_v,C_v)只能作为同类型灌注桩比较混凝土质量均匀性的一个相对指标。

对桩身混凝土质量均匀性的评价应依据《混凝土强度检验评定标准》(GBJ 107—87)的有关规定进行:结构物混凝土总质量水平,可根据统计周期内混凝土强度标准差和试件强度不低于要求强度等级的百分率两项指标来划分。

(六)检测报告

首先按《规范》基本规定中的第3.5.5条的要求,检测报告应包括以下内容:

(1)委托方名称,工程名称、地点,建设、勘察、设计、监理、施工单位,基础、结构型式,层数,设计要求,检测目的,检测依据,检测数量,检测日期。

(2)地质条件描述。

(3)受检桩的桩号、桩位和相关施工记录。

(4)检测方法、检测仪器设备、检测过程叙述。

(5)受检桩的检测数据,实测与计算分析曲线、表格和汇总结果。

(6)与检测内容相应的检测结论。

第(5)款的受检桩的检测数据,在声波透射法中应为异常测点数据,否则报告所附数据量太大,没有这个必要。

《规范》第10.4.8条针对声波透射法又作了一些具体要求。

检测报告除应包括规范第3.5.5条内容外,还应包括:

(1)声测管布置图。

(2)受检桩每个检测剖面声速—深度曲线、波幅—深度曲线,并将相应判距临界值所对应的标志线绘制于同一个坐标系。

(3)采用主频值或*PSD*值进行辅助分析判定时,绘制主频—深度曲线或*PSD*曲线。

(4)缺陷分布图示。

其中第(1)款应包含检测剖面的编号,第(4)款缺陷分布图可参照加密平测和交叉斜测等细测结果,画出桩身缺陷在高程上和桩身横截面上的大致位置分布草图。有条件时,检测报告可附上正常测点有代表性的实测波形和桩身缺陷处的实测波形。

四、钻芯法检测桩身完整性

(一)概述

基桩质量检测方法有静载试验、高应变法、低应变法、声波透射法、钻芯法等,但在实际工程中,可能由于现场条件、当地试验设备能力等条件限制无法进行静载试验和高应变法检测,由于目前检测技术水平限制无法进行高应变法和低应变法检测,由于没有预埋声测管或声测管堵塞无法进行声波透射法试验。而钻芯法设备安装对拟建工程场地条件要求要比静载试验和高应变法低得多,检测能力的限制条件主要受桩的长径比制约,当然它不能对预制桩和钢桩的成桩质量进行检测。

钻芯法是一种微破损或局部破损检测方法，具有科学、直观、实用等特点，不仅可检测混凝土灌注桩，也可检测地下连续墙的施工质量，检测地下连续墙的施工质量是钻芯法的优势所在；同时，它不仅可检测混凝土质量及强度，而且可检测沉渣厚度、混凝土与持力层的接触情况，以及持力层的岩土性状、是否存在夹层等，这一点也是目前其他检测方法无法比拟的。钻芯法借鉴了地质勘探技术，在混凝土中钻取芯样，通过芯样表观质量和芯样试件抗压强度试验结果，综合评价混凝土的质量是否满足设计要求。

钻芯法不仅用于混凝土灌注桩的质量检测，也用于混凝土结构质量等方面检测，为了使读者有较全面的了解，下面简要予以介绍。

1. 钻芯法检测结构混凝土强度

《钻芯法检测混凝土强度技术规程》（CECS 03：2007）对结构或构件混凝土或钢筋混凝土强度（工业与民用建筑的普通混凝土和普通钢筋混凝土，其混凝土的干容重为1 900～2 500 kg/m^3）检测进行了规定。该规程适用于从混凝土结构中钻取芯样，以测定普通混凝土的强度，与此类似的标准还有原国家冶金工业部在1986年10月颁布的行业标准《钻芯取样法测定结构混凝土抗压强度技术规程》（YBJ 209—86）。

钻芯法检测结构混凝土强度主要用于下列情况：

（1）对试块抗压强度的测试结果有怀疑，如试块强度很高而结构混凝土质量很差，或者试块强度不足而结构混凝土质量较好。

（2）因材料、施工或养护不良而产生混凝土质量问题。

（3）混凝土遭受冻害、火灾、化学侵蚀或其他损害。

（4）需检测经多年使用的建筑结构或构筑物中混凝土强度。

结构混凝土强度也可采用回弹、超声或超声回弹综合法等非破损方法进行检测，但采用非破损方法检测混凝土强度时，有一个非常重要的前提条件是混凝土的内外质量基本一致，对于测试部位表层与内部的质量有明显差异、遭受化学侵蚀或火灾、硬化期间遭受冻伤等混凝土，由于内外质量不一致，测试结果会有较大误差，而这些混凝土均可采用钻芯法检测其强度。有时为了保证非破损测试结果的准确性，也可用钻取的芯样强度来校核修正非破损测试强度。

对于混凝土强度等级低于C10的结构或虽然强度等级较高，但龄期较短的结构混凝土，钻芯过程中容易破坏砂浆与粗骨料之间的黏结力，钻出的芯样表面比较粗糙，有时甚至很难取出完整芯样，为了保证检测结果的准确性，这种情况下一般不采用钻芯法检测。

2. 钻芯法检测预应力混凝土强度

近年来，离心高强混凝土制品有了很大的发展，尤其是先张法预应力混凝土管桩在我国建筑基础工程中得到大力的推广应用，据不完全统计，2007年度全国管桩产量约2.5亿m，管桩生产企业达300多家，先张法预应力混凝土管桩已成为我国工程建设中重要的桩型。而中国工程建设标准化委员会标准《钻芯法检测混凝土抗压强度技术规程》CECS 03：2007不适用于管桩桩身离心高强混凝土的检验，因此根据我国离心高强混凝土制品的生产、使用、检测的实际情况，非等效采用英国标准《钻芯法检测混凝土抗压强度试验方法》（BS1881：Part 120：1983）、香港标准《芯样的钻取及混凝土抗压强度的测定》

(CS1:1990:Section15)制定了国标《钻芯法检测离心高强混凝土抗压强度试验方法》(送审稿)。该标准适用于先张法预应力混凝土管桩(以下简称管桩,即利用离心成型工艺对混凝土制品进行密实成型的强度等级为C50及其以上等级的混凝土,混凝土的干容重为2 500 ~ 2 550 kg/m^3),对离心高强混凝土制品的芯样钻取、芯样加工、芯样抗压试验、芯样试件混凝土抗压强度推算值的计算、试验结果评定等作了规定。标准主要用于对制品的混凝土立方试件强度的代表性有异议时(一种情况是产品结构混凝土质量很差,如管桩施工的破损率较高,而试块强度很高;另一种情况是试块强度不足而产品结构混凝土质量较好)的处理;标准建议在试验前各方必须考虑试验的必要性、试验的目的、试验结果的重要性并就钻芯法检测离心高强混凝土抗压强度的试验方法及试验结果的处理达成统一的意见,即在确定采用钻芯法检测混凝土抗压强度前,各方必须就试验的方法和试验结果对产品质量的处置达成统一的意见。

1)管桩芯样钻取规定

管桩芯样钻取应符合下列规定:

(1)混凝土质量应具有代表性。由于在施打(压)过程中施工机具对结构混凝土的破坏较大,如锤击法沉桩后桩身结构混凝土强度由于锤击作用而下降30% ~50%,因此不得在已破损的管桩桩身上钻取,也不得在沉桩过程中的桩身上或沉桩后的管桩桩身上钻取。

(2)应在制品中部且便于钻芯机安装与操作的部位,同时离制品两端1.5 m以上,尽量避开预应力钢筋、螺旋筋密绕的部位及桩身钢模合缝处。

(3)钻取的芯样直径为70 ~ 100 mm,一般不宜小于骨料最大粒径的3倍,在任何情况下不得小于骨料最大粒径的2倍。

2)管桩芯样强度试验结果评价

同一制品钻取的芯样数量为3个。芯样试件混凝土抗压强度推算值R按下式计算:

$$R = [4F/(\pi d^2)]f_1 f_2 \tag{4-105}$$

$$f_1 = 2.5/(1.5 + 1/\partial) \tag{4-106}$$

$$f_2 = 1.0 + 1.5\{[\sum(d_s h_s)]/(dH)\} \tag{4-107}$$

$$\sigma = H/d \tag{4-108}$$

式中 R——芯样试件混凝土抗压强度推算值,MPa;

F——芯样抗压试验时测得的最大压力,N;

d——芯样的平均直径,mm;

f_1——芯样高径比修正系数;

∂——不同高径比的芯样试件混凝土强度换算系数;

f_2——芯样内含钢筋修正系数;

σ——芯样的高径比;

H——芯样的高度,mm;

d_s——芯样内含钢筋的直径,mm;

h_s——芯样内含钢筋轴心与芯样端面较近一端的距离,mm。

若钻取的3个芯样所测得的芯样试件混凝土抗压强度推算值符合下列规定,则判定该制品的混凝土强度合格。

$$R \geqslant f_{\mathrm{cu,k}} \tag{4-109}$$

$$R_{\min} \geqslant 0.85 f_{\mathrm{cu,k}} \tag{4-110}$$

式中 R——3 个芯样的芯样试件混凝土抗压强度推算值的平均值,MPa;

$R_{\min}$——3 个芯样的芯样试件混凝土抗压强度推算值中的最小值,MPa;

$f_{\mathrm{cu,k}}$——混凝土立方体抗压强度标准值,MPa,如 C80 混凝土,$f_{\mathrm{cu,k}} = 80$ MPa。

若钻取的 3 个芯样所测得的芯样试件混凝土抗压强度推算值同时不符合式(4-109)和式(4-110)的规定,则判定该制品的混凝土强度不合格。若 3 个芯样的强度统计值只符合式(4-109)的规定但不符合式(4-110)的规定,或只符合式(4-110)的规定但不符合式(4-109)的规定,则需在该制品上再钻取 9 个芯样进行试验。若新钻取的 9 个芯样的强度指标与原 3 个芯样的强度指标的统计值(共 12 个芯样)同时符合式(4-111)和式(4-112)的规定,则判定该制品的混凝土强度合格。

$$R' \geqslant 0.85 f_{\mathrm{cu,k}} \tag{4-111}$$

$$R'_{\min} \geqslant 0.75 f_{\mathrm{cu,k}} \tag{4-112}$$

式中 R'——钻取的 12 个芯样的芯样试件混凝土抗压强度推算值的平均值,MPa;

$R'_{\min}$——钻取的 12 个芯样的芯样试件混凝土抗压强度推算值中的最小值,MPa。

若新钻取的 9 个芯样的强度指标与原 3 个芯样的强度指标的统计值(共 12 个芯样)不能同时符合式(4-111)和式(4-112)的规定,或仅符合式(4-111)、式(4-112)中的一项,则判定该制品的混凝土强度不合格。

3. 混凝土立方体试件强度检验评定

无论是混凝土结构,还是混凝土灌注桩,对于正常施工情况,都应该按规定制作混凝土立方体试块进行强度检验和评定,不能用芯样强度试验代替立方体试件强度试验,因此立方体试件强度试验是评定混凝土强度的重要资料。

我国把混凝土按立方体抗压强度来分级,称之为强度等级,混凝土的标准试件为边长为 150 mm 的立方体。立方体抗压强度标准值是指按标准方法制作和养护的边长为 150 mm 的立方体试件,在 28 d 龄期,用标准试验方法测得的抗压强度总体分布中的一个值,在混凝土强度测定值的总体中,低于该强度的概率不大于 5%(即 0.05 分位数)。混凝土强度等级是混凝土物理力学性能的基本度量尺度,是用来评价混凝土质量的一个主要的技术指标,是反映混凝土工程质量的一个最基本参数。

最常用的混凝土强度评定标准是《混凝土强度检验评定标准》(GBJ 107—87),混凝土强度合格评定方法有三种,第一种是方差已知的统计方法,第二种是方差未知的统计方法,第三种是非统计评定方法。标准规定,凡有条件的混凝土生产单位均应采用统计方法进行混凝土强度的检验评定,预拌混凝土厂、预制混凝土构件和采用现场集中搅拌的施工单位,应按统计法评定混凝土强度,并应定期对混凝土强度进行统计分析,控制混凝土质量;对零星生产的预制构件的混凝土或现场搅拌的批量不大的混凝土,可按非统计方法评定。

一个验收批的混凝土应由强度等级相同、生产工艺条件和配合比基本相同的混凝土组成,一般来说,一个验收批的批量不宜过大,因为批量过大,一旦检验不合格,需做处理的混凝土量太大，造成不必要的经济损失；但批量过小，也会使检验工作量太大；批量应根据具体生产条件来确定，对于施工现场的现浇混凝土，宜按分项工程来划分验收批。

一个验收批由若干组混凝土试件构成，每组由 3 个试件组成，每组 3 个试件的混凝土强度代表值的取舍原则如下：

(1) 当一组试件中强度的最大值和最小值与中间值之差，均未超过中间值的 15% 时，取 3 个试件强度的算术平均值作为每组试件的强度代表值。

(2) 当一组试件中强度的最大值或最小值与中间值之差，超过中间值的 15% 时，取中间值作为该组试件的强度代表值。

(3) 当一组试件中强度的最大值和最小值与中间值之差，均超过中间值的 15% 时，该组试件的强度不能作为评定的依据。

1) 方差已知的统计方法

当同一品种的混凝土生产，有可能在较长的时间内，通过质量管理维持基本相同的生产条件，即维持原材料、设备、工艺和人员配备的稳定性，即使有所变化，也能很快地予以调整而恢复正常，在这种生产状况下，每批混凝土强度变异性基本稳定，每批混凝土的强度标准差 σ_0 可按常数考虑，其数值可以根据前一时期生产累计的强度数据加以确定。在这种情况下，采用方差已知的统计方法。方差是在生产周期 3 个月内，由不少于 15 个连续批的强度数据确定。一个验收批由连续的 3 组试件组成，其强度应同时满足下列要求：

$$m_{f_{cu}} \geqslant f_{cu,k} + 0.7\sigma_0 \tag{4-113}$$

$$f_{cu,min} \geqslant f_{cu,k} - 0.7\sigma_0 \tag{4-114}$$

当混凝土强度等级不高于 C20 时，强度的最小值尚应满足下式要求：

$$f_{cu,min} \geqslant 0.85 f_{cu,k} \tag{4-115}$$

当混凝土强度等级高于 C20 时，强度的最小值尚应满足下式要求：

$$f_{cu,min} \geqslant 0.90 f_{cu,k} \tag{4-116}$$

式中　$m_{f_{cu}}$——同一验收批混凝土立方体抗压强度的平均值，MPa；

$f_{cu,k}$——混凝土立方体抗压强度标准值，MPa；

σ_0——验收批混凝土立方体抗压强度的标准差，MPa；

$f_{cu,min}$——同一验收批混凝土立方体抗压强度的最小值，MPa。

2) 方差未知的统计方法

它是现场浇灌混凝土强度的主要评定方法。当混凝土生产连续性较差，在较长的时间内不能保证维持基本相同的生产条件，混凝土强度变异性不能保持稳定时，或生产周期短，在前一个检验期内的同一品种混凝土没有足够的数据用以确定验收批混凝土的强度标准差 σ_0 时，应由不少于 10 组的试件组成一个验收批，其强度应同时满足下列公式的要求：

$$m_{f_{cu}} - \lambda_1 S_{f_{cu}} \geqslant 9.0 f_{cu,k} \tag{4-117}$$

$$f_{cu,min} \geqslant \lambda_2 f_{cu,k} \tag{4-118}$$

式中　$S_{f_{cu}}$——同一验收批混凝土立方体抗压强度的标准差，MPa，当 $S_{f_{cu}}$ 的计算值小于 $0.06f_{cu,k}$ 时，取 $S_{f_{cu}} = 0.06f_{cu,k}$；

λ_1、λ_2——合格判定系数，按表 4-8 取用。

表 4-8 混凝土强度的合格判定系数

试件组数	10 ~ 14	15 ~ 24	≥25
λ_1	1.70	1.65	1.60
λ_2	0.90	0.85	

3)非统计方法评定

不具备统计方法评定条件,试件组数小于 10 组,用非统计方法。由于试件组数较少,检验效率较差,误判的可能性较大。按非统计方法评定混凝土强度时,其强度应同时满足下列要求:

$$m_{f_{cu}} \geqslant 1.15 f_{cu,k} \tag{4-119}$$

$$f_{cu,min} \geqslant 0.95 f_{cu,k} \tag{4-120}$$

当一个验收批的混凝土试件仅有一组时,则该组试件的强度不得低于标准值的115%。

《混凝土结构工程施工质量验收规范》(GB 50204—2002)规定结构构件的混凝土强度应按现行国家标准《混凝土强度检验评定标准》(GBJ 107)的规定分批检验评定。结构混凝土的强度必须符合设计要求。用于检查结构构件混凝土强度的试件,应在混凝土的浇筑地点随机抽取。取样与试件留置应符合下列规定:

(1)每拌制 100 盘且不超过 100 m^3 的同配合比的混凝土,取样不得少于 1 次。

(2)每工作班拌制的同一配合比的混凝土不足 100 盘时取样不得少于 1 次。

(3)当一次连续浇筑超过 1 000 m^3 时,同一配合比的混凝土每 200 m^3 取样不得少于 1 次。

(4)每一楼层、同一配合比的混凝土取样不得少于 1 次。

(5)每次取样应至少留置一组标准养护试件,同条件养护试件的留置组数应根据实际需要确定。

4. 钻芯法检测混凝土灌注桩

钻芯法检测混凝土灌注桩是本篇的主要内容,下面将详细介绍。理论上讲,钻芯法对所有混凝土灌注桩均可检测,但实际上,当受检桩长径比较大时,成孔的垂直度和钻芯孔的垂直度很难控制,钻芯孔容易偏离桩身,如果要求对全桩长进行检测,一般要求受检桩桩径不宜小于 800 mm、长径比不宜大于 30;如果仅仅是为了抽检桩上部的混凝土强度,可以不受桩径和长径比的限制,有些工程由于验收的需要,对中小直径的沉管灌注桩的上部混凝土也进行钻芯法检测。

另一个问题是强度问题,适用钻芯法检测的混凝土强度的范围是多少?事实上,对于各种混凝土质量,即使是松散的混凝土,钻芯法均可钻取芯样,对于不是松散的混凝土而强度又比较低,钻取的芯样可能是破碎的。

大量工程实践表明,钻芯法是检测钻(冲)孔、人工挖孔等现浇混凝土灌注桩成桩质量的一种有效手段,不受场地条件的限制,特别适用于大直径混凝土灌注桩的成桩质量检测。钻芯法检测的主要目的有四个:

(1)检测桩身混凝土质量情况,如桩身混凝土胶结状况、有无气孔、蜂窝麻面、松散或断桩等,桩身混凝土强度是否符合设计要求,判定桩身完整性类别。

(2)桩底沉渣是否符合设计或规范的要求。

(3)桩底持力层的岩土性状(强度)和厚度是否符合设计或规范要求。

(4)测定桩长是否与施工记录桩长一致。

如果仅在桩身钻取芯样,是无法判断桩的入岩深度的。若要判断桩的入岩深度,还需在桩侧增加钻孔,通过桩侧钻孔结果与桩身钻芯结果比较可确定桩的入岩深度。钻芯法也可用于检验地下连续墙混凝土强度、完整性、墙深、沉渣厚度以及持力层的岩(土)性状。

另外,关于钻芯法检测水泥土搅拌桩,《建筑地基基础施工质量验收规范》(GB 50202—2002)要求对高压喷射注浆地基的桩体强度或完整性进行检验,对水泥土搅拌桩、水泥粉煤灰碎石桩(CFG 桩)的桩身强度进行检查。《建筑地基处理技术规范》(JGJ 79—2002)指出,经触探和载荷试验后对水泥土搅拌桩桩身质量有怀疑时,应在成桩 28 d 后,用双管单动取样器钻取芯样做抗压强度试验;高压喷射注浆可根据工程要求和当地经验采用取芯(常规取芯或软取芯)等方法进行检验。我们说钻芯法借鉴了地质勘探技术,地质勘探的对象包括强度低的淤泥、淤泥质土、一般土,以及强度高的岩石,从勘探角度来说,不管对象的强度高低,均可钻取芯样,但是钻取芯样的目的主要是划分地层及各地层岩土的物理力学性能。在实际建筑工程中,我们有时也采用钻芯法检测深层搅拌桩等低强度的桩身质量,但在检测结果的分析评价上有许多困难,复合地基中的桩体远没有混凝土灌注桩均匀,这些增强体的质量不仅与施工工艺密切相关,而且与土层性质密切相关,如深层搅拌桩在砂层中的桩身强度可高达近 10 MPa,而在淤泥中可能不到 1 MPa。因此,如何准确描述芯样、评价桩身强度是很困难的。这也是为什么到目前为止还没有一本这方面的规范标准的原因。

(二)钻芯设备及检测技术

1. 钻芯设备的选择和安装

1)钻芯设备的选择

根据机械破岩方式,钻进方法可分为回转钻进、冲击钻进、螺旋钻进、振动钻进等。在各种钻进工作中,使用最多的是回转钻进。根据所用钻头不同,回转钻进又可分为金刚石钻进、硬质合金钻进、牙轮钻进和钢粒钻进等。

回转钻进是给切削具以轴向压力,并在回转力的作用下,转动钻头,连续破碎岩石的方法。回转钻进采用回转钻机带动钻杆转动,钻杆的下面装有钻头,钻杆转动时带动钻头一起转动。但要有效破碎岩石,还必须给钻头施加一定的压力,从而使钻头能够在转动的同时切入破碎岩石。不同的钻机其加压方式也不相同,有的钻机采用液压加压的方法,给钻杆施加压力,再通过钻杆把压力传递给钻头;有的则用机械的办法给钻杆施加压力;还有的钻机本身没有加压装置,钻进时在钻头的上面接一根或几根厚壁钻杆,借此供给钻头以足够的破岩压力。基桩和地下连续墙钻芯法采用液压钻机。

钢粒钻进能通过坚硬岩石,但钻头与切削具是分开的,破碎孔底环状面积大、芯样直径小、芯样易破碎、磨损大、采取率低,不适用于基桩钻芯法检测。硬质合金钻进虽然切削具破坏岩石比较平稳，破碎孔底环状间隙相对较小，孔壁与钻具间隙小、芯样直径大、采取率较好，但是硬质合金钻只适用于小于 7 级的岩石（按综合指标划分岩石可钻性分级共有 12 个级别），不适用于基桩钻芯法检测。金刚石钻头切削刀细，破碎岩石平稳，钻具孔壁间隙小，破碎孔底环状面积小，并且由于金刚石较硬、研磨性较强，高速钻进时芯样受钻具磨损时间短，容易获得比较真实的芯样，是取得第一手真实资料的好办法，因此钻芯法检测应采用金刚石钻进。

灌注桩和地下连续墙的混凝土质量检测宜采用液压操纵的钻机，并配有相应的钻塔和牢固的底座，机械技术性能良好。应采用带有产品合格证的钻芯设备，钻机的额定最高转速应不低于 790 rad/min，额定最高转速最好能不低于 1 000 rad/min，转速调节范围应不少于 4 挡，额定配用压力应不低于 1.5 MPa，配用压力越大钻机可钻孔越深。实践证明，加大钻机的底座重量有利于钻机的稳定性，能提高混凝土芯样的质量和采取率。如果钻机使用时间太长，性能不好，可能高速上不去，或即使勉强上去了，钻杆摆动很严重，有的钻机甚至在中速运转时钻杆摆动也非常大。目前市场有比较轻便的中速钻机，最高转速只能达到 500 多 rad/min，钻机进尺慢，比正常钻机的速度慢 2 ~ 3 倍，10 多米的桩 4 ~ 5 d 才抽完 2 个孔。

钻芯法应采用单动双管钻具，并配备相应的孔口管、扩孔器、卡簧、扶正稳定器（又称导向器）及可捞取松软渣样的钻具。尤其是当桩较长时，应使用扶正稳定器确保钻芯孔的垂直度。早期钻芯法采用单管钻具，实践证明，无法保证混凝土芯样的质量。钻杆的粗细也是影响钻孔垂直度的因素之一，选用较粗且平直的钻杆，由于其刚度大，与孔壁的间隙就小，晃动就小，钻孔的垂直度就易保证。钻杆应顺直，直径宜为 51 mm。

2）钻芯设备的安装

钻芯设备安装的好坏直接影响钻芯法检测成果，应高度重视。钻机设备应精心安装，必须周正、稳固、底座水平。钻机立轴中心、天轮中心（天车前沿切点）与孔口中心必须在同一铅垂线上。钻机设备最好架设在枕木上，地面土质较好、条件允许，也可使用木枋垫底。设备安装后，应进行试运转，在确认正常后方能开钻，应确保钻机在钻芯过程中不发生倾斜、移位。一般说来，钻芯孔垂直度偏差应控制在 0.5% 的范围内。

桩顶面与钻机塔座距离大于 2 m 时，宜安装孔口管。开孔宜采用合金钻头、开孔深为 0.3 ~ 0.5 m 后安装孔口管，孔口管下入时应严格测量垂直度，然后固定。

2. 钻头的选择

应根据混凝土设计强度等级选用合适粒度、浓度、胎体硬度的金刚石钻头，且外径不宜小于 100 mm。为了保证钻芯质量，应采用符合现行国家专业标准《人造金刚石薄壁钻头》（ZB 400—85）要求的钻头进行钻芯取样。如钻头胎体有肉眼可见的裂纹裂缝、缺边、少角、倾斜及喇叭口变形等，不仅降低钻头寿命，而且影响钻芯质量。

使用硬质合金钻头，钻进正常的混凝土，很难保证混凝土芯样质量。合金钻头价格较低，对钻取松散部位的混凝土和桩底沉渣，采用干钻时，应采用合金钻头。开孔时也可采用合金钻头。

为了避免粗骨料对试件强度的影响，要求试件尺寸明显大于骨料最大粒径，如果试件尺寸接近粗骨料粒径，试件强度可能反映的是粗骨料的强度而不是混凝土的强度。《混凝土结构工程施工质量验收规范》(GB 50204—2002)规定,检验评定混凝土强度用的混凝土试件尺寸及强度的尺寸换算系数应按表4-9取用。

表4-9 混凝土试件尺寸及强度的尺寸换算系数

骨料最大粒径(mm)	试件尺寸(mm)	强度的尺寸换算系数
≤31.5	100×100×100	0.95
≤40	150×150×150	1.00
≤63	200×200×200	1.05

注:对强度等级为C60及以上的混凝土试件,其强度的尺寸换算系数可通过试验确定。

试验表明,芯样试件直径不宜小于骨料最大粒径的3倍,在任何情况下不得小于骨料最大粒径的2倍,否则试件强度的离散性较大。钻(冲、挖)孔灌注桩和地下连续墙施工中一般选用20~40 mm的粗骨料。目前,钻头外径有76、91、101、110、130 mm几种规格,从经济合理的角度综合考虑,应选用外径为101 mm或110 mm的钻头;当受检桩采用商品混凝土、骨料最大粒径小于30 mm时,可选用外径为91 mm的钻头;如果不检测混凝土强度,可选用外径为76 mm的钻头。

3. 冲洗液

在各种钻进中,钻进对冲洗液的要求为:①冲洗液的性能应能在较大范围内调节,以便适应钻进各种复杂地层;②冲洗液应有良好的冷却散热能力和润滑性能;③冲洗液使用中应能抗外界各种干扰,性能基本稳定;④冲洗液的使用应有利于或不妨碍取芯、防斜等工作的进行;⑤冲洗液应不腐蚀钻具和地面的循环设备,不污染环境。

冲洗液的主要作用有四点,一是清洗孔底,携带和悬浮岩粉;二是冷却钻头;三是润滑钻头和钻具;四是保护孔壁。

基桩钻芯法采用清水钻进。清水钻进的优点是黏度小,冲洗能力强,冷却效果好,可获得较高的机械钻速。水泵的排水量应为50~160 L/min、泵压应为1.0~2.0 MPa。

4. 钻机操作

如果说钻机的安装很重要,那么钻机的操作更重要,必须由操作熟练的试验人员完成。钻进过程中,必须保证钻孔内循环水流不断,且具有一定的压力。这是因为钻头在孔内旋转时产生高温以及钻头在孔内磨出的混凝土粉末或岩粉需要排出,如果钻孔内循环水流中断,会影响钻头的寿命和钻芯的质量,同时应根据回水含砂量及颜色调整钻进速度。

1)金刚石钻头、扩孔器与卡簧的配合和使用要求

金刚石钻头与岩芯管之间必须安有扩孔器,用以修正孔壁;扩孔器外径应比钻头外径大0.3~0.5 mm,卡簧内径应比钻头内径小0.3 mm左右;金刚石钻头和扩孔器应按外径先大后小的排列顺序使用,同时考虑钻头内径小的先用,内径大的后用。钻头、卡簧、扩孔器的使用不配套,或钻进过程中操作不当,往往造成芯样侧面周围有明显的磨损痕迹,情况严重的,芯样被扭断,横断面有明显的磨痕。

2)金刚石钻进技术参数

(1)钻头压力:钻芯法的钻头压力应根据混凝土芯样的强度与胶结好坏而定,胶结

好、强度高的钻头压力可大,相反的压力应小;一般情况初压力为 0.2 MPa,正常压力 1 MPa。

(2)转速:回次初转速宜为 100 r/min 左右,正常钻进时可以采用高转速,但芯样胶结强度低的混凝土应采用低转速。

(3)冲洗液量:冲洗液量一般按钻头大小而定。钻头直径为 101 mm 时,其冲洗液流量应为 60 ~ 120 L/min。

3)金刚石钻进应注意的事项

(1)金刚石钻进前,应将孔底硬质合金捞取干净并磨灭,然后磨平孔底。

(2)提钻卸取芯样时,应使用专门的自由钳拧卸钻头和扩孔器,严禁敲打卸芯。

(3)提放钻具时,钻头不得在地下拖拉;下钻时金刚石钻头不得碰撞孔口或孔口管;发生墩钻或跑钻事故,应提钻检查钻头,不得盲目钻进。

(4)当孔内有掉块、混凝土芯脱落或残留混凝土芯超过 200 mm 时,不得使用新金刚石钻头扫孔,应使用旧的金刚石钻头或针状合金钻头套扫。

(5)下钻前金刚石钻头不得下至孔底,应下至距孔底 200 mm 处,采用轻压慢转扫到孔底,待钻进正常后再逐步增加压力和转速至正常范围。

(6)正常钻进时不得随意提动钻具,以防止混凝土芯堵塞,发现混凝土芯堵塞时应立刻提钻,不得继续钻进。

(7)钻进过程中要随时观察冲洗液量和泵压的变化,正常泵压应为 0.5 ~ 1 MPa,发现异常应查明原因,立即处理。

5. 钻芯技术

1)桩身钻芯技术

桩身混凝土钻芯每回次进尺宜控制在 1.5 m 内;钻进过程中,尤其是前几米的钻进过程中,应经常对钻机立轴垂直度进行校正,可用垂直吊线法校正,即在钻机两侧吊两根与立轴平行的铅垂线,如发现平行出现偏差,应及时纠正立轴偏差,同时应注意钻机塔座的稳定性,确保钻芯过程不发生倾斜、移位。如果发现芯样侧面有明显的波浪状磨痕或芯样端面有明显磨痕,应查找原因,如重新调整钻头、扩孔器、卡簧的搭配,检查塔座是否牢固稳定等。

松散的混凝土应采用合金钻"烧结法"钻取,必要时应回灌水泥浆护壁,待护壁稳定后再钻取下一段芯样。

钻探过程中发现异常时,应立即分析其原因,根据发现的问题采用适当的方法和工艺,尽可能地采取芯样,或通过观察回水含砂量及颜色、钻进的速度变化,结合施工记录及已有的地质资料,综合判断缺陷位置和程度,保证检测质量。

应区分松散混凝土和破碎混凝土芯样,松散混凝土芯样完全是施工所致,而破碎混凝土仍处于胶结状态,但施工造成其强度低,钻机机械扰动使之破碎。

2)桩底钻芯技术

钻至桩底时,应采取适宜的钻芯方法和工艺钻取沉渣并测定沉渣厚度。一般说来,钻至桩底时,为检测桩底沉渣或虚土厚度,应采用减压、慢速钻进,若遇钻具突降,应立即停钻,及时测量机上余尺,准确记录孔深及有关情况。当持力层为中、微风化岩石时,可将桩底0.5 m左右的混凝土芯样、0.5 m左右的持力层以及沉渣纳入同一回次。当持力层为强风化岩层或土层，钻至桩底时，立即改用合金钢钻头干钻反循环吸取法等适宜的钻芯方法和工艺钻取沉渣并测定沉渣厚度。

3）持力层钻芯技术

应采用适宜的方法对桩底持力层岩土性状进行鉴别。对中、微风化岩的桩底持力层，应采用单动双管钻具钻取芯样，如果是软质岩，拟截取的岩石芯样应及时包裹浸泡在水中，避免芯样受损；根据钻取芯样和岩石单轴抗压强度试验结果综合判断岩性。对于强风化岩层或土层，宜采用合金钻钻取芯样，并进行动力触探或标准贯入试验等，试验宜在距桩底50 cm内进行，并准确记录试验结果；根据试验结果及钻取芯样综合鉴别岩性。

6. 现场记录

1）操作记录

钻取的芯样应由上而下按回次顺序放进芯样箱中，每个回次的芯样应排成一排，为了避免丢失或人为调换，芯样侧面上应清晰标明回次数、块号、本回次总块数，采用写成带分数的形式是比较好的唯一性标识方法，如第2个回次共有5块芯样，在第3块芯样上标记$2\frac{3}{5}$，那么$2\frac{3}{5}$可以非常清楚地表示出这是第2回次的芯样，第2回次共有5块芯样，本块芯样为第3块。有时由于现场管理不到位，现场人员未分工或分工不合理，往往未填写或未及时填写钻芯现场记录表，或填写不规范，或未使用芯样箱，芯样未编号或未及时编号，或编号不符合要求，芯样随意摆放，本应能拼接上的，结果人为地造成拼接不上，碎块未摆上去，甚至发生芯样丢失现象；有的将两个回次编成一个回次，一般来说，应该一个回次摆成一排。应按表4-10的格式及时记录钻进情况和钻进异常情况，对芯样质量做初步描述，包括记录孔号、回次数、起至深度、块数、总块数等。

表4-10　钻芯法检测现场操作记录表

<table>
<tr><td colspan="2">桩号</td><td colspan="2"></td><td>孔号</td><td></td><td>工程名称</td><td colspan="2"></td></tr>
<tr><td colspan="2">时间</td><td colspan="3">钻进（m）</td><td rowspan="2">芯样编号</td><td rowspan="2">芯样长度（m）</td><td rowspan="2">残留芯样</td><td rowspan="2">芯样初步描述及异常情况记录</td></tr>
<tr><td>自</td><td>至</td><td>自</td><td>至</td><td>计</td></tr>
<tr><td></td><td></td><td></td><td></td><td></td><td></td><td></td><td></td><td></td></tr>
<tr><td></td><td></td><td></td><td></td><td></td><td></td><td></td><td></td><td></td></tr>
<tr><td></td><td></td><td></td><td></td><td></td><td></td><td></td><td></td><td></td></tr>
<tr><td colspan="2">检测日期</td><td colspan="3"></td><td colspan="2">机长：</td><td>记录：</td><td>页次：</td></tr>
</table>

2）芯样编录

应按表4-11的格式对芯样混凝土、桩底沉渣以及桩端持力层做详细编录。对桩身混凝土芯样的描述包括混凝土钻进深度，芯样连续性、完整性、胶结情况、表面光滑情况、断口吻合程度、混凝土芯是否为柱状、骨料大小分布情况，气孔、蜂窝麻面、沟槽、破碎、夹泥、松散的情况，以及取样编号和取样位置。

表 4-11　钻芯法检测芯样编录表

工程名称		日期		
桩号/钻芯孔号		桩径	混凝土设计强度等级	
项目	分段(层)深度(m)	芯样描述	取样编号 取样深度	备注
桩身混凝土		混凝土钻进深度,芯样连续性、完整性、胶结情况、表面光滑情况、断口吻合程度、混凝土芯是否为柱状、骨料大小分布情况,以及气孔、空洞、蜂窝麻面、沟槽、破碎、夹泥、松散的情况		
桩底沉渣		桩端混凝土与持力层接触情况、沉渣厚度		
持力层		持力层钻进深度,岩土名称、芯样颜色、结构构造、裂隙发育程度、坚硬及风化程度; 分层岩层应分层描述	(强风化或土层时的动力触探或标贯结果)	

检测单位:　　　　　　　　记录员:　　　　　　　　检测人员:

对持力层的描述包括持力层钻进深度,岩土名称、芯样颜色、结构构造、裂隙发育程度、坚硬及风化程度,以及取样编号和取样位置,或动力触探、标准贯入试验位置和结果。分层岩层应分层描述。

芯样质量指标——在某一基桩中,用钻芯法连续采取的芯样中,大于 10 cm 的混凝土芯样段长度之和与基桩中钻探混凝土总进尺的比值,以百分数表示。芯样质量指标参照《岩土工程勘察规范》(GB 50021—2001)第 9. 2. 4 条岩石质量指标 RQD 计算。

芯样采取率——钻孔中取得的混凝土芯样长度与钻探混凝土总进尺的比值,以百分数表示。

芯样采取率是衡量钻探设备性能和钻机操作人员技术水平以及芯样质量的综合指标,一般应符合以下规定:

(1)混凝土结构完整连续,采取率达到 95% 以上。

(2)混凝土胶结尚好,采取率达到 80% 以上。

(3)胶结差或没有胶结的,必须捞取样品(包括桩底沉渣)。

(4)持力层岩芯采取率不少于 80% 。

芯样质量指标和芯样采取率均很难用于评价基桩混凝土施工质量,总的来说,芯样质量指标和芯样采取率高,表示混凝土质量相对较好,芯样质量指标和芯样采取率低,表示混凝土质量相对较差,但是很难量化到与桩身完整性类别挂钩。例如,桩长 20 m,芯样采取率为 98% ,意味着破碎和松散的芯样长度累计可能达 0. 4 m,如果它们集中在同一个部位,那么该部位的混凝土质量很可能很差;如果它们分散在几个部位,那么桩身混凝土质量可能比较好。因此,在《规范》中未提及这两个指标。

条件许可时,可采用钻孔电视辅助判断混凝土质量。钻孔电视是工业电视的一种,它通过井下摄像探头摄取钻孔周围图像,图像信号经过视频电缆传输至地面监视器显示并记录钻孔图像。新式的数字化钻孔电视更为先进、轻捷，井下图像信号传输至地面工业控制计算机，进行图像 A/D 转换、存储、回放、编辑等，并可通过普通 VCD 播放机回放观看图像。通过钻孔电视可直接观测钻孔中混凝土和地质体的各种特征，如混凝土蜂窝、沟槽、松散、断桩等以及地层岩性、岩石结构、断层、裂隙、夹层、岩溶等，还可用于混凝土浇筑质量、地下管道破损探测、地下仪器埋设监测等。

3）芯样拍照

应对芯样和标有工程名称、桩号、钻芯孔号、芯样试件采取位置、桩长、孔深、检测单位名称的标示牌的全貌进行拍照（见图 4-35）。应先拍彩色照片，后截取芯样试件，拍照前应将被包封浸泡在水中的岩样打开并摆在相应位置。取样完毕剩余的芯样宜移交委托单位妥善保存。

图 4-35　芯样照片示意图

7. 钻芯孔测斜

当出现钻芯孔与桩体偏离时，应立即停机记录，分析原因。当有争议时，可进行钻孔测斜，以判断是受检桩倾斜超过规范要求还是钻芯孔倾斜超过规定要求。

测斜仪有两类，一类不需要配置测斜管，只能测出是否倾斜，无法确定倾斜方位，测量精度较低。另一类需要配置测斜管，测量精度较高，不仅能测出是否倾斜，而且能确定倾斜方位。

8. 钻孔处理

钻芯工作完毕，应按规定办理签证认可手续，如果钻芯法检测结果满足设计要求，应对钻芯后留下的孔洞回灌封闭，以保证基桩的工作性能；可采用 0.5 ~ 1.0 MPa 压力，从钻芯孔孔底往上用水泥浆回灌封闭，水泥浆的水灰比可为 0.5 ~ 0.7。如果钻芯法检测结果不满足设计要求，则应封存钻芯孔，留待处理。钻芯孔可作为桩身桩底高压灌浆加固补强孔。

为了加强基桩质量的追溯性，要求在试验完毕后，由检测单位将芯样移交委托单位封样保存。保存时间由建设单位和监理单位根据工程实际商定或至少保留到基础工程验收。

9. 检测要求

1）抽样方法和检测数量

基桩和地下连续墙钻芯法检测可采用随机抽样的方法，也可根据其他已完成的检测方法的试验结果有针对性地确定桩位。一般来说，基桩钻芯法检测不应简单地采用随机抽样的方法进行，而应结合设计要求、施工现场成桩（墙）记录以及其他检测方法的检测结果，经过综合分析后对质量确有怀疑或质量较差的、有代表性的桩进行抽检，以提高检测结果的可靠性，减少工程隐患。钻芯法检测时混凝土龄期不得少于28 d，如果协商一致，混凝土强度达到C20时，是可以提早进行钻芯检验的，无需等到28 d龄期，但芯样试件的试验时间最好等到混凝土龄期大于或等于28 d，以免因芯样抗压强度不满足设计要求而产生矛盾。若验收检测工期紧无法满足休止时间规定，应在检测报告中注明。

抽取的数量应符合下列规定（验证检测和扩大检测不在此范围）：

（1）基桩钻芯检验抽取数量不应少于总桩数的5%，且不得少于5根；当总桩数不大于50根时，钻芯检验桩数不得少于3根。

（2）对于端承型大直径灌注桩，当受设备或现场条件限制无法检测单桩竖向抗压承载力时，可采用钻芯法测定桩底沉渣厚度并钻取桩端持力层岩土芯样检验桩端持力层。抽检数量不应少于总桩数的10%，且不应少于10根。

2）钻孔数及钻孔位置

基桩钻孔数量应根据桩径 D 大小确定：

（1）$D<1.2$ m，每桩钻一孔；

（2）$1.2\ \text{m}\leqslant D\leqslant 1.6$ m，每桩宜钻二孔；

（3）$D>1.6$ m，每桩宜钻三孔。

为准确确定桩的中心点，桩头宜开挖裸露；来不及开挖或不便开挖的桩，应由经纬仪测出桩位中心。灌注桩在浇筑混凝土时存在浇捣不均，不同深度或同一深度的不同位置混凝土浇捣质量可能不同，钻芯孔位合理布置，才能客观反应桩身混凝土的实际情况。当基桩钻芯孔为一个时，宜在距桩中心100～150 mm位置开孔，这主要是考虑导管附近的混凝土质量相对较差、不具有代表性；同时也方便第二个孔的位置布置；当钻芯孔为两个或两个以上时，宜在距桩中心$(0.15\sim0.25)D$内均匀对称布置。

3）钻孔孔深

桩端持力层岩土性状的准确判断直接关系到受检桩的使用安全。《建筑地基基础设计规范》（GB 50007）规定：嵌岩灌注桩要求按端承桩设计，桩端以下3倍桩径范围内无软弱夹层、断裂破碎带和洞隙分布，在桩底应力扩散范围内无岩体临空面。虽然施工前已进行岩土工程勘察，但有时钻孔数量有限，对较复杂的地质条件，很难全面弄清岩石、土层的分布情况。因此，应对桩底持力层进行足够深度的钻探。

每桩至少应有一孔钻至设计要求的深度，如设计未有明确要求时，宜钻入持力层3倍桩径且不应少于3 m。

（三）芯样试件制作与抗压试验

1. 混凝土芯样截取原则

混凝土芯样截取原则主要考虑两个方面，一是能科学、准确、客观地评价混凝土实际质量，特别是混凝土强度；二是操作性较强，避免人为因素影响，故意选择好的或差的混凝土芯样进行抗压强度试验。当钻取的混凝土芯样均匀性较好时，芯样截取比较好办，当混凝土芯样均匀性较差或存在缺陷时，应根据实际情况，增加取样数量。所有取样位置应标明其深度或标高。

基桩质量检测的目的是查明安全隐患,评价施工质量是否满足设计要求。当芯样钻取完成后,有缺陷部位的强度是否满足设计要求、是否构成安全隐患是问题的焦点,至于整体的施工质量水平、整根桩(芯样)的"平均强度"不是我们要关心的主要指标。正如目前先用反射波法普查,然后有目的地重点抽查质量有疑问或质量差的桩进行静载试验或钻芯法检测,以确保基桩工程的质量。

1)芯样截取的特殊性

混凝土芯样截取原则与混凝土强度评价方法密切相关。以概率论为基础,用可靠性指标度量基桩的可靠度是比较科学地评价基桩强度的方法,即在钻芯法受检桩的芯样中截取一批芯样试件进行抗压强度试验,采用统计的方法判断混凝土强度是否满足设计要求。但在应用上存在以下一些困难:

(1)由于基桩施工的特殊性,评价单根受检桩的混凝土强度比评价整个基桩工程的混凝土强度更合理。

(2)《混凝土强度检验评定标准》(GBJ 107—87)定义立方体抗压强度标准值采用了概率论和可靠度概念,但是在该标准第 4. 1. 3 条中判断一个验收批的混凝土强度是否合格时采用了两个不等式(见式(4-117)、式(4-118)),如果说第一个不等式沿用了概率论和可靠度概念,那么第二个不等式是考虑评定对象是结构受力构件,不允许出现过低的小值。同时,该标准指出一组试件的强度代表值应由 3 个试件的强度值确定,而钻芯法若采用类似评价标准,将增加 3 倍的芯样试件数量,这是非常困难的。

(3)混凝土桩应作为受力构件考虑,薄弱部位的强度(结构承载能力)能否满足使用要求,直接关系到结构安全。另外,芯样强度的高低固然是一个很重要的指标,但在综合评价桩身混凝土质量时,不是唯一指标,局部混凝土芯样破碎、松散等的定性描述也是非常重要的,这也是钻芯法结果评价的特殊性。

综合多种因素考虑,《规范》采用了按上、中、下截取芯样试件的原则,同时对缺陷部位和一桩多孔取样作了规定。

一般来说,蜂窝麻面、沟槽等缺陷部位的强度较正常胶结的混凝土芯样强度低,无论是严把质量关,尽可能查明质量隐患,还是便于设计人员进行结构承载力验算,都有必要对缺陷部位的芯样进行取样试验。因此,缺陷位置能取样试验时,《规范》明确规定应截取一组芯样进行混凝土抗压试验。

如果同一基桩的钻芯孔数大于一个,其中一孔在某深度存在蜂窝麻面、沟槽、空洞等缺陷,芯样试件强度可能不满足设计要求,在其他孔的相同深度部位取样进行抗压试验是非常必要的,在保证结构承载能力的前提下,减少加固处理费用。

2)芯样截取规定

《规范》要求截取混凝土抗压芯样试件应符合下列规定:

(1)当桩长为 10 ~30 m 时,每孔截取 3 组芯样;当桩长小于 10 m 时,可取 2 组,当桩长大于 30 m 时,不少于 4 组。

(2)上部芯样位置距桩顶设计标高不宜大于 1 倍桩径或 1 m,下部芯样位置距桩底不宜大于 1 倍桩径或 1 m,中间芯样宜等间距截取。

(3)缺陷位置能取样时,应截取一组芯样进行混凝土抗压试验。

(4)如果同一基桩的钻芯孔数大于一个，其中一孔在某深度存在缺陷时，应在其他孔的该深度处截取芯样进行混凝土抗压试验。

3）地方标准芯样截取规定

(1)广东省标准《基桩和地下连续墙钻芯检验技术规程》(DBJ 15—28—2001)要求混凝土抗压芯样试件采取数量应符合如下规定：

①当桩长或墙深小于10 m时，应在上半部和下半部取代表性芯样2组，每组连续取3个芯样试件；当桩长或墙深在10~30 m时，每孔应在上、中、下三个部位分别选取有代表性芯样3组；当桩长或墙深大于30 m时，每孔选取不少于4组代表性芯样。

②当缺陷部位经确认可进行取样时，必须进行取样。

③当一桩钻孔在两个或以上且其中一孔因缺陷严重未能取样时，应在其他孔相同深度取样进行混凝土抗压试验。

(2)福建省标准《基桩钻芯法检测技术规程》(DBJ 13—28—1999)规定：混凝土抗压试验芯样应从检测桩上、中、下三段随机连续选取3组，每组3块，试件芯样不应少于9块。当桩长大于30 m时，宜适当增加试验组数，选取的试件均应具有代表性。

(3)深圳市标准《深圳地区基桩质量检测技术规程》(SJG 09—99)规定，每孔均应选取桩芯混凝土抗压试件芯样，每1.5 m应有一块，且每孔不应少于10块，宜沿桩长均匀选取。

2. 岩石芯样截取原则

当桩底持力层为中、微风化岩层且岩芯可制作成试件时，应在接近桩底部位截取一组岩石芯样；如遇分层岩性时宜在各层取样。为便于设计人员对端承力的验算，提供分层岩性的各层强度值是必要的。为保证岩石原始性状，避免岩芯暴露时间过长而改变其强度，拟选取的岩石芯样应及时包装并浸泡在水中。

3. 芯样制作

由于混凝土芯样试件的高度对抗压强度有较大的影响，为避免高径比修正带来误差，应取试件高径比为1，即混凝土芯样抗压试件的高度与芯样试件平均直径之比应在0.95~1.05。

每组芯样应制作3个芯样抗压试件。

对于基桩混凝土芯样来说，芯样试件可选择的余地较大，因此不仅要求芯样试件不能有裂缝或其他较大缺陷，而且要求芯样试件内不能含有钢筋；同时，为了避免试件强度的离散性较大，在选取芯样试件时，应观察芯样侧面的表观混凝土粗骨料粒径，确保芯样试件平均直径小于2倍表观混凝土粗骨料最大粒径。

1）芯样试件加工

采用的锯切机加工设备必须具有产品合格证。应采用双面锯切机加工芯样试件，加工时应将芯样固定，锯切平面垂直于芯样轴线。锯切过程中应淋水冷却金刚石圆锯片。

锯切过程中，由于受到振动、夹持不紧、锯片高速旋转过程中发生偏斜等因素的影响，芯样端面的平整度及垂直度不能满足试验要求时，可采用在磨平机上磨平或在专用补平装置上补平的方法进行端面加工。采用补平方法处理端面应注意两个问题：经端面补平后的芯样高度和直径之比应符合有关规定；补平层应与芯样结合牢固，抗压试验时补平层与芯样的结合面不得提前破坏。常用的补平方法有以下两种：

a. 硫磺胶泥(或硫磺、环氧胶泥)补平

(1)补平前先将芯样端面污物清洗干净,然后将芯样垂直地夹持在补平器的夹具上,并提升到一定高度(见图 4-36)。

(2)在补平器底盘上涂薄层矿物油或其他脱模剂,以防硫磺胶泥与底盘黏结。

(3)将硫磺胶泥置于容器中加热熔化。待硫磺胶泥溶液由黄色变成棕色时(约 150°),倒入补平器底盘中。然后,转动手轮使芯样下移并与底盘接触。待硫磺胶泥凝固后,反向转动手轮,把芯样提起,打开夹具取出芯样。然后,按上述步骤补平该芯样的另一端面。

补平器底盘内的机械加工表面平整度,要求每长 100 mm 不超过 0. 05 mm。硫磺胶泥(或硫磺、环氧胶泥)补平厚度不宜大于 1. 5 mm。

本方法一般适用于自然干燥状态下抗压试验的芯样试件补平。

b. 用水泥砂浆(或水泥净浆)补平

(1)补平前先将芯样端面污物清洗干净,然后将端面用水湿润。

(2)在平整度为每长 100 mm 不超过 0. 05 mm 的钢板上涂一薄层矿物油或其他脱模剂,然后倒上适量水泥砂浆摊成薄层,稍许用力将芯样压入水泥砂浆之中,并应保持芯样与钢板垂直。待两小时后,再补另一端面。仔细清除多余水泥砂浆,在室内静放一昼夜后送入养护室内养护。待补平材料强度不低于芯样强度时,方能进行抗压试验,见图 4-37。

本方法一般适用于潮湿状态下抗压试验的芯样试件补平。水泥砂浆(或水泥净浆)补平厚度不宜大于 5 mm。

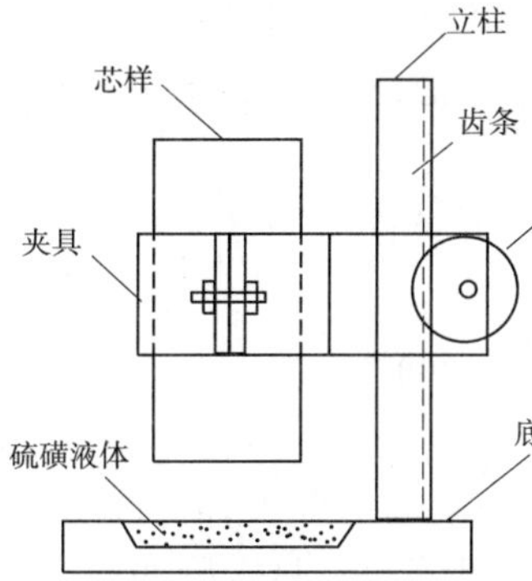

图 4-36　硫磺胶泥补平示意图

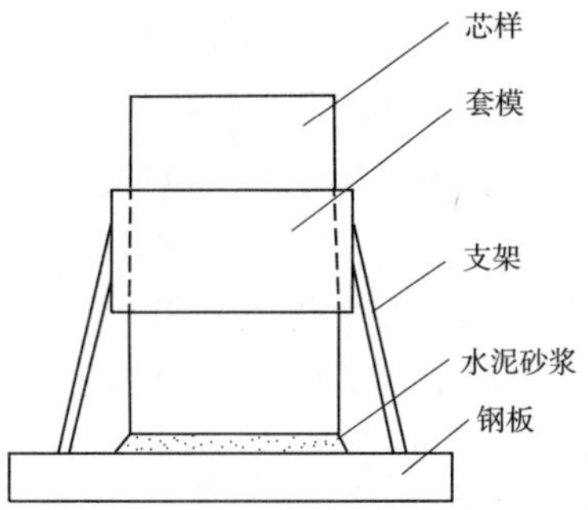

图 4-37　水泥砂浆(或水泥净浆)补平示意图

2)芯样试件测量

试验前,应对芯样试件的几何尺寸做下列测量:

(1)平均直径:用游标卡尺测量芯样中部,在相互垂直的两个位置上,取其两次测量的算术平均值,精确至 0. 5 mm。如果试件侧面有较明显的波浪状,选择不同高度对直径进行测量,测量值可相差 1 ~2 mm,误差可达 5%,引起的强度偏差为 1 ~2 MPa,考虑到钻芯过程对芯样直径的影响是强度低的地方直径偏小,而抗压试验时直径偏小的地方容易破坏,因此在测量芯样平均直径时宜选择表观直径偏小的芯样中部部位。

(2)芯样高度:用钢卷尺或钢板尺进行测量,精确至 1 mm。

(3)垂直度:将游标量角器的两只脚分别紧贴于芯样侧面和端面,测出其最大偏差,一个端面测完后再测另一端面,精确至0.1°,如图4-38所示。

(4)平整度:用钢板尺或角尺立起紧靠在芯样端面上,一面转动钢板尺,一面用塞尺测量与芯样端面之间的缝隙,然后慢慢旋转360°,用塞尺测量其最大间隙,如图4-39所示。实际应用时,如对直径为80 mm的芯样试件,可采用0.08 mm的塞尺检查,看能否塞入最大间隙中去,能塞进去为不合格,不能塞进去为合格。在诸多因素中,芯样试件端面的平整度是一个重要的因素,也是容易被检测人员忽视的因素,应引起足够的重视。有数据表明,平整度不严格把关,强度可降低20%~30%。

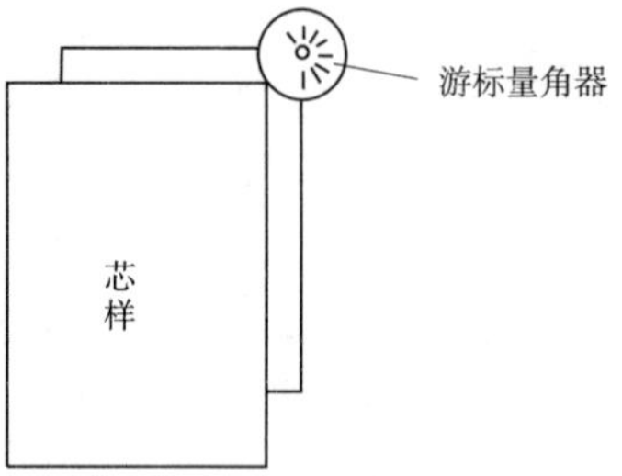

图4-38　垂直度测量示意图

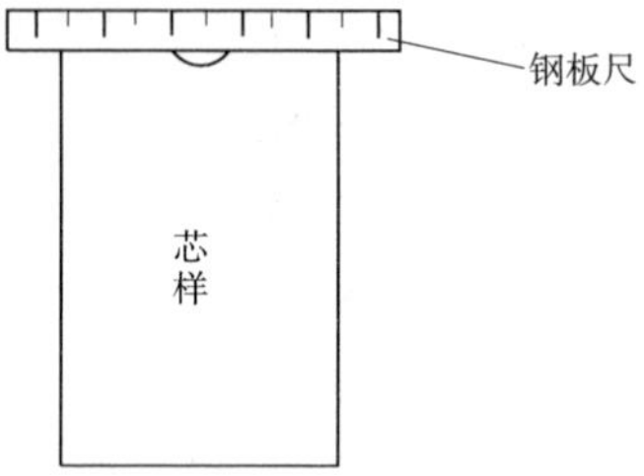

图4-39　平整度测量示意图

3)试件合格标准

试件在进行抗压试验前必须进行检查,检查合格的才能做抗压试验。芯样试件表面有裂缝或有其他较大缺陷、芯样试件内含有钢筋、芯样试件平均直径小于2倍表观混凝土粗骨料最大粒径均不能作为抗压试件,在截取试件前应注意这一点。试件制作完成后尺寸偏差超过下列数值时,也不得用做抗压强度试验:

(1)芯样试件高度小于0.95d或大于1.05d(d为芯样试件平均直径)。

(2)沿试件高度任一直径与平均直径相差达2 mm以上。

(3)试件端面的不平整度在100 mm长度内超过0.1 mm。

(4)试件端面与轴线的不垂直度超过2°。

允许沿试件高度任一直径与平均直径相差达2 mm,极端情况下,芯样试件的最大直径与最小直径相差可达4 mm,此时固然满足规范规定,但是,当芯样侧面有明显波浪状时,应检查钻机的性能,钻头、扩孔器、卡簧是否合理配置,机座是否安装稳固,钻机立轴是否摆动过大,提高钻机操作人员的技术水平。

4.芯样试件抗压强度试验

1)混凝土芯样试件强度试验

混凝土芯样试件的含水量对抗压强度有一定影响,含水越多则强度越低。这种影响也与混凝土的强度有关,强度等级高的混凝土的影响要小一些,强度等级低的混凝土的影响要大一些。据国内一些单位试验,泡水后的芯样强度比干燥状态芯样强度下降7%~22%,平均下降14%。

根据桩的工作环境状态,试件宜在(20±5)℃的清水中浸泡一段时间后进行抗压强度试验。如广东省标准《基桩和地下连续墙钻芯检验技术规程》(DBJ 15—28—2001)规定：芯样试件宜在与被检测对象混凝土湿度基本一致的条件下进行试验。基桩混凝土一般位于地下水位以下，考虑到地下水的作用，应以饱和状态进行试验。按饱和状态进行试验时，芯样试件在受压前宜在(20±5) ℃的清水中浸泡40～48 h，从水中取出后应立即进行抗压强度试验。

《规范》规定芯样试件加工完毕后，即可进行抗压强度试验，一方面考虑到钻芯过程中诸因素影响均使芯样试件强度降低，另一方面是出于方便考虑。

混凝土芯样试件的抗压强度试验应按《普通混凝土力学性能试验方法》(GB 50081)的有关规定执行。芯样试件抗压破坏时的最大压力值与混凝土标准试件明显不同，芯样试件抗压强度试验时应合理选择压力机的量程和加荷速率，保证试验精度。试验应均匀地加荷，加荷速度应为：混凝土强度等级低于C30时，取每秒钟0.3～0.5 MPa；混凝土强度等级高于或等于C30时，取每秒钟0.5～0.8 MPa。当试件接近破坏而开始迅速变形时，停止调整试验机油门，直至试件破坏。

抗压强度试验后，若发现芯样试件平均直径小于2倍试件内混凝土粗骨料最大粒径，且强度值异常时，该试件的强度值无效，不参与统计平均。当出现截取芯样未能制作成试件、芯样试件平均直径小于2倍试件内混凝土粗骨料最大粒径时，应重新截取芯样试件进行抗压强度试验。条件不具备时，可将另外两个强度的平均值作为该组混凝土芯样试件抗压强度值。在报告中应对有关情况予以说明。

2)强度计算

混凝土芯样试件抗压强度应按下列公式计算：

$$f_{cu} = \xi \frac{4P}{\pi d^2} \tag{4-121}$$

式中 f_{cu}——混凝土芯样试件抗压强度，MPa，精确至0.1 MPa；

P——芯样试件抗压试验测得的破坏荷载，N；

d——芯样试件的平均直径，mm；

ξ——混凝土芯样试件抗压强度折算系数，应考虑芯样尺寸效应、钻芯机械对芯样扰动和混凝土成型条件的影响，通过试验统计确定，当无试验统计资料时，宜取为1.0。

3)岩石芯样试验

桩底岩芯单轴抗压强度试验可参照《建筑地基基础设计规范》(GB 50007)附录J执行。每组岩石芯样制作3个芯样抗压试件。当岩石芯样抗压强度试验仅仅是配合判断桩底持力层岩性时，检测报告中可不给出岩石饱和单轴抗压强度标准值，只给出平均值；当需要确定岩石饱和单轴抗压强度标准值时，宜按《建筑地基基础设计规范》(GB 50007)附录J执行。

(四)检测数据分析与评价

1.混凝土桩芯样强度代表值

混凝土芯样试件的强度值不等于在施工现场取样、成型、同条件养护试块的抗压强度，也不等于标准养护28 d的试块抗压强度。

同一根桩有两个或两个以上钻芯孔时，应综合考虑各孔芯样强度来评价桩身结构承载能力。取同一深度部位各孔芯样试件抗压强度的平均值作为该深度的混凝土芯样试件抗压强度代表值,是一种简便实用方法。因此,行标《规范》规定取一组 3 块试件强度值的平均值为该组混凝土芯样试件抗压强度代表值。同一受检桩同一深度部位有两组或两组以上混凝土芯样试件抗压强度代表值时,取其平均值为该桩该深度处混凝土芯样试件抗压强度代表值。

单桩混凝土芯样试件抗压强度代表值指该桩中不同深度位置的混凝土芯样试件抗压强度代表值中的最小值。

2. 持力层的评价

桩底持力层性状应根据芯样特征、岩石芯样单轴抗压强度试验、动力触探或标准贯入试验结果,综合判定桩底持力层岩土性状。桩底持力层岩土性状的描述、判定应有工程地质专业人员参与,并应符合《岩土工程勘察规范》(GB 50021)的有关规定。

3. 成桩质量评价

由于建筑场地地质条件是复杂多变和非均匀的,工程桩逐根施工,各桩浇筑的不一定是同一批混凝土,其成桩质量变化较大。为保证工程质量,应按单桩进行桩身完整性和混凝土强度评价,不应根据几根桩的钻芯结果对整个工程基桩础进行评价。在单桩(地下连续墙单元槽段)的钻芯孔为两个或两个以上时,不应按单孔分别评定,而应根据单桩(地下连续墙单元槽段)各钻芯孔质量综合评定受检基桩(单元槽段)质量。成桩质量评价应结合钻芯孔数、现场混凝土芯样特征、芯样单轴抗压强度试验结果,按表 4-12 的特征进行综合判定。当出现下列情况之一时,应判定该受检桩不满足设计要求:

表 4-12　桩身完整性判定

类别	特征
Ⅰ	混凝土芯样连续、完整、表面光滑、胶结好、骨料分布均匀、呈长柱状、断口吻合,混凝土芯样侧面仅见少量气孔
Ⅱ	混凝土芯样连续、完整、胶结较好、骨料分布基本均匀、呈柱状、断口基本吻合,混凝土芯样侧面局部见蜂窝麻面、沟槽
Ⅲ	大部分混凝土芯样胶结较好,无松散、夹泥或分层现象,但有下列情况之一: 局部混凝土芯样破碎且破碎长度不大于 10 cm; 混凝土芯样骨料分布不均匀; 混凝土芯样多呈短柱状或块状; 混凝土芯样侧面蜂窝麻面、沟槽连续
Ⅳ	有下列情况之一: 桩身混凝土钻进很困难; 混凝土芯样任一段松散、夹泥或分层; 局部混凝土芯样破碎且破碎长度大于 10 cm

(1)桩身完整性类别为Ⅳ类的桩。

(2)受检桩混凝土芯样试件抗压强度代表值小于混凝土设计强度等级的桩。

(3)桩长、桩底沉渣厚度不满足设计或规范要求的桩。

(4)桩底持力层岩土性状(强度)或厚度未达到设计或规范要求的桩。

除桩身完整性和芯样试件抗压强度代表值外,当设计有要求时,应判断桩底的沉渣厚度、持力层岩土性状(强度)或厚度是否满足或达到设计要求;否则,应判断是否满足或达到规范要求。钻芯法可准确测定桩长,若钻芯法测定桩长与施工记录桩不符,应指出。检测时实测桩长小于施工记录桩长,有两种情况:一种是桩端进入设计要求的持力层或进入持力层的深度不满足设计要求,直接影响桩的承载力;另一种情况是桩端按设计要求进入了持力层,基本不影响桩的承载力。不论哪种情况,按桩身完整性定义中连续性的涵义,均应判为Ⅳ类桩。

通过芯样特征对桩身完整性分类,有比低应变法更直观的一面,也有一孔之见代表性差的一面。同一根桩有两个或两个以上钻芯孔时,桩身完整性分类应综合考虑各钻芯孔的芯样质量情况,不同钻芯孔的芯样在同一深度部位均存在缺陷时,该位置存在安全隐患的可能性大,桩身缺陷类别应判重些。

桩身完整性是一个综合定性指标,虽然按芯样特征判定完整性和通过芯样试件抗压试验判定桩身强度是否满足设计要求在内容上相对独立,且表 4-12 中的桩身完整性分类是针对缺陷是否影响结构承载力而做出的原则性规定。但是,除桩身裂隙外,根据芯样特征描述,不论缺陷属于哪种类型,都指明或相对表明桩身混凝土质量差,即存在低强度区这一共性。因此,对于钻芯法,完整性分类尚应结合芯样强度值综合判定。例如:

(1)蜂窝麻面、沟槽、空洞等缺陷程度应根据其芯样强度试验结果判断。若无法取样或不能加工成试件,缺陷程度应判重些。

(2)芯样连续、完整、胶结好或较好、骨料分布均匀或基本均匀、断口吻合或基本吻合;芯样侧面无表观缺陷,或虽有气孔、蜂窝麻面、沟槽,但能够截取芯样制作成试件;芯样试件抗压强度代表值不小于混凝土设计强度等级,则判定基桩的混凝土质量满足设计要求。

(3)芯样任一段松散、夹泥或分层,钻进困难甚至无法钻进,则判定基桩的混凝土质量不满足设计要求;若仅在一个孔中出现前述缺陷,而在其他孔同深度部位未出现,为确保质量,仍应进行工程处理。

(4)局部混凝土破碎、无法取样或虽能取样但无法加工成试件,一般判定为Ⅲ类桩。但是,当钻芯孔数为 3 个时,若同一深度部位芯样质量均如此,宜判为Ⅳ类桩;如果仅一孔的芯样质量如此,且长度小于 10 cm,另两孔同深度部位的芯样试件抗压强度较高,宜判为Ⅱ类桩。

第五节　单桩承载力试验

一、单桩竖向抗压静载试验

(一)概述

1. 静载试验与动载试验

从测试时所施加的加载方式来说,桩的承载力测试分动、静两种方法,即:

1）静载试验

静载试验是采用接近于桩的实际工作条件对桩施加静载荷，测量其在静载荷作用下的变形，来确定桩的承载力。根据所施加的荷载方向和测试结果的不同，静载试验又有竖向抗压静载试验、竖向抗拔静载试验、水平静载试验之分。

2）动载试验

从测试功能来看，测试桩的竖向抗压承载力是高应变法的功能之一，其除了能测试桩的竖向抗压承载力外，还可以对桩身完整性进行测试，并可以对打桩过程实行监测。本部分内容主要介绍其测试竖向抗压承载力的方法。

单桩竖向抗压静载试验采用接近于竖向抗压桩的实际工作条件的试验方法，确定单桩竖向抗压承载力，是目前公认的检测基桩竖向抗压承载力最直观、最可靠的试验方法。

单桩竖向抗压静载试验的主要目的是解决基桩竖向抗压承载力，虽然试验中也能得到与承载力相对应的沉降，但必须指出，静载试验中的沉降量 s 与建（构）筑物的后期沉降量 s' 是不一样的。影响单桩竖向抗压静载试验中的桩顶沉降量 s 的因素主要是桩（包括桩型、桩长、桩径、成桩工艺等）和桩周桩端岩土性状，而对建（构）筑物的后期沉降量 s' 的影响，除这些因素外，还有群桩效应、建（构）筑物的结构型式等诸多因素。建（构）筑物的后期沉降量 s' 明显大于单桩竖向抗压静载试验中的桩顶沉降量 s。如北京地区，二者有的相差 4 ~5 倍；上海地区，二者有的相差达 10 倍（嵌岩桩例外）。国外有的静载试验采用 24 h或 72 h 终级维持荷载法，目的是试图根据单桩竖向抗压静载试验中的桩顶沉降量来分析计算建（构）筑物的后期沉降量，但是有关这方面的研究仍不成熟，仍有许多工作要做。

2. 静载试验目的

静载试验可确定桩的承载力，单桩竖向抗压静载试验确定单桩竖向抗压承载力，单桩竖向抗拔静载试验确定单桩竖向抗拔承载力，单桩水平静载试验确定单桩水平承载力。但不同的情况下其目的有所不同，主要有以下几种情况：

1）为设计提供依据

在工程桩正式施工前，在地质条件具有代表性的区域，先施工几根桩，进行静载试验，以确定设计参数的合理性和施工工艺的可行性。需要时，也可在桩身埋设测量桩身应力、应变、位移、桩底反力的传感器或位移杆，测定桩分层侧阻力和端阻力，在这种情况下，可采用中、小直径桩进行试验来模拟大直径桩的工作性状，减少试验成本。

国家标准《建筑地基基础设计规范》（GB 50007—2002）为了保证基桩设计的可靠性，第 8.5.5 条规定除地基基础设计等级为丙级的建筑物可采用静力触探及标贯试验参数确定单桩竖向承载力特征值外，其他建筑物的单桩竖向承载力特征值应通过单桩竖向静载荷试验确定。在同一条件下的试桩数量，不宜少于总桩数的 1%，且不应少于 3 根。

《基桩检测技术规范》规定：为设计提供依据的静载试验应加载至破坏，即试验应进行到能判定单桩极限承载力为止。对于以桩身强度控制承载力的端承型桩，可按设计要求的加载量进行试验。检测数量在同一条件下不应少于 3 根，且不宜少于总桩数的 1%；当工程桩总数在 50 根以内时，不应少于 2 根。当设计有要求或满足下列条件之一时，施工前应采用静载试验确定单桩竖向抗压承载力特征值：

（1）设计等级为甲级、乙级的建筑基桩。

(2)地质条件复杂、施工质量可靠性低的建筑基桩。

(3)本地区采用的新桩型或新工艺。

2)为工程验收提供依据

目前,绝大多数静载试验是为工程验收提供依据,大多数为工程验收提供依据的静载试验,可按设计要求确定最大加载量,不进行破坏试验,即加载至预定最大试验荷载后即终止试验。

为工程验收提供依据的静载试验,一般要求最大加载量为单桩承载力特征值的2.0倍。实际工程中,建议最大加载量大于单桩承载力特征值的2.0倍,以保证足够的安全储备。因为有时出现这样的情况:3根工程桩静载试验,分10级加载,其中一根桩第10级破坏,另两根桩加载至第10级满足设计要求,按《规范》第3.5.3条,单位工程的单桩竖向抗压承载力特征值不满足设计要求。此时,若其中有一根好桩的最大加载量取单桩承载力特征值的2.2倍,且试验证实其竖向抗压承载力不低于单桩承载力特征值的2.2倍,则单位工程的单桩竖向抗压承载力特征值满足设计要求。显然,若抽检的3根桩有代表性,就可避免不必要的工程处理。

由于有些规范采用的是安全系数,有些规范采用的是分项(安全)系数,因此确定最大试验荷载与设计单位采用哪本规范有关,是采用国家标准《建筑地基基础设计规范》,行业标准《建筑基桩技术规范》,还是地方标准规范?这也是实际工作中应注意的问题。虽然现行国家、行业标准和地方标准对基桩承载力的规定,从大量工程进行宏观统计的角度来看,其安全可靠度是差不多的,但具体到某个工程,由于地基基础设计等级不同、基础形式不同(是单基桩础还是群基桩础)、施工工艺不同等因素,设计要求有时有较大的差异,也就是说错误套用规范、生搬硬套某条规定,如不区分承载力设计值和承载力特征值,导致错误计算最大试验荷载。

3)验证检测

针对其他检测结果,如钻芯法或声波透射法检测发现桩身质量有问题,或对高应变承载力试验结果有疑问,需要采用静载试验进行验证检测,判定桩的竖向抗压承载力是否满足设计要求。有关验证试验在《规范》各章节中有比较明确的规定。

4)其他目的

有些静载试验是为了收集科研资料、编制规范、开拓新的桩型和施工工艺、进行静动对比等而进行的。

3.试验方法

我国建筑工程中惯用的静载试验方法是维持荷载法。维持荷载法又可分为慢速维持荷载法和快速维持荷载法。

4.桩侧和桩端阻力测试

当埋设有测量桩身应力、应变、桩底反力的传感器或位移杆时,可测定桩周土分层侧阻力和桩端土端阻力或桩身截面的位移量。由于试验成本较高,主要用于大型、重点工程指导设计和进行科研试验。随着高科技测试手段的应用,如高精度的数值采集仪现场测试,防水绝缘工艺的进步,桩身内力测试技术日臻成熟。

（二）桩的极限状态和破坏模式

1. 极限状态设计原则

为了保证建（构）筑物的安全，建筑工程对基桩础的基本要求有两方面：第一是稳定性，桩与地基土相互之间的作用是稳定的，桩身本身的结构强度是足够的，在建筑物正常使用期间，承载力满足上部结构荷载的要求，保证不发生整体强度破坏，不会导致发生开裂、滑动和塌陷等有害的现象；第二是变形（沉降及不均匀沉降）不超过建筑物的允许变形值，保证建筑物不会因地基产生过大的变形或差异沉降而影响建筑物的安全与正常使用。

传统的基桩设计方法是将荷载、承载力（抗力）等设计参数视为定值，又称为定值设计法。但是建筑工程中的基桩础，从勘察到施工，都是在大量的不确定的情况下进行的，对于不同的地质条件、不同桩型、不同施工工艺，在取相同的安全系数的条件下，其实际的可靠度是不同的。

概率极限状态设计首先在结构工程中得到发展。《建筑结构可靠度设计统一标准》（GB 50068—2001）统一了各类材料的建筑结构可靠度设计的基本原则和方法，它适用于建筑结构、组成结构的构件及地基基础的设计。结构可靠度采用以概率理论为基础的极限状态设计方法，所谓极限状态，指整个结构或结构的一部分超过该状态就不能满足设计要求。

极限状态分为承载能力极限状态和正常使用极限状态两类。承载能力极限状态对应于结构或结构构件达到最大承载能力或发生不适于继续承载的变形；正常使用极限状态对应于结构或结构构件达到正常使用或耐久性能的某项规定限值。进行承载能力极限状态设计时，应考虑作用效应的基本组合，必要时尚应考虑作用效应的偶然组合；进行正常使用极限状态设计时，应根据不同设计目的选择作用效应组合。标准组合主要用于当一个极限状态被超越时将产生严重的永久性损害的情况，频遇组合主要用于当一个极限状态被超越时将产生局部损害、较大变形或短暂振动等情况，准永久组合主要用于当长期效应是决定性因素时的一些情况。《建筑地基基础设计规范》（GB 50007）规定承载力按荷载效应的标准组合计算，沉降和变形按荷载效应的准永久组合计算。

2. 桩的极限状态

桩的极限状态分为承载能力极限状态和正常使用极限状态两类。承载能力极限状态对应于基桩达到最大承载能力或整体失稳或发生不适于继续承载的变形；正常使用极限状态对应于基桩达到建筑物正常使用所规定的变形限值或达到耐久性要求的某项限值。

1）基桩承载能力极限状态

以竖向受压基桩为例，基桩承载能力极限状态由下述三种状态之一确定：

（1）基桩达到最大承载力，超出该最大承载力即发生破坏。

就竖向受荷单桩而言，其荷载—沉降曲线大体表现为陡降型（A）和缓变型（B）两类（见图 4-40）。$Q—s$ 曲线是破坏模式与破坏特征的宏观反映，陡降型属于急进破坏，缓变型属渐进破坏。前者破坏特征点明显，一旦荷载超过极限承载力，沉降便急剧增大，即发生破坏，只有减小荷载，沉降才能稳定。后者破坏特征点不明显，常常是通过多种分析方法判定其极限承载力，且判定的极限承载力并非真正的最大承载力，因此继续增加荷载，沉降仍能趋于稳定，不过是塑性区开展范围扩大、塑性沉降量增加而已。对于大直径桩、群基桩础尤其是低承台群桩，其荷载—沉降曲线变化更为平缓，渐进破坏特征更明显。由此可见，对于两类破坏型态的基桩，其承载力失效后果是不同的。

(2)基桩出现不适于继续承载的变形。

对于大部分大直径单基桩础、低承台群基桩础，其荷载—沉降呈缓变型，属渐进破坏，判定其极限承载力比较困难，带有任意性，且物理意义不甚明确。因此，为充分发挥其承载潜力，宜按结构物所能承受的桩顶的最大变形 s_u 确定其极限承载力，如图4-40所示，取对应于 s_u 的荷载为极限承载力 Q_u。该承载能力极限状态由不适于继续承载的变形所制约。

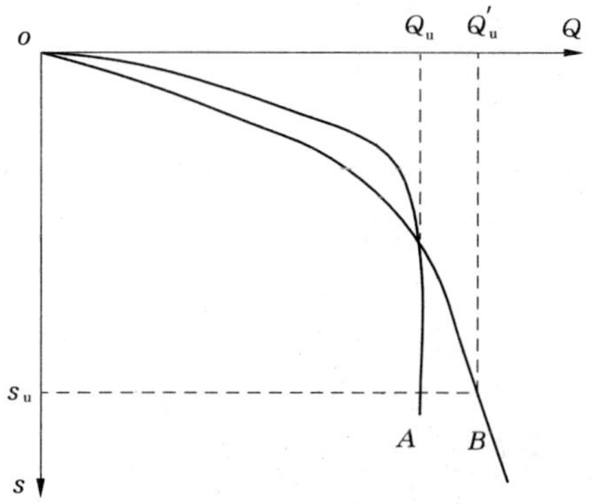

图4-40　单桩竖向抗压静载试验荷载—沉降曲线

(3)基桩发生整体失稳。

位于岸边、斜坡的基桩、浅埋基桩、存在软弱下卧层的基桩，在竖向荷载作用下，有发生整体失稳的可能。因此，其承载力极限状态除由上述两种状态之一制约外，尚应验算基桩的整体稳定性。

对于承受水平荷载、上拔荷载的基桩，其承载能力极限状态同样由上述三种状态之一所制约。对于桩身和承台，其承载能力极限状态的具体涵义包括受压、受拉、受弯、受剪、受冲切极限承载力。

2)基桩的正常使用极限状态

基桩正常使用极限状态是指基桩达到建筑物正常使用所规定的变形限值或达到耐久性要求的某项限值，具体指：

(1)基桩的变形。竖向荷载引起的沉降或水平荷载引起的水平变位，可能导致建筑物标高的过大变化，差异沉降或水平位移使建筑物倾斜过大、开裂、装修受损、设备不能正常运转、人们心理不能承受等，从而影响建筑物的正常使用。

(2)桩身和承台的耐久性。对处于腐蚀性环境中的桩身和承台，要进行混凝土的抗裂验算和钢桩的耐腐蚀处理；对于使用上需限制混凝土裂缝宽度的基桩可按《混凝土结构设计规范》规定，验算桩身和承台的裂缝宽度。这些验算的目的是为了满足基桩的耐久性，保持建筑物的正常使用。

3)单桩竖向抗压极限承载力

单桩竖向抗压极限承载力指单桩在竖向荷载作用下到达破坏状态前或出现不适于继续承载的变形时所对应的最大荷载。它取决于土对桩的支承阻力和桩身结构强度，一般由土对桩的支承阻力控制，对于端承桩、超长桩和桩身质量有缺陷的桩，可能由桩身结构强度控制。即单桩竖向极限承载力包含两层涵义：一是桩身结构极限承载力，二是支承桩侧桩端地基土的极限承载力。

3. 破坏模式

静载试验桩的破坏模式，包括桩身结构强度破坏和地基土的强度破坏。

1）桩身结构强度破坏

桩身缩颈、离析、松散、夹泥，混凝土强度低等都会造成桩身强度破坏；灌注桩桩底沉渣太厚，预制桩接头脱节等会导致承载力偏低，虽然不属于狭义的桩身破坏，但也属于成桩质量问题；桩帽制作不符合要求，如桩帽与原桩身不对中、桩帽混凝土强度低，导致试验无法顺利进行，也属于广义的桩身破坏。桩身结构强度破坏的 Q—s 曲线为陡降型。

2）地基土强度破坏

地基土强度破坏显然与地基土的性质密切相关，对于单桩竖向抗压静载试验来说，土对桩的抗力分为桩侧阻力和桩端阻力。对摩擦型桩，地基土破坏特征比较明显，Q—s 曲线呈陡降型；但对于端承型桩，一般 Q—s 曲线呈缓变形，地基土破坏特征不是很明显。对于桩端持力层存在软夹层、破碎带、溶洞或孔洞，也会导致地基土强度破坏，其 Q—s 曲线也呈陡降型。另外，对采用泥浆护壁的冲、钻孔灌注桩，如果桩周泥皮过厚，会明显降低桩侧阻力。对于陡降型 Q—s 曲线，其极限承载力即为与破坏荷载相应的陡降起始点荷载。对于缓变型 Q—s 曲线，确定极限承载力的方法较多，如有的取 Q—s 曲线斜率转变为常数或斜率减小的起始点荷载为极限承载力，即 Δs—Q 曲线的第二拐点；有的取 s—$\lg t$ 曲线尾部明显弯曲的前一级荷载为极限承载力；有的取 s—$\lg Q$ 曲线转变为陡降直线的起始点荷载为极限承载力；有的取 $\lg s$—$\lg Q$ 曲线第二直线交会点荷载为极限承载力；等等。其方法不下 20 种，但在许多情况下，常因 Q—s 等曲线特征很不明显，使取值结果带有任意性，加上有的确定极限承载力方法的物理意义并不明确，因而对于缓变型 Q—s 曲线的极限承载力宜综合判定取值。由于对 Q—s 曲线呈缓变型的桩，荷载达到“极限承载力”后再施加荷载，并不会导致桩的失稳和沉降的显著增大，即承载力并未真正达到极限，因而该极限承载力实际为工程上的极限承载力。

单桩竖向静载试验是确定单桩竖向极限承载力的最可靠方法，也是宏观评价桩的变形和破坏性状的依据。静载试验所得荷载—沉降（Q—s）曲线的形态随桩侧和桩端土层的分布与性质、成桩工艺、桩的形状和尺寸（桩径、桩长及其比值）、应力历史等诸多因素而变化。Q—s 曲线是桩土体系的荷载传递、侧阻和端阻的发挥性状的综合反应。由于桩侧阻力一般先于桩端阻力发挥，因此 Q—s 曲线的前段主要受侧阻力制约，而后段则主要受端阻力制约。但是对于下列情况则例外：

（1）超长桩（$L/D>100$），Q—s 全程受侧阻性状制约。

（2）短桩（$L/D<10$）和支承于较硬持力层上的短至中长（$L/D\leqslant 25$）扩底桩，Q—s 前段同时受侧阻和端阻性状的制约。

（3）支承于岩层上的短桩，Q—s 全程受端阻及嵌岩阻力制约。

单桩 Q—s 曲线与只受基底土性状制约的平板载荷试验不同，它是总侧阻 Q_s、总端阻 Q_p 随沉降发挥过程的综合反映，因此许多情况下不出现初始线性变形段，端阻力的破坏模式与特征也难以由 Q—s 明确反映出来。

一条典型的缓变型 Q—s 曲线（见图 4-41）应具有以下四个特征：

（1）比例界限荷载 Q_p（又称第一拐点），它是 Q—s 曲线上起始的拟直线段的终点所对应的荷载。

（2）屈服荷载 Q_y，它是曲线上曲率最大点所对应的荷载。

(3)极限荷载 Q_u,它是曲线上某一极限位移 s_u 所对应的荷载。此荷载亦可称为工程上的极限荷载。

(4)破坏荷载 Q_f,它是曲线的切线平行于 s 轴(或垂直于 Q 轴)时所对应的荷载。

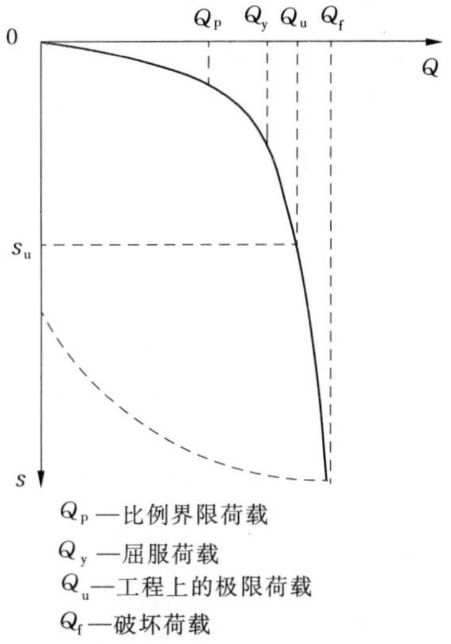

图 4-41　典型的缓变型 Q—s 曲线

(三)仪器设备及桩头处理

仪器设备的合理选择和正确安装,桩头处理是否恰当,一方面关系到检测工作的安全,另一方面关系到检测数据的准确,必须引起我们注意。静载试验设备主要由主梁、次梁、锚桩或压重等反力装置,千斤顶、油泵加载装置,压力表、压力传感器或荷重传感器等荷载测量装置,百分表或位移传感器等位移测量装置组成。下面分别进行介绍。

1. 反力装置

静载试验加载反力装置可根据现场条件选择锚桩横梁反力装置、压重平台反力装置、锚桩压重联合反力装置、地锚反力装置、岩锚反力装置、静力压桩机等。选择加载反力装置应注意:加载反力装置能提供的反力不得小于最大加载量的 1.2 倍,在最大试验荷载作用下,加载反力装置的全部构件不应产生过大的变形,应有足够的安全储备。应对加载反力装置的全部构件进行强度和变形验算,当采用锚桩横梁反力装置时,还应对锚桩抗拔力(地基土、抗拔钢筋、桩的接头混凝土抗拉能力)进行验算,并应监测锚桩上拔量。

1)锚桩横梁反力装置

锚桩横梁反力装置(俗称锚桩法)是大直径灌注桩静载试验最常用的加载反力系统,由试桩、锚桩、主梁、次梁、拉杆、锚笼(或挂板)、千斤顶等组成(见图 4-42),次梁可放在主梁的上面或放在主梁的下面。锚桩、反力梁装置提供的反力不应小于预估最大试验荷载的 1.2~1.5 倍。当采用工程桩作锚桩时,锚桩数量不得少于 4 根;当要求加载值较大时,有时需要 6 根甚至更多的锚桩。具体锚桩数量要通过验算各锚桩的抗拔力来确定。

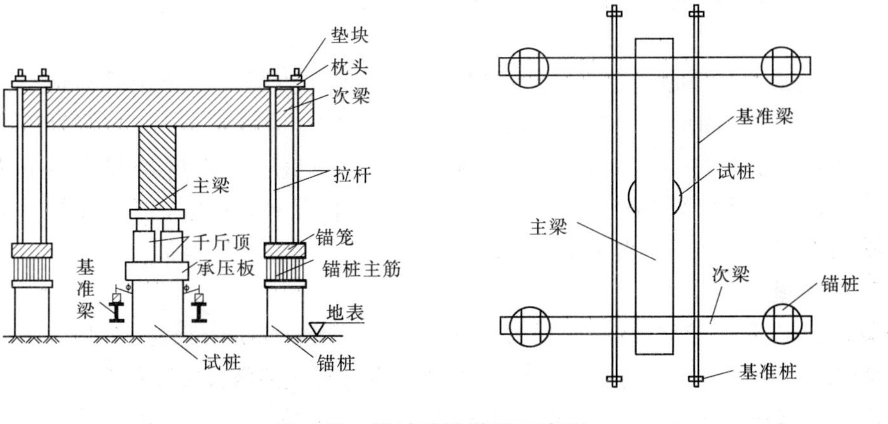

图 4-42　锚桩试验装置示意图

2)压重平台反力装置

压重平台反力装置(俗称堆载法)由重物、工字钢(次梁)、主梁、千斤顶等构成(见图4-43)。常用的堆重重物为砂包和钢筋混凝土构件,少数用水箱、红砖和钢(铁)块等。压重不得少于预估最大试验荷载的1.2倍,且压重宜在试验开始之前一次加上,并均匀稳固地放置于平台之上。

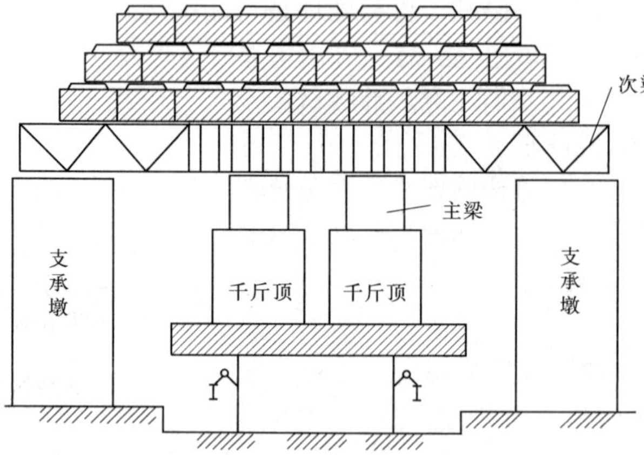

图4-43　堆载试验装置示意图

规范要求压重施加于地基土的压应力不宜大于地基土承载力特征值的1.5倍,压重平台支墩尺寸较小时,压重平台支墩施加于地基土的压应力可能会大于地基土承载力,造成地基土破坏或明显下沉,导致堆载平台倾斜甚至坍塌。当压重在试验前一次加足可能会造成支墩下地基土破坏时,少部分压重可在试验过程中加上,试验过程中应保证压重不小于试验荷载的1.2倍。这样做存在安全隐患,如果在较高荷载下桩身脆性破坏,全部压重作用于支墩下的地基土,使地基土破坏,极有可能造成整个压重平台坍塌。

一般压重平台反力装置的次梁放在主梁的上面,重物的重心较高,有稳定和安全方面的隐患,设计静载试验装置时,也可将次梁放在主梁的下面,类似锚桩横梁反力装置,通过拉杆将荷载由主梁传递给次梁,若干根次梁可以焊接组合成一个小平台,整个堆重平台可由四个小平台组成,该类反力装置尤其适合砂包堆载。

3)锚桩压重联合反力装置

当试桩的最大加载量超过锚桩的抗拔能力时,可在主梁和副梁上堆重或悬挂一定重物,由锚桩和重物共同承受千斤顶加载反力,以满足试验荷载要求。采用锚桩压重联合反力装置应注意两个问题,一是当各锚桩的抗拔力不一样时,重物应相对集中在抗拔力较小的锚桩附近;二是重物和锚桩反力的同步性问题,拉杆应预留足够的空隙,保证试验前期锚桩暂不受力,先用重物作为试验荷载,试验后期联合反力装置共同起作用。

2. 荷载测量

静载试验均采用千斤顶与油泵相连的形式,由千斤顶施加荷载。荷载测量可采用以下两种形式,一是通过用放置在千斤顶上的荷重传感器直接测定,二是通过并联于千斤顶油路的压力表或压力传感器测定油压,根据千斤顶率定曲线换算荷载。用荷重传感器测力,不需考虑千斤顶活塞摩擦对出力的影响;用油压表(或压力传感器)间接测量荷载需对千斤顶出力进行率定，受千斤顶活塞摩擦的影响，不能简单地根据油压乘活塞面积计算荷载，同型号千斤顶在保养正常状态下，相同油压时的出力相对误差为1% ~2%，非正常时可高达5%。

目前市场上有两类千斤顶，一类是单油路千斤顶，只有一个油嘴，进油和回油（加载或卸载）都是通过这个油路，压力表连接在该油路上；另一种是双油路千斤顶，有上下两个油嘴，进油路接在千斤顶的下油路，压力表也连接在该油路上，油泵通过该油路对桩进行加载，回油路接在千斤顶的上油路。不论采用哪一类千斤顶，油路的单向阀（又称止油阀）应安装在压力表和油泵之间，不能安装在千斤顶和压力表之间，否则压力表无法监控千斤顶的实际油压值。

近几年来，许多单位采用自动化静载试验设备进行试验，采用荷重传感器测量荷重或采用压力传感器测定油压，实现加卸荷与稳压自动化控制，不仅减轻检测人员的工作强度，而且测试数据准确可靠。关于自动化静载试验设备的量值溯源，不仅应对压力传感器进行校准，而且还应对千斤顶进行校准，或者对压力传感器和千斤顶整个测力系统进行校准。

压力表一般由接头、弹簧管、传动机构等测量系统，指针和度盘等指示部分，表壳、罩圈、表玻璃等外壳部分组成。在被测介质的压力作用下，弹簧管的末端产生弹性位移，借助抽杆经齿轮传动机构的传动并予放大，由固定于齿轮轴上的指针将被测压力值在度盘上指示出来。精密压力表使用环境温度为(20 ± 3) ℃，空气相对湿度不大于80%，当环境温度太低或太高时应考虑温度修正。采用压力表测定油压时，为保证静载试验测量精度，压力表准确度等级应优于或等于0.4级（即压力表的示值误差不大于0.4%），不得使用1.5级压力表作加载控制。目前市场上用于静载试验的油压表的量程主要有25、40、60、100 MPa，应根据千斤顶的配置和最大试验荷载要求，合理选择油压表。最大试验荷载对应的油压不宜小于压力表量程的1/4，避免“大秤称轻物”；同时为了延长压力表的使用寿命，最大试验荷载对应的油压不宜大于压力表量程的2/3。

采用荷重传感器和压力传感器同样存在量程及精度问题，一般要求传感器的测量误差不大于1%。

千斤顶检定一般从其量程的20%或30%开始，根据5 ~8个点的检定结果给出率定曲线（或校准方程）。因此，选择千斤顶时，最大试验荷载对应的千斤顶出力宜为千斤顶量程的30% ~80%。当采用两台及两台以上千斤顶加载时，为了避免受检桩偏心受荷，千斤顶型号、规格应相同且应并联同步工作。

试验用油泵、油管在最大加载时的压力不应超过规定工作压力的80%，当试验油压较高时，油泵应能满足试验要求。

3. 沉降测量

1) 基准梁

基准梁和基准桩问题是实际试验中看似简单但又容易忽视的问题，实际试验中，应避免一些违反规范要求的做法，如简单地将基准梁放置在地面上，或不打基准桩而架设在砂袋（或红砖）上；基准桩打的不够深、不稳；基准梁长度不符合规范要求；基准梁的刚度不够，产生较大的挠曲变形；未采取有效措施防止外界因素对基准梁的影响。宜采用工字钢作基准梁，高跨比不宜小于1/40，尤其是大吨位静载试验，试验影响范围较大，要求采用较长和刚度较大的基准梁，有时由于运输和型钢尺寸的限制，需要在现场将两根钢梁组合或焊接成一根基准梁，如果组合或焊接质量不好，会影响基准梁的稳定性，必要时可将两根基准梁连接或者焊接成网架结构，以提高其稳定性。另外，基准梁越长，越容易受外界因素的影响，有时这种影响较难采取有效措施来预防。

基准梁的一端应固定在基准桩上，另一端应简支于基准桩上，以减少温度变化引起的基准梁挠曲变形。在满足规范规定的条件下，基准梁不宜过长，并应采取有效遮挡措施，以减少温度变化和刮风下雨、振动及其他外界因素的影响，尤其在昼夜温差较大且白天有阳光照射时更应注意。一般情况下，温度对沉降的影响为1～2 mm。

2）基准桩

国家标准《建筑地基基础设计规范》（GB 50007—2002）要求试桩、锚桩（压重平台支墩边）与基准桩之间的中心距离大于4倍试桩和锚桩的设计直径且大于2.0 m。1985年，国际土力学与基础工程协会（ISSMFE）根据世界各国对有关静载试验的规定，提出了静载试验的建议方法并指出：试桩中心到锚桩（或压重平台支墩边）和到基准桩各自间的距离应分别“不小于2.5 m或3*D*”，小直径桩按3*D*控制，大直径桩按2.5 m控制，这和我国现行规范规定的“大于等于4*D*且不小于2.0 m”相比更容易满足。高层建筑物下的大直径桩试验荷载大、桩间净距小（规定最小中心距为3*D*），往往受设备能力制约，采用锚桩法检测时，三者间的距离有时很难满足“大于等于4*D*”的要求，加长基准梁又难避免产生显著的气候环境影响。考虑到现场验收试验中的困难，且加载过程中，锚桩上拔对基准桩、试桩的影响一般小于压重平台对它们的影响，因此《规范》对部分间距的规定放宽为“不小于3*D*”，具体见表4-13。

表4-13　试桩、锚桩（或压重平台支墩边）和基准桩之间的中心距离

反力装置	试桩中心与锚桩中心（或压重平台支墩边）	试桩中心与基准桩中心	基准桩中心与锚桩中心（或压重平台支墩边）
锚桩横梁	≥4(3)*D*且>2.0 m	≥4(3)*D*且>2.0 m	≥4(3)*D*且>2.0 m
压重平台	≥4*D*且>2.0 m	≥4(3)*D*且>2.0 m	≥4*D*且>2.0 m
地锚装置	≥4*D*且>2.0 m	≥4(3)*D*且>2.0 m	≥4*D*且>2.0 m

注：① *D*为试桩、锚桩或地锚的设计直径或边宽，取其较大者。

② 如试桩或锚桩为扩底桩或多支盘桩时，试桩与锚桩的中心距尚不应小于2倍扩大端直径。

③ 括号内数值可用于工程桩验收检测时多排桩设计桩中心距离小于4*D*的情况。

④软土场地压重平台堆载重量较大时，宜增加支墩边与基准桩中心和试桩中心之间的距离，并在试验过程中观测基准桩的竖向位移。

另外，还有一个问题有必要讨论，试桩、锚桩、压重平台支墩对基准桩的影响，显然与它们的尺寸和相应荷载均有关系，也与地质条件有关。从土力学原理可知，试桩对基准桩的影响与试桩的尺寸和试桩承受的荷载有关，锚桩对基准桩的影响与锚桩的尺寸和锚桩承受的荷载有关。压重平台支墩对基准桩的影响与压重平台支墩的尺寸和压重平台支墩承受的荷载有关。当然，在大多数情况下，试桩与锚桩的设计直径基本相同，取试桩和锚桩直径较大者来控制基准桩的位置是可行的，但是压重平台支墩的尺寸与试桩尺寸相差甚远，而且试验前压重平台支墩已经承受了不低于60%的最大试验荷载（试验要求压重宜在检测前一次加足，并均匀稳固地放置于平台上；反力不得小于最大加载量的1.2倍）。关于压重平台支墩边与基准桩和试桩之间的最小间距问题，应区别两种情况对待。在场地土较硬时，堆载引起的支墩及其周边地面沉降和试验加载引起的地面回弹均很小，如 ϕ1 200 灌注桩采用10 m×10 m平台堆载11 550 kN，土层自上而下为凝灰岩残积土、强风化和中风化凝灰岩，堆载和试验加载过程中，距支墩边1、2 m处观测到的地面沉降及回弹量几乎为零。但在软土场地，大吨位堆载由于支墩影响范围大而应引起足够的重视。以某一场地 ϕ500 管桩用7 m×7 m平台堆载4 000 kN为例：在距支墩边0.95、1.95、2.55 m和3.5 m设四个观测点，平台堆载至4 000 kN时观测点下沉量分别为13.4、6.7、3.0 mm和0.1 mm；试验加载至4 000 kN时观测点回弹量分别为2.1、0.8、0.5 mm和0.4 mm。但也有报导管桩堆载6 000 kN时，支墩产生明显下沉，试验加载至5 000 kN时，距支墩边2.9 m处的观测点回弹近8 mm。这里出现两个问题：其一，当支墩边距试桩较近时，大吨位堆载地面下沉将对桩产生负摩阻力，特别对摩擦型桩将明显影响其承载力；其二，桩加载（地面卸载）时地基土回弹对基准桩产生影响。支墩对试桩、基准桩的影响程度与荷载水平及土质条件等有关。对于软土场地超过10 000 kN的特大吨位堆载（目前国内压重平台法堆载已超过30 000 kN），为减少对试桩产生附加影响，应考虑对支墩下2~3倍宽影响范围内的地基进行加固；对大吨位堆载支墩出现明显下沉的情况，尚需进一步积累资料和研究可靠的沉降测量方法，简易的办法是在远离支墩处用水准仪或张紧的钢丝观测基准桩的竖向位移。

3）百分表和位移传感器

沉降测定平面宜在桩顶200 mm以下位置，最好不小于0.5倍桩径，测点应牢固地固定于桩身，即不得在承压板上或千斤顶上设置沉降观测点，避免因承压板变形导致沉降观测数据失实。直径或边宽大于500 mm的桩，应在其两个方向对称安置4个百分表或位移传感器，直径或边宽小于等于500 mm的桩可对称安置2个百分表或位移传感器。

沉降测量宜采用位移传感器或大量程百分表，对于机械式大量程（50 mm）百分表，《大量程百分表》（JJG 379）规定的1级标准为：全程示值误差和回程误差分别不超过40 μm和8 μm，相当于满量程测量误差不大于0.1%。因此，《规范》要求沉降测量误差不大于0.1%FS（FS，满量程），分辨力优于或等于0.01 mm。常用的百分表量程有50、30、10 mm，量程越大、周期检定合格率越低，但沉降测量使用的百分表量程过小，可能造成频繁调表，影响测量精度。

4. 桩头处理

试验过程中，应保证不会因桩头破坏而终止试验，但桩头部位往往承受较高的垂直荷载和偏心荷载，因此一般应对桩头进行处理。

预制方桩和预应力管桩，如果未进行截桩处理、桩头质量正常，单桩设计承载力合理，可不进行处理。预应力管桩、尤其是进行了截桩处理的预应力管桩，可采用填芯处理，填芯高度 h 一般为1~2 m，可放置钢筋也可不放钢筋，填芯用的混凝土宜按C25~C30配制，也可用特制夹具箍住桩头。为了便于两个千斤顶的安装方便，同时进一步保证桩头不受破损，可针对不同的桩径制作特定的桩帽，套在试验桩桩头上。

混凝土桩桩头处理应先凿掉桩顶部的松散破碎层和低强度混凝土，露出主筋，冲洗干净桩头后再浇筑桩帽，并符合下列规定：

(1)桩帽顶面应水平、平整，桩帽中轴线与原桩身上部的中轴线严格对中，桩帽面积大于或等于原桩身截面积，桩帽截面形状可为圆形或方形。

(2)桩帽主筋应全部直通至混凝土保护层之下，如原桩身露出主筋长度不够时，应通过焊接加长主筋，各主筋应在同一高度上，桩帽主筋应与原桩身主筋按规定焊接。

(3)距桩顶1倍桩径范围内，宜用3～5 mm厚的钢板围裹，或距桩顶1.5倍桩径范围内设置箍筋，间距不宜大于150 mm。桩帽应设置钢筋网片3～5层，间距80～150 mm。

(4)桩帽混凝土强度等级宜比桩身混凝土提高1～2级，且不得低于C30。

试桩桩顶标高最好由检测单位根据自己的试验设备来确定，特别是对大吨位静载试验更有必要。为便于沉降测量仪表安装，试桩顶部宜高出试坑地面；为使试验桩受力条件与设计条件相同，试坑地面宜与承台底标高一致。

(四)检测技术

1. 系统检查

在所有试验设备安装完毕之后，应进行一次系统检查。其方法是对试桩施加一较小的荷载进行预压，其目的是消除整个量测系统和被检桩本身由于安装、桩头处理等人为因素造成的间隙而引起的非桩身沉降；排除千斤顶和管路中之空气；检查管路接头、阀门等是否漏油等。如一切正常，卸载至零，待百分表显示的读数稳定后，记录百分表初始读数，即可开始进行正式加载。

2. 维持荷载法

对绝大多数基桩而言，为保证上部结构正常使用，控制基桩绝对沉降是第一重要的，这是地基基础按变形控制设计的基本原则。我国静载试验的传统做法是采用慢速维持荷载法，但在工程桩验收检测中，也允许采用快速维持荷载法。1985年ISSMFE根据世界各国的静载试验有关规定，在推荐的试验方法中，建议维持荷载法加载为每小时一级，稳定标准为0.1 mm/20 min。快速维持荷载法在国内从20世纪70年代就开始应用，我国港口工程规范(JTJ 2202—83)从1983年、上海地基设计规范(DBJ—08—11—89)从1989年起就将这一方法列入，与慢速法一起并列为静载试验方法。快速维持荷载法每一级荷载维持时间为1 h，各级荷载下的桩顶沉降相对慢速法要小一些，但相差不大。

表4-14列出了上海市23根摩擦桩慢速维持荷载法试验实测桩顶稳定时的沉降量和1 h时沉降量的对比结果。从中可见，在1/2极限荷载点，快速法1 h时的桩顶沉降量与慢速法相差很小(0.5 mm以内)，平均相差0.2 mm；在极限荷载点相差要大些，为0.6～6.1 mm，平均2.9 mm。关于快慢速法极限承载力比较，根据上海市统计的71根试验桩资料(桩端在黏性土中47根，在砂土中24根)，这些对比是在同一根桩或桩土条件相同的相邻桩上进行的，得出的结果见表4-15。从中可以看出快速法试验得出的极限承载力较慢速法略高一些，其中桩端在黏性土中平均提高约1/2级荷载，桩端在砂土中平均提高约1/4级荷载。

表 4-14 稳定时的沉降量 s_w 和 1 h 时的沉降量 s_{1h} 的对比

荷载点	s_w 与 s_{1h} 之差(mm)		s_{1h}/s_w(%)	
	幅度	平均	幅度	平均
极限荷载	0.57~6.07	2.89	71~96	86
1/2 极限荷载	0.01~0.51	0.20	95~100	98

表 4-15 快速法与慢速法极限承载力比较

桩端土类别	快速法比慢速法极限荷载提高幅度
黏性土	0~9.6%,平均 4.5%
砂土	-2.5%~9.6%,平均 2.3%

相对而言,慢速维持荷载法的加荷速率比建筑物建造过程中的施工加载速率要快得多,慢速法试桩得到的使用荷载对应的桩顶沉降与建筑物基桩在长期荷载作用下的实际沉降相比,一般要小几倍到十几倍,相比之下快慢速法试验引起的沉降差异是可以忽略的。而且快速法因试验周期的缩短,又可减少昼夜温差等环境影响引起的沉降观测误差。尤其在很多地方的工程桩验收试验中,最大试验荷载小于桩的极限荷载,在每级荷载施加不久,沉降迅速稳定,缩短荷载维持时间不会明显影响试桩结果,是可以采用快速法的。但有些软土中的摩擦桩,按慢速法加载,在 2 倍设计荷载的前几级,就已出现沉降稳定时间逐渐延长,即在 2 h 甚至更长时间内不收敛,此时,采用快速法是不适宜的。

1)试验加卸载方式

加载应分级进行,采用逐级等量加载;分级荷载宜为最大加载量或预估极限承载力的 1/10,其中第一级可取分级荷载的 2 倍。在《工业与民用建筑地基基础设计规范》(TJ 7—74)中规定分级荷载为单桩允许承载力的 1/10——相当于极限承载力的 1/20;《工业与民用建筑灌注桩基础设计与施工规程》(JGJ 4—80)规定分级荷载为预估极限承载力的 1/15~1/10;《建筑地基基础设计规范》(GBJ 7—89)规定分级荷载约为单桩承载力设计值 1/8~1/5,承载力设计值是承载力标准值的 1.1~1.2 倍,承载力标准值是极限承载力的一半,也就是说分级荷载约为极限承载力的 1/15~1/8;修订后的《建筑地基基础设计规范》(GB 50007—2002)规定加载分级不应小于 8 级,分级荷载宜为预估极限承载力的 1/10~1/8;《建筑基桩技术规范》(JGJ 94—94)规定分级荷载为预估极限承载力的1/15~1/10。显然,不同规范包括其他行业标准对分级荷载的取值规定是不完全一样的。一般说来,对工程桩的验收试验,分级荷载可取大一些;对于指导设计的试桩试验宜取小一些;对于科研性质的静载试验等,根据需要可以采用非等量加载,如将最后若干级荷载的分级荷载减半。

终止试验后开始卸载,卸载应分级进行,每级卸载量取加载时分级荷载的 2 倍,逐级等量卸载。加、卸载时应使荷载传递均匀、连续、无冲击,每级荷载在维持过程中的变化幅度不得超过分级荷载的 10%。

2）慢速维持荷载法试验

（1）每级荷载施加后按第5、15、30、45、60 min测读桩顶沉降量，以后每隔30 min测读一次。

（2）试桩沉降相对稳定标准：在每级荷载作用下，桩顶的沉降量连续两次在每小时内不超过0.1 mm，可视为稳定（由1.5 h内的沉降观测值计算）。

（3）当桩顶沉降速率达到相对稳定标准时，再施加下一级荷载。

（4）卸载时，每级荷载维持1 h，按第5、15、30、60 min测读桩顶沉降量；卸载至零后，应测读桩顶残余沉降量，维持时间为3 h，测读时间为第5、10、15、30 min，以后每隔30 min测读一次。

3）快速维持荷载法

（1）每级荷载施加后按第5、15、30 min测读桩顶沉降量，以后每隔15 min测读一次。

（2）试桩沉降相对稳定标准：加载时每级荷载维持时间不少于1 h，最后15 min时间间隔的桩顶沉降增量小于相邻15 min时间间隔的桩顶沉降增量。

（3）当桩顶沉降速率达到相对稳定标准时，再施加下一级荷载。

（4）卸载时，每级荷载维持15 min，按第5、15 min测读桩顶沉降量；卸载至零后，应测读桩顶残余沉降量，维持时间为2 h，测读时间为第5、10、15、30 min，以后每隔30 min测读一次。

4）终止加载条件

（1）某级荷载作用下，桩顶沉降量大于前一级荷载作用下沉降量的5倍。当桩顶沉降能稳定且总沉降量小于40 mm时，宜加载至桩顶总沉降量超过40 mm。

当桩身存在水平整合型缝隙、桩端有沉渣或吊脚时，在较低竖向荷载时常出现本级荷载沉降超过上一级荷载对应沉降5倍的陡降，当缝隙闭合或桩端与硬持力层接触后，随着持载时间或荷载增加，变形梯度逐渐变缓；当桩身强度不足桩被压断时，也会出现陡降，但与前相反，随着沉降增加，荷载不能维持甚至大幅降低。所以，出现陡降后不宜立即卸荷，而应使桩下沉量超过40 mm，以大致判断造成陡降的原因。

（2）某级荷载作用下，桩顶沉降量大于前一级荷载作用下沉降量的2倍，且经24 h尚未达到稳定标准。该条件只对慢速维持荷载法适用。

（3）已达加载反力装置的最大加载量。

原则上讲这条是不应有的，除非设备选择不当或压重不够，试验中应避免。

①已达到设计要求的最大加载量。

②当工程桩作锚桩时，锚桩上拔量已达到允许值。

由于地质条件的差异或成桩工艺的原因（如泥皮过厚等），锚桩的实际抗拔力可能会小于计算值，导致锚桩上拔量过大。《公路桥涵地基与基础设计规范》（JTJ 024—1985）规定桥涵基桩兼作锚桩时，其上拔量不得大于15 mm。建筑行业标准中未提出锚桩上拔量的允许值是多少，事实上，用做锚桩的工程桩，不得影响其用做工程桩的使用功能，这是验算锚桩拔力和控制锚桩上拔量的前提条件，因此应考虑试验过程中锚桩的上拔荷载与上拔量处于弹性工作状态。显然，锚桩上拔量的允许值与其地质条件、桩长等因素密切相关，可按短桩5 mm、长桩10 mm来控制，对抗裂有要求的桩，应按抗裂要求验算锚桩的抗拔承载力。

③当荷载—沉降曲线呈缓变型时，可加载至桩顶总沉降量 60 ~ 80 mm；在特殊情况下，可根据具体要求加载至桩顶累计沉降量超过 80 mm。

非嵌岩的长（超长）桩和大直径（扩底）桩的 Q—s 曲线一般呈缓变型，前者由于长细比大、桩身较柔，弹性压缩量大，桩顶沉降较大时，桩端位移还很小；后者虽桩端位移较大，但尚不足以使端阻力充分发挥。在桩顶沉降达到 40 mm 时，桩端阻力一般不能充分发挥，因此放宽桩顶总沉降量控制标准是合理的。此外，国际上普遍的看法是：当沉降量达到桩径的 10% 时，才可能达到破坏荷载。

3. 试验资料记录

静载试验资料应准确记录。试验前应收集工程地质资料、设计资料、施工资料等，填写桩静载试验概况表（见表 4-16），概况表包括三部分信息，一是有关拟建工程资料，二是试验设备资料，千斤顶、压力表、百分表的编号等，三是受检桩试验前后表观情况及试验异常情况的记录。试验油压值应根据千斤顶校准公式计算确定。试验过程记录表可按表 4-17记录，应及时记录百分表调表等情况，如果沉降量突然增大，荷载无法稳定，还应记录桩“破坏”时的残余油压值。

表 4-16　桩静载试验概况表

工程名称		建设单位		结构型式	
工程地点		设计单位		层数	
委托单位		勘察单位		工程桩总数	
兴建单位		基桩施工单位		混凝土设计强度等级	
桩型		持力层		单桩承载力特征值(kN)	
桩径(mm)		设计桩长(m)		试验最大荷载量(kN)	
千斤顶编号及校准公式				压力表编号	
百分表编号					

试验序号	工程桩号	试验前桩头观察情况	试验后桩头观察情况	试验异常情况
1				
2				
3				
4				
5				
6				

其他情况说明：

表 4-17　桩静载试验记录表

工程名称：　　　　日期：　　　　桩号：　　　　试验序号：

油压表读数(MPa)	荷载(kN)	读数时间	时间间隔(min)	读数(mm)					沉降(mm)		备注
				表 1	表 2	表 3	表 4	平均	本次	累计	

试验记录：　　　　校对：　　　　审核：　　　　页次：

(五)检测数据分析

确定单桩竖向抗压承载力时，应绘制竖向荷载—沉降(Q—s)、沉降—时间对数(s—lg$t$)曲线，需要时也可绘制 s—lg$Q$、lg$s$—lg$Q$ 等其他辅助分析所需曲线，并整理荷载沉降汇总表(参考表 4-18)。

表 4-18　荷载试验结果汇总表

工程名称：　　　　日期：　　　　桩号：　　　　试验序号：

序号	荷载(kN)	历时(min)		沉降(mm)	
		本级	累计	本级	累计

1. 单桩竖向抗压极限承载力确定

单桩竖向抗压极限承载力 Q_u 可按下列方法综合分析确定：

(1)根据沉降随荷载变化的特征确定：对于陡降型 Q—s 曲线，单桩竖向抗压极限承载力取其发生明显陡降的起始点所对应的荷载值。有两种典型情况，可根据残余油压值来判断：一种是荷载加不上去，只要补压，沉降量就增加，不补压时，沉降基本处于稳定状态，压力值基本维持在较高水平——接近与极限承载力对应的压力；另一种情况是在高荷载作用下桩身破坏，在破坏之前，沉降量比较正常，总沉降量比较小，桩的破坏没有明显的前兆，施加下一级荷载时，沉降量明显增大，压力值迅速降至较低水平并维持在这个水平。

(2)根据沉降随时间变化的特征确定：在前面若干级荷载作用下，s—lg$t$ 曲线呈直线状态，随着荷载的增加，s—lg$t$ 曲线变为双折线甚至三折线，尾部斜率呈增大趋势，单桩竖向抗压极限承载力取 s—lg$t$ 曲线尾部出现明显向下弯曲的前一级荷载值。采用 s—lg$t$ 曲线判定极限承载力时，还应结合各曲线的间距是否明显增大来判断，如果 s—lg$t$ 曲线尾部明显向下弯曲，本级荷载对应的 s—lg$t$ 曲线与前一级荷载的间距明显增大，那么前一级荷载即为桩的极限承载力；必要时应结合 $Q—s$ 曲线综合判定。

(3)如果在某级荷载作用下，桩顶沉降量大于前一级荷载作用下沉降量的 2 倍，且经 24 h 尚未达到稳定标准，在这种情况下，单桩竖向抗压极限承载力取前一级荷载值。

(4)如果因为已达加载反力装置或设计要求的最大加载量，或锚桩上拔量已达到允许值而终止加载时，桩的总沉降量不大，桩的竖向抗压极限承载力取为不小于实际最大试验荷载值。

(5)对于缓变型 $Q—s$ 曲线可根据沉降量确定，宜取 $s=40$ mm 对应的荷载值；当桩长大于 40 m 时，宜考虑桩身弹性压缩量；对直径大于或等于 800 mm 的桩，可取 $s=0.05D$ 对应的荷载值。

桩身弹性压缩量可根据最大试验荷载时的桩身平均轴力 $\overline{Q}$、桩长 L、横截面积 A、桩身弹性模量 E，按 $\overline{Q}L/AE$ 来近似计算。桩身轴力一般按梯形分布考虑(桩端轴力应根据实践经验估计)，对于摩擦桩，桩身轴力可按三角形分布计算(近似假设桩端轴力为零)，对于端承桩，桩身轴力可按矩形分布计算(近似假设桩端轴力等于桩顶轴力)。

对大直径桩，按 $Q—s$ 曲线沉降量确定直径大于等于 800 mm 的桩极限承载力，取 $s=0.05D$ 对应的荷载值。因为 $D\geqslant800$ mm 时定义为大直径桩，当 $D=800$ mm，$0.05D=40$ mm，这样正好与中、小直径桩的沉降标准衔接。应该注意，世界各国按桩顶总沉降确定极限承载力的规定差别较大，这和各国安全系数的取值大小、特别是上部结构对基桩沉降的要求有关。因此，当按桩顶沉降量确定极限承载力时，尚应考虑上部结构对基桩沉降的具体要求。

对于缓变型 $Q—s$ 曲线，根据沉降量确定极限承载力，各国标准和国内不同规范规程有不同的规定，基本原则是尽可能挖掘桩的极限承载力而又保证有足够的安全储备。

2. 单桩竖向抗压极限承载力统计值确定

由于《建筑基桩技术规范》(JGJ 94—94)附录 C 第 C.0.11 条的方法是根据统计承载力标准差大于 15% 时，采用极限承载力标准值折减系数的修正方法，实际操作中对桩数大于等于 4 根时，折减系数的计算比较烦琐，且静载检测本身是通过小样本来推断总体。样本容量愈小，可靠度愈低，而影响单桩承载力的因素复杂多变，故新编的《规范》未采用这种方法，而是参照《建筑地基基础设计规范》(GB 50007—2002)附录 Q 第 Q.0.10 条的方法。

当一批受检桩中有一根桩承载力过低，若恰好不是偶然原因，则该验收批一旦被接受，就会增加使用方的风险。因此规定级差超过平均值的 30% 时，首先应分析原因，结合工程实际综合分析判别。例如一组 5 根试桩的承载力值依次为 800、900、1 000、1 100、1 200 kN，平均值为 1 000 kN，单桩承载力最低值和最高值的极差为 400 kN，超过平均值的 30%，则不得将最低值 800 kN 去掉将后面 4 个值取平均，或将最低和最高值都去掉取中间 3 个值的平均值，应查明是否出现桩的质量问题或场地条件变异；若低值承载力出现的原因并非偶然的施工质量造成，则按本例依次去掉高值后取平均，直至满足极差不超过 30% 的条件。此外，对桩数小于或等于 3 根的柱下承台、或试桩数量仅为 2 根时，应采用低值，以确保安全。对于仅通过少量试桩无法判明级差大的原因时，可增加试桩数量。

综上所述，《规范》规定单桩竖向抗压极限承载力统计值按以下方法确定：

(1)成桩工艺、桩径和单桩竖向抗压承载力设计值相同的受检桩数不小于3根时,可进行单位工程单桩竖向抗压极限承载力统计值计算。

(2)参加统计的受检桩试验结果,当满足其极差不超过平均值的30%时,取其平均值为单桩竖向抗压极限承载力。

(3)当极差超过平均值的30%时,应分析极差过大的原因,结合工程具体情况综合确定。必要时可增加受检桩数量。

(4)对桩数为3根或3根以下的柱下承台,或工程桩抽检数量少于3根时,应取低值。

3. 单桩竖向抗压承载力特征值

单位工程同一条件下的单桩竖向抗压承载力特征值 R_a 应按单桩竖向抗压极限承载力统计值的一半取值。《建筑地基基础设计规范》规定的单桩竖向抗压承载力特征值是按单桩竖向抗压极限承载力统计值除以安全系数2得到的。

(六)桩侧阻力和桩端支承力测试分析技术

1. 传感器埋设技术要求

基桩内力测试适用于混凝土预制桩、钢桩、组合型桩,也可用于桩身断面尺寸基本恒定或已知的混凝土灌注桩。对竖向抗压静载试验桩,可得到桩侧各土层的分层抗压摩阻力和桩端支承力;对竖向抗拔静荷载试验桩,可得到桩侧土的分层抗拔摩阻力;对水平力试验桩,可求得桩身弯矩分布,最大弯矩位置等。

基桩内力测试可采用应变式传感器(简称应变计)测量应变、钢弦式传感器测量力、沉降杆测量位移。根据测试目的及要求,宜按表4-19中的传感器技术、环境特性,选择适合的传感器,也可采用滑动测微计。需要检测桩身某断面或桩底位移时,可在需检测断面设置沉降杆。

表4-19 传感器技术、环境特性一览表

项目	特性	
技术、环境特性	钢弦式传感器	应变式传感器
传感器体积	大	较小
蠕变	较小,适宜于长期观测	较大,需提高制作技术、工艺解决
测量灵敏度	较低	较高
温度变化的影响	温度变化范围较大时需要修正	可以实现温度变化的自补偿
长导线影响	不影响测试结果	需进行长导线电阻影响的修正
自身补偿能力	补偿能力弱	对自身的弯曲、扭曲可以自补偿
对绝缘的要求	要求不高	要求高
静、动态测试	只适用于静态测试	静态、动态均适用

当在桩身埋设应变片或钢弦式传感器时,传感器宜放在两种不同性质土层的界面处,以测量桩在不同土层中的分层摩阻力。在地面处(或以上)应设置一个测量断面作为传

感器标定断面。最上面和最下面的传感器埋设断面分别距桩顶和桩底的距离不应小于1倍桩径。在同一断面处可对称设置2～4个传感器,当桩径较大或试验要求较高时取高值。

2. 混凝土预制桩和灌注桩中应变式传感器的制作方法

电阻应变片主要是用来测量桩身的应变,它的工作部分是粘贴在极薄的绝缘材料上的金属丝,在轴向荷载作用下,桩身发生变形,粘贴在桩上应变片的电阻也随之发生变化,导致其自身电阻的变化,通过测量应变片电阻的变化就可得到桩身的应变,进而得到桩身应力的变化情况。

应变式传感器可按全桥或半桥方式制作,宜优先采用全桥方式。传感器的测量片和补偿片应选用同一规格同一批号的产品,按轴向、横向准确地粘贴在钢筋同一断面上。测点的连接应采用屏蔽电缆,导线的对地绝缘电阻值应在500 MΩ以上;使用前应将整卷电缆除两端外全部浸入水中1 h,测量芯线与水的绝缘;电缆屏蔽线应与钢筋绝缘;测量和补偿所用连接电缆的长度和线径应相同。

电阻应变片及其连接电缆均应有可靠的防潮绝缘防护措施,正式试验前电阻应变片及电缆的系统绝缘电阻不应低于200 MΩ。

不同材质的电阻应变片粘贴时应使用不同的粘贴剂。在选用电阻应变片、粘贴剂和导线时,应充分考虑试验桩在制作、养护和施工过程中的环境条件。对采用蒸汽养护或高压养护的混凝土预制桩,应选用耐高温的电阻应变计、粘贴剂和导线。

电阻应变测量所用的电阻应变仪宜具有多点自动测量功能,仪器的分辨力应优于或等于1 $\mu\varepsilon$,并有存储和打印功能。

对混凝土预制桩和灌注桩应变式传感器的制作和埋设可视具体情况采用以下三种方法之一:

(1)在600～1 000 mm长的钢筋上,轴向、横向粘贴4个(2个)应变片组成全桥(半桥),经防水绝缘处理后,到材料试验机上进行应力—应变关系标定。标定时的最大拉力宜控制在钢筋抗拉强度设计值的60%以内,经三次重复标定,应力—应变曲线的线性、滞后和重复性满足要求后,方可采用。传感器应在浇筑混凝土前按指定位置焊接或绑扎(泥浆护壁灌注桩应焊接)在主筋上,并满足规范对钢筋锚固长度的要求。固定后带应变片的钢筋不得弯曲变形或有附加应力产生。

(2)直接将电阻应变片粘贴在桩身指定断面的主筋上,其制作方法及要求与上面相同。

(3)将应变砖或埋入式混凝土应变测量传感器按产品使用要求预埋在预制桩的桩身指定位置。

目前,市场已经有专业公司制造应变式传感器。由于应变式传感器的制作要求相当高,实际使用中应购买专业公司生产的应变式传感器。

3. 弦式钢筋计

在桩顶荷载作用下,埋设于桩身中的弦式钢筋计会产生微量变形,从而改变钢弦的原有应力状态和自振频率,根据预先标定的钢筋应力与自振频率的关系曲线,就可得到桩身钢筋所承受的轴向力。

弦式钢筋计应按主筋直径大小选择，带有接长杆弦式钢筋计可直接焊接在桩身的主筋上，不宜采用螺纹连接，并代替这一段钢筋的工作。仪器的可测频率范围应大于桩在最大加载时的频率的 1.2 倍。使用前应对钢筋计逐个标定，得出压力（推力）与频率之间的关系。弦式钢筋计通过与之匹配的频率仪进行测量，频率仪的分辨力应优于或等于1 Hz。

4. *桩身内力测试数据分析*

在各级荷载作用下进行桩顶沉降测读的同时，对桩身内力进行测试记录。测试数据整理应符合下列规定：

（1）采用应变式传感器测量时，按下列公式对实测应变值进行导线电阻修正：

采用半桥测量时

$$\varepsilon = \varepsilon'(1 + \frac{r}{R}) \tag{4-122}$$

采用全桥测量时

$$\varepsilon = \varepsilon'(1 + \frac{2r}{R}) \tag{4-123}$$

式中 ε——修正后的应变值；

ε'——修正前的应变值；

r——导线电阻，Ω；

R——应变计电阻，Ω。

（2）采用弦式传感器测量时，将钢筋计实测频率通过率定系数换算成实测钢筋应力 σ_{si}，由式（4-124）计算钢筋的应变：

$$\varepsilon_{si} = E_s / \sigma_{si} \tag{4-124}$$

式中 σ_{si}——桩身第 i 断面处的钢筋应力，kPa；

E_s——钢筋弹性模量，kPa；

ε_{si}——桩身第 i 断面处的钢筋应变。

（3）在数据整理过程中，应将零漂大、变化无规律的测点删除，求出同 断面有效测点的应变平均值。由于混凝土与钢筋笼紧密地浇筑在一起，它们同步变形，位移是连续的，因此钢筋的应变即为桩身混凝土的应变，可按下式计算该断面处桩身轴力：

$$Q_i = \bar{\varepsilon}_i E_i A_i \tag{4-125}$$

式中 Q_i——桩身第 i 断面处轴力，kN；

$\bar{\varepsilon}_i$——第 i 断面处应变平均值；

A_i——第 i 断面处桩身截面面积，m^2；

E_i——第 i 断面处桩身材料弹性模量，kPa，当桩身断面、配筋一致时，宜按标定断面处的应力与应变的比值确定。

混凝土的非线性和塑性变形特征表现为：荷载越大，弹性模量（割线模量）越小。如果是锤击预制桩，反复锤击可使混凝土的非线性部分或大部分消除；但对于灌注桩，混凝土的非线性是不能忽略的。此外，即使灌注桩有标定断面，若该断面尺寸未知，则由断面测量的应变值换算成轴力时，也同样产生很大的误差。

当无法按标定断面处的应力—应变曲线确定割线模量 E_i 且测量断面尺寸不可靠时，

则按下式计算桩身轴力，所产生的误差将主要取决于 E_c 和 A_{pi} 两个量是否可靠：

$$Q_i = E_s\bar{\varepsilon}_i A_s + E_c\bar{\varepsilon}_i A_{pi} \tag{4-126}$$

式中 E_s——钢筋弹性模量，kPa；

E_c——混凝土弹性模量，kPa；

A_s——第 i 断面处的钢筋计面积，m^2；

A_{pi}——第 i 断面处桩身混凝土截面面积，m^2。

(4)按每级试验荷载下桩身不同断面处的轴力值制成表格，并绘制轴力分布图。再由桩顶极限荷载下对应的各断面轴力值计算桩侧土的分层极限摩阻力和极限端阻力：

$$q_{si} = \frac{Q_i - Q_{i+1}}{u \cdot l_i} \tag{4-127}$$

$$q_p = \frac{Q_n}{A_0} \tag{4-128}$$

式中 q_{si}—— 桩第 i 断面与第 $i+1$ 断面间侧摩阻力，kPa；

q_p——桩的端阻力，kPa；

i——桩检测断面顺序号，自桩顶以下从小到大排列；

u——桩身周长，m；

l_i——第 i 断面与第 $i+1$ 断面之间的桩长，m；

Q_n——桩端的轴力，kN；

A_0——桩端面积，m^2。

(七)静载试验中的若干问题

1. 静载试验本身对基桩承载力的影响

就单桩竖向抗压承载力而言，有这样两种情况值得注意：一种是经过静载试验后桩的承载力提高了，例如桩底有沉渣，静载试验将沉渣压实，桩端阻力能正常发挥；桩身有水平裂缝或水平接缝，在竖向荷载作用下，裂缝闭合；预制桩沉桩时因挤土效应而使桩上浮，静载试验消除了上浮现象，等等。当然，按规范确定该桩极限承载力不满足设计要求(这个承载力代表的是这一类桩的承载力)，但可能不需要对该桩本身进行工程处理。另一种情况是经过静载试验后桩的承载力明显降低了，原本承载力略低于设计要求的桩，例如静载试验第 9 级或第 10 级加载时发生桩身破坏或持力层夹层破坏，千斤顶油压值降到很低，按照规范，虽然这根桩极限承载力可以定得很高(这个承载力代表的是这一类桩的承载力)，经过设计复核可能满足使用要求，但该桩本身几乎成为废桩。

还有两种试验现象值得注意：例如桩存在水平裂缝，在某级荷载作用下沉降明显偏大，但每级都能稳定，最后按规范判定该桩竖向承载力满足设计要求，在这种情况下，在报告结论中应提请设计单位注意可能存在水平承载能力降低的隐患。还有一种静载试验的破坏情况：一般在比较接近最大试验荷载(最后 1 ~ 2 级)无法稳定，但千斤顶油压值降得很少，只要不补压就能稳定，虽然我们说“这根桩做到破坏了”，实际上不是桩身破坏，而是桩周土发生破坏，试验前和试验后该桩承载力基本上没有发生变化。

2. 主梁压实千斤顶

采用压重平台反力装置时，试验前压重全部由支承墩承受，若地耐力不够，支承墩可能产生较大的下沉，严重时会造成试验前主梁压实千斤顶的情况，桩已承受了竖向抗压荷载，而桩的沉降未及时记录。在这种情况下继续试验，那么前几级荷载对应的桩顶沉降量非常小，原始记录实际上是不真实的记录，会影响试验结果的判断。

1）边堆载边试验

为了避免主梁压实千斤顶，或避免支承墩下地基土可能破坏而导致安全事故等，可采用边堆载边试验，只要桩的试验荷载满足规范要求——每级荷载在维持过程中的变化幅度不得超过分级荷载的 ±10%，应该说试验结果是可靠的。在实际操作中应注意两个问题，一是试验过程中继续吊装的荷载一部分由支承墩承担，一部分由受检桩来承担，桩顶实际荷载可能大于本级要求的维持荷载值，若超过规范规定的 10%，应适当卸荷，以保证每级荷载在维持过程中的变化幅度不得超过分级荷载的 ±10%；如果地基土强度很低，无法实施将桩顶实际荷载（大于本级维持荷载值的部分）卸下来，则导致沉降测量不真实，Q—s 曲线异常。一般试验中应严禁边堆载边试验，如果地基土不能承担堆载，可对地基土进行必要的加固。

2）最大试验荷载的确定

这里有两个问题，一个是最大试验荷载的确定。例如某工程基础采用预应力管桩，单桩承载力设计值为 2 000 kN，取分项系数 1.65，确定最大试验荷载为 3 300 kN，试验加载至第 10 级（最后一级）时沉降无法稳定，检测单位判该桩竖向抗压承载力为 2 970 kN，施工单位对结果提出异议，理由是最大试验荷载按 JGJ 94—94 规范应取为 3 200 kN 而不应取为 3 300 kN，桩有可能在 3 200 kN 作用下不发生破坏。不可否认，因为第 10 级（最后一级）发生破坏，破坏荷载有可能是 9.1 级，也有可能是 9.9 级。存在这类争议的问题，是因为目前许多检测数据采用“定值”法来判断是否满足设计要求。实际上，任何测量均存在不确定度，检测人员应注意和重视“临界状态”的判断。

另一个问题是最大试验荷载的维持时间。现在许多地方为了加强管理，要求检测单位加载至最大试验荷载时通知甲方或监理人员到场检查，或检测单位要求检测人员通知单位负责人到场检查。有这样的实例，因检查人员未及时到场，桩在最大试验荷载长时间作用下发生破坏，引起纠纷。

3）偏心问题

试验过程中应观察并分析桩偏心受力状态，偏心受力主要由以下几个因素引起，一是制作的桩帽轴心与原桩身轴线严重偏离；二是支墩下的地基土不均匀变形；三是用于锚桩的钢筋预留量不匹配，锚桩之间承受的荷载不同步；四是采用多个千斤顶，千斤顶实际合力中心与桩身轴线严重偏离。桩是否存在偏心受力，可以通过 4 个对称安装的百分表或位移传感器的测量数据分析获得。到底允许偏心受力多大而不影响试验结果，要结合工程实践经验确定。显然，不同桩径、不同配筋情况，不同桩型、不同桩身设计强度、甚至不同地质条件，抵抗偏心力矩的能力是不同的。一般说来，4 个不同测点的沉降差，不宜大于 3 ~ 5 mm，偏心弯矩抵抗能力强的桩，不应大于 10 mm。

4）安全问题

安全问题必须引起我们足够的重视。除了前面介绍的边堆载边试验存在的安全隐患外，我国大部分地区采用堆载法，常用堆重重物为砂包或混凝土块，采用砂包配重的试验架多为散架，整体稳定性较差，也存在许多安全隐患。除尽可能地将砂包重叠稳妥堆放外，高度不宜超过5 m，混凝土块高度不宜超过8 m。如果桩周地表土承载力较低，要随时注意堆重重物倾斜，尤其是下雨天。采用锚桩法时，除对桩的抗拔承载力严格验算外，还应对锚筋进行力学试验，使用时留有足够的安全储备，即使存在少许不均匀受力，钢筋也不会产生断裂。采用人工读数，必须保证进出通道畅顺。应确立试验区范围，悬挂警告标志。

二、单桩竖向抗拔静载试验

（一）概述

许多建（构）筑物的基础既承受竖向抗压荷载，又承受竖向抗拔荷载，有时上拔荷载较大或主要承受上拔荷载。基础承受上拔力的建（构）筑物主要有以下几种类型：

（1）高压送电线路塔。

（2）电视塔等高耸构筑物。

（3）承受浮托力为主的地下工程和人防工程，如深水泵房、（防空）地下室或其他工业建筑中的深坑。

（4）在水平力作用下出现上拔力的建（构）筑物。

（5）膨胀土地基上的建筑物。

（6）海上石油钻井平台。

（7）索拉桥和斜拉桥中所用的锚基桩础。

（8）修建船舶的船坞底板，等等。

在一定条件下，原来的承压桩可能承受拉拔荷载。如深水泵房一类的取水结构、港口船坞等，其地板下端桩群会因地下水位的提高、建筑物承受巨大浮托力而使桩顶产生拉应力，水闸、船闸一类建筑除浮托力作用外，还可能受到水流的脉动压力（有拉有压）。又如在地震荷载的作用下，砂土或粉土地基液化使泵房、船坞等基础地板连同上部封闭筒状结构一起上浮，这时其底板下的桩群所受的拉力将十分可观。

以前，房屋建筑的基桩础主要承受竖向抗压荷载，现在，许多大、中城市既要绿地，又要停车场，还要满足人防工程等要求，地下结构越来越多，许多基桩础既要承受竖向抗压荷载，又要承受竖向抗拔荷载。

基桩础是建（构）筑物抵抗上拔荷载的重要基础型式。《建筑地基基础设计规范》（GB 50007）规定，当基桩承受拔力时，应对基桩进行抗拔验算及桩身抗裂验算。如何解决工程结构的抗浮问题目前已成为一个经常面临的问题。因浮托力作用或抗浮措施不当而造成地下工程的破坏，在国内已有数例，如武汉某地下冷库、上海某地下机库、一些城市的人防工程因地下水浮力的作用造成不同程度的破坏。因此，加强抗拔承载力的研究具有普遍的工程意义。现有的抗拔计算公式一般可分为理论计算公式与经验公式。理论计算公式是先假定不同的基桩破坏模式，然后以土的抗剪强度及侧压力系数等参数来进行承载力计算。由于抗拔剪切破坏面的不同假定，以及设置桩的方法对桩周土强度指标的影响的复杂性和不确定性，使用起来比较困难。经验公式则以试桩实测资料为基础，建立起桩的抗拔侧阻力与抗压侧阻力之间的关系和抗拔破坏模式。总的来说，基桩础上拔承载力的计算还是一个没有从理论上很好解决的问题,在这种情况下,现场原位试验在确定单桩竖向抗拔承载力中的作用就显得尤为重要。

单桩竖向抗拔静载荷试验就是采用接近于竖向抗拔桩实际工作条件的试验方法,确定单桩的竖向抗拔极限承载能力,是最直观、可靠的方法。国内外桩的抗拔试验惯用的方法是慢速维持荷载法。

当埋设有桩身应力、应变测量传感器,或桩端埋设有位移测量杆时,可直接测量桩侧抗拔摩阻力分布,或桩端上拔量。具体做法可参照竖向抗压静载试验有关内容进行。

单桩竖向抗拔静载试验一般按设计要求确定最大加载量,为设计提供依据的试验桩应加载至桩侧土破坏或桩身材料达到设计强度。

为设计提供依据的试验桩,为了防止因试验桩自身质量问题而影响抗拔试验成果,在拔桩试验前,宜采用低应变法对混凝土灌注桩、有接头的预制桩检查桩身质量,查明桩身有无明显扩径现象或出现扩大头,接头是否正常,对抗拔试验的钻孔灌注桩可在浇筑混凝土前进行成孔检测。发现桩身中、下部位有明显缺陷或扩径的桩不宜作为抗拔试验桩,因为其桩的抗拔承载力缺乏代表性,特别是扩大头桩及桩身中下部有明显扩径的桩,其抗拔极限承载力远远高于长度和桩径相同的非扩径桩,且相同荷载下的上拔量也有明显差别。对有接头的 PHC、PTC 和 PC 管桩应进行接头抗拉强度验算,确保试验顺利进行;对电焊接头的管桩除验算其主筋强度外,还要考虑主筋墩头的折减系数以及管节端板偏心受拉时的强度及稳定性。墩头折减系数可按有关规范取 0.92,而端板强度的验算则比较复杂,可按经验取一个较为安全的系数。

(二)破坏模式、极限状态

在上拔荷载作用下,桩身首先将荷载以摩阻力的形式传递到周围土中,其规律与承受竖向下压荷载时一样,只不过方向相反。初始阶段,上拔阻力主要由浅部土层提供,桩身的拉应力主要分布在桩的上部,随着桩身上拔位移量的增加,桩身应力逐渐向下扩展,桩的中、下部的上拔土阻力逐渐发挥。当桩端位移量超过某一数值(通常为 6 ~ 10 mm)时,就可以认为整个桩身的土层抗拔阻力达到极限,其后抗拔阻力就会下降。此时,如果继续增加上拔荷载,就会产生破坏。承受上拔荷载单桩的破坏形态可归纳为图 4-44 所示的几种形态。

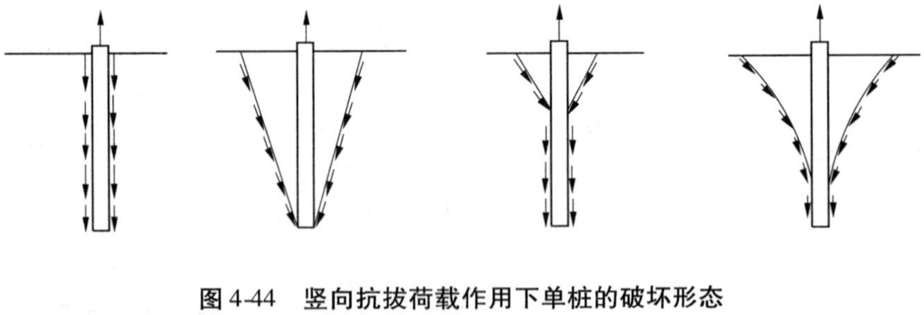

图 4-44　竖向抗拔荷载作用下单桩的破坏形态

关于桩侧抗拔土阻力峰值与桩顶上拔位移量的关系,大致有两种观点:第一种观点认为桩侧最大抗拔土阻力与桩径 D 有关。Resse 1970 年的试验表明:坚硬黏土中钻孔桩的受压侧阻力在桩顶相对位移(0.005 ~0.02)D 时达最大值,并由此推出上拔位移量比下压位移要大些，可取为 $0.02D$。另外一种观点则认为，桩侧最大抗拔土阻力与桩顶位移之间的关系比较固定，基本上与桩径无关。就目前对抗拔桩的研究水平来看，后一种观点比较符合实际。

影响单桩竖向抗拔承载力的因素很多，归纳起来有以下几个方面：

1. 桩周围土体的影响

桩周土的性质、土的抗剪强度、侧压力系数和土的应力历史等都会对单桩竖向抗拔承载力产生一定的影响。一般说来，在黏土中，桩的抗拔极限侧阻力与土的不排水抗剪强度接近；在砂土中，桩的抗拔极限侧阻力可用有效应力法来估计，砂土的抗剪强度越大，桩侧单位面积的极限抗拔侧阻力也就越大。

2. 桩自身因素的影响

桩侧表面的粗糙程度越大，则桩的抗拔承载力就越大，且这种影响在砂土中比在黏土中更明显；此外，桩截面形状、桩长、桩的刚度和桩材的泊松比等都会对单桩竖向抗拔承载力产生不同程度的影响。曾有试验证明，粗糙侧表面桩的抗拔极限承载力是光滑表面桩的 1.7 倍。

3. 施工因素的影响

在施工过程中，桩周土体的扰动、打入桩中的残余应力、桩身完整性、桩的倾斜角度等也将影响单桩竖向抗拔承载力的大小。

4. 休止时间的影响

从成桩到开始试验之间的休止时间长短对单桩竖向抗拔承载力影响是明显的；另外，桩顶的加载方式、荷载维持时间、加载卸载过程等对单桩竖向抗拔承载力也有影响。

（三）仪器设备

单桩竖向抗拔静载试验设备主要由主梁、次梁（适用时）、反力桩或反力支承墩等反力装置，千斤顶、油泵加载装置，压力表、压力传感器或荷重传感器等荷载测量装置，百分表或位移传感器等位移测量装置组成。下面分别进行介绍。

1. 反力装置

抗拔试验反力装置宜采用反力桩（或工程桩）提供支座反力，也可根据现场情况采用天然地基提供支座反力；反力架系统应具有不小于 1.2 倍的安全系数。

采用反力桩（或工程桩）提供支座反力时，反力桩顶面应平整并具有一定的强度，为保证反力梁的稳定性，应注意反力桩顶面直径（或边长）不宜小于反力梁的梁宽，否则，应加垫钢板以确保试验设备安装稳定性。

采用天然地基提供反力时，两边支座处的地基强度应相近，且两边支座与地面的接触面积宜相同，施加于地基的压应力不宜超过地基承载力特征值的 1.5 倍，避免加载过程中两边沉降不均造成试桩偏心受拉，反力梁的支点重心应与支座中心重合。

加载装置采用油压千斤顶，千斤顶的安装有两种方式：一种是千斤顶放在试桩的上方、主梁的上面，因拔桩试验时千斤顶安放在反力架上面，比较适用于一个千斤顶的情况，特别是穿心张拉千斤顶，当采用两台以上千斤顶加载时，应采取一定的安全措施，防止千斤顶倾倒或其他意外事故发生。如对预应力管桩进行抗拔试验时，可采用穿心张拉千斤顶，将管桩的主筋直接穿过穿心张拉千斤顶的各个孔，然后锁定，进行试验，如图 4-45（a）

所示。另一种是将两个千斤顶分别放在反力桩或支承墩的上面、主梁的下面,千斤顶顶主梁,如图 4-45(b)所示,通过“抬”的形式对试桩施加上拔荷载。对于大直径、高承载力的桩,宜采用后一种形式。

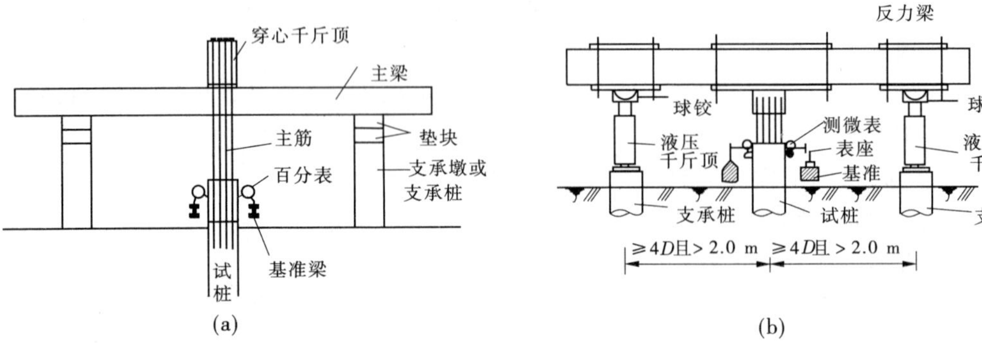

图 4-45 抗拔试验装置示意图

2. 荷载测量

静载试验均采用千斤顶与油泵相连的形式,由千斤顶施加荷载。荷载测量可采用以下两种形式,一是通过用放置在千斤顶上的荷重传感器直接测定,二是通过并联于千斤顶油路的压力表或压力传感器测定油压,根据千斤顶率定曲线换算荷载。一般说来,桩的抗拔承载力远低于抗压承载力,在选择千斤顶和压力表时,应注意量程问题,特别是试验荷载较小的试验桩,采用“抬”的形式时,应选择相适应的小吨位千斤顶,避免“大秤称轻物”。对于大直径、高承载力的试桩,可采用两台或四台千斤顶对其加载。当采用两台及两台以上千斤顶加载时,为了避免受检桩偏心受荷,千斤顶型号、规格应相同且应并联同步工作。

3. 上拔量测量

桩顶上拔量测量平面必须在桩顶或桩身位置,安装在桩顶时应尽可能远离主筋,严禁在混凝土桩的受拉钢筋上设置位移观测点,避免因钢筋变形导致上拔量观测数据失实。

试桩、反力支座和基准桩之间的中心距离的规定与单桩抗压静载试验相同。在采用天然地基提供支座反力时,拔桩试验加载相当于给支座处地面加载。支座附近的地面也因此会出现不同程度的沉降。荷载越大,这种变形越明显。为防止支座处地基沉降对基准梁的影响,一是应使基准桩与反力支座、试桩各自之间的间距满足表 4-13 的规定,二是基准桩需打入试坑地面以下一定深度(一般不小于 1 m)。

(四)检测技术

单桩竖向抗拔静载试验宜采用慢速维持荷载法。需要时,也可采用多循环加、卸载方法。慢速维持荷载法可按下面要求进行。

1. 加卸载分级

加载应分级进行,采用逐级等量加载;分级荷载宜为最大加载量或预估极限承载力的 1/10,其中第一级可取分级荷载的 2 倍。终止试验后开始卸载,卸载应分级进行,每级卸载量取加载时分级荷载的 2 倍,逐级等量卸载。

加、卸载时应使荷载传递均匀、连续、无冲击,每级荷载在维持过程中的变化幅度不得

超过分级荷载的 ±10%。

2. 桩顶上拔量的测量

加载时,每级荷载施加后按第 5、15、30、45、60 min 测读桩顶沉降量,以后每隔 30 min 测读一次。卸载时,每级荷载维持 1 h,按第 5、15、30、60 min 测读桩顶沉降量;卸载至零后,应测读桩顶残余沉降量,维持时间为 3 h,测读时间为第 5、10、15、30 min,以后每隔 30 min 测读一次。

试验时应注意观察桩身混凝土开裂情况。

3. 变形相对稳定标准

在每级荷载作用下,桩顶的沉降量在每小时内不超过 0.1 mm,并连续出现两次,可视为稳定(由 1.5 h 内的沉降观测值计算)。当桩顶上拔速率达到相对稳定标准时,再施加下一级荷载。

4. 终止加载条件

当出现下列情况之一时,可终止加载:

(1)在某级荷载作用下,桩顶上拔量大于前一级上拔荷载作用下上拔量的 5 倍。

(2)按桩顶上拔量控制,当累计桩顶上拔量超过 100 mm 时。

(3)按钢筋抗拉强度控制,钢筋应力达到钢筋强度标准值的 0.9 倍。

(4)对于验收抽样检测的工程桩,达到设计要求的最大上拔荷载值。

如果在较小荷载下出现某级荷载的桩顶上拔量大于前一级荷载下的 5 倍时,应综合分析原因。若是试验桩,必要时可继续加载,当桩身混凝土出现多条环向裂缝后,其桩顶位移会出现小的突变,而此时并非达到桩侧土的极限抗拔力。

5. 试验记录

试验资料的收集与记录可参照竖向抗压试验的有关规定执行,记录表格可按抗压的格式记录。

(五)检测数据分析

1. 抗拔极限承载力

单桩竖向抗拔极限承载力应绘制上拔荷载 U 与桩顶上拔量 δ 之间的关系曲线(U—δ)和桩顶上拔量 δ 与时间对数之间的曲线(δ—$\lg t$ 曲线)。但当上述两种曲线难以判别时,也可以辅以 δ—$\lg U$ 曲线或 $\lg U$—$\lg\delta$ 曲线,以确定拐点位置。

单桩竖向抗拔静载试验确定的抗拔极限承载力是土的极限抗拔阻力与桩(包括桩向上运动所带动的土体)的自重标准值两部分之和。单桩竖向抗拔极限承载力可按下列方法综合判定:

(1)根据上拔量随荷载变化的特征确定。对陡变型 U—δ 曲线,取陡升起始点对应的荷载值。对于陡变型的 U—δ 曲线(如图 4-46 所示),可根据 U—δ 曲线的特征点来确定,大量试验结果表明,单桩竖向抗拔 U—δ 曲线大致上可划分为三段:第Ⅰ段为直线段,U—δ按比例增加;第Ⅱ段为曲线段,随着桩土相对位移的增大,上拔位移量比侧阻力增加的速率快;第Ⅲ段又呈直线段,此时即使上拔荷载增加很小,桩的位移量仍急剧上升,同时桩周地面往往出现环向裂缝;第Ⅲ段起始点所对应的荷载值即为桩的竖向抗拔极限承载力 U_u。

(2)根据上拔量随时间变化的特征确定。取 δ—lg$t$ 曲线斜率明显变陡或曲线尾部明显弯曲的前一级荷载值，如图 4-47 所示。

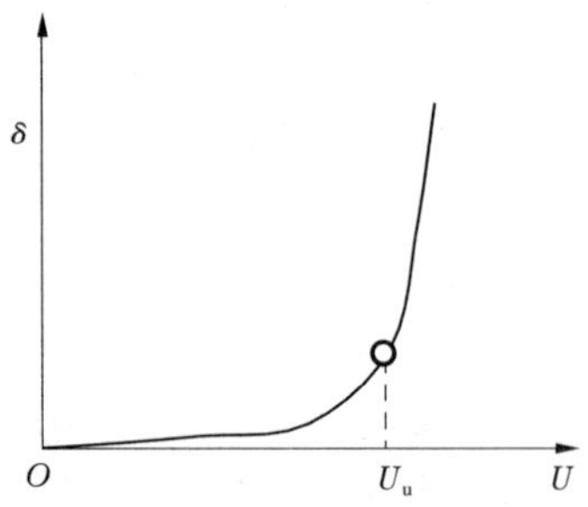

图 4-46　陡变型 U—δ 曲线确定单桩竖向抗拔极限承载力

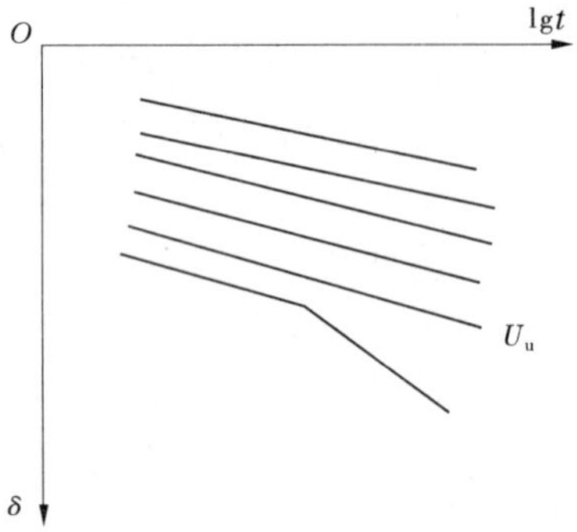

图 4-47　根据 δ—lg$t$ 曲线确定单桩竖向抗拔极限承载力

(3)当在某级荷载下抗拔钢筋断裂时，取其前一级荷载为该桩的抗拔极限承载力值。这里所指的"断裂"，是指因钢筋强度不足情况下的断裂。如果因抗拔钢筋受力不均匀，部分钢筋因受力太大而断裂时，应视为该桩试验失效，并进行补充试验，此时不能将钢筋断裂前一级荷载作为极限荷载。

(4)根据 lg$U$—lgδ 曲线来确定单桩竖向抗拔极限承载力时，可取 lg$U$—lgδ 双对数曲线第二拐点所对应的荷载为桩的竖向极限抗拔承载力。当根据 δ—lg$U$ 曲线来确定单桩竖向抗拔极限承载力时，可取 δ—lg$U$ 曲线的直线段的起始点所对应的荷载值作为桩的竖向抗拔极限承载力。

工程桩验收检测时，混凝土桩抗拔承载力可能受抗裂或钢筋强度制约，而土的抗拔阻力尚未发挥到极限，若未出现陡变型 U—δ 曲线、δ—lg$t$ 曲线斜率明显变陡或曲线尾部明显弯曲等情况时，应综合分析判定，一般取最大荷载或取上拔量控制值对应的荷载作为极限荷载，不能轻易外推。

2. 抗拔承载力特征值

单桩竖向抗拔极限承载力统计值按以下方法确定：成桩工艺、桩径和单桩竖向抗拔承载力设计值相同的受检桩数不小于 3 根时，可进行单位工程单桩竖向抗拔极限承载力统计值计算；参加统计的受检桩试验结果，当满足其极差不超过平均值的 30% 时，取其平均值为单桩竖向抗拔极限承载力；当极差超过平均值的 30% 时，应分析极差过大的原因，结合工程具体情况综合确定，必要时可增加受检桩数量；对桩数为 3 根或 3 根以下的柱下承台，应取最小值。

单位工程同一条件下的单桩竖向抗拔承载力特征值应按单桩竖向抗拔极限承载力统计值的一半取值。当工程桩不允许带裂缝工作时，取桩身开裂的前一级荷载作为单桩竖向抗拔承载力特征值，并与按极限荷载一半取值确定的承载力特征值相比取小值。

三、单桩水平静载试验

（一）概论

桩所受的水平荷载有多种型式，如风力、制动力、地震力、船舶撞击力及波浪力等。近年来，随着高层建筑物的大量兴建，风力、地震力等水平荷载成为建筑物设计中的控制因素，建筑基桩的水平承载力和位移计算成为建筑物设计的重要内容之一。

过去经常设置斜桩或叉桩抵抗水平荷载，如港口工程中的高桩码头。实际上，直桩只要有一定的入土深度，也能通过抗剪和抗弯承担相当大的水平荷载。现在在一般的工业与民用建筑建设中，基桩已集抗压、抗水平和抗弯矩作用为一体得到广泛应用，从而大大简化了基桩础设计。

水平承载桩的工作性能主要体现在桩与土的相互作用上，即利用桩周土的抗力来承担水平荷载。按桩土相对刚度的不同，水平荷载作用下的桩—土体系有两类工作状态和破坏机理，一类是刚性短桩，因转动或平移而破坏，相当于 $\alpha h<2.5$ 时的情况（α 为桩的水平变异系数，h 为桩的入土深度）；另一类是工程中常见的弹性长桩，桩身产生挠曲变形，桩下段嵌固于土中不能转动，相当于 $\alpha h>4.0$ 的情况。对 $2.5<\alpha h<4.0$ 范围的桩称为有限长度的中长桩。在该部分，刚性短桩不是主要讨论的内容。

单桩水平静载试验采用接近于水平受荷桩实际工作条件的试验方法，确定单桩水平临界荷载和极限荷载，推定土抗力参数，或对工程桩的水平承载力进行检验和评价。当桩身埋设有应变测量传感器时，可测量相应水平荷载作用下的桩身应力，并由此计算得出桩身弯矩分布情况，可为检验桩身强度、推求不同深度弹性地基系数提供依据。

桩顶实际工作条件包括桩顶自由状态、桩顶受不同约束而不能自由转动及桩顶受垂直荷载作用等。《规范》中的试验桩为桩顶自由的单桩，但对带承台桩的水平静载试验及桩顶不同约束条件下的水平承载桩试验可参照执行。

试验条件与桩的实际工作条件接近，试验结果才能真实反映工程桩的实际工作过程，但在通常情况下，试验条件很难做到和工程桩的情况完全一致。此时应通过试验桩测得桩周土的地基反力特性，即地基土的水平抗力系数，它反映了桩在不同深度处桩侧土抗力和水平位移的关系，可视为土的固有特性，然后根据实际工程桩的情况（如不同桩顶约束、不同自由长度），用它确定土抗力大小，进而计算单桩的水平承载力和弯矩。

水平静载试验一般按设计要求的水平位移允许值控制加载，为设计提供依据的试验桩宜加载至桩顶出现较大的水平位移或桩身结构破坏。

（二）仪器设备及安装

1. 加载与反力装置

水平推力加载装置宜采用油压千斤顶（卧式），加载能力不得小于最大试验荷载的 1.2 倍。采用荷重传感器直接测定荷载大小，或用并联油路的油压表或油压传感器测量油压，根据千斤顶率定曲线换算荷载。

水平力作用点宜与实际工程的基桩承台底面标高一致，如果高于承台底标高，试验时在相对承台底面处会产生附加弯矩，会影响测试结果，也不利于将试验成果根据桩顶的约束予以修正。千斤顶与试桩接触处需安置一球形支座，使水平作用力方向始终水平和通过桩身轴线,不随桩的倾斜和扭转而改变,同时可以保证千斤顶对试桩的施力点位置在试验过程中保持不变。试验装置与仪器设备见图 4-48。

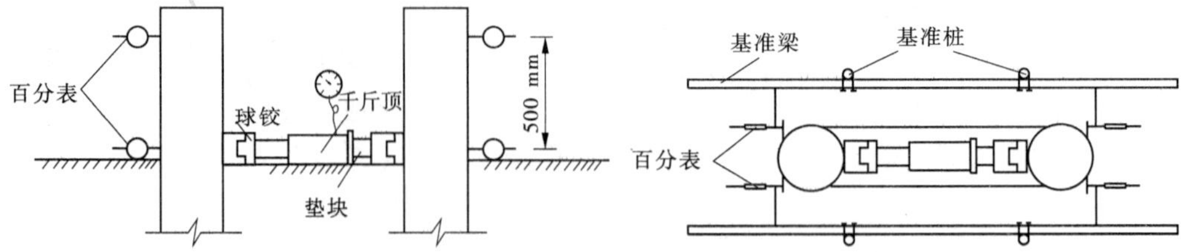

图 4-48　水平静载试验装置

试验时,为防止力作用点受局部挤压破坏,千斤顶与试桩的接触处宜适当补强。

反力装置应根据现场具体条件选用,最常见的方法是利用相邻桩提供反力,即两根试桩对顶,如图 4-48 所示;也可利用周围现有的结构物作为反力装置或专门设置反力结构,但其承载能力和作用方向上刚度应大于试验桩的 1.2 倍。

2. 量测装置

桩的水平位移测量宜采用大量程位移计。在水平力作用平面的受检桩两侧应对称安装两个位移计,以测量地面处的桩水平位移;当需测量桩顶转角时,尚应在水平力作用平面以上 50 cm 的受检桩两侧对称安装两个位移计,利用上下位移计差与位移计距离的比值可求得地面以上桩的转角。

固定位移计的基准点宜设置在试验影响范围之外(影响区见图 4-49),与作用力方向垂直且与位移方向相反的试桩侧面,基准点与试桩净距不小于 1 倍桩径。在陆上试桩可用入土 1.5 m 的钢钎或型钢作为基准点,在港口码头工程设置基准点时,因水深较大,可采用专门设置的桩作为基准点,同组试桩的基准点一般不少于 2 个。搁置在基准点上的基准梁要有一定的刚度,以减少晃动,整个基准装置系统应保持相对独立。为减少温度对测量的影响,基准梁应采取简支的形式,顶上有蓬布遮阳。

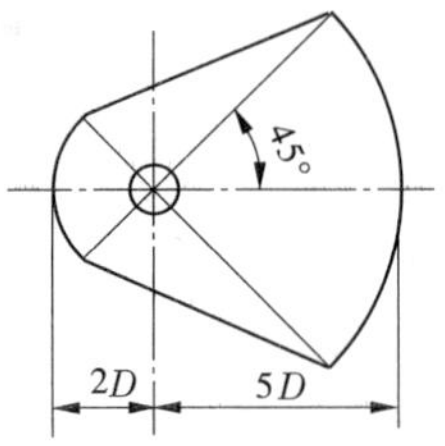

D:桩径或桩宽

图 4-49　试桩影响区

当对灌注桩或预制桩测量桩身应力或应变时,各测试断面的测量传感器应沿受力方向对称布置在远离中性轴的受拉和受压主筋上,埋设传感器的纵剖面与受力方向之间的夹角不得大于 10°,以保证各测试断面的应力最大值及相应弯矩的量测精度(桩身弯矩并不能直接测到,只能通过桩身应变值进行推算)。对承受水平荷载的桩,桩的破坏是由于桩身弯矩引起的结构破坏;对中长桩,浅层土对限制桩的变形起到重要作用,而弯矩在此范围里变化也最大,为找出最大弯矩及其位置,应加密测试断面。《规范》规定,在地面下 10 倍桩径(桩宽)的主要受力部分,应加密测试断面,但断面间距不宜超过 1 倍桩径;超过此深度,测试断面间距可适当加大。

(三)检测技术

单桩水平静载试验宜根据工程桩实际受力特性,选用单向多循环加载法或与单桩竖向抗压静载试验相同的慢速维持荷载法。单向多循环加载法主要是模拟实际结构的受力形式，但由于结构物承受的实际荷载异常复杂，很难达到预期目的。对于长期承受水平荷载作用的工程桩，加载方式宜采用慢速维持荷载法。对需测量桩身应力或应变的试验桩不宜采取单向多循环加载法，因为它会对桩身内力的测试带来不稳定因素，此时应采用慢速或快速维持荷载法。水平试验桩通常以结构破坏为主，为缩短试验时间，可采用更短时间的快速维持荷载法，例如《港口工程基桩规范》（桩的水平承载力设计）（JTJ 254—98）规定每级荷载维持 20 min。

1. 加卸载方式和水平位移测量

单向多循环加载法的分级荷载应小于预估水平极限承载力或最大试验荷载的 1/10，每级荷载施加后，恒载 4 min 后可测读水平位移，然后卸载为零，停 2 min 测读残余水平位移。至此完成一个加卸载循环，如此循环 5 次，完成一级荷载的位移观测。试验不得中间停顿。

慢速维持荷载法的加卸载分级、试验方法及稳定标准应按单桩竖向抗压静载试验的相关规定进行。测量桩身应力或应变时，测试数据的测读宜与水平位移测量同步。

2. 终止加载条件

当出现下列情况之一时，可终止加载：

（1）桩身折断。对长桩和中长桩，水平承载力作用下的破坏特征是桩身弯曲破坏，即桩发生折断，此时试验自然终止。

（2）水平位移超过 30 ~ 40 mm（软土取 40 mm）。本条是根据《建筑基桩技术规范》（JGJ 94—94）的要求提出的。

（3）水平位移达到设计要求的水平位移允许值。本条主要针对水平承载力验收检测。

3. 检测记录

检测数据可按表 4-20 的格式记录。

表 4-20　单桩水平静载试验记录表

<table>
<tr><td colspan="2">工程名称</td><td colspan="4"></td><td colspan="2">桩号</td><td></td><td>日期</td><td></td><td>上下
表距</td><td></td></tr>
<tr><td rowspan="2">油压
（MPa）</td><td rowspan="2">荷载
（kN）</td><td rowspan="2">观测
时间</td><td rowspan="2">循环数</td><td colspan="2">加载</td><td colspan="2">卸载</td><td colspan="2">水平位移
（mm）</td><td rowspan="2">加载下
表读数差</td><td rowspan="2">转角</td><td rowspan="2">备 注</td></tr>
<tr><td>上表</td><td>下表</td><td>上表</td><td>下表</td><td>加载</td><td>卸载</td></tr>
<tr><td></td><td></td><td></td><td></td><td></td><td></td><td></td><td></td><td></td><td></td><td></td><td></td><td></td></tr>
<tr><td></td><td></td><td></td><td></td><td></td><td></td><td></td><td></td><td></td><td></td><td></td><td></td><td></td></tr>
<tr><td></td><td></td><td></td><td></td><td></td><td></td><td></td><td></td><td></td><td></td><td></td><td></td><td></td></tr>
<tr><td></td><td></td><td></td><td></td><td></td><td></td><td></td><td></td><td></td><td></td><td></td><td></td><td></td></tr>
</table>

检测单位：　　　　　　　　校核：　　　　　　　记录：

(四)检测数据的分析与判定

1.绘制有关试验成果曲线

(1)采用单向多循环加载法,应绘制水平力—时间—作用点位移($H—t—Y_0$)关系曲线和水平力—位移梯度($H—\Delta Y_0/\Delta H$)关系曲线。

(2)采用慢速维持荷载法,应绘制水平力—时间—力作用点位移($H—t—Y_0$)关系曲线、水平力—位移梯度($H—\Delta Y_0/\Delta H$)关系曲线、力作用点位移—时间对数($Y_0—\lg t$)关系曲线和水平力—力作用点位移双对数($\lg H—\lg Y_0$)关系曲线。

(3)绘制水平力、水平力作用点位移—地基土水平抗力系数的比例系数的关系曲线($H—m$、$Y_0—m$)。当桩顶自由且水平力作用位置位于地面处时,m 值可根据试验结果按下列公式确定:

$$m=\frac{(\nu_y H)^{\frac{5}{3}}}{b_0 Y_0^{\frac{5}{3}}(EI)^{\frac{2}{3}}} \tag{4-129}$$

$$\alpha=\left(\frac{mb_0}{EI}\right)^{\frac{1}{5}} \tag{4-130}$$

式中 m——地基土水平土抗力系数的比例系数,kN/m^4;

α——桩的水平变形系数,m^{-1};

ν_y——桩顶水平位移系数;

H——作用于地面的水平力,kN;

Y_0——水平力作用点的水平位移,m;

EI——桩身抗弯刚度,$kN \cdot m^2$;

b_0——桩身计算宽度,m,对于圆形桩,当桩径 $D\leqslant 1$ m 时,$b_0=0.9(1.5D+0.5)$,当桩径 $D>1$ m 时,$b_0=0.9(D+1)$;对于矩形桩,当边宽 $B\leqslant 1$ m 时,$b_0=1.5B+0.5$,当边宽 $B>1$ m 时,$b_0=B+1$。

对 $\alpha h>4.0$ 的弹性长桩(h 为桩的入土深度),可取 $\alpha h=4.0$,$\nu_y=2.441$;对 $2.5<\alpha h<4.0$ 的有限长度中长桩,应根据表 4-21 调整 ν_y 重新计算 m 值。

表 4-21 桩顶水平位移系数 ν_y

桩的换算埋深 αh	4.0	3.5	3.0	2.8	2.6	2.4
桩顶自由或铰接时的 ν_y 值	2.441	2.502	2.727	2.905	3.163	3.526

注:当 $\alpha h>4.0$ 时取 $\alpha h=4.0$。

试验得到的地基土水平抗力系数的比例系数 m 不是一个常量,而是随地面水平位移及荷载变化的曲线。

(4)当桩身埋设有应力或应变测量传感器时,应绘制下列曲线并列表给出相应的数据:

①各级水平力作用下的桩身弯矩图;

②水平力—最大桩身弯矩截面钢筋拉应力曲线。

2.单桩水平临界荷载(桩身受拉区混凝土明显退出工作前的最大荷载)的确定

对中长桩而言,桩在水平荷载作用下,桩侧土体随着荷载的增加,其塑性区自上而下逐渐开展扩大，最大弯矩断面下移，最后形成桩身结构的破坏。所测水平临界荷载 H_{cr} 即当桩身产生开裂时所对应的水平荷载。因为只有混凝土桩才会产生开裂，故只有混凝土桩才有临界荷载。

（1）取单向多循环加载法时的 $H—t—Y_0$ 曲线或慢速维持荷载法时的 $H—Y_0$ 曲线出现拐点的前一级水平荷载值。

（2）取 $H—\Delta Y_0/\Delta H$ 曲线或 $\lg H—\lg Y_0$ 曲线上第一拐点对应的水平荷载值。

取 $H—\sigma_s$ 曲线第一拐点对应的水平荷载值。

3. 单桩水平极限承载力的确定

单桩水平极限承载力是对应于桩身折断或桩身钢筋应力达到屈服时的前一级水平荷载。

（1）取单向多循环加载法时的 $H—t—Y_0$ 曲线或慢速维持荷载法时的 $H—Y_0$ 曲线产生明显陡降的起始点对应的水平荷载值，见图 4-50。

（2）取慢速维持荷载法时的 $Y_0—\lg t$ 曲线尾部出现明显弯曲的前一级水平荷载值。

（3）取 $H—\Delta Y_0/\Delta H$ 曲线或 $\lg H—\lg Y_0$ 曲线上第二拐点对应的水平荷载值。

（4）取桩身折断或受拉钢筋屈服时的前一级水平荷载值。

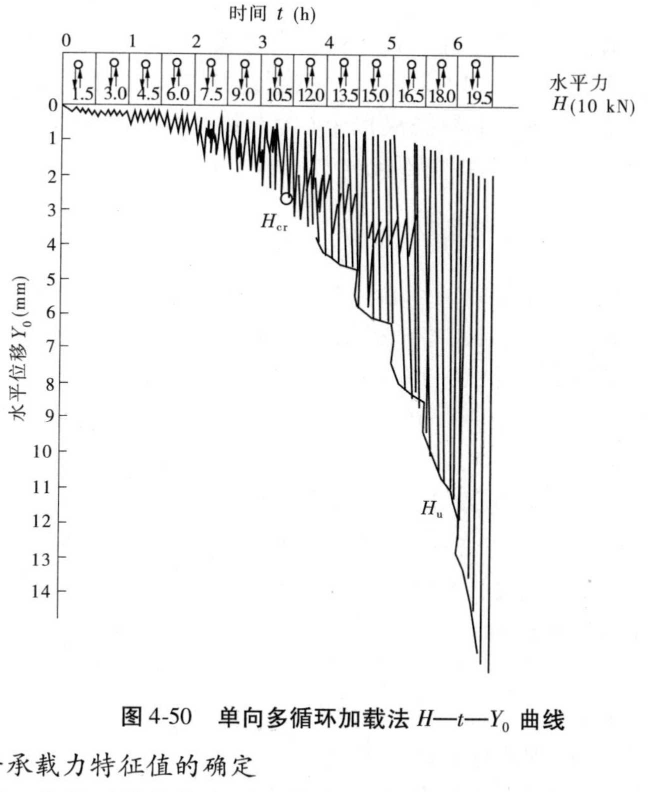

图 4-50　单向多循环加载法 $H—t—Y_0$ 曲线

4. 单桩水平承载力特征值的确定

单位工程同一条件下的单桩水平承载力特征值的确定应符合下列规定：

（1）当水平承载力按桩身强度控制时，取水平临界荷载统计值为单桩水平承载力特征值。

（2）当桩受长期水平荷载作用且桩不允许开裂时，取水平临界荷载统计值的 0.8 倍作为单桩水平承载力的特征值。

(3)当水平承载力按设计要求的水平允许位移控制时，可取设计要求的水平允许位移对应的水平荷载作为单桩水平承载力特征值，但应满足有关规范抗裂设计的要求。

单桩水平承载力特征值除与桩的材料强度、截面刚度、入土深度、土质条件、桩顶水平位移允许值有关外，还与桩顶边界条件（嵌固情况和桩顶竖向荷载大小）有关。由于建筑工程的基桩桩顶嵌入承台长度通常较短，其与承台连接的实际约束条件介于固接与铰接之间，这种连接相对于桩顶完全自由时可减少桩顶位移，相对于桩顶完全固接时可降低桩顶约束弯矩并重新分配桩身弯矩。如果桩顶完全固接，水平承载力按位移控制时，是桩顶自由时的2.60倍；对较低配筋率的灌注桩按桩身强度（开裂）控制时，由于桩顶弯矩的增加，水平临界承载力是桩顶自由时的0.83倍。如果考虑桩顶竖向荷载作用，混凝土桩的水平承载力将会产生变化，桩顶荷载是压力，其水平承载力增加，反之减小。

与竖向抗压、抗拔桩不同，混凝土桩在水平荷载作用下的破坏模式一般为弯曲破坏，极限承载力由桩身强度控制。所以，《规范》在确定单桩水平承载力特征值 H_a 时，未采用按试桩水平极限承载力除以安全系数的方法，而按照桩身强度、开裂或允许位移等控制因素来确定 H_a。不过，也正是因为水平承载桩的承载能力极限状态主要受桩身强度制约，通过试验给出极限承载力和极限弯矩对强度控制设计是非常必要的。抗裂要求不仅涉及桩身强度，也涉及桩的耐久性。《规范》虽允许按设计要求的水平位移确定水平承载力，但根据《混凝土结构设计规范》(GB 50010)，只有裂缝控制等级为三级的构件，才允许出现裂缝，且桩所处的环境类别至少是二级以上（含二级），裂缝宽度限值为0.2 mm。因此，当裂缝控制等级为一、二级时，按第6.4.4.3条确定的水平承载力特征值不应超过水平临界荷载。

5. m 值的确定

桩顶自由的单桩水平试验得到的承载力和弯矩仅代表试桩条件的情况，要得到符合实际工程桩嵌固条件的受力特性，需将试桩结果转化，而求得地基土水平抗力系数是实现这一转化的关键。考虑到水平荷载—位移关系曲线的非线性且 m 值随荷载或位移增加而减小，有必要给出 $H—m$ 和 $Y_0—m$ 曲线并按以下考虑确定 m 值：

(1)可按设计给出的实际荷载或桩顶位移确定 m 值。

(2)设计未做具体规定的，可取第6.4.4条确定的水平承载力特征值对应的 m 值；对低配筋率灌注桩，水平承载力多由桩身强度控制，则应按试验得到的 $H—m$ 曲线取水平临界荷载所对应的 m 值；对于高配筋率混凝土桩或钢桩，水平承载力按允许位移控制时，可按设计要求的水平允许位移选取 m 值。

(五)检测报告

检测报告除应包括本章第1节所规定的内容外，还应包括：

(1)受检桩桩位对应的地质柱状图。

(2)受检桩的截面尺寸及配筋情况。

(3)加卸载方法，荷载分级。

(4)要求绘制的曲线及对应的数据表。

(5)承载力判定依据。

(6)当进行钢筋应力测试并由此计算桩身弯矩时，应有传感器类型、安装位置、内力计算方法和要求绘制的曲线及其对应的数据表。

四、高应变法测试桩的承载力

(一)概述

高应变法的主要功能是判定单桩竖向抗压承载力是否满足设计要求。这里所说的承载力是指在桩身强度满足桩身结构承载力的前提下,得到的桩周岩土对桩的抗力(静阻力)。所以要得到极限承载力,应使桩侧和桩端岩土阻力充分发挥,否则不能得到承载力的极限值,只能得到承载力检测值。

高应变检测技术是从打入式预制桩发展起来的,试打桩和打桩监控属于其特有的功能。它能监测预制桩打入时的桩身应力、锤击能量的传递、桩身完整性变化,为沉桩工艺参数及桩长选择提供依据,是静载试验无法做到的。

高应变法在检测桩承载力方面属于半直接法,因为它只能通过应力波直接测量得到打桩时的土阻力,与桩的承载力并无直接对应关系。我们关心的承载力——也就是静阻力信息,需从打桩土阻力中提取,同时还需要将静阻力与桩的沉降建立关系。于是要假设桩—土力学模型及其参数,而模型及其参数的建立和选择只能是近似的甚至是经验性的,它们是否合理、准确,则需通过大量工程实践经验积累和特定桩型和地质条件下的静动对比来不断完善。这一关键问题在新编《规范》中得到了较充分体现。

灌注桩的截面尺寸和材质的非均匀性、施工的隐蔽性(干作业成孔桩除外)及由此引起的承载力变异性普遍高于打入式预制桩;混凝土材料应力—应变关系的非线性、桩头加固措施不当、传感器安装条件差及安装处混凝土质量的不均匀,导致灌注桩检测采集的波形质量低于预制桩,波形分析中的不确定性和复杂性又明显高于预制桩。与静载试验结果对比,灌注桩高应变检测判定的承载力误差也如此。因此,积累灌注桩现场测试、分析经验和相近条件下的可靠对比验证资料,提高检测人员素质,对确保检测质量尤其重要。

除嵌入基岩的大直径桩和纯摩擦型大直径桩外,大直径灌注桩、扩底桩(墩)由于尺寸效应,通常其静载的 $Q—s$ 曲线表现为缓变型,端阻力发挥所需的位移很大。另外,在土阻力相同条件下,桩身直径的增加使桩身截面阻抗(或桩的惯性)与直径成平方的关系增加,造成锤与桩的匹配能力下降。而多数情况下高应变检测所用锤的重量有限,很难在桩顶产生较长持续时间的高水平作用荷载,达不到使土阻力充分发挥所需的位移量。根据以往测试经验,能使桩顶产生 10 mm 的动位移已很困难了,这与静载试验产生的沉降相比,明显偏低。因此,新编《规范》不主张用高应变法检测静载 $Q—s$ 曲线表现为缓变型的大直径灌注桩。

根据分析方法的不同,高应变法分析桩的承载力方法又分为凯司法和实测曲线拟合法两种,由于高应变法涉及的知识及测试、分析技术要求较高,本教材只是对其作一简单的介绍。如果想了解更进一步的知识,可以参考其他文献。

(二)高应变法现场检测技术

1.测试仪器及设备

1)测试仪器

检测仪器的主要技术性能指标不应低于《基桩动测仪》(JG/T 3055)中表 1 规定的 2

级标准，且应具有保存、显示实测力与速度信号和信号处理与分析的功能。

《规范》对仪器的主要技术性能指标要求是按建筑工业行业标准《基桩动测仪》（JG/T 3055）提出的，比较适中，大部分型号的国产和进口仪器能满足。由于动测仪器的使用环境恶劣，所以仪器的环境性能指标和可靠性也很重要。

《规范》对加速度计的量程未做具体规定，原因是对不同类型的桩，各种因素影响使最大冲击加速度变化很大。建议根据实测经验来合理选择，一般原则是选择的量程大于预估最大冲击加速度值的 1 倍以上。如对钢桩，宜选择 20 000 ~ 30 000 m/s^2 量程的加速度计。因为加速度计的量程愈大，其自振频率愈高，故在其他任何情况下，如采用自制自由落锤，加速度计的量程也不应小于 10 000 m/s^2。这也包括锤体上安装加速度计的测试，但根据重锤低击原则，锤体上的加速度峰值不应超过 1 500 ~ 2 000 m/s^2。

对于应变式力传感器，虽然实测轴向平均应变一般在 ±1 000 $\mu\varepsilon$ 以内，但考虑到锤击偏心、传感器安装初变形以及钢桩测试等极端情况，一般可测最大轴向应变的绝对值不宜小于 2 500 ~ 3 000 $\mu\varepsilon$，而相应的应变适调仪应具有较大的电阻平衡范围。

2）锤击设备

《规范》对锤击设备有以下两条强制性规定：

——高应变检测用重锤应材质均匀、形状对称、锤底平整，高径（宽）比不得小于 1，并采用铸铁或铸钢制作。当采取自由落锤安装加速度传感器的方式实测锤击力时，重锤应整体铸造，且高径（宽）比应在 1.0 ~ 1.5。

——进行高应变承载力检测时，锤的重量应大于预估单桩极限承载力的 1.0% ~ 1.5%，混凝土桩的桩径大于 600 mm 或桩长大于 30 m 时取高值。

下面分别解释如下：

第一条是对自制自由落锤锤形状的规定。

分片组装式锤的单片或强夯锤，下落时平稳性差且不易导向，更易造成严重锤击偏心并影响测试质量，因此规定锤体的高径（宽）比不得小于 1。

自由落锤安装加速度计测量桩顶锤击力的依据是牛顿第二定律和牛顿第三定律。其成立条件是同一时刻锤体内各质点的运动和受力无差异，也就是说，虽然锤为弹性体，只要锤体内部不存在波传播的不均匀性，就可视锤为一刚体或具有一定质量的质点。波动理论分析结果表明：当沿正弦波传播方向的介质尺寸小于正弦波波长的 1/10 时，可认为在该尺寸范围内无波传播效应，即同一时刻锤的受力和运动状态均匀。除钢桩外，较重的自由落锤在桩身产生的力信号中有效频率分量（占能量的 90% 以上）在 200 Hz 以内，超过 300 Hz 后可忽略不计。按最不利估计，对力信号有贡献的高频分量波长也超过 15 m。所以，在大多数采用自由落锤的场合，牛顿第二定律能较严格地成立。规定锤体需整体铸造且高径（宽）比不大于 1.5 正是为了避免分片锤体在内部相互碰撞和波传播效应造成的锤内部运动状态不均匀。

第二条是对锤重选择的规定。

要想使桩被打动，就需要将尽量多的锤击能量传递于桩中，尽可能使桩产生使土阻力发挥的位移。桩较长或桩径较大时，一般使侧阻、端阻充分发挥所需位移大。另外，桩是否容易被“打动”取决于桩身“广义阻抗”的大小。广义阻抗与桩周土阻力大小和桩身截面波阻抗大小两个因素有关。随着桩直径增加,波阻抗的增加通常快于土阻力,仍按预估极限承载力的 1% 选取锤重,将使锤对桩的匹配能力下降。因此,不仅从土阻力(承载力)大小,而且从多方面考虑,提高锤重是更科学的做法。《规范》规定的锤重选择为最低限值。

3)贯入度测量

桩的贯入度可采用精密水准仪等仪器测定。利用打桩机作为锤击设备时,可根据一阵锤(10 锤)的锤击下桩的总下沉量确定单击贯入度。

重锤对桩冲击使桩周土产生振动,采用在受检桩附近架设的基准梁的办法,由于基准桩受振动的影响,导致桩的贯入度测量结果不可靠。也有采用加速度信号两次积分得到的最终位移作为实测贯入度,虽然最方便,但可能存在下列问题:

(1)由于信号采集时段短,信号采集结束时桩的运动尚未停止,以柴油锤打长桩时为甚。一般情况下,只有位移曲线尾部为一水平线,即位移不再随时间变化时,所测的贯入度才是可信的。

(2)加速度计的质量优劣影响积分(速度)曲线的趋势,零漂大和低频响应差(时间常数小)时极为明显。

所以,对贯入度测量精度要求较高时,宜采用精密水准仪等光学仪器测定。

2. 检测前的现场准备

1)桩头加固处理

对不能承受锤击的桩头应加固处理,混凝土桩的桩头处理按下列步骤进行:

(1)混凝土桩应先凿掉桩顶部的破碎层和软弱混凝土。

(2)桩头顶面应平整,桩头中轴线与桩身上部的中轴线应重合。

(3)桩头主筋应全部直通至桩顶混凝土保护层之下,各主筋应在同一高度上。

(4)距桩顶 1 倍桩径范围内,宜用厚度为 3 ~ 5 mm 的钢板围裹或距桩顶 1.5 倍桩径范围内设置箍筋,间距不宜大于 100 mm。桩顶应设置钢筋网片 2 ~ 3 层,间距 60 ~ 100 mm。

(5)桩头混凝土强度等级宜比桩身混凝土提高 1 ~ 2 级,且不得低于 C30。

(6)桩头测点处截面尺寸应与原桩身截面尺寸相同。

(7)施工缝应凿毛并清洗干净。

2)锤击装置安装

为了减小锤击偏心和避免击碎桩头,锤击装置应垂直,锤击应平稳对中。这些措施对保证测试信号质量很重要。对于自制的自由落锤装置,锤架底盘与其下的地基土应有足够的接触面积,以确保锤架承重后不会发生倾斜以及锤体反弹对导向横向撞击使锤架倾覆。

3)传感器安装

为了减小锤击在桩顶产生的应力集中和对锤击偏心进行补偿,应在距桩顶规定的距离下的合适部位对称安装传感器。检测时至少应对称安装冲击力和冲击响应(质点运动速度)测量传感器各两个,传感器安装见图 4-51。

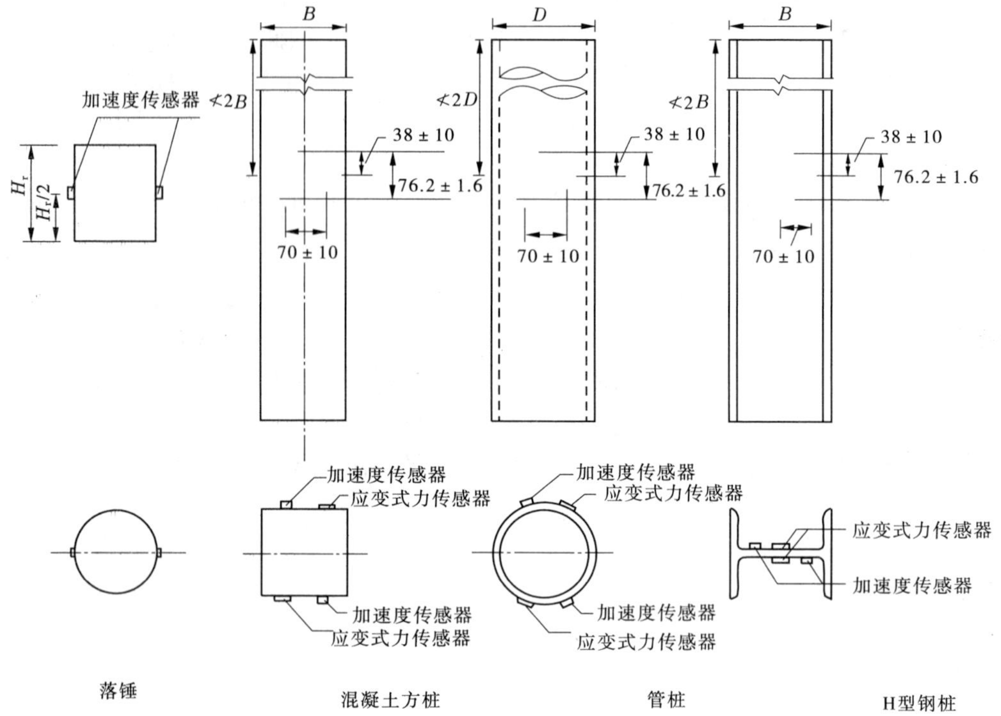

图 4-51　传感器安装示意图(单位:mm)

4)桩垫或锤垫

对于自制自由落锤装置,桩头顶部应设置桩垫,桩垫可采用 10～30 mm 厚的木板等材料。

5)测试参数设定

采样时间间隔宜为 50～200 μs,信号采样点数不宜少于 1 024 点。采样时间间隔为 100 μs,对常见的工业与民用建筑的桩是合适的。但对于超长桩,例如桩长超过 60 m,采样时间间隔可放宽为 200 μs,当然也可增加采样点数。传感器的设定值应按计量检定结果设定。

应变式力传感器直接测到的是其安装面上的应变,并按下式换算成锤击力:

$$F = A E \varepsilon \tag{4-131}$$

式中 F——锤击力;

A——测点处桩截面积;

E——桩材弹性模量;

ε——实测应变值。

显然,锤击力的正确换算依赖于测点处设定的桩参数是否符合实际。另一重要原因是:计算测点以下原桩身的阻抗变化,包括计算的桩身运动及受力大小,都是以测点处桩头单元为相对“基准”的。

自由落锤安装加速度传感器测力时,力的设定值由加速度传感器设定值与重锤质量的乘积确定。例如,自由落锤的质量为 10 t,加速度计的灵敏度为 2.5 mV/g(g 为重力加速度,其值等于 9.8 m/s^2),则锤体测力的设定值为 39 200 kN/V。测点处的桩截面尺寸应按实际测量确定,波速、质量密度和弹性模量应按实际情况设定。测点以下桩长和截面面积可采用设计文件或施工记录提供的数据作为设定值。测点下桩长是指桩头传感器安装点至桩底的距离,一般不包括桩尖部分。

6)检查和确认仪器的工作状态

对于高应变检测,一般不可能像低应变检测那样,可以通过反复调整锤击点和接收点位置、锤垫的软硬和施力大小,最终测到满意的响应波形。高应变检测虽非破坏性试验,但有时也不具备重复多次的锤击条件。比如,需要开挖试桩桩头以暴露传感器安装部位,此时地下水位较高、地基土松软,锤架受力后倾斜,试坑周边塌陷,使锤架倾斜或传感器被掩埋;桩头过早开裂或桩身缺陷进一步发展。这些都有可能使试验暂时或永远终止。因此,每一锤的高应变测试信号都非常宝贵,这就要求检测人员在锤击前能检查和识别仪器的工作状态。

传感器外壳与仪器外壳共地,测试现场潮湿,传感器对地未绝缘,交流供电时常出现 50 Hz 干扰,解决办法是良好一点接地或改用直流供电。利用仪器内置标准的模拟信号触发所有测试通道进行自检,以确认包括传感器、连接电缆在内的仪器系统是否处于正常工作状态。

3. 锤击测试

采用自由落锤为锤击设备时,应重锤低击,最大锤击落距不宜大于 2.5 m。根据波动理论分析,若视锤为一刚体,则桩顶的最大锤击应力只与锤冲击桩顶时的初速度有关,锤撞击桩顶的初速度与落距的平方根成正比。落距越高,锤击应力和偏心越大,越容易击碎桩头。“轻锤高击”并不能有效提高桩锤传递给桩的能量和增大桩顶位移,因为力脉冲作用持续时间不仅与锤垫有关,还主要与锤重有关;锤击脉冲越窄,波传播的不均匀性,即桩身受力和运动的不均匀性(惯性效应)越明显,实测波形中土的动阻力影响加剧,而与位移相关的静土阻力呈明显的分段发挥态势,使承载力的测试分析误差增加。事实上,若将锤重增加到预估单桩极限承载力的 5% ~10% 以上,则可得到与静动法(STATNAMIC 法)相似的长持续力脉冲作用。此时,由于桩身中的波传播效应大大减弱,桩侧、桩端岩土阻力的发挥更接近静载作用时桩的荷载传递性状。因此,“重锤低击”是保障高应变法检测承载力准确性的基本原则,这与低应变法充分利用波传播效应(窄脉冲)准确探测缺陷位置有着概念上的区别。

检测时应及时检查采集数据的质量;每根受检桩记录的有效锤击信号应根据桩顶最大动位移、贯入度以及桩身最大拉、压应力和缺陷程度及其发展情况综合确定。

高应变试验成功的关键是信号质量以及信号中的桩—土相互作用信息是否充分。信号质量不好首先要检查测试各个环节,如动位移、贯入度小可能预示着土阻力发挥不充分,据此初步判别采集到的信号是否满足检测目的的要求;检查混凝土桩锤击拉、压应力和缺陷程度大小,以决定是否进一步锤击,以免桩头或桩身受损。自由落锤锤击时,锤的落距应由低到高;打入式预制桩则按每次采集一阵(10 击)的波形进行判别。

现场测试波形紊乱,应分析原因;桩身有明显缺陷或缺陷程度加剧,应停止检测。

检测工作现场情况复杂，经常产生各种不利影响。为确保采集到可靠的数据，检测人员应能正确判断波形质量，熟练地诊断测量系统的各类故障，排除干扰因素。

(三)检测数据分析与判定

1.分析前的信号选取及预处理

1)信号选取

对以检测承载力为目的的试桩，从一阵锤击信号中选取分析用信号时，宜取锤击能量较大的击次。除要考虑有足够的锤击能量使桩周岩土阻力充分发挥这一主因外，还应注意下列问题：连续打桩时桩周土的扰动及残余应力；锤击使缺陷进一步发展或拉应力使桩身混凝土产生裂隙；在桩易打或难打以及长桩情况下，速度基线修正带来的误差；对桩垫过厚和柴油锤冷锤信号，加速度测量系统的低频特性所造成的速度信号误差或严重失真。

可靠的信号是得出正确分析计算结果的基础，对劣质信号的分析计算只能是垃圾进、垃圾出。除柴油锤施打的长桩信号外，力的时程曲线应最终归零。对于混凝土桩，高应变测试信号质量不但受传感器安装好坏、锤击偏心程度和传感器安装面处混凝土是否开裂的影响，也受混凝土的不均匀性和非线性的影响。

应变式传感器测得的力信号对上述影响尤其敏感：环式应变传感器某一固定螺栓松动可引起略大于1 kHz的振荡；传感器安装面未与桩侧表面紧贴或悬挑、附近混凝土出现微裂可使实测试力曲线基线突变甚至出现巨大的正、负过冲。混凝土的非线性一般表现为：随应变的增加，弹性模量减小(如竖向抗压静载试验中发现的大幅减小)，并出现塑性变形，使根据应变换算到的力值偏大且力曲线尾部不归零。《规范》所指的锤击偏心相当于两侧力信号之一与力平均值之差的绝对值超过平均值的33%。通常锤击偏心很难避免，因此严禁用单侧力信号代替平均力信号。因此，《规范》以强制性条文作出如下规定：

当出现下列情况之一时，高应变锤击信号不得作为承载力分析计算的依据：

(1)传感器安装处混凝土开裂或出现严重塑性变形使力曲线最终未归零。

(2)严重锤击偏心，两侧力信号幅值相差超过1倍。

(3)触变效应的影响，预制桩在多次锤击下承载力下降。

(4)四通道测试数据不全。

2)信号预处理

桩身波速可根据下行波波形起升沿的起点到上行波下降沿的起点之间的时差与已知桩长值确定(见图4-52)；桩底反射明显时，桩身平均波速也可根据速度波形第一峰起升沿的起点和桩底反射峰的起点之间的时差与已知桩长值确定。桩底反射信号不明显时，可根据桩长、混凝土波速的合理取值范围以及邻近桩的桩身波速值综合确定。

对桩底反射峰变宽或有水平裂缝的桩，不应根据峰与峰间的时差来确定平均波速。对于桩身存在缺陷或水平裂缝桩，桩身平均波速一般低于无缺陷段桩身波速是可以想见的，如水平裂缝处的质点运动速度是1 m/s，则1 mm宽的裂缝闭合所需时间为1 ms。桩较短且锤击力波上升缓慢时，反射峰与起始入射峰发生重叠，以致难于确定波速，可采用低应变法确定平均波速。

当测点处原设定波速随调整后的桩身平均波速改变时，桩身弹性模量应重新计算。当采用应变式传感器测力时，应对原实测力值校正，除非原实测力信号是直接以实测应变

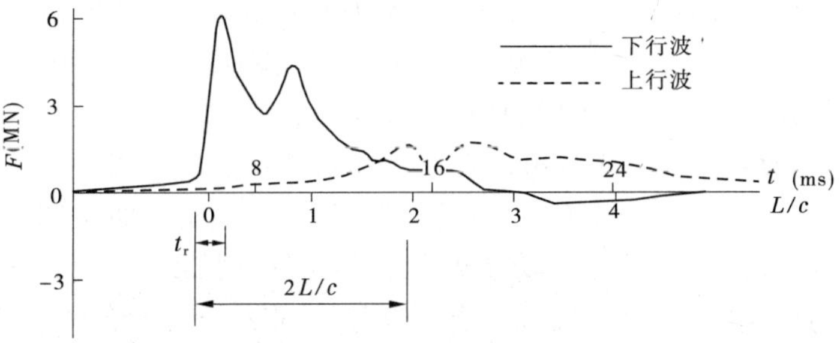

图 4-52　桩身波速的确定

值保存的。这里需特作解释以引起读者的注意：

通常，当平均波速按实测波形改变后，测点处的原设定波速也按比例线性改变，模量则应按平方的比例关系改变。当采用应变式传感器测力时，多数仪器并非直接保存实测应变值，如有些是以速度（$V = c \cdot \varepsilon$）的单位存储。若模量随波速改变后，仪器不能自动修正以速度为单位存储的力值，则应对原始实测力值校正。由

$$F = ZV = Zc\varepsilon = \rho c^2 A\varepsilon \tag{4-132}$$

可见，如果波速调整变化幅度为5%，则对力曲线幅值的影响约为10%。因此，测试人员应了解所用仪器的"力"信号存储单位。

3）实测力和速度信号第一峰比例失调

可进行信号幅值调整的情况只有以下两种：上述因波速改变需调整通过时测应变换算得到的力值；传感器设定值或仪器增益的输入错误。在多数情况下，正常施打的预制桩，由于锤击力波上升沿非常陡峭，力和速度信号第一峰应基本成比例。但在以下几种情况下，比例失调属于正常：

（1）桩浅部阻抗变化和土阻力影响。

（2）采用应变式传感器测力时，测点处混凝土的非线性造成力值明显偏高。

（3）锤击力波上升缓慢或桩很短时，土阻力波或桩底反射波的影响。

除对第（2）种情况当减小力值时，可避免计算的承载力过高外，其他情况的随意比例调整均是对实测信号的歪曲，并产生虚假的结果，因为这种比例调整往往是对整个信号乘以一个标定常数。因此，禁止将实测力或速度信号重新标定。这一点必须引起重视，因为有些仪器具有比例自动调整功能。高应变法最初传入我国时，曾把力和速度信号第一峰比例是否失调作为判断信号优劣的一个标准，但我国现实情况与国外不同，由于高应变法主要用于验收阶段的检测，采用打桩机械检测的机会不多，而且被测桩型有相当数量的灌注桩，即采用自制自由落锤的机会较多。所以，新编《规范》作出如下强制性规定：

高应变实测的力和速度信号第一峰起始比例失调时，不得进行比例调整。

（4）对波形直观判断的重要性。对波形直观的正确判断是指导计算分析过程并最终产生合理结果的关键。

高应变分析计算结果的可靠性高低取决于动测仪器、分析软件和人员素质三个要素。其中起决定作用的是具有坚实理论基础和丰富实践经验的高素质检测人员。高应变法之所以有生命力，表现在高应变信号不同于随机信号的可解释性——即使不采用复杂的数

学计算和提炼,只要检测波形质量有保证,就能定性地反映桩的承载性状及其他相关的动力学问题。在建设部工程桩动测资质复查换证过程中,发现不少检测报告中,对波形的解释与分析计算已达到盲目甚至是滥用的地步。对此,如果不从提高人员素质入手加以解决,显然这种状况的改观仅靠技术规范以及仪器和软件功能的增强是无法做到的。事实上,在通过计算分析确定单桩承载力时,不仅是凯司法,就是实测曲线拟合法往往也是在人的主观意念干预下进行的,否则很多情况下会得到不合理的结果,当然也不能排斥用高应变检测结果去与设计要求的承载力值"凑大数"。波形拟合法的解不是唯一的,其变异程度与地质条件、桩的尺寸、桩型等很多因素有关。所以,承载力分析计算前,应结合地质条件、设计参数,对实测波形特征进行定性检查:实测曲线特征反映出的桩承载性状;观察桩身缺陷程度和位置,连续锤击时缺陷的扩大或逐步闭合情况。这一工作应由高素质和丰富经验的检测人员完成。

2. 实测曲线拟合法判定单桩承载力

实测曲线拟合法是通过波动问题数值计算,反演确定桩和土的力学模型及其参数值。其过程为:

假定各桩单元的桩和土力学模型及其模型参数,利用实测的速度(或力、上行波、下行波)曲线作为输入边界条件,数值求解波动方程,反算桩顶的力(或速度、下行波、上行波)曲线。若计算的曲线与实测曲线不吻合,说明假设的模型或其参数不合理,有针对性地调整模型及参数再行计算,直至计算曲线与实测曲线(以及贯入度的计算值与实测值)的吻合程度良好且不易进一步改善为止。其可以得出桩的承载力、桩身阻抗变化情况、模拟静载荷载—沉降曲线等。

虽然从原理上讲,这种方法是客观唯一的,但由于桩、土以及它们之间的相互作用等力学行为的复杂性,实际运用时还不能对各种桩型、成桩工艺、地质条件,都达到十分准确地求解桩的动力学和承载力问题的效果。所以,《规范》针对实测曲线拟合法判定桩承载力应用中的关键技术问题,作了具体阐述和规定:

(1)所采用的力学模型应明确合理,桩和土的力学模型应能分别反映桩和土的实际力学性状,模型参数的取值范围应能限定。

(2)拟合分析选用的参数应在岩土工程的合理范围内。

(3)曲线拟合时间段长度在 t_1+2L/c 时刻后延续时间不应小于 20 ms;对于柴油锤打桩信号,在 t_1+2L/c 时刻后延续时间不应小于 30 ms。

(4)各单元所选用的土的最大弹性位移值不应超过相应桩单元的最大计算位移值。

(5)拟合完成时,土阻力响应区段的计算曲线与实测曲线应吻合,其他区段的曲线应基本吻合。

(6)贯入度的计算值应与实测值接近。

3. 凯司法判定单桩承载力

标准形式的凯司法计算桩承载力公式为

$$R_c = \frac{1}{2}(1-J_c)F(t_1)+ZV(t_1)+\frac{1}{2}(1+J_c)\left[F\left(t_1+\frac{2L}{c}\right)-ZV\left(t_1+\frac{2L}{c}\right)\right] \tag{4-133}$$

凯司法与实测曲线拟合法在计算承载力上的本质区别是：前者在计算极限承载力时，单击贯入度与最大位移是参考值，计算过程与它们无关。另外，凯司法承载力计算公式(4-133)是基于以下三个假定推导出的：

(1)桩身阻抗基本恒定。

(2)动阻力只与桩底质点运动速度成正比，即全部动阻力集中于桩端。

(3)土阻力在时刻 $t_2 = t_1 + 2L/c$ 已充分发挥。

这与《规范》规定的"凯司法只限于中、小直径且桩身材质、截面基本均匀的桩"是一致的。显然，它较适用于摩擦型的中、小直径预制桩和截面较均匀的灌注桩。

凯司法确定承载力公式中的唯一未知数——凯司法无量纲阻尼系数 J_c 定义为仅与桩端土性有关，一般遵循随土中细粒含量增加阻尼系数增大的规律。J_c 的取值是否合理在很大程度上决定了计算承载力的准确性。所以，缺乏同条件下的静动对比校核或大量相近条件下的对比资料时，将使其使用范围受到限制。当贯入度达不到规定值或不满足上述三个假定时，J_c 值实际上变成了一个无明确意义的综合调整系数。特别值得一提的是，灌注桩在同一工程、相同桩型及持力层时，可能出现 J_c 取值变异过大的情况。为防止凯司法的不合理应用，阻尼系数 J_c 宜根据同条件下静载试验结果校核；或应在已取得相近条件下可靠对比资料后，采用实测曲线拟合法确定 J_c 值，拟合计算的桩数不应少于检测总桩数的30%，且不应少于3根。在同一场地、地质条件相近和桩型及其截面积相同情况下，J_c 值的极差不宜大于平均值的30%。这实际上已经很大程度地限制了凯司法确定桩承载力的使用。

由于式(4-133)给出的 R_c 值与位移无关，仅包含 $t_2 = t_1 + 2L/c$ 时刻之前所发挥的土阻力信息，通常除桩长较短的摩擦型桩外，土阻力在 $2L/c$ 时刻不会充分发挥，尤以端承型桩显著。所以，需要采用将 t_1 延时求出承载力最大值的最大阻力法(RMX法)，对与位移相关的土阻力滞后 $2L/c$ 发挥的情况进行提高修正；桩身在 $2L/c$ 之前产生较强的向上回弹，使桩身从顶部逐渐向下产生土阻力卸载(此时桩的中下部土阻力属于加载)。这对于桩较长、摩阻力较大而荷载作用持续时间相对较短的桩较为明显。因此，需要采用将桩中上部卸载的土阻力进行补偿提高修正的卸载法(RSU法)。

于是，对土阻力滞后于 $t_1 + 2L/c$ 时刻明显发挥或先于 $t_1 + 2L/c$ 时刻发挥并造成桩中上部强烈反弹这两种情况，建议分别采用以下两种方法对 R_c 值进行提高修正：

(1)适当将 t_1 延时，确定 R_c 的最大值；

(2)考虑卸载回弹部分土阻力对 R_c 值进行修正。

另外，还有几种凯司法的子方法可在积累了成熟经验后采用，它们是：

(1)在桩尖质点运动速度为零时，动阻力也为零，此时有两种计算承载力与 J_c 无关的"自动"法，即RAU法和RA2法。前者适用于桩侧阻力很小的情况，后者适用于桩侧阻力适中的场合。

(2)通过延时求出承载力最小值的最小阻力法(RMN法)。

从上述讨论可以看出，由于凯司法假定条件的限制，使得凯司法适用范围很有限，实际测试中一般用凯司法作为现场检查数据的一个快速方法，室内再通过实测曲线拟合法拟合分析来综合确定。

4. 动测承载力的统计和单桩竖向抗压承载力的确定

高应变法动测承载力检测值多数情况下不会与静载试验桩的明显破坏特征或产生较大的桩顶沉降相对应,总趋势是沉降量偏小。为了与静载的极限承载力相区别,称为"动测法得到的承载力或动测承载力"。这里需要强调指出:验收检测中,单桩数竖向抗压静载试验常因加荷量或设备能力限制,而做不出真正的试桩极限承载力。于是一组试桩往往因某一根桩的极限承载力达不到设计要求的特征值 2 倍,使一组试桩的承载力统计平均值不满足设计要求。动测承载力则不同,可能出现部分桩的承载力远高于承载力特征值的 2 倍。所以,即使个别桩的承载力不满足设计要求,但"高"和"低"取平均后仍能满足设计要求。为了避免可能高估承载力的危险,不得将极差过大的"高值"参与统计平均。

参照静载试验关于单桩竖向抗压承载力特征值的确定方法,《规范》对动测单桩承载力的统计和单桩竖向抗压承载力特征值的确定规定如下:

(1)参加统计的试桩结果,当满足其极差不超过平均值的 30% 时,取其平均值为单桩承载力统计值。

(2)当极差超过 30% 时,应分析极差过大的原因,结合工程具体情况综合确定。必要时可增加试桩数量。

(3)单位工程同一条件下的单桩竖向抗压承载力特征值 R_a 应按本方法得到的单桩承载力统计值的一半取值。

(四)检测报告

《规范》以强制性条文的形式规定:高应变检测报告应给出实测的力与速度信号曲线。只有原始信号才能反映出测试信号是否异常,判断信号的真实性和分析结果的可靠性。除上述强制要求的内容外,检测报告还应给出足够的信息:

(1)工程概述。

(2)岩土工程条件。

(3)检测方法、原理、仪器设备(锤重)和过程的叙述。

(4)受检桩的桩号、桩位平面图和施工记录,复打休止时间。

(5)计算中实际采用的桩身波速值和 J_c 值。

(6)实测曲线拟合法所选用的各单元桩土模型参数、拟合曲线、土阻力沿桩身分布图。

(7)实测贯入度。

(8)试打桩和打桩监控所采用的桩锤型号、锤垫类型,以及监测得到的锤击数、桩侧和桩端静阻力、桩身锤击拉应力和压应力、桩身完整性以及能量传递比随入土深度的变化。

(9)选择能充分并清晰反映土阻力和桩身阻抗变化信息的合理纵、横坐标尺度,信号幅值高度不宜小于 3 ~5 cm,时间轴不宜过分压缩。

(10)必要的说明和建议,比如异常情况和对验证或扩大检测的建议。

五、自平衡试桩法测试桩的承载力

(一)概述

20 世纪 80 年代,美国学者 Osterberg 提出,在桩底预埋荷载箱用于测试桩端阻力和桩侧摩阻力,这种桩底平衡的试验方法称为 O-cell 法。该法在国外已推广运用了近 20 年,测试桩的最大承载力达 134 MN,并已纳入美国规范。90 年代以来,我国东南大学教授龚维明博士也开发了该项技术,称为自平衡法。自平衡试桩法是接近于竖向抗压(拔)桩的实际工作条件的试验方法。其主要装置是一种特制的荷载箱,它与钢筋笼连接而安置于桩身下部。试验时,从桩顶通过输压管对荷载箱内腔施加压力,箱盖与箱底被推开,从而调动桩周土的摩阻力与端阻力,直至破坏。将桩侧土摩阻力与桩底土阻力迭加而得到单桩抗压承载力,其测试原理见图 4-53。

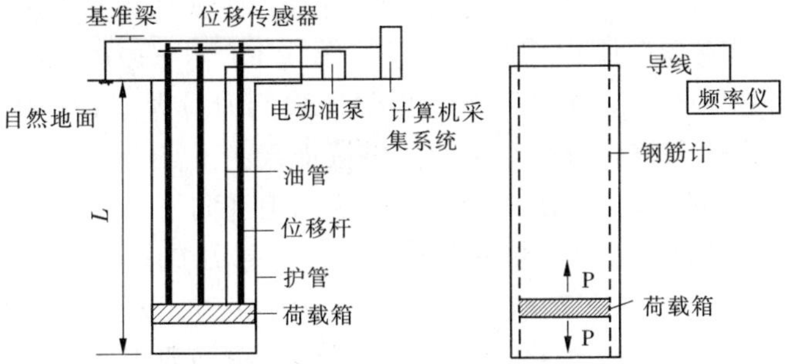

(a)桩基自平衡加载系统　　(b)桩身轴向应力测试系统

图 4-53　基桩自平衡加载系统及桩身轴向应力测试系统

自平衡测桩法具有许多优点:

(1)装置简单,不占用场地,不需运入数百吨或数千吨物料,不需构筑笨重的反力架,试验时十分安全,无污染。

(2)利用桩的侧阻与端阻互为反力,直接测得桩侧阻力与端阻力。

(3)试桩准备工作省时省力。

(4)试验费用较省,与传统方法相比可节省试验费约 30% ~40%,具体比例视桩与地质条件而定。

(5)试验后试桩仍可作为工程桩使用,必要时可利用输压管对桩底进行压力灌浆。

(6)在水上试桩、坡地试桩、基坑底试桩、狭窄场地试桩、斜桩、嵌岩桩、抗拔桩等情况下,该法更显示其优越性。

根据近年的实践表明,自平衡试桩法适用于钻孔灌注桩、人工挖孔桩、沉管灌注桩,桩受力的形式有摩擦桩、端承摩擦桩、摩擦端承桩、端承桩、抗拔桩。

应用场地除一般的黏性土、粉土、砂土、岩层等常规场地外,目前已在坡地试桩、基坑底试桩、狭窄场地试桩、抗拔桩试桩获得成功。对于大吨位、大尺寸桩,采用自平衡法可方便地测得其承载力,但其代价也较大。由于该法可分别测得侧阻力、端阻力,故可求得单位面积侧阻力、端阻力。对直径 $D \geqslant 1.5$ m 试桩检测,目前国内外都经常先进行模拟桩的测试,采用小直径桩模拟测试以确定单位面积的摩阻力、端阻力极限值,模拟桩的直径不应小于 800 mm,以防尺寸效应带来的误差,最后根据实际尺寸通过换算确定单桩极限承载力。当埋设有桩身应力、应变测量元件时,尚可直接测定桩周各土层的极限侧阻力。

施工后土体强度所需恢复的时间完全同《建筑桩基技术规范》(JGJ 94—94),由于该法测试施加的力相当于传统堆载的一半，故对桩身强度要求可适当放宽，从成桩到开始试验的间歇时间：在桩身强度达到设计要求的前提下，对于砂类土，不应小于 10 d；对于粉土和黏性土，不应少于 15 d。

（二）仪器设备及安装

1. 试验加载专用荷载箱

试验加载用的荷载箱是一特制的油压千斤顶，它需要按照桩的类型、截面尺寸和荷载等级专门设计生产，使用前必须按大于预估极限承载力的 1.2 倍进行标定，同时防止漏油。荷载箱必须平放在桩中心，以防产生偏心轴向力。荷裁箱位移方向与桩身轴线方向夹角要小于 5°，因为该夹角范围内荷载箱在桩身轴线上产生的力为 99.6% 所发出的力，其偏心影响很小，可忽略不计。同时荷载箱极限加载能力应大于预估极限承载力的 1.2 倍，以便按要求加载来达到桩极限承载力时可继续加载。

荷载箱一般布置在桩端附近，由于荷载箱产生向上和向下的位移，同时向上的力仅为传统堆载的一半，加载对地面位移的影响远小于传统堆载法的影响；因此试桩与基准桩的距离较传统方法略有减小，试桩和基准桩之间的中心距离应大于等于 $3D$ 且不小于 2.0 m。

荷载箱宜在成孔以后，混凝土浇捣前设置。护管与钢筋笼焊接成整体，荷载箱与钢筋笼焊接在一起，护管还应与荷载箱顶盖焊接，焊缝应满足强度要求，并确保护管不渗漏水泥浆。如人工扩底挖孔桩，就可先浇扩大头部分混凝土，然后设荷载箱。位移棒的护管严禁有孔洞，以防水泥浆漏进包裹住位移棒。具体操作步骤如下：①护管与钢筋笼焊接；②位移棒摆在护管中；③位移棒与荷载箱焊接；④护管与荷载箱焊接；⑤下放钢筋笼。荷载箱摆放处一般宜有加强措施，可配置加密钢筋网两层。在人工挖孔桩底用高强度等级的砂浆或高强度等级混凝土将桩底抹平。

荷载箱摆设位置应根据地质报告进行估算。当端阻力小于侧阻力时，荷载箱放在桩身平衡点处，使上、下段桩的承载力相等以维持加载；当端阻力大于侧阻力时，可根据桩长径比、地质情况采取以下措施：①允许情况下适当增加桩长；②桩顶提供一定量的配重；③加载至摩阻力充分发挥。

对于钻孔灌注桩及沉管灌注桩，荷载箱一般摆放在桩端上部位置，人工挖孔桩则摆放在桩端。当挖孔桩桩端承载力远大于侧阻力时，在实际工程中可采取如下措施：

（1）在到达持力层后继续向下挖一小孔，单独测试小孔的端阻力和侧阻力，供设计参考。

（2）在允许条件下，适当增加桩长以增大上部的摩阻力。

（3）挖至岩层后，先开挖小孔在孔内做模拟试验，然后打掉小孔内混凝土，重新开挖至设计标高。

（4）也可加载至侧阻力充分发挥，测端部单位阻力，然后根据尺寸换算求得实际桩端阻力。

2. 荷载与位移量测仪表

采用联于荷载箱的压力表测定油压，根据荷载箱率定曲线换算荷载。试桩位移一般采用百分表或电子位移计测量。采用专用装置分别测定向上位移和向下位移。对于直径很大及有特殊要求的桩型，可对称增加各一组位移测试仪表。固定和支承百分表的夹具和基准梁在构造上应确保不受气温、振动及其他外界因素的影响以防止发生竖向变位。

(三)测试技术

1. 试验方法

试验加载方式采用慢速维持荷载法,即逐级加载,每级荷载达到相对稳定后方可加下一级荷载,直到试桩破坏,然后分级卸载到零。当考虑结合实际工程桩的荷载特征,可采用多循环加、卸载法(每级荷载达到相对稳定后卸载到零)。当考虑缩短试验时间,对于工程桩作检验性试验,可采用快速维持荷载法,即一般每隔 1 h 加一级荷载。

1)加卸载与位移观测

每级加载为预估极限荷载的 1/15 ~ 1/10,第一级可按 2 倍分级荷载加荷;每级加载后在第一小时内应在 5、15、30、45、60 min 测读一次,以后每隔 30 min 测读一次,每次测读值记入试验记录表;位移相对稳定标准为每一小时的位移不超过 0. 1 mm 并连续出现两次(由 1. 5 h 内连续三次观测值计算),认为已达到相对稳定,可加下一级荷载。

当出现下载情况之一时,即可终止加载:

(1)已达到极限加载值。

(2)某级荷载作用下,桩的位移量为前一级荷载作用下位移量的 5 倍。

(3)某级荷载作用下,桩的位移量大于前一级荷载作用下位移量的 2 倍,且经 24 h 尚未达到相对稳定。

(4)累计上拔量超过 100 mm。

2)卸载与卸载位移观测

每级卸载值为每级加载值的 2 倍。每级卸载后隔 15 min 测读一次残余沉降,读两次后,隔 30 min 再读一次,即可卸下一级荷载,全部卸载后,隔 3 ~ 4 h 再读一次。

2. 检测记录

检测数据可整理成表 4-22 ~ 表 4-26 的形式,并应对成桩和试验过程中出现的异常现象作补充说明。确定单位竖向极限承载力:一般应绘制 $Q—S_{上}$、$Q—S_{下}$,$S_{上}—\lg t$、$S_{下}—\lg t$、$S_{上}—\lg Q$、$S_{下}—\lg Q$ 曲线;当进行桩身应力、应变测定时,应整理出有关数据的记录表和绘制桩身轴力分布、侧阻力分布,桩端阻力—荷载、桩端阻力—沉降关系等曲线。

表 4-22　单桩径向静载试验概况表

<table>
<tr><td colspan="2">工程名称</td><td></td><td>地址</td><td></td><td colspan="3">试验单位</td><td colspan="2"></td></tr>
<tr><td colspan="2">试桩编号</td><td></td><td>桩型</td><td></td><td colspan="3">试验起止时间</td><td colspan="2"></td></tr>
<tr><td colspan="2">成桩工艺</td><td></td><td>桩断面尺寸(mm)</td><td></td><td colspan="3">桩长</td><td colspan="2"></td></tr>
<tr><td rowspan="2">混凝土
强度等级</td><td>设计</td><td></td><td>灌注桩虚土厚度(m)</td><td></td><td rowspan="2">配筋</td><td>规格</td><td></td><td rowspan="2">配筋率
(%)</td><td rowspan="2"></td></tr>
<tr><td>实际</td><td></td><td>灌注充盈系数(%)</td><td></td><td>长度</td><td></td></tr>
</table>

表 4-23　综合柱状图

层 次	土层名称	描 述	地质符号	相对标高	荷载箱位置	试桩平面布置示意图
1						
2						
3						

表 4-24　土的物理力学指标

层次	深度(m)	γ (kN/m^3)	ω (%)	e	S_r	W_p(%)	I_p	I_L	a_{1-2} (a_{2-3})	E_s (MPa)	φ(°)	f_k(kPa)
1												
2												

试验:　　　　　　　　　　　　资料整理:　　　　　　　　　　　校核:

表 4-25　单桩竖向静载试验记录表

荷载(kN)	观测时间 日/月时分	间隔时间(min)	向上位移(mm)				向下位移(mm)			
			表 1	表 2	平均	累计	表 1	表 2	平均	累计

试验:　　　　　　　　　　　　资料整理:　　　　　　校核:

表 4-26　单桩竖向抗压静载试验结果汇总表

序号	荷载(kN)	历时(min)		向上位移(mm)		向下位移(mm)	
		本级	累计	本级	累计	本级	累计

试验:　　　　　　　　　　　　资料整理:　　　　　　　校核:

(四)检测数据的分析与判定

1. 根据位移随荷载的变化特征确定极限承载力

(1)对于陡变型 $Q—S$ 曲线取 $Q—S$ 曲线发生明显陡变的起始点。

(2)对于缓变形 $Q—S$ 曲线,按位移值确定极限值,极限侧阻取对应于向上位移 $S_{上}$ = 40 ~ 60 mm 对应的荷载;极限端阻取 $S_{下}$ = 40 ~ 60 mm对应荷载,或大直径桩的 $S_{下}$ = (0.03 ~ 0.06)D(D 为桩端直径,大桩径取低值,小桩径取高值)的对应荷载。

2. 根据位移随时间的变化特征确定极限承载力

根据位移随时间的变化特征确定极限承载力,下段桩取 $S—\lg t$ 曲线尾部出现明显向下弯曲的前一级荷载值,上段桩取 $S—\lg t$ 曲线尾部出现明显向上弯曲的前一级荷载值,分别求得上、下段桩的极限承载力 $Q_{u上}$、$Q_{u下}$,然后考虑桩自重影响,得出单桩竖向抗压极限承载力为

$$Q_u = \frac{Q_{u上} - W}{\gamma} + Q_{u下} \tag{4-134}$$

式中　W——荷载箱上部桩自重;

γ——土的容重，对于黏性土、粉土 $\gamma=0.8$；对于砂土 $\gamma=0.7$。

单桩竖向抗拔极限承载力为

$$Q_u = Q_{u上} \tag{4-135}$$

3. 单桩竖向极限承载力标准值

单桩竖向极限承载力标准值应根据试桩位置、实际地质条件、施工情况等综合确定，当各试桩条件基本相同时，单桩竖向极限承载力标准值可按下列步骤与方法确定。

1）计算试桩结果统计特征值

（1）按上述方法，确定 n 根正常条件试桩的极限承载力实测值 Q_{ui}。

（2）按下式计算 n 根试桩实测极限承载力平均值 Q_{um}：

$$Q_{um} = \frac{1}{n}\sum_{i=1}^{n} Q_{ui} \tag{4-136}$$

（3）按下式计算每根试桩的极限承载力实测值与平均值之比 α_i：

$$\alpha_i = Q_{ui}/Q_{um} \tag{4-137}$$

下标 i 根据 Q_{ui} 值由小到大的顺序确定。

（4）按下式计算 α_i 的标准差 s_n：

$$s_n = \sqrt{\sum_{i=1}^{n}(\alpha_i - 1)^2/(n-1)} \tag{4-138}$$

2）确定单桩竖向极限承载力标准值 Q_{uk}

（1）当 $s_n \leqslant 0.15$ 时，$Q_{uk} = Q_{um}$。（4-139）

（2）当 $s_n > 0.15$ 时，$Q_{uk} = \lambda Q_{um}$。（4-140）

3）确定单桩竖向极限承载力标准值折减系数 λ

单桩竖向极限承载力标准值折减系数 λ，根据变量的分布，按下列方法确定：

（1）当试桩数 $n=2$ 时，按表 4-27 确定。

表 4-27　折减系数 λ（$n=2$）

$\alpha_2-\alpha_1$	0.21	0.24	0.27	0.30	0.33	0.36	0.39	0.42	0.45	0.48	0.51
λ	1.00	0.99	0.97	0.96	0.94	0.93	0.91	0.90	0.88	0.87	0.85

（2）当试桩数 $n=3$ 时，按表 4-28 确定。

（3）当试桩数 $n\geqslant 4$ 时按下式计算：

$$A_0 + A_1\lambda + A_2\lambda^2 + A_3\lambda^3 + A_4\lambda^4 = 0 \tag{4-141}$$

式中

$$A_0 = \sum_{i=1}^{n-m}\alpha_i^2 + \frac{1}{m}\left(\sum_{i=1}^{n-m}\alpha_i\right)^2 \tag{4-142}$$

$$A_1 = -\frac{2n}{m}\sum_{i=1}^{n-m}\alpha_i \tag{4-143}$$

$$A_2 = 0.127 - 1.127n + \frac{n^2}{m} \tag{4-144}$$

$$A_3 = 0.147 \times (n-1) \tag{4-145}$$

$$A_4 = -0.042 \times (n - 1) \tag{4-146}$$

取 $m = 1, 2, \cdots$，满足式(4-141)的 λ 值即为所求。

表 4-28　折减系数 λ($n=3$)

α_2	$\alpha_3 - \alpha_1$							
	0.30	0.33	0.36	0.39	0.42	0.45	0.48	0.51
0.84	—	—	—	—	—	—	0.93	0.92
0.92	0.99	0.98	0.98	0.97	0.96	0.95	0.94	0.93
1.00	1.00	0.99	0.98	0.97	0.96	0.95	0.93	0.92
1.08	0.98	0.97	0.95	0.94	0.93	0.91	0.90	0.88
1.16	—	—	—	—	—	—	0.86	0.84

第五章　防渗墙(截渗墙)质量检测

防渗墙(截渗墙)是堤坝整治的重要手段,在堤防、大坝工程中起着防止或隔离地下水或江、河、库、泊水穿过堤坝,抑制渗漏、管涌形成的重要作用。通常防渗墙特指水库大坝防渗墙,而把江河湖海防渗墙称做截渗墙。为叙述方便,本书不予区分,一律称做防渗墙。文中的检测内容是根据水利水电工程建设的需要提出的。

第一节　防渗墙施工技术

一、防渗墙的国内外发展

地下连续墙技术起源于欧洲。它是根据打井和石油钻井使用泥浆护壁和水下浇筑混凝土的方法而发展起来的。1914 年开始使用泥浆,1920 年德国首先提出了地下连续墙专利。1921 年发表了泥浆开挖技术报告,1929 年正式使用膨润土制作泥浆。至于在泥浆支护的深槽中建造地下墙的施工方法则是意大利米兰的 C·维达尔开发成功的。由于米兰的地基是由砂砾和石灰岩构成的,在这样的地质条件下,采用常规的打桩或打板桩的方法来建造地下构筑物,是非常困难的,于是出现了这种先用机械挖出沟槽,然后再浇筑混凝土的地下连续墙工法(也叫米兰法)。1948 年首次在充满膨润土泥浆的长槽中进行试验,以便证实建造堤坝防渗墙的可能性。1950 年在意大利两项大型工程中建造了防渗墙:其一是在圣玛丽亚大坝下砂卵石地基中建造深达 40 m 的防渗墙;其二是在凡那弗罗附近的由 S. M. E 电力公司使用的储水池和跨沃尔托诺河的引水工程中,在高透水性地基中建造的深 35 m 的防渗墙。这些防渗墙不仅用于隔断地下水流,同时还要承受垂直的和水平的荷载,需具有足够的强度。按预定工期建成了地下墙后,经过从墙身取样试验和观测检查,确认其性能和精度及强度均符合要求。还证明了比采用钢板桩方案节省大量费用。

1950 ~ 1960 年的 10 年间,地下连续墙这项技术随着第二次世界大战结束后经济大发展的脚步而取得了惊人的发展,包括挖槽机械、施工工艺和膨润土泥浆在基础工程中的应用。其中意大利的依克斯公司把它成功地应用到各种工程领域。1954 年真正的地下连续墙——槽板式地下连续墙开发成功。据不完全统计,意大利在 1954 ~ 1963 年共完成了 250 万 m^2 的地下连续墙。与此同时,建造地下连续墙的技术在全世界得到了推广应用。1954 年前后很快传到法国和德国及欧洲各国,1956 年传到南美各国,1957 年传到加拿大,1958 年传到中国,1959 年传到日本,1962 年推广于美国。现在可以说,地下连续墙技术已经遍及全世界。

我国防渗墙的发展经历了启蒙、成熟和扩展应用三个阶段。

(一)启蒙阶段(20 世纪 60 ~ 70 年代)

(1)1958 ~ 1959 年,在山东省月子口水库采用直径为 ϕ60 cm × 959 根的联锁桩柱构成 20 m 深的混凝土防渗墙。为国内土坝坝基防渗开创先河。

(2)1960 年,在北京市密云水库白河主坝,采用我国自主创新的“主副孔钻劈法”、抽筒出渣、分期成槽造墙工艺,修建成国内第一道槽形混凝土防渗墙。

(3)1965～1967 年,贵州省猫跳河四级窄巷口水电站双曲拱坝第四纪冲积层坝基内建成混凝土和钢筋混凝土地下连续墙,替代了坝基深覆盖层开挖。

(4)1965 年,四川省渔子溪一级水电站拦河坝大直径漂卵石坝基,采用了浆下定向聚能爆破方式,并成功地建造了混凝土防渗墙。

(5)1965 年,在甘肃省金川峡水库大坝加固中,建成我国第一道黏土心墙的坝体内防渗墙。

(二)防渗墙修建技术成熟阶段(20 世纪 70～90 年代)

(1)1967 年,四川省龚嘴水电站建造成国内第一道围堰防渗墙。

(2)1969 年,四川省映秀湾电站建成我国第一道闸基防渗墙。

(3)1976 年,湖北省葛洲坝水利枢纽工程建造成国内第一道纵向围堰防渗墙。

(4)1977 年,召开了首次全国防渗墙经验交流会。会议上水利水电、城建、航运、煤炭、铁路等部门的代表互通信息,交流经验,极大地推动了我国地下连续墙技术的发展。

(5)1981～1982 年,在葛洲坝水利枢纽工程先后建成长江干流粉煤灰混凝土围堰两道防渗墙,并引进液压抓斗应用“两钻一抓”成槽。

(6)1987 年,在四川省铜街子水电站左副坝砂卵石与漂孤石坝基建造成国内超过 70 m 的深槽(74.4 m)防渗墙。

(7)1990 年,在福建省水口电站一期工程建造成国内第一道塑性混凝土围堰防渗墙。

(三)防渗墙大坝长堤扩展应用阶段(20 世纪 90 年代～21 世纪初)

(1)1994 年,湖北省宜昌长江三峡水利枢纽工程一期围堰采用柔性混凝土防渗墙。

(2)1994 年,河南省孟津黄河小浪底水利枢纽工程采用高强混凝土在右岸坝基修筑防渗承重地连墙,并创国内 81.9 m 成槽造墙新高。

(3)1994 年,湖北省老河口汉江王甫洲水利枢纽工程船闸上下游建造成固化灰浆围堰防渗墙。

(4)1997 年初,水利部淮河水利委员会基础工程有限责任公司,为寻求一种技术先进、工艺合理、工程造价低、工程效果好、适应范围广、施工一般不受环境影响的截渗施工方法,用了近半年的时间,组织调研收集资料、构思创意、分析筛选,开发了多头小直径深层搅拌桩截渗墙施工技术。经过大量的试验和实践,该技术得到改进和完善。

(5)1998 年,湖北省宜昌长江三峡水利枢纽工程二期上游围堰采用反循环冲击钻、液压导板抓斗和双轮铣等成槽设备技术建造成高陡坡、高强度、大粒径块球体防渗墙。

(6)1999 年,河北省石家庄市黄壁庄水库副坝采取“坝顶组合垂直防渗方案”进行加固处理,其中混凝土防渗墙长 4 860 m,墙厚 0.8 m,造墙面积 26.50 万 m^2,成为我国单项工程最大的水工混凝土防渗墙。

二、防渗墙施工

防渗墙技术施工简便、速度快、消耗少,在处理坝基渗漏、坝后“流土”、“管涌”等渗透变形隐患问题上效果较好。在1998年长江流域特大洪水后，国家投入大量资金进行堤防整治，修筑了大量的防渗墙工程，到20世纪末，多以半封闭式防渗墙为主，主要包括：①深层搅拌水泥土成墙——深搅法；②高压喷射水泥浆成墙——高喷法；③挤压注浆成墙——注浆法和振动沉模板法；④置换建槽成墙——射水法、抓斗法、切槽法（振动切槽法除外）和土工合成材料法等。

（一）深层搅拌水泥土成墙——深搅法

深搅法是利用深层搅拌机械在堤身/堤基一定深度范围内钻进、搅拌，就地将土体与输入的水泥（或石灰）等固化剂强制充分拌和，使固化剂与土体产生一系列的物理－化学变化而凝结成墙体达到防渗目的。

国内大量应用于堤防防渗墙，则是1998年后长江流域的重要堤防，诸如荆南长江干堤、咸宁长江干堤、粑铺大堤、武汉长江干堤、黄冈长江干堤、岳阳长江干堤、无为大堤、马鞍山江堤、赣抚大堤等堤段的防渗墙。深层搅拌所使用的机械在1999～2000年度防渗工程中主要以单头搅、双头搅、三头搅和SMW为主；在2000～2001年度实施工程中，则发展成为四头搅、五头搅和六头搅新工法。

（二）高压喷射水泥浆成墙——高喷法

高喷法是以高压喷射流直接冲击破坏土体，浆液与土以置换凝结为固体的高压喷射注浆法来建造防渗墙。

高压喷射注浆一般具有以下特点：①适应范围较广；②施工简便；③可控制成墙尺寸与性状；④耐久性强；⑤浆液集中，流失较少；⑥浆材来源广泛且较低廉；⑦施工时无公害，较安全；⑧设备简单，管理方便。

高压喷浆成墙工法适用于淤泥、淤泥质土、黏性土、粉土、黄土、砂性土、人工填土及碎石土等地基。作为堤防垂直防渗墙，该法成墙宽度为12～20 cm，最大墙深40 m，该法已在长江流域的荆南长江干堤、咸宁长江干堤、武汉市长江干堤、九江市干堤、洪湖监利长江干堤松辽流域的哈尔滨城区堤防和黑龙江省的齐齐哈尔市嫩江防洪堤、珠江流域北江大堤、海河流域干流天津市塘沽区堤段等垂直防渗墙中应用良好。

（三）挤压注浆成墙——注浆法和振动沉模板法

从注浆成墙作为堤防的防渗工程，注浆法中的锥探灌浆是我国堤防中由传统的探测堤身隐患而逐步发展起来的一种防渗措施，虽然它不是靠挤压建槽成墙来防渗止水，但它在锥探隐蔽的孔洞并伴随的通过压力注浆作用机理上也可视为挤压注浆成墙防渗。

锥探灌浆是利用泥浆（或水泥浆）具有一定的流动性等特点，通过探锥按照一定的排距成孔，将泥浆填充结构物内部的裂缝、洞穴、腐朽的秸料、桩木、树根等，使其形成一个整体，达到固结和整体受力的状态。

振动沉模板法包括振动沉模防渗板（墙）技术和振动切槽法防渗墙技术。

1. 振动沉模防渗板（墙）技术

振动沉模防渗板（墙）技术，是利用强力振动将空腹模板沉入土体中，向空腹内注满浆液，边振动边拔模，浆液留在槽内形成单板墙，然后将单板墙连接形成连续的防渗板墙。

该技术具有以下特点：①造墙质量高；②工程造价低；③工艺简单易操作；④ 施工设备性能稳定、工效高。

该技术主要用于砂、砂性土、黏性土、淤泥质土及砂砾石堤基。成墙宽度 8 ~ 25 cm，最大成墙深度 25 m。

2. 振动切槽法防渗墙技术

振动切槽成墙技术是利用电机带动底部嵌镶刀片、导向杆与导向翼的钻头向下振动，刀片向下切削与挤压土层，钻杆中空的高压水与气的混合体沿导向杆两端(翼)喷射以分散剥离土体形成槽孔，当连续作业并使振动切削的槽孔达到设计防渗深度时，通过钻杆中空开始向槽孔(槽墙)输送浆液，停止提升钻杆直至孔口返浆，再提升钻杆达到设计槽孔顶面高程且孔内浆液不沉降为止。

振动切槽法的特点是：①操作简单，成墙效率高；②成槽造墙宽度可调节钻头底端的刀片尺寸灵活控制；③成槽与造墙能在浆体待凝中连续施工，搭接的墙体连续性与整体性均好。

该法已在江西省长江干堤的梁公堤等防渗加固工程中成功应用，其成墙宽度不小于 14 cm，墙深 18 m。适用于黏土、淤泥、沙土、壤土、中粗砂、中小卵石或含有少量大卵石等地层，特别适应较松散与有地质缺陷的堤基。

(四)置换建槽成墙——射水法、抓斗法、切槽法和土工合成材料法等

置换成墙防渗工程，实质上是在换填法处理软基的基础上，将堤身/堤基一定深度内的被置换的土体挖除成槽，再填筑或铺设塑性混凝土等防渗墙体材料并连接成整体的防渗墙。

射水法建造防渗墙技术，是利用射水造墙机，通过射水装置所形成的高速水流的冲击力来淘刷土体、经成型器修整成槽，然后填筑塑性混凝土/混凝土等防渗材料并使其连续成墙。该法适用于密实黏土、亚黏土、淤泥、砂土及粗砂的堤基，当高速水流冲击力增强时，例如Ⅲ型的射水造墙机，还可用于 10 cm 以下的卵石层堤基。已在荆南长江干堤、同马大堤等防渗工程中获得成功应用。

抓斗法成墙工艺包括机械抓斗和液压抓斗两种。

机械抓斗就是由绳索操纵的带有可更换抓斗与导向装置的抓斗，液压抓斗主要是指全导杆式液压抓斗。另外，真正适用于堤防薄型防渗墙的是利用国内外的履带起重机改造配套的薄型抓斗。

机械抓斗和液压式的宽墙抓斗能适用于所有地质条件，薄型抓斗(包括机械式和液压式两种)则适用于堤基为黏性土、壤土、砂性土和含少量砾石的砂层。

在锯(拉)槽的成墙工法中，一种是由专门的锯槽机进行锯齿掏槽建造防渗墙；另一种是由全自动控制式拉槽机进行连续切削土体成槽来建造防渗墙。

锯槽成墙防渗技术适用于颗粒粒径小于 100 mm 的松散地层，诸如黏土、砂土、砂、砾及小卵石堤基等；拉槽成墙防渗技术适用于老黏土层、砂层、砂砾石层，克服了锯槽成墙需满足小粒径且松散要求的缺陷。

在上述建槽成墙的墙体材料开发应用中，我国与世界先进的国家一道，曾作出过有益的贡献(见表 5-1、表 1-2)。

表 5-2 列举了国内外几种主要的地下防渗墙施工技术及参数指标。

表 5-1　各种墙体材料首次使用时间排序

序号	墙体材料名称	首次使用年份	首次使用国家	备注
1	混凝土	1950	意大利	
2	钢筋混凝土	1950	意大利	
3	混合料（泥浆槽）	1952	美国、加拿大	
4	塑性混凝土	1957	意大利	
5	黏性混凝土	1958	中国	含粉煤灰混凝土
6	土工布（膜）	1958	美国	聚氯乙烯（PVC）
7	黏土块（粉）	1959	波兰（中国）	
8	沥青砂浆	1962	意大利	
9	水泥砂浆	1964	苏联	
10	黏土水泥浆	1964	法国（德国）	
11	自硬泥浆	1969	法国	
12	固化灰浆	1970	法国（日本）	
13	预制墙板混凝土（PC）	1970	法国（日本）	
14	后张预应力混凝土	1972	英国	
15	钢—混凝土（SRC）	1986	日本	

三、防渗墙施工质量控制

（一）深搅法成墙质量控制

深搅法可用于堤防防渗、堤岸边坡加固、水库除险加固、工民建深基坑开挖支护、机场、港口、高速公路等基础处理等。

深搅法施工的过程，就是桩机定位、下沉或提升、搅拌与喷浆的有机结合。深搅法防渗墙施工应注意以下几个方面的质量控制。

1. 桩位控制

由专业测量人员测放防渗墙轴线及桩位定点，设置测量控制点并予以妥善保护，在施工过程中随时抽测、校核桩位，确保桩位布置与设计图误差小于等于 5 cm。

2. 桩距控制

桩距的大小关系到成墙最小厚度能否得到保证，施工时，通过搅拌桩机自身的液压调距功能，确保桩机每次水平位移距离为一定值。

3. 桩体垂直度控制

为保证搅拌桩的垂直精度，开钻前，用水平尺、水准仪对搅拌桩机的平整度和导向架对地面的垂直度进行严格的检测、校核，检测合格后方可开钻，且在施工过程中随时检测，保证搅拌桩的垂直度偏差不超过 0.3%。

表 5-2　国内外防渗墙建造技术一览

序号	技术名称	技术依托单位	技术要点	施工速度	施工造价(参考2002年造价)	设备造价(参考2002年造价)	适用范围
1	射水法建造地下防渗墙	福建省水利水电科学研究所	利用高速射流结合方形切削具的冲击运动破坏地层结构,同时水土混合将泥沙带出地面,并通过成形器修整槽壁,然后泥浆固壁,形成规格尺寸槽孔,经灌注水下混凝土建成单块混凝土槽板,利用成形器侧向喷嘴喷射混凝土将多个槽板相连接,形成地下连续墙体。墙体厚度 22 ~ 45 cm,深度可达 30 m,垂直度小于 1/300,整体防渗系数小于 1×10^{-7} cm/s 射水法造墙机由造孔机、浇筑机、混凝土搅拌机三部分组成	日平均(24 h 计)200 m^2/台	墙体造价 150 ~ 170 元/m^2(22 cm 厚素混凝土)	Ⅱ型台机 60 万元左右,Ⅲ型台机 80 万元左右	适用于密实黏土、亚黏土、淤泥、砂土及粗砂等多种地基。Ⅲ型台机适用于 10 cm 以下的卵石层
2	锯齿掏槽修建地下连续防渗墙	东北岩土工程公司	成墙是由专门的锯槽机完成。锯槽机上有功率较大的摆动机构,将近乎垂直的锯管作上下往复运动,在往复运动的同时,锯槽机向前移动,移动速度可根据地层情况的需要而调整。当墙的深度小于 15 m 时,可采用连续置换或铺膜成墙工艺,建成的连续墙的接头间距可达数十米或更长。当槽深较大时,可采用分段隔离或浆液自凝成墙工艺。成墙最大深度 47 m,成墙宽度 0.15 ~ 0.40 m	成墙效率平均大于 100 m^2/(台·日),可建造 0.2 m 左右的窄墙	150 ~ 250 元/m^2	60 万元左右	适用于颗粒粒径小于 100 mm 的松散地层,如黏土、砂土、砂、砾及小卵石等地层
3	液压开槽机连续成槽	河南省黄河河务局	液压开槽机是由在同一轨道上行走的开槽机、水下混凝土浇筑机、清槽砂石泵及混凝土搅拌机组成。液压开槽机沿墙体轴线连续成槽,槽孔完全连续。墙体厚度 20 cm 左右,最大深度可达到 40 m	150 m^2/(台·班)(8 h 计)	20 m 深、22 cm 厚的墙体 150 元/m^2	主机 60 ~ 70 万元	适用于砂壤土、粉土、黏土等地质条件

续表 5-2

序号	技术名称	技术依托单位	技术要点	施工速度	施工造价(参考2002年造价)	设备造价(参考2002年造价)	适用范围
4	多头小直径深层搅拌桩截渗墙	水利部淮河水利委员会基础工程有限责任公司	运用特制的多头小直径深层搅拌桩把水泥浆喷入土体,并搅拌形成水泥土墙,达到截渗目的。 最大成墙深度可达18 m,成墙厚度为200~300 mm,渗透系数小于 $A\times10^{-6}$ cm/s($1<A<10$),强度大于0.3 MPa,渗透破坏比降大于200	实际施工工效平均可达10 m^2/(台·时)	120~170元/m^2	30~40万元/套	适用于黏土、砂土、粉质黏土、含砾直径小于0.05 m的砂砾层、淤泥。甚至有土体架空或洞穴及汛期也可施工
5	预制混凝土板水力插板成墙	山东省胜利油田黄河口治理办公室	在预制混凝土板中预留管道,并利用高压水力冲割混凝土板下端土层,将预制混凝土板插入地下,板与板之间接缝进行灌浆,板顶浇筑连续梁,从而形成地下(上)的连续墙体。墙体厚25 cm,墙深15~20 m,1998年10月获国家专利	一般均质土层插入一块15 m深、0.8~1 m宽的预制板需30~60 min	500~700元/m^2	30~40万元/套	适用于砂壤土、淤泥质等均质土层。可用于堤防险工、挑流丁坝、海堤护岸等工程
6	垂直铺塑防渗技术	山东省水利科学研究院、山东水利岩土工程公司	利用适用于不同地质情况的刮板式、旋转式、往复式三种形式的开沟造槽铺塑机,在坝体(基)内开出一定宽度和深度的连续沟槽,并同步在沟槽内铺设塑料薄膜和填以设计要求的回填料,经过填料的湿陷固结形成以塑膜为主要幕体材料的复合防渗帐幕 造槽宽度16~30 cm(若用于浇筑地下连续墙,槽宽可增加到50 cm),开槽深度达10~15 m	400~500 m^2/(台·天)(24 h计)	68元/m^2	150万元/套	适用于砂砾石层、沙土、黏土层,含有少量大粒径砂礓石或树根的复杂土层也可适用

续表 5-2

序号	技术名称	技术依托单位	技术要点	施工速度	施工造价（参考2002年造价）	设备造价（参考2002年造价）	适用范围
7	振动沉模板墙堤坝防渗技术	中国华水水电开发总公司山东分公司	利用振动模板墙设备将空腹钢模板沉入地层后，注满浆体。当振动提拔时，浆体从模板下端注入槽孔内，迅速填满因模板上拔而腾出的空间，空腹模板起到固壁作用，减少了泥浆固壁的二序。造槽、护壁、浇筑一次性直接成墙。成墙厚度 14～22 cm，最大深度 20 m	20 min 可完成 66 cm 宽、17 m 深的墙体沉模灌注工序	墙体厚度一般在 15 ～ 20 cm，防渗板墙 120 元/m^2	170～180 万/套	适用于砂性土、淤泥质土和含小卵石的砂卵石层等
8	高速构筑堤坝防渗连续墙技术	德国赛德拉·迅博格特种地下工程建筑公司	挖掘—混合—喷射灌浆连续施工技术是利用一个安装在履带式吊车底盘上的、周边带有刀片的履带式切割柱在土中快速掘进，掘进中，切割柱边搅拌土体，边喷出水泥浆，形成一道宽 0.5～1 m、深达 12 m 的连续墙	柴油发动机功率 650 kW/台	150～300 元/m^2	2 000 多万元	适用于多种不同类型的土质
9	TRD 工法	日本 TRD 施工法株式会社神户制钢所	TRD 工法是将链式切削器插入土中，靠链式切削器的转动并沿水平方向掘削前进，形成连续的沟槽，同时将固化液从切削器的端部喷出，与土在原地搅拌混合，形成水泥土地下连续墙。成墙厚度、深度视设备型号不同而不同。Ⅰ型：成墙厚度 0.45～0.55 m，深度 15 m；Ⅱ型：成墙厚度 0.55～0.70 m，深度 25 m；Ⅲ型：成墙厚度 0.55～0.80 m，深度 35 m，最大深度 47.5 m	16.5～18.3 m 深，55 cm 厚的防渗墙，地层为砂砾土、黏土，施工速度 8.5 cm/min，600 m^2/(台·日)	0.8～1.0 万日元/m^2（在日本）	Ⅰ型 1.8 亿日元，Ⅲ型 2.9 亿日元	适用于各种地质条件
10	超薄型地下连续防渗墙建造技术	法国威宝公司	采用液压振动锤将一宽度约 600～800 mm"Ⅰ"型钢模，通过高频振动锤打入地下，在钢模抽出的同时，灌浆浆液通过管道进入钢模底端喷出，形成墙体。墙厚 8～15 cm。液压振动锤输出功率 300～600 kW	钢模完成一个循环仅需 15 min，成墙工效 56 m^2/h，每月 1.5～2 万 m^2	成墙综合报价（含利润）为 180 元/m^2	成套设备项报价 1 400 万法郎（到上海港）	适用于砂土、砂壤土及密实砾石、泥灰岩等土层

续表 5-2

序号	技术名称	技术依托单位	技术要点	施工速度	施工造价(参考2002年造价)	设备造价(参考2002年造价)	适用范围
10	超薄型地下连续防渗墙建造技术	德国宝峨公司	利用高频振动锤击成墙设备建造地下连续防渗墙。该产品与法国威宝公司产品基本相同。成槽深度 20 m 以内,"H"槽宽度最薄处 7.5 cm	20 m 深、7.5 cm 厚的墙体 1 000 ~ 2 000 m^2/(台·日)	深度在 20 m 以内的墙体,成墙造价180 ~ 200 元/m^2	1 500 万元	适用于砂土、砂壤土及颗粒小于 200 mm 砂卵石地层
11	机械抓斗、液压抓斗建造地下连续墙技术	意大利土力公司	利用液压抓斗式成套设备,在泥浆护壁的条件下,开挖出具有一定宽度和深度的沟槽。然后钢筋笼下入沟槽中,最后用导管在充满泥浆的沟槽中浇筑混凝土,筑成一个单元的墙段。各单元的墙段由特制的接头连接,形成地下连续防渗墙。挖掘宽度 0.6 ~ 1.2 m,挖掘长度 2.0 ~ 3.5 m,最大挖深 80 m	80 ~ 120 m^2/(台·日)	600 ~ 1 200 元/m^2	成套设备 1 200 万元左右	适用于各种地质条件
		意大利卡沙特兰地基设备有限公司	利用钢绳液压地下连续墙抓斗、全导杆式地下连续墙液压抓斗、机械式地下连续墙抓斗建造防渗墙。机械式钢绳抓斗是一种绳索操纵的带有可更换抓斗与导向装置的抓斗,成墙宽度 400 ~ 1 200 mm,长度 1 400 ~ 4 030 mm,最大深度可达 100 m。全导杆式地下连续墙液压抓斗成槽宽度 500 ~ 1 200 mm,成槽长度 2 200 ~ 4 000 mm,最大深度 50 m	200 m^2/(台·日)	300 ~ 600 元/m^2	机械式抓斗成槽设备(含导架、抓斗及动力系统)预报价 30 万美元	适用于各种地质条件
		德国宝峨公司	利用系列地下连续墙液压抓斗造防渗墙。成槽深度 50 ~ 100 m,成槽厚度 0.35 ~ 1 m,抓斗宽度 2.8 m 柴油发动机功率 222 kW	砂壤土地层造 0.8 m 厚、2.8 m 宽的墙,8 ~ 10 m/h	浓度在 40 m 以内 350 mm 薄墙,成墙造价 220 ~ 250 元/m^2	主机、抓斗等 120 万马克	适用于各种地质条件

续表 5-2

序号	技术名称	技术依托单位	技术要点	施工速度	施工造价(参考2002年造价)	设备造价(参考2002年造价)	适用范围
11	机械抓斗、液压抓斗建造地下连续墙技术	中国水利水电基础工程局	使用斗宽为30 cm的液压抓斗在堤坝上挖槽宽为30 cm、深度最深达到40 m的槽孔,而后浇筑符合特定性能要求的塑性混凝土等抗渗材料,在其凝固后可形成一道渗透系数小于 10^{-6} cm/s 的防渗墙	抓斗成墙的施工工效160~200 m^2/(台·日)	工程造价约200~300元/m^2	200~300万元/套	适用于一定含量和粒度以内的砂卵石层、密实的砂土层
		北京市水利工程基础总队	基本技术性能同上。最大墙深64 m,墙厚0.6~1.2 m	30 m/(台·日)	600~700元/m^2	800~1 200万元/套	同上
		中国水利水电科学研究院	利用正反循环钻机在地层中预先钻先导孔,两钻一抓采用机械式薄抓斗在槽(槽厚300 mm),采用自凝灰浆或塑性混凝土作为墙体材料,由于采用了先导孔,可充分保证墙体的连续性,设备简单实用 整机功率42.5 kW	120~200 m^2/(台·日)	综台造价170~300元/m^2	成套设备(含钻机,抓斗设备)45万元	适用于粒径200 mm,含量不超过40%的砂卵石、砂砾石等地层
12	液压滚铣式成槽机开槽技术	德国宝峨公司	该公司生产的双轮铣设备的成槽原理是通过液压系统驱动下部两个轮轴转动,水平切削、破碎地层,采用反循环出碴。最大成槽深度可达150 m,一次成槽厚度为800~2 800 mm	200~300 m^2/(台·日)	1 000元/m^2	1 800万元	适用于建造各种地层的坝基、地基工程。由于造价太高,一般不适于堤防工程
		意大利卡沙特兰地基设备有限公司	该公司生产的液压滚铣式成槽机,施工原理与德国宝峨公司产品大致相同。切削部分除有两个由重型液压马达单独驱动滚轮外,铣削轮本身大驱动一切削链条,从而保证整个槽宽范围内全断面进行铣削(铣削率100%)	200~300 m^2/(台·日)	1 000元/m^2	轮铣成套设备预报价240万美元	同上

续表 5-2

序号	技术名称	技术依托单位	技术要点	施工速度	施工造价(参考2002年造价)	设备造价(参考2002年造价)	适用范围
13	TMW 工法	日本燕东株式会社	利用 TMW 系列等厚搅拌地下连续墙施工机建造地下防渗墙。该设备由三部分组成:一是 TMW 挖掘装置;二是装载 TMW 挖掘装置的挖掘移动机;三是 TMW 挖掘装置配套设备 被挖掘的土砂由装在挖掘搅拌轴上的螺旋杆和搅拌翼及压缩空气有效的搅拌、混合在一起,形成由水、水泥、岩屑、土、空气等组成的地下墙体。成墙厚 0.45 ~ 0.90 m,一次性成墙最大深度 22 m	300 m^2/(台·日)	200 元/m^2 左右	370 万元	适用于小粒径、少含量的砾石土及砂质土、黏性土等地质条件

4. 桩深控制

桩深可采用SJC型监测仪进行控制。在施工过程中，记录仪不间断地测出钻头所处的深度及在这深度处10 cm范围内的水泥浆注入量，并将这一过程打印出来，打印出的数据反映制桩过程中与成桩质量直接相关的各个操作细节的变化。制桩结束后，仪器自动打印出成桩资料，根据成桩曲线，判定成桩深度及成桩质量。

5. 水泥浆控制

水泥浆要严格按设计水灰比控制，集料斗上必须装筛网过滤，制备好的水泥浆应持续搅动，防止出现离析现象，对因故停置时间超过2 h的水泥浆进行处理后方可使用，超过4 h的水泥浆作废浆弃掉，灌浆泵输浆距离按50 m内控制。

6. 喷浆量和提升速度的控制

搅拌机提升速度宜控制在0.2～1 m/min，保持均匀连续提升，喷浆量采用记录仪进行控制，确保喷浆量和水泥掺入比满足设计要求。

7. 桩底质量控制

为确保桩底质量，在桩底停止提升继续喷浆数秒后方可搅拌提升。

（二）高喷法成墙质量控制

1. 施工前质量控制

1）施工机械设备的控制

高压喷射灌浆施工前，应对主要设备如高压泥浆泵、高压水泵、钻机空压机、单管、双管及其配件等进行检查，确保完好、准确。

2）原材料的控制

高压喷射灌浆主要材料是水泥，设计要求采用普通硅酸盐水泥，水泥强度等级不低于32.5。灌浆所用的水泥应保持新鲜无受潮结块，根据需要，可在水泥浆中分别加入适量的外加剂和掺合剂，以改善水泥浆液的性能，所用外加剂或掺合剂的数量，应通过室内配比试验或现场试验确定。水泥出库使用前应对水泥进行试验，合格后方可使用。搅拌水泥浆所用水，应符合《混凝土拌和用水标准》的规定。

3）布孔的控制

施工地域不同，地质就不同，高压喷射灌浆时各种技术参数就不同。孔距的大小，关系到施工时各种技术参数、成墙均匀性和防渗效果。孔距的布置应以设计的孔距为参考值，根据实际情况进行调整，但调整后的孔距与设计孔距偏差应小于5 cm。

布孔时从防渗墙的转角处先确定孔位，然后再根据设计要求的技术参数和现场实际距离进行均分。

2. 施工过程质量控制

高喷法的全过程为钻机就位、钻孔、置入注浆管、高压喷射注浆和拔出注浆管等基本工序。施工主要控制要素为：

（1）进行场地平整（预留保护层0.50 m），开挖排浆沟，进行钻机定位。要求安放水平，钻杆保持垂直，且确保钻孔倾斜率不超过0.3%。

（2）钻孔定位后，在进行钻孔的同时利用原浆护壁至设计高程。

（3）高压喷射灌浆前的准备，应确保水泥浆充分搅拌并按要求严格控制浆液比重、水灰比等。

(4)高压喷射灌浆应严格按施工技术要求操作并控制灌浆质量,控制孔口有微量返浆。

施工前进行室内配方和现场试验。通过室内试验确定浆液的配比和喷射注浆后固结体的强度;现场试验确定施工工艺参数、注浆固结体强度和墙体抗渗指标等,以便相互验证。施工钻孔过程中还应注意各层的地质变化情况,以便高喷灌浆时及时调整施工技术参数。

1)水泥用量控制

高压喷射灌浆防渗墙的质量好坏与水泥用量的多少及均匀性有直接的关系,因此如何控制水泥用量是工程质量的关键。可采用电子称重法与钻机深度相结合的计量装置,记录反映深度、相对应每延米的水泥用量。

(1)在施工过程中,应随时抽查钻机的水平度和垂直度、钻进深度喷灰深度、停灰标高、喷灰的管道压力、剩余水泥量等并做好相应记录。

(2)及时收取当日记录单,并校核时间、孔号的连续性等。每日施工结束后,所有的记录应由施工现场人员和监理检查合格后签字认可。

(3)每日施工结束后对施工现场水泥用量和记录中的水泥用量以予统计、对比,并记录在当天的施工日志中。当两者误差大于5%时,必须查明原因后方可在记录表上签字认可,必要时应及时补喷。

(4)现场施工人员应核对前后左右孔的深度和成墙时间,如果相同深度的成墙时间相差很大,则认为存在搅拌不匀的情况,并应采取补喷处理。

(5)现场施工人员应根据钻杆的提升速度,确定每日完成延米数和每孔的施工时间。如果机架完成的延米数超过规定值较多或少于规定值较多,则认为存在搅拌不匀的情况,应采取补喷处理。

2)提升速度

灌浆时提升速度的快慢直接影响工程质量和浆液用量,提升速度过快,则防渗墙不密实,易产生空洞且切割半径不符合要求,会造成防渗墙搭接处产生薄弱环节;提升速度太慢,则返浆量过大,造成浪费。因此,需根据灌浆试验确定不同土层的提升速度。

3)注意事项

当喷射注浆过程中出现下列异常现象时,需查明原因采取相应措施:

(1)流量不变而压力突然下降时,应检查各部位的泄漏情况,必要时拔出注浆管,检查密封性能。

(2)出现不冒浆或断续冒浆时,若是土质松软则视为正常现象,可适当进行复喷;若是附近有空洞、通道,则应不提升注浆管继续注浆直至冒浆为止或拔出注浆管待浆液凝固后重新注浆。

(3)在大量冒浆压力稍有下降时,可能是注浆管被击穿或有孔洞,使喷射能力降低。此时应拔出注浆管进行检查。

(4)压力徒增超过最高限值,流量为零,停机后压力仍不变动时,则可能是喷嘴堵塞。应拔管疏通喷嘴。

(三)注浆法成墙质量控制

注浆法指用气压、液压、电化学理论或其他方式把浆液注入各种介质中以形成一定范围的注浆载体的一种施工工法。

水泥浆液是以水泥为主剂的粒状浆液,在地下水无侵蚀性的条件下一般都采用普通硅酸盐水泥,其次也可采用矿渣水泥。由于常用的水泥颗粒较粗,一般只能灌注直径大于0.2 mm的孔隙,而对土中孔隙较小者就不易灌进。所以选择浆液材料时,要求满足浆液材料对地基土的可灌性。其适用条件可用可灌比值 N 表示:

$$N = \frac{D_{15}}{G_{85}} > 15 \tag{5-1}$$

式中 D_{15}——土的粒径级配曲线上颗粒含量小于15%的粒径;

G_{85}——浆液材料的粒径级配曲线上颗粒含量小于85%的粒径。

目前常用的水泥灌浆法分为渗透灌浆、压密灌浆和劈裂灌浆三类。水泥浆的水灰比一般变化范围为0.6~2.0,常用的水灰比是1。为了调节水泥浆的性能,有时可加入速凝剂或缓凝剂等附加剂。常用的速凝剂有水玻璃和氯化钙,其用量为水泥重量的1%~2%;常用的缓凝剂有木质素磺酸钙和酒石酸,其用量为水泥重量的0.2%~0.5%。

(四)射水法成墙质量控制

作为工程领域,射水法适用于江河的堤防防渗、地下截水墙、围堰、水库的除险加固、工民建的深基坑支护,以及地下工程的连续墙等。

射水法各槽段之间宜采用平接法连接,分两序孔施工。因此,槽孔的孔斜控制对射水法显得极为重要,尤其在槽孔较深、地质条件不良的情况下更是如此。

1. 施工导槽开挖及轨道铺设质量控制

铺设射水造墙机行走轨道时须平行于防渗墙轴线。应重点控制枕木放置,必须整齐、稳固,间距宁小勿大,以防止造槽过程中地基不均匀沉陷,造成孔斜。

2. 造槽质量控制

(1)孔斜的控制。由于地层等原因,造槽较易出现孔斜问题。为了控制倾斜度,在开孔后和加钻杆之前,均对钢丝绳在槽口的位置进行检测,发现问题及时纠正和处理。

(2)接头处理质量控制。为了保证Ⅰ、Ⅱ序槽墙的连接,在建造Ⅱ序槽孔时,应保证成型器侧向喷嘴有0.3~0.5 MPa的射流压力,并在成型器侧向安装钢丝刷,保证Ⅱ序孔成槽后刷净影响墙体搭接的残余泥皮。因此,须检查成型器侧向喷嘴射流及射流压力,其次检查成型器侧向安装的钢丝刷的磨损情况,要求终孔起钻时钢丝刷上不带泥皮。

(3)基岩面的鉴定和槽孔深度的质量控制。对基岩面(相对不透水层)的鉴定,依据先导孔资料和反循环出口所抽吸出的岩样并用测锤测定孔深,参考设计深度后综合确定槽孔深度。

3. 混凝土浇筑质量控制

质量控制除初灌量、导管埋深混凝土上升速度满足规范要求外,重点应控制混凝土的拌制质量,即按配合比加料及保证足够的拌制时间。

(五)抓斗法成墙质量控制

抓斗法建槽成墙施工,分钢丝绳抓斗法、液压抓斗法、导杆抓斗法和混合抓斗法四种。

抓斗法挖槽成墙的关键，主要在于槽段长度的选择，一般应以“槽长 =4 h 内塑性混凝土的最大浇筑量/槽宽 × 槽深”为准。经验表明，最大槽长不大于 10 m，通常以 6 ~ 8 m 为宜；抓斗建槽开挖时，其垂直度应在成槽深 6 ~ 7 m 时调节控制，否则难以铅垂纠偏；整个槽段挖到设计高程后，必须进行扫孔；清孔换浆采用空气提升器或反循环泵进行。

对于小于 5 MPa 抗压强度的软岩，抓斗可直接抓挖成槽以备后续浇筑塑性混凝土嵌岩成墙；大于 5 MPa 的硬岩，则需用重凿嵌岩法或冲击反循环法使之嵌岩深度达 0.5 ~ 1.0 m。

（六）切槽法成墙质量控制

切槽法在堤坝、建筑地基、闸基、海塘砂基、各类软基的防渗加固，以及防止海水倒灌、防止污染物扩散和地下水库潜流截渗、防淡水盐化处置诸多方面均有成效。

切槽法施工平台建造宽度应不小于 6 m；沿防渗墙轴线开挖宽 × 高 50 cm × 30 cm 导向槽；锯槽段 8 ~ 10 m 长、槽宽(30 ~ 50 ± 0.5) cm；清孔换浆，换浆结束 1 h 后，检测泥浆比重小于 1.1，黏度小于 35 s，含砂率小于 3%；30 min 内泥浆失水量小于 40 mL，槽孔底沉渣厚度小于 10 cm；换浆结束后 4 h 内开始浇筑塑性混凝土，保持塑性混凝土面均匀连续上升，其上升速度不小于 2 m/h；控制浇筑混凝土相邻导管的高差在不大于 0.5 m 范围；隔离体采用土工布或橡胶制作，便于同一槽内边浇筑边切槽同步施工；相邻槽孔的连接方法，一般采用无接缝浇筑法平接，并且要求塑性混凝土的初凝时间不宜过短，早期强度不宜过高。

（七）振动沉模板法质量控制

振动沉模板防渗墙技术，系我国自主创新的一项施工工法，从理论与实践上解决了国内外依此相同原理技术尚未解决的槽孔之间夹泥及因单桩构成连续墙时桩下端开叉而不连续的弊端。

(1)振动沉模防渗墙的施工，要求作业面平整、坚实，其承载力需满足施工设备承载要求。

(2)沉模作业前应校平机架，立柱中心与施工轴线偏差不超过 ±3.0 cm，其立柱的垂直偏差不超过 5‰。

(3)水泥、黄砂等原材料应满足有关技术规范的要求，砂浆或子浆的配合比应经试验确定，试块的渗透系数、抗压强度等技术参数应满足设计要求。

(4)正式施工前，应按设计要求进行现场试验，确定模板的提升速度、砂浆的稠度或子浆的扩散度、设备激振力等技术参数。

(5)施工宜采用双板法施工，在弧段或变轴线段可采用单板法施工。采用单板法施工时，单元板体的搭接长度不少于 10 cm。

(6)施工应连续进行。如果施工中发生停歇时间较长或发生其他异常现象，应对接缝进行检查，必要时应采用高压旋喷等措施进行防渗处理，保证接缝处质量达到设计的防渗要求。

(7)提拔模板前，应先将砂浆或子浆充满整个模板，直至孔中溢出浆液，才能提拔模板；提拔模板时，应先启动振锤振动数秒，使模板侧壁阻力减小，待振锤振幅正常后再缓慢提拔，模板离孔底 2.0 m 左右后再匀速提拔；根据不同土质确定提拔速度，最大不超过

2 ~ 3 m/min（在软土地基中取小值）；提拔过程中，应及时补浆。

（8）墙体浇筑顶面应比设计墙顶高程高 20 ~ 30 cm，建筑物防渗墙在沉模结束后凿除到设计高程；对于堤防防渗墙可不凿除。

（9）如实、准确记录各施工技术要求的参数。

第二节　防渗墙质量检测

一、概述

为保证防渗墙工程的质量，发挥应有效果，防渗墙的质量检测工作显得极为重要。防渗墙质量检测可选用防渗围井检测法、静力触探检测法、注水试验检测法、测压管检测法、物探技术检测等方法。由于防渗墙质量问题复杂多样、规律性差，因此质量检测工作量大，覆盖面广。传统的钻孔、开挖、围井等有损检测方法费时费力，局限性很大，利用物理探测手段进行防渗墙质量检测成为必然的发展方向，目前投入使用或研究使用的方法主要包括电法、电磁法、弹性波法、同位素示踪法、综合层析成像五大类十几种方法。本章将对防渗墙质量检测的主要方法进行介绍，下面先对近年来防渗墙质量检测技术的实际研究应用情况作一概述。

1994 年，小浪底水利枢纽建设管理局在主坝防渗墙验收时，将黄河水利委员会冷元宝、朱文仲主持完成的弹性波层析成像（CT）成果列为主要的验收资料（打孔检查只作为辅助手段）。该主坝防渗墙为开槽浇筑墙，宽 1.2 m、深 15 ~ 80 m 不等，混凝土设计强度 C35。通过检测，并对圈定的异常部位打 10 个验证孔验证，结果十分吻合，有效地控制了小浪底主坝防渗墙的施工质量。参与验收的各位专家对 CT 成果给予了极高的评价。这次检测开创了我国工程 CT 技术检测防渗墙质量之先河。

中国地质大学应用地球物理系的刘江平等人开展了浅层地震技术在防渗墙质量检测方面的应用研究，并在实际检测中应用了该方法，检测的防渗墙包括设计厚度 0.22 m、埋深 14 m 的混凝土防渗墙，设计厚度 0.33 m、埋深 18 m 的搅拌隔渗墙。采用浅层地震反射波和瞬态瑞雷面波法相结合的方法对这两种防渗墙质量进行了检测，据资料介绍能推算墙体深度及厚度。

1998 年 12 月，黄河水利委员会王旭明等人对黄河下游堤防八孔桥防渗墙工程进行了超声波 CT 检测。此次检测的主要目的是验证设计的防渗墙类型及施工工艺是不是适合黄河堤防情况。内容包括混凝土防渗墙内部缺陷、匀质性、混凝土强度检测等。防渗墙采用锯槽法和射水法分段施工，设计墙体厚度 0.22 m，平均深度 12.5 m，混凝土防渗墙防渗标号 S6（渗透系数 $K=1\times10^{-7}$ cm/s），混凝土墙体强度 20 MPa。共完成了 6 组超声波测试，获得测试数据 2 799 组，基本确定了检测段的墙体声速分布，判定了混凝土不密实、孔洞等隐患，并推算出了墙体混凝土强度分布数据，对防渗墙的施工质量作出了评价。

2000 年，黄河水利委员会朱文仲、冷元宝等人对黄壁庄水库（全国 43 座重点病险水库之一）副坝防渗墙采用多种方法进行了测试，该坝防渗墙全长 4 858.8 m、设计墙厚 0.8 m、墙深 40 ~ 68 m 不等，墙体混凝土设计强度 10 MPa。该水库防渗墙的墙体长度和墙体面积均为世界之最。根据实际情况,优选了垂直反射法和瞬变电磁法对防渗墙进行普查,然后对查出异常的地段作跨孔弹性波 CT 详查,进而确定异常位置,进行钻孔取芯。在墙深近 30 m 处圈定一异常部位,并进行打孔验证,3 个孔验证结果证明检测效果很好,说明地面普查与跨孔弹性波 CT 详查相结合的方法是一种全面、经济、快速检测混凝土防渗墙质量的有效方法。垂直反射法对薄层夹泥与浅部构造检测效果较好,瞬变电磁法检测深度大,两者相结合能够优势互补,优化检测结果。

2000 年 12 月,黄河水利委员会冷元宝、朱文仲等人对山东梁山黄河下游大堤防渗墙进行了综合检测。防渗墙设计墙厚 0. 22 m、墙深 15 ~ 18 m、墙体设计强度 C15。采用的检测方法包括垂直反射法、面波映像法、同位素示踪法、探地雷达和弹性波 CT 技术。此次检测也采用了地面普查和井中物探详查相结合的方法。实测资料分析结果表明,面波映像和探地雷达两种方法在本工区效果不明显,其他三种方法检测互相验证,效果较好,并测出了墙体的渗透系数这一重要参数。

2001 年 10 月,长江水利委员会肖柏勋等人完成了“堤防隐蔽工程质量无损检测试验研究”项目。此项目从长江堤防隐蔽工程防渗墙质量检测工作的迫切需要出发,系统开展了堤防防渗墙质量无损检测的有效性试验研究,对当前主要的检测方法进行了分析筛选,提出了以可控源音频大地电磁测深(CSAMT)法为主,高密度多波列地震影像法和垂直反射法为辅进行质量检测普查,查出重点异常堤段再用弹性波 CT 方法和钻孔取芯法进行综合探测验证的方案。按照此方案,研究人员在湖北黄冈长江干堤对 1 200 m 长的防渗墙实施了探测,选取 4 个经检测发现问题的堤段防渗墙异常部位钻孔取芯验证,发现 3 处存在质量问题,说明检测方案较为可靠。此次项目研究还开发和应用了 CSAMT 数据后处理和 K 剖面法反演软件,改进完善了 LXII 型岩土工程质量检测分析仪的硬、软件系统,具有一定的创新。验收结论为研究的部分成果填补了国内空白,整体上达到了国际先进水平。

2002 年至 2003 年,天津市水利科学研究所进行了瑞雷面波在水泥土搅拌墙无损检测中的应用研究。以往瑞雷面波均匀介质理论和弹性层状介质中的频散理论都是在半无限弹性空间基础上进行的,研究人员通过理论分析将瑞雷面波引申在水平方向宽度有限的墙状介质中应用,结合室内试验和防渗墙施工问题,总结出一套完整的无损检测技术,用以控制防渗墙施工质量。

对防渗墙质量进行快速无损检测时间虽然不长,但近年来全国各有关单位已经进行了大量相关研究与实践,取得了一些成果。但由于防渗墙自身的特殊性,如何针对防渗墙的特点,优化检测方案,高效优质的完成检测任务,仍旧是一个值得深入研究的课题。根据近年来从检测工作中获得的研究及实际经验,采用以 CSAMT 法为主、配合地震映像法、垂直反射法或其他方法进行地面检测,以弹性波工程 CT 方法作为详测手段,条件允许时,用同位素示踪进行墙体渗漏或渗透系数检测的方案是比较合理的。因为弹性类方法(主要是体波)探测中,墙体与周围介质波速差异大,受体积影响小,但垂直声波反射法和多波地震映像法的探测深度有限且只能做定性分析,在一定探测深度内具有较好的效果。电磁法中 CSAMT 法能够克服近场、地形、屏蔽、体积效应等不利因素,但 CSAMT 法对防渗墙接缝和开叉等缺陷的分辨率有限。从探测效果和效率两方面考虑,垂直声波反射法、多波地震映像法、电磁法等方法适于对防渗墙进行普查性质的快速检测，遇到重点可疑或发现异常的区段，再有针对性的布置少量钻孔并采用精度高、信息量大的弹性波工程 CT 及获取墙体渗透系数的有效手段同位素示踪技术对其可靠性进行检测，可以有效提高防渗墙质量检测的准确性。继续各种方法的深入研究是今后一段时间内该技术的发展趋势。

二、防渗墙主要质量问题

防渗墙属于隐蔽工程，施工多样且质量控制难度很大，由工艺与人为因素造成的质量问题复杂多样。而且防渗墙的几何形态特殊、边界条件复杂，被测目标体在水平方向的几何尺度很小，这些都为地球物理方法检测防渗墙质量带来了很大的困难。

根据施工工艺不同，防渗墙可以划分为多种类型，不同类型的防渗墙经常存在着不同的质量问题。

深层搅拌水泥土防渗墙可能出现的主要问题是墙体开叉，墙体连续性差或因孔距偏大而造成套接处墙体厚度不够，满足不了设计要求；塑性混凝土防渗墙存在的主要质量问题为各槽段接合不好，墙体连续性差，底部缩径；振动切槽法施工的水泥砂浆防渗墙可能出现的主要问题是局部充泥，地下水位下局部无墙；高喷灌浆防渗墙易造成上粗下细的固结体和墙体架空、离析或蜂窝等；钢筋混凝土防渗墙易造成墙体夹泥、离析或蜂窝等。

此外，各种不同的施工工艺、不同材料的墙体接合部位也可能存在隐患。

防渗墙质量检测需要解决的主要问题包括：

(1)防渗墙体连续性、尤其是深层搅拌法施工中套接状况的检测问题。

(2)墙体架空、蜂窝、离析、裂隙，尤其是切槽法施工易造成的局部充泥、无墙等检测问题。

(3)槽段墙体接缝检测问题。

(4)搅拌桩间墙体开叉检测问题。

(5)因侧压缩径造成的墙体变薄的检测问题。

三、防渗墙质量检测一般要求

(一)压缩填充类

(1)超薄防渗墙质量要求为墙体厚度 7.5 cm，成墙 28 d 后的渗透系数 $K<10^{-7}$cm/s，抗压强度 $R>1.0$ MPa。

(2)薄防渗墙质量要求为墙体厚度 20 cm，成墙 28 d 后的渗透系数 $K<10^{-7}$ cm/s，抗压强度 $R>6.0$ MPa。

(3)钢板桩防渗质量要求主要表现在钢板桩施工技术控制上。

①钢板桩的倾斜度控制。钢板桩插打是单根法打入，上部处于自由状态，下端靠锁口连接，由于受力状态不同，下部阻力大于上部，钢板桩施工中上部有向前进方向倾斜的趋势，当倾斜度超过 2% 时，钢板桩则难以继续施工，施工中要控制倾斜度在 1.5% 以内，超过 1.5% 要下入异形钢板桩进行纠偏。施工中控制方法有上下振动纠偏法、反向预留倾斜度法，上部反向作用力法、下端开斜面反力法，顶端斜夹振动法等。根据施工情况各种

控制工法可单独使用或综合使用。

②钢板桩的合拢控制。钢板桩施工中，大多是二三台机组同时作业，就存在 1～2 个合拢口，合拢口控制不好则合不了拢，形成渗漏缺口。要控制合拢口附近 10～20 根钢板桩的垂直度，准确测量合拢口宽度。合拢口特形钢板桩加工前要做试焊试插，保证试插特形钢板桩上下滑动自如，然后根据试插情况正式焊接合拢特形钢板桩。

③异形钢板桩弯曲度和绕曲度控制。异形钢板桩上部窄下部宽，其目的是减小倾斜度，保证钢板桩顺利插打。若加工的特形钢板桩弯曲度和翘曲度控制不好，不仅不能纠斜，反而会使法向倾斜度变大，导致轴向倾斜度变大。控制方法有定位法、预留后切割线法、间隔焊接法和水火校正法等。

④钢板桩振动频率控制。对不同岩性（砂性土或黏性土），其阻力是不一样的，黏性土阻力较大，砂性土阻力较小，若钢板桩进入黏性深度较大，要保证钢板桩顺利插入，须使用高频冲击，要增大振动频率；在砂性土中插钉，阻力较小，为提高插入速度，须增大振幅。为使钢板桩施工处于文明、受控和有序的状态，钢板桩施工组织设计还必须同其他施工组织设计一样，制定一套完整的质量保证体系，加强现场质量管理，进行文明施工和安全生产。这样才能保证钢板桩施工项目优质按期完成。

（二）材料置换类

（1）液压抓斗开槽成墙质量要求为成墙厚度 30 cm，成墙 28 d 后，渗透系数 $K<10^{-7}$ cm/s，弹性模量 $E<10^3$ MPa，抗压强度 $R>2.0$ MPa，允许渗透比降 $J>60$。

（2）垂直铺膜防渗质量要求为开槽宽 21 cm，土工膜厚 0.3～0.5 cm，铺膜后渗透系数 $K<10^{-7}$ cm/s。

（三）密实孔隙类

（1）SMW 工法成墙质量要求为成墙厚度 40 cm，成墙 28 d 后，渗透系数 $K<10^{-7}$ cm/s，抗压强度 $R>5$ MPa。

（2）高喷法成墙质量要求为成墙厚度 22 cm，成墙 28 d 后，渗透系数 $K<10^{-7}$ cm/s，抗压强度 $R=1\sim3$ MPa，弹性模量 $E=10^2\sim10^3$ MPa。

（3）挤压注浆成墙质量要求为成墙厚度 10～30 cm，成墙 28 d 后，渗透系数 $K<10^{-7}$ cm/s，抗压强度 $R=1\sim5$ MPa，弹性模量 $E\approx10^3$ MPa。

四、防渗墙质量主要检测方法

防渗墙质量检测可选用防渗围井检测法、静力触探检测法、注水试验检测法、测压管检测法、物探技术检测等方法。其中，应用物探技术进行防渗墙质量检测的方法可大致分为电磁法、弹性波法、同位素示踪法、综合层析成像五大类十几种方法，主要方法包括探地雷达法、音频大地电磁法、浅层反射波法、同位素示踪法、钻孔电视法及各种层析成像方法等，配合方法有瑞雷波法、声波法、地震波法、声波测井、放射性测井（核子密度）等。

（一）防渗围井检测法

防渗围井是一种比较理想的高喷墙质量检测方法，适用于所有结构型式的高喷墙。《水利水电工程高压喷射灌浆技术规范》（DL/5200—2004）10.1 工程质量检查中，对采用围井法检验高喷墙质量提出了一些要求，要求围井的面积在砂土、粉土层中不小于

3.0 m^2，在砾石、卵（碎）石层中不小于4.5 m^2，主要是为了避免围井内的注（抽）水孔和观测孔进入到高喷灌浆凝结体中，导致试验结果受到影响；围井边墙在施工时其各项技术条件与被检测墙体应一致；对悬挂式高喷墙围井底部应进行封闭，一般宜采用高压旋喷技术封底，且封底厚度要远大于板墙厚度；在围井内进行抽水还是注水试验主要根据地下水位的高低而定。因为要检验防渗板墙的渗透性，围井的一面侧墙必须为防渗板墙。围井注水试验原理见图5-1，围井平面见图5-2。

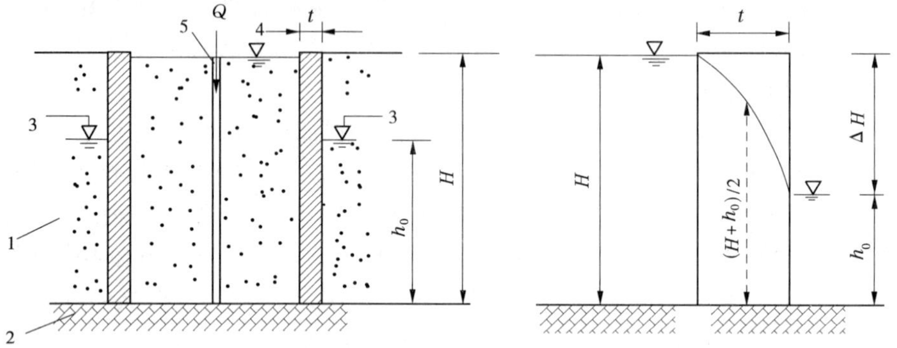

1—围井；2—相对隔水层；3—地下水位；4—注水稳定水位；5—钻孔

图5-1　围井注水试验原理

规范DL/5200—2004给出了在透水地层中进行围井注水试验，高喷墙的渗透系数：

$$K = \frac{2Qt}{L(H + h_0)(H - h_0)} \tag{5-2}$$

式中　K——渗透系数，m/d；

Q——稳定流量，m^3/d；

t——高喷墙平均厚度，m；

L——围井周边高喷墙轴线长度，m；

H——围井内试验水位至井底的深度，m；

h_0——地下水位至井底的深度，m。

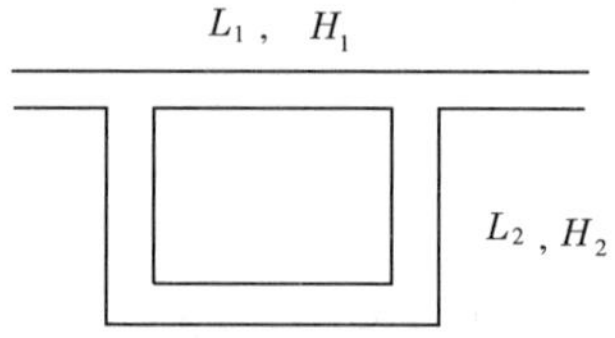

图5-2　围井平面图

但是，由于对防渗墙施工质量检验一般在防渗墙工程基本完工时进行，墙体的截渗作用有可能导致墙体前后的地下水位高程值出现差异，上述渗透系数K是基于围井处地下水位均一致的条件导出的。当防渗墙前后水位不一致时，该公式将不再适宜使用，需对其进行修正，这里不对其修正计算过程进行推导，直接给出墙前后水位不一致时高喷墙的修正渗透系数：

$$K' = \frac{2Qt}{L_1(H_1 + h_0)(H_1 - h_0) + L_2(H_2 + h_0)(H_2 - h_0)} \tag{5-3}$$

式中　L_1——防渗墙在围井中的长度；

H_1——防渗墙外侧地下水位高度；

L_2——在围井中除防渗墙外另三面侧墙的总长度；

H_1——L_2表示的围井侧墙围井外侧地下水位高度。

因此，在围井试验前应在防渗墙前后分别钻地下水位观察孔，当防渗墙前后水位不一致时，做围井试验宜选择上述式计算防渗墙体渗透系数值。

围井试验注意问题：

(1)围井检查宜在围井的高喷灌浆 7 d 后进行,如需开挖或取样,宜在 14 d 后进行。

(2)为保证水流畅通,在围井中进行试验孔钻进时,不应使用泥浆护壁。为防止塌孔,可以在孔中下花管。

(3)在做抽水、注水试验前,必须反复冲洗试验孔,直至洗孔水清澈并且无细砂带出,目的是保证试验数据的真实准确性。

(4)注水或抽水试验的流量一定要采集稳定后的数值。

(二)静力触探检测法

静力触探是把具有一定规格的圆锥形探头借助机械匀速压入土中,以测定探头阻力等参数的一种原位测试方法。它分为机械式和电测式两种。

静力触探试验仪器设备主要由触探主机和反力装置、测量与记录显示装置、探头、探杆等部分组成。

静力触探试验方法可参照《静力触探技术标准》(CECS0:80)的有关规定执行。采用静力触探进行防渗墙质量检测是在防渗墙成墙后 6 ~7 d 内进行,具体检验方法是将轻便触探头连续向下贯入,并记录贯入 30 cm 的锤击数 N10,探入深度至地面以下 4 ~6 m。然后根据记录的 0 ~2 m、2 ~4 m、4 ~6 m 贯入深度和平均击数绘制 N10 ~ S 曲线图,然后根据曲线图进行分析,求得墙体的强度评价防渗效果。

静力触探测试中,已经普遍采用微机自动采集静探数据,要求触探头的传感器在不受任何外界干扰的条件下能正常工作,所以标准规定"触探头一般在 3 个工程大气压(即 294 kPa)下,保持 2 h 其绝缘度≥500 MΩ"作为探头的质量标准。

如探头的绝缘度降低,严重时传感器失效,微机会产生较大的零漂移,测试曲线的回零线向右移动(有时呈线性向右移动),严重影响测试精度。因此,触探测试中应注意以下几点：

(1)探头不能进水或水蒸气。若进入水,探头的接线柱短路,进而侵入传感器使传感器的绝缘度降低。

(2)探头在仓储中应避免受潮。

(3)在工作中不应使探头在水中停留时间过长,以免探头进水。

(4)对探头的绝缘度应经常检查,若探头的绝缘度降低,应在烘干箱烘烤 2 ~3 h。

此外,还应注意在实际测试中由于摩擦等原因,探头的形状、尺寸会发生不同的变化,如锥尖裂口、摩擦筒表面积减少等,从而影响到测试精度,因此应经常检查探头的外形、尺寸有无异常情况,如有应及时更换。

(三)注水试验检测法

注水试验是利用钻机在防渗墙附近进行钻孔注水以求得堤防的渗透系数,评价防渗墙防渗效果。注水检测步骤如下：

(1)利用地质钻探机进行钻孔,钻孔直径为 110 mm。钻孔深度以超过堤防高差 2 ~4 m 为宜;钻进时用取样器取样,求其土壤的干密度。

(2)利用钻机进行清孔和洗孔。

(3)下套管,将管口引出地面(水泥土防渗墙顶部一般低于现状堤顶 0.5 m 左右),套管在孔内部分与孔壁之间采取有效的止水措施，套管直径为91 mm（套管下部至孔底可视为渗水试验段 L，管内水柱可视为水头高度 S）。

（4）试验开始前，先将孔内注满水至管口，然后控制注水容器连续向管内注水，并使管内水位始终与管口（孔口）齐平，待管内水位稳定后，分阶段地注水并记录注水时间和注水量 Q。一般连续注水 3 h，分 6 个时间段，每个时间段为 30 min。

（5）整理记录资料，利用渗透系数计算公式计算堤防的渗透系数。即

$$K = (0.366Q/L/S)\lg 2L/r \tag{5-4}$$

式中 K——渗透系数，cm^3/s；

L——试验段或过滤器长度，m；

Q——稳定注水量的平均值，cm^3；

S——管内水头高度，m。

（6）根据求解得出的渗透系数，评价防渗墙的防渗效果。

（四）测压管检测法

利用测压管作堤防防渗墙质量检测，主要是通过水位观测来检测防渗墙质量。

1. 测压管的布置

首先根据设计部门和招标文件的要求埋设测压管。堤防工程检测测压管的埋设为3组，每个断面1组，每组2孔，位于防渗墙两侧各1 m处；迎水面每个断面埋设水尺一组共3根：第一根埋设在滩地上，记录下水尺的零点高程和顶点高程；第二根埋设在堤脚，记录下水尺的零点高程和顶点高程；第三根埋设在堤坡上，记录下水尺的零点高程和顶点高程；背水面埋设一组水尺，一般埋设在背水侧的堤脚近处的沟塘边，并记录水尺的零点高程和顶点高程。

2. 测压管的技术要求

（1）测量各断面孔深。

（2）钻孔直径：各断面钻孔直径均为150 mm。

（3）埋设水尺时，水尺底部应浇筑混凝土以使得水尺牢固、坚实，不发生倾斜和沉陷。

3. 测压管成井工艺

（1）全孔取芯钻进。

（2）井管为镀锌铁管（包括花管和实管），直径为50 mm。

（3）滤料为中细砂。

（4）滤网布为60目尼龙丝布，包扎两层，外包一层土工布，共三层。

（5）井管管头采用直径为50 mm镀锌铸铁接头，上口用管帽封死，封口连接以保护井管。

（6）井管底口下设10 cm左右的中细砂滤料，后安设井管，井管底口用木塞封死。

（7）井管用混凝土预制，壁厚15 cm，埋深30～40 mm。

（8）各断面测压管长度根据堤防高程而定，其中花管的长度是实管长度的2～3倍。

4. 测压管水位观测和计算

测压管水位观测采用水位计法，观测精度为以两次误差不大于2 cm时取其平均值；观测时间：非汛期每3 d观测一次，洪水期每6 h观测一次，然后把观测数据记录下来，利

用巴蒲洛夫斯基经典解法进行求解防渗墙体的渗透系数。根据施工前后堤防的渗透系数进行防渗墙体的防渗效果评价。

(五)探地雷达法

探地雷达(Ground Penetrating Radar)是基于地下介质的电性差异,通过发射高频电磁波探测地下物体状态、结构和特征的物探技术。近年来,随着仪器信噪比的提高,在地质构造填图、水文地质调查、地基、道路、水坝、隧道探察中得到广泛的应用。

在探测过程中,探地雷达通过发射天线将高频电磁波(10 MHz ~1 GHz)以宽频带脉冲形式定向送入地下,电磁波在地下介质传播的过程中,当遇到存在电性差异的地下地层或目标体时,便发生反射并返回地面,被接收天线所接收,见图5-3。

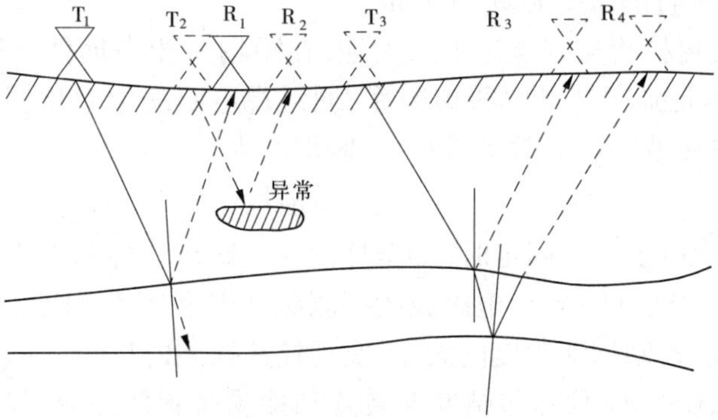

图5-3　探地雷达探测原理图(T表示发射器,R表示接收器)

探地雷达可选用剖面法、宽角法、环形法、透射法、多天线法和孔中雷达等工作方式。其具体操作可参考《水利水电工程物探规程》(SL 326—2005)3.3的相关规定执行。

采用探地雷达进行防渗墙质量检测外业工作时,应注意以下问题:

(1)普查时点测间距0.5 ~1 m,连测天线移动速率宜用较大值。

(2)详查时点测间距0.1 ~0.5 m,连测天线移动速率宜用较小值。

(3)记录时窗宜选取最大探测深度与上覆介质平均电磁波速度之比的2.5 ~3倍。

(4)采样率宜选用天线频率的15 ~20倍。

(5)发射与接收天线间距宜小于最大探测目标埋深的20%。

(6)介质电磁波速度的确定方法:①利用地层参数计算。②由钻孔或已知深度的目标体标定。③用线状目标体几何扫描法推算。④用透射法、宽角法或共中心点法确定。

(六)可控源音频大地电磁测深(CSAMT)法

可控源音频大地电磁测深(Controlled Source Audio-frequency Magnetotellurics, CSAMT)法是一种人工场源底频率域测深方法,20世纪80年代以来得到了很大发展,应用领域扩展到普查、勘探石油、天然气、地热、金属矿产、水文、环境等方面。其主要优点是:工作效率高,在发射偶极子两侧很大的扇形区域内都可进行测量,每一测量点都是测深点;探测深度范围大,深度可达数千米;垂直分辨率高,探测对象厚度与埋深之比约为10% ~20%;水平分辨能力与收—发距无关(与电法勘探不同),约等于接收偶极子距离;地形影响小,且易于校正;高阻层屏蔽作用小。麦克斯韦方程组能够完整地反映电场和磁场随空间与时间变化的规律，可控源音频大地电磁法就是运用电磁波传播理论和麦克斯韦(Maxwell)方程，导出水平电偶极子场源所产生的电磁场公式。CSAMT 法采用可控制人工场源，通过谐变电流产生地下电磁场，假设地下介质为无磁性均匀导电介质，推出电场、磁场和视电阻率的关系表达式为(即卡尼亚(Cagniard)视电阻率计算公式)

$$\rho = \frac{1}{5f}\frac{|E_x|^2}{|H_y|^2} \tag{5-5}$$

式中 ρ——视电阻率，Ω·m；

f——频率，Hz；

E_x——水平电场，V/m；

H_y——与 E 垂直的水平磁场，A·m。

检测时，通过发射机将交变电流供入大地，在距场源相当远处测量电场的 x 分量 E_x 和 y 分量 H_y，根据卡尼亚公式计算视电阻率，通过视电阻率值对检测对象质量好坏进行评价。同时，根据电磁波的趋肤效应，得到趋肤深度为

$$H \approx 256\sqrt{\rho/f} \tag{5-6}$$

式(5-6)表明，视电阻率 ρ 固定时(如塑性混凝土防渗墙体的电阻率一般为 120 ~ 130 Ω·m，干燥后可达 1 000 Ω·m)，电磁波的探测深度 H 和频率 f 成反比。因此，我们通过控制频率的高低可以控制探测深度的大小，实现控源探测的目的。

在实际工作中，CSAMT 仪器包括发射装置和接受装置两部分，发射设备为大功率发电机及发射机，接受系统包括数字化多功能接收机和磁探头，发射机与接收机之间通过电台或其他通信工具进行联系，保证频率改变准确无误。检测中使用的发射机场源有两种，一种是两个接地电极，通常称为水平电偶极子，一种是不接地的水平线圈，通常称为垂直磁偶极子，测量在距场源相当远的地方进行。工作剖面一般按纵横布置，纵剖面沿截渗墙走向布置于墙顶端，横剖面与纵剖面正交。

该方法探测效果较好，工作效率高，但本法仍属体积勘探方法，存在扩大异常的可能，一定程度上影响了异常的精细划分。

可控源音频大地电磁测深法具体操作可参考《水利水电工程物探规程》(SL 326—2005)3.2 的相关规定执行。

采用可控源音频大地电磁测深法进行防渗墙质量检测时，应注意以下问题：

(1)由于 CSAMT 法横剖面资料效果相对不理想，在野外工作中，应测量与场源偶极子平行的电场(E_x)和与场源偶极子垂直的磁场(H_y)。

(2)为了使 CSAMT 法解释结果精度进一步提高，在用二维反演软件进行反演模拟，得到深度与电阻率的对应关系后，可采用“K”剖面法进行资料再处理。

(七)弹性波法

1. 瑞雷面波法

混凝土抗压强度的非破损检测是测定混凝土的有关物理参数，通过物理参数与混凝土强度存在的关系来推断混凝土的抗压强度。对于混凝土防渗墙来说，抗压强度是最基本的技术指标。传统的混凝土构件抗压强度的检测方法有钻芯法、拔出法、静载荷试验法、回弹法、超声脉冲法等，其中前面三种方法为破损检测。如果要在没有损伤的情况下

获得混凝土试件连续高效的抗压强度数据，瑞雷波探测不失为一种值得研究的新方法。

瑞雷波(Rayleigh wave method)法是利用它在分层介质中传播时的频散特性以及传播速度与介质物理力学性质相关性来解决有关地质问题的一种方法。由于瑞雷波探测具有速度快、分辨率高、操作简便、应用范围广等优点，并逐渐应用于工程地质勘察、地基检测、截渗工程检测、道路质量检测、岩土工程勘察、矿山采空区检测、地层勘探、水工混凝土质量检测、桩斜检测和滑坡勘察等。

在瑞雷波探测过程中，往往会在被测单位的表面按照相同的检波距设置多个检波器，从而检测到一系列面波的传播过程，得到波的频散曲线，再通过反演和解释进而得到被测单位的物理性质，见图5-4。

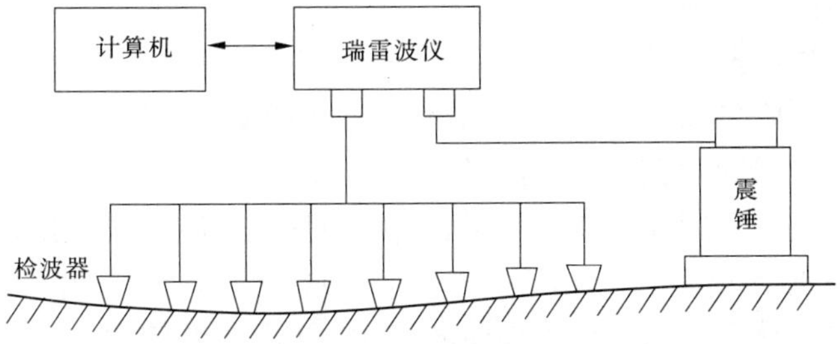

图5-4 瑞雷波探测原理图

混凝土抗压强度指单位面积上试件所承受的压力，其计算方法是

$$f = F/S \tag{5-7}$$

式中 f——混凝土试件的立方体抗压强度；

F——混凝土试件的破坏荷载；

S——混凝土试件的承压面积。

1)计算方法

根据瑞雷波方法的换算计算公式，抗压强度的计算方法如下：

(1)如果采用瑞雷波探测法测得瑞雷波速 V_{12}，采用超声波探测法测得纵波速度 V_{22}，可以得到一个数值量 ε，计算的方法为

$$\varepsilon = \frac{V_{12} - 2V_{22}}{2(V_{12} - V_{22})} \tag{5-8}$$

(2)计算得到混凝土构件的压缩模量 E，计算公式为

$$E = 2\rho V_{12}(1 + \varepsilon) \times 10^{-3} \tag{5-9}$$

其中密度 ρ 已知。

(3)那么，抗压强度为

$$f = F/S = E / (A - BE) \tag{5-10}$$

其中 A、B 为相关已知系数。

瑞雷面波法可采用瞬态法和稳态法，其具体操作可参考《水利水电工程物探规程》(SL 326—2005)3.4的相关规定执行。

2)注意问题

采用瑞雷面波法进行防渗墙质量检测外业工作时，应注意以下问题：

(1)测点间距宜为 20 ~ 100 m,重点或异常防渗墙测段可适当加密。

(2)宜采用展开排列的方式分析有效波和干扰波的分布特征,试验压制干扰波的方法,选择激发与接收方式,确定能接收到各种有效波信息的仪器工作参数及观测系统等。展开排列的长度宜为探测深度的 1 ~2 倍。

(3)探测中遇到局部防渗墙测段记录质量变差时,应分析原因并通过试验重新选择仪器工作参数。

(4)检波器固有频率和频宽应与探测深度相符,宜选用固有频率为 1 ~40 Hz 的垂直检波器。

(5)接收仪器应设置全通,采样间隔应小于面波最高频率的半个周期,时间测程应包括最远道低频面波的最大波长。

(6)观测系统应满足以下要求:

①稳态瑞雷波法应采用变频可控震源单端或两端激发,调整两个检波器间距和偏移距进行接收,取得不同频率的多种组合瑞雷波记录。

②瞬态瑞雷波法应采用锤击、落重震源,在排列的单端或两端激发,可用 12 道或 24 道为一排列进行接收。

③应通过试验选择合适的偏移距和检波点距,以符合最佳瑞雷波接收窗口和探测深度的要求,排列长度应大于探测深度,检波点间距应小于异常体规模,检波点间距、排列长度在同一测线上宜保持一致。

2. 浅层地震法

浅层地震法是利用介质由于物性差异,在物性发生变化或突变的部位会产生波的反射或绕射和频散现象的原理进行检测的一种地球物理方法。根据有关工作人员研究,可利用式(5-11)计算墙体的厚度:

$$dh(h) = \frac{[v_{rt}(h) - v_{rtq}(h)]v_{rq}(h)dx}{[v_{rt}(h) - v_{rq}(h)]v_{rtq}(h)} \tag{5-11}$$

式中 $v_{rt}(h)$——深度为 h 处的围土的面波速度;

$v_{rtq}(h)$——深度为 h 处的墙体两侧检波器之间的面波速度;

$v_{rq}(h)$——深度为 h 处的墙体的面波速度;

$dh(h)$——深度为 h 处的墙的厚度;

dx——墙体两侧两检波器之间的距离。

应用该方法时应确定墙与围土、墙与夹泥(疏松体)之间存在明显的物性差异。工作中,一般沿墙体正上方布置测线,利用浅层地震仪进行检测。该方法只能给出定性分析,无法提供物性参数。

浅层地震法包括浅层地震折射波法和浅层地震反射波法。具体操作可参考《水利水电工程物探规程》(SL 326—2005)3.4 的相关规定执行。

1)浅层地震折射波法

采用浅层地震折射波法进行防渗墙质量检测外业工作时,应注意以下问题:

(1)野外观测遇到局部测段记录质量变差时,应分析原因并通过试验找出解决办法,重新选择仪器工作参数或改变工作方法。

(2)激发点宜选在较密实的地层上，或预先夯实；锤击板应与地面接触良好，避免反跳造成二次触发。

(3)检波距应通过试验确定，宜采用2～5 m；检波距、排列长度在同一测线上应一致。

(4)检波器布设应位置准确，安置牢固，埋置条件一致，防止背景干扰；用水平检波器接收横波时，应保证检波器水平安置，灵敏轴应垂直测线方向，且取向一致；纵波折射波法宜选用固有频率为10～40 Hz垂直检波器。

(5)仪器工作参数在一个测区或测段宜使用同一滤波挡，因特殊需要改变滤波挡时，应有对比记录；依据探测深度的要求选择记录长度，宜采用高采样率接收，当记录长度与采样率发生矛盾时，可使用延时。

(6)当信噪比较低时，宜分析干扰来源，采取降低放大倍数、增大激发能量等措施提高信噪比。

(7)观测系统应符合下列规定：

①探测时，可采用完整对比或不完整对比观测系统。

②采用单支时距曲线观测系统时，被追踪层界面的视倾角应小于15°，并应保证被追踪地段内至少有4个检波点能接收折射波。

③采用单重相遇观测系统应保证被追踪层的相遇时距曲线段至少有4个正常检波点。

④当利用追逐时距曲线来补充完整对比观测系统不可追踪段的折射资料或论证时距曲线所反映的现象时，应保证在2支时距曲线上被追踪段至少有4个正常检波点重复接收同一界面的折射波。

⑤采用多重时距曲线观测系统时，应保证各层折射波的连续对比追踪，并在综合时距曲线上均有能独立解释的相遇段。

(8)宜在测线每100 m测段两端进行有效速度测试，当发现相邻速度差超过20%时，应在该测段内增加速度测试工作。

2)浅层地震反射波法

浅层地震反射波法可选择纵波反射法和横波反射法。采用浅层地震反射波法进行防渗墙质量检测外业工作时，应注意以下问题：

(1)探测深度较大时，宜选用纵波反射法；在浅部松散含水地层探测时，宜使用横波反射法。

(2)使用叩板震源时，木板的长轴应垂直测线，且长轴的中点应在测线或测线延长线上，木板上应压足够的重物并可安装抓钉，保持叩板与地面接触牢固。

(3)纵波反射法宜选用固有频率不低于100 Hz的垂直检波器；横波反射法宜选用固有频率为40～60 Hz的水平检波器。在满足探测深度要求的条件下，宜使用较高频段的震源和固有频率较高的检波器。

(4)观测系统注意满足以下要求：

①可采用单边或双边展开排列观测系统，选择反射最佳窗口，确定偏移距和检波点距。

②条件较简单，反射层位较稳定时，宜采用等偏移距观测系统。偏移距宜选在反射波

窗口的中部。

③观测条件比较复杂的测区，宜采用具有一定偏移距离的单端激发 6 次覆盖观测系统。

3. 垂直反射法

垂直反射法是一种极小偏移距离的反射方法，基本思想是简化观测场，其特点是发射与接收之间的距离几乎为零。

理论上讲，一维弹性体（弹性波速度见式(5-12)）、二维弹性体（弹性波速度见式(5-13)）、三维弹性体（弹性波速度见式(5-14)）的波动方程形式相同，仅在波速上存在差异：

$$C = \sqrt{E/\rho} \tag{5-12}$$

$$C = \sqrt{E/\rho(1-\sigma^2)} \tag{5-13}$$

$$C = \sqrt{(E/\rho)^{(1-\sigma)}/\rho(1+\sigma)(1-2\sigma)} \tag{5-14}$$

无论何种模型，当弹性波在墙顶垂直入射时，其反射波为同种类型的波，无转换波。墙顶激振产生的弹性纵波沿墙身向下传播，假设墙身没有缺陷，该波不会发生转换，直至传播到墙底并根据墙底情况反射。当波在交界面上出现反射和透射时，满足牛顿第三定律和连续介质的位移连续定理。在墙体某部位存在缺陷，波阻抗变化时，入射波在墙顶与缺陷顶之间、墙顶与缺陷底之间、墙顶与墙底之间来回反射，这些反射信息被拾振器接收后用于分析处理。该方法适合场地狭窄、地势起伏大的场合。

该方法的分辨率包括两方面，一方面是检测缺陷存在的分辨率，另一方面是检测缺陷厚度范围的分辨率。分辨率的判断依据是墙顶记录的弹性波反射时域曲线，通过将缺陷层复合反射波的振幅与其邻近介质中的反射波振幅相比较，只要缺陷层反射信号能识别出来，即可认为可以识别缺陷层反射波。考虑界面透射损耗和多次反射的情况，垂直入射法可检测缺陷面的极限厚度与入射波频率、缺陷层的复合反射系数以及缺陷附近一定范围内多数界面的反射系数有关。在同种上限频率情况下，缺陷层纵波速度越低，缺陷程度越重，造成反射系数越大，分辨率越高。

检测剖面一般沿墙顶纵向布置，采集时发射和接收偏移为零并同步移动，用凡士林做耦合剂。

当异常与正常墙体波阻抗差异不大时会影响检测效果。当异常埋深较深时，因激震能量所限，有可能漏掉异常，且只能做定性分析。

4. 高密度震动映像法

高密度震动映像（high density seismic image）无损检测技术利用的是弹性波浅层反射波法检测原理，主要利用反射波相位的时空特性来推断解释地层构造。与其他浅层地震波的探测原理相比，高密度震动映像探测有两个显著的特点。首先，高密度震动映像资料以地震映像时间剖面图为基础，时间域中各波的时序分布关系与形态特征是地层地质现象的客观反映，地震映像时间剖面图中各波相同相轴能量变化、频率变化、断续、消失等反映了弹性波传播对于地下介质特征呈现的运动学和动力学方面的变化特征，据此可以对地下地质结构做出解释推断，尤其是对均匀结构中的不均匀性的地质推断效果较好。其次，人工激发的地震波不是单一的波，包含纵波、横波和面波，高密度震动映像探测法以纵波的反射波信息为主，并能识别和判读各种波提供的地物信息。

高密度震动映像法的装置与瑞雷波法相似，在实际操作中，震源激发可由人工操作10磅以上的震锤实现，检波器排列呈阵列状。根据国外已有的经验可知，最佳偏移距通常与要探测目标层的深度相近，检波器与震源之间的距离可根据被测目标的深度，按照弹性波理论计算来确定。操作过程中，震源反复多次被激发，以获得被测目标的有效信息。在高密度震动映像法中，防渗墙内部异常的发现往往通过比较法来实现，即选取正常地段的时间剖面信息作为参照，以判断被测目标的异常状态、性质和范围。

（八）同位素示踪法

同位素示踪法是利用同位素示踪技术，通过向地下水中投入放射性同位素示踪剂，利用测试仪器确定地下渗流流场情况的检测技术。可以用来对防渗墙的渗漏隐患和渗透系数进行检测与评估。近年来江苏省农业科学研究院及河海大学在这一领域内取得了较为突出的成果，成功研制出智能化地下水动态参数测量仪。该仪器拥有多项国家专利，处于国际领先水平，能够智能化的定量测定出测区任一空间点的地下水流的渗透流速流向、垂向流速流向、井中水压力、导水系数、渗透系数和水力梯度等。

实测时，使用微量的^{131}I同位素口服液作为示踪剂，在适当位置打测试孔，对天然流场和人工流场进行测试，探测成果包括渗透流速沿高程分布曲线、渗透系数沿高程分布曲线等。

同位素示踪法分为单孔稀释法和多孔示踪法，具体操作可参考《水利水电工程物探规程》（SL 326—2005）3.8 的相关规定执行。

采用同位素示踪法进行防渗墙质量检测外业工作时，应注意以下问题：

（1）测试水文参数时，应选择合适的放射性同位素。测试地下水流速流向宜选用^{131}I，每次投放量应低于1×10^8 Bq。

（2）测试渗透速度和流向应采用单孔稀释法，测试地层平均孔隙度、地层弥散系数等宜采用多孔示踪法。

（3）多孔示踪法应事先估计投放点至检测点之间的距离、渗漏量、饱水层体积、空隙率等基本参数。需要投放较大量的放射性同位素时应选用符合相关标准的放射性同位素，并应一次性投完，一般选用^{131}I，剂量宜为$1\times10^9\sim100\times10^9$ Bq。

（4）现场测量时，均需要对测量仪器进行本底测量和置零，以及现场测量方向的校正。

（5）垂直测点距离宜为1 m。异常点应进行多次重复测量。

（九）层析成像方法

计算机层析成像（CT，Computerized Tomography）是在不破坏地质体结构的前提下，利用数学上的投影原理，通过电磁波、电流、弹性波、射线光强等探测手段，对被测地质体进行层间扫描观测，获取地质体详细信息，采用计算机软件得到直观的数字图像，并通过积分变换（如 Radon 变换、Fourier 变换等）、迭代反演（如奥克姆法、等位线追踪法、联合代数重建、最大熵法、最小二乘共轭梯度法、最大拟然法、奇异值分解法、广义逆法、正交变换投影法、模拟退火法、遗传算法等）来进行数据的反演，重建地质体内部结构图像，精确描述探测范围内地质目标体的几何形态和介质分布的物探方法，是现代数字观测技术与计算机技术相结合的产物。由于计算机层析成像技术具有速度快、费用低、成像直观、信息丰富等特点，近年来在工程检测与勘察领域发展很快，逐渐应用到了堤坝检测、桩基检测、活断层调查、隧道勘察、防渗墙检测、采空区勘察等方面。

1. 电磁波 CT

电磁波层析成像（electromagnetic tomography）是通过研究电磁波在地下不同位置的传播规律和场强大小来探测地质体异常的有效方法。由于不同介质对电磁波的吸收能力不同，可以通过对吸收系数的判断来确定地质异常，得到地下体的精细结构。电磁波理论表明，有耗介质中半波偶极天线的发射、接收可由下式地下电磁波法中的场强观测值公式确定：

$$E = E_0 f_s(\theta_s) f_R(\theta_R) \exp(-\int_L \beta \mathrm{d}l) R^{-1} \tag{5-15}$$

$$A = \int_L \beta \mathrm{d}l \tag{5-16}$$

式中 E——相距 R 处的接收天线接收点的场强值；

E_0——初始辐射常数；

$f_s(\theta_s)$——发射天线方向分布函数；

$f_R(\theta_R)$——接收天线方向分布函数；

θ——天线的辐射角度；

β——吸收系数，即介质中单位距离对电磁波的吸收值；

L——射线路径；

$\mathrm{d}l$——积分单元；

R——发射与接收点之间的距离；

A——电磁波振幅衰减量。

其中，式(5-16)由式(5-15)变换得到，反映了电磁波振幅衰减量与介质吸收系数 β 值的关系，由此可通过计算机建立地下介质衰减的二维分布图像，重建堤墙体内部结构。

实际工作中，往往采用跨孔法来测定墙体参数，且接收器数量往往要多于发射器（可以按照某种倍数关系来设置），相邻检波器之间的距离一般不超过 1 m，孔间距离可根据实际工程情况和地质条件来设定，发射频率一般设置在零点几兆到几十兆之间。数据采集时可以固定发射器和检波器在钻孔中的位置，也可以同步移动发射器和检波器来进行测量。实际测量时，接收钻孔往往设置多个，可以通过交换激发装置和接收装置的位置进行重新测量来比较和校正数据。具体操作装置见图 5-5。

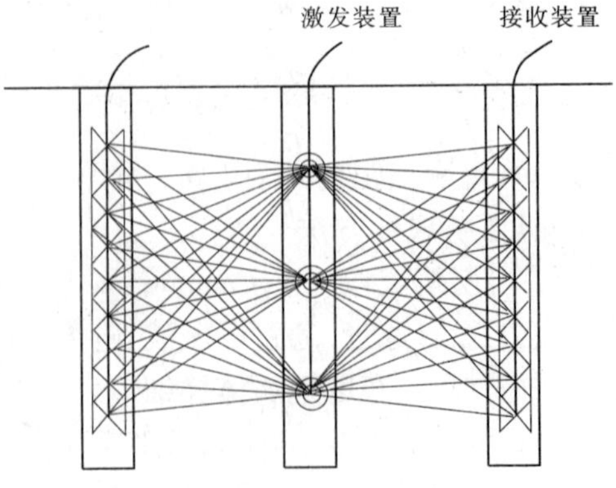

图 5-5　电磁波层析成像操作装置

电磁波层析数据的处理软件常采用代数重建法(ART)来建立反演程序。ART法是一种迭代逼近算法,将要求的未知解看成是已知解的平面投影,通过建立迭代格式逐步逼近所求解。

2. 孔间电阻率CT

电阻率层析成像的数学原理是稳定电流场中任一点的电流密度满足微观欧姆定律:

$$j = E/\rho \tag{5-17}$$

式中 E——电场强度;

ρ——电阻率。

对上式两边取散度,并令 $E = -\nabla U$,得到电位 U 的解:

$$U = \frac{1}{4\pi}\int_{\sigma} \frac{\rho[\nabla j + \nabla U \nabla(1/\rho)]}{r} dv \tag{5-18}$$

这是将已知的电位 U 与未知的电阻率 ρ 联系起来的第一类非线性积分方程,是电阻率层析成像的基本方程。

与其他层析成像方法相似,在操作装置的布置过程中,首先将成像区域划分为若干个矩形单元,在垂直于地面的方向,将多个发射电源和接收电极按照一定间距分别置于两个平行的钻孔中;同时,在平行地面方向,地表设置若干发射电源,地下设置若干接收电极。高密度电阻率层析成像装置布置见图5-6。在实测过程中,发射电源发射稳定电流,接收点持续接收携带地质体信息的电信号。电信号的发射和接收器的排列将被测剖面划分成若干个等距的地质体单元,假设每一单元范围内的地质体都是均匀无差别的,那么一旦某些单元存在地质异常,成像过程中就能发现这些异常并判读它们的位置和状态。

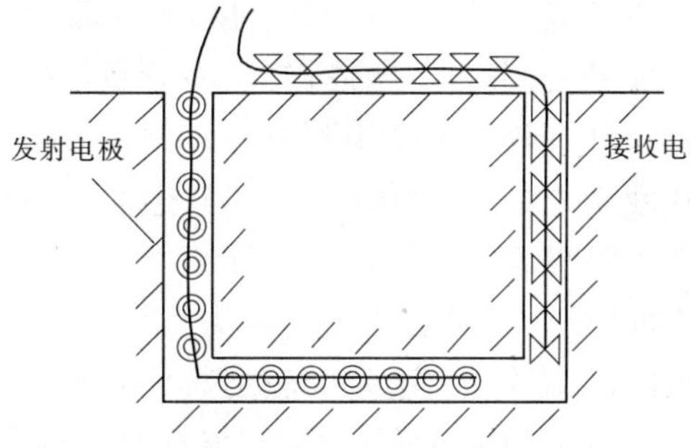

图5-6 高密度电阻率层析成像操作装置

数据处理技术是提高分辨率的重要手段之一。应根据地电条件和装置系统,以及正演模拟结果的分析,有针对性地进行高通或低通滤波处理,消除或减小表层干扰和由于极距化而引起的振荡干扰。层析成像技术利用数学上的投影原理,通过观测直流电信号穿越地质体时走时和波形等的变化,通过积分变换和数值迭代方法来进行数据的反演,重建地质体内部结构图像,精确描述发射阵列与接受阵列之间地质目标体的几何形态和介质分布。为了提高解释精度,可采用最小二乘法计算机反演计算程序进行正反演计算。比较有代表性的算法是首次采用“电阻率层析成像”一词的岛裕雅等(Shima,1987)提出的电阻率层析算法,具体步骤如下:①用有限元法对实测数据作地形校正;②用电阻率反投影技术(RBPT)建初始模型;③用α中心法作正演计算;④用混合非线性最小二乘法作模型修改;⑤用有限元法修饰。数据处理的基本流程见图5-7。

3. 弹性波CT

工程中的弹性波CT是用激发弹性波对被测地质体或工程体剖面进行透射,然后利

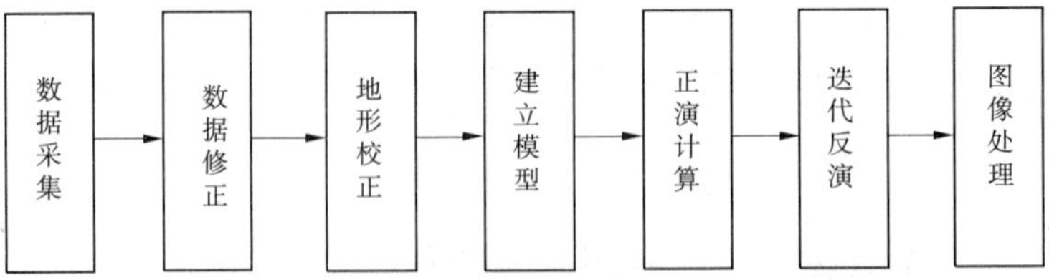

图 5-7　数据处理的基本流程

用各个方向的投影值(弹性波走时),来重构地质体、工程体剖面内部物性(弹性波波速)图。理想的工程 CT 应具有类似医学 CT 的条件,在剖面四周连续进行弹性波透射,使射线在整个剖面内分布均匀,方向均匀,并能准确读取射线走时,这样成像效果最好。

检测时,沿墙边土层钻检测孔,于孔间进行检测工作。在其中一孔安放检波器,另一孔中安放震源,激发点距和接收点距根据实际情况确定。该方法对检测仪器、震源和接收传感器要求都比较高,要求大能量、高频率,以保证检测效果。

解释时首先要把测得的剖面划分成许多等面积的小方格单元,它应满足以下条件:①所划分单元被视为均一的地质体、工程体;②每个待定值单元内至少要有两条射线通过;③该单元边长应大于被测弹性波波长。这样,利用弹性波投影值解线性方程组即可得到单元物性值。只要异常体大于 2 倍的方格尺寸,且物性差异不小于 5%,就可以确定异常体的位置和性质,解决有关地质问题及工程结构质量问题。

(十)对几种检测技术的讨论

防渗墙工程是大型的隐蔽工程,在本节介绍的几种物探检测技术和方法中,探地雷达方法快速经济、灵活实时,对塑性混凝土垂直防渗墙的连续性及墙体有无空洞、裂缝、裂隙的检测效果明显;对于墙体接头、墙身质量均匀性及墙体深度的检测,可控源音频大地电磁法是一种有效的无损检测方法;弹性波 CT 具有较高的分辨率,利用孔间弹性波 CT 推断出孔间墙体结构,圈闭墙体缺陷,进而全面细致地对墙体进行质量评价;瑞雷波方法可推算获得防渗墙的抗压强度和连续性;高密度震动映像的反射波法不仅能较直观地反映地层界面的起伏变化,而且还能探测地下隐伏断层、空洞以及异常物体,因此也可用来检测堤坝防渗墙的施工质量。较之其他物探技术,CT 技术应用防渗墙检测优势较为明显。但作为一种新的堤坝检测技术,与其他学科领域的 CT 方法相比,在成像方法、数据反演、重建算法上还有许多问题需要进一步研究,实际工作过程中成像质量和数据信息也会受到观测系统、采集方法、检测设备和工作技术上的影响和限制。

我国防渗墙数量多,隐患种类多,亟须采用各种新技术、新方法来加强对防渗墙质量的检测,预防病害的形成和事故的发生。因此,防渗墙检测技术应努力向高、新、精、尖的方向发展,进一步在加强检测深度、增加数据精度、提高成像质量和完善仪器功能等方面进行深入的研究。根据不同防渗墙的类型、结构特征、地质条件、工程规模和质量工期要求选择不同的检测方法,以保证检测过程的无损、高效和数据处理过程的方便、快捷,是工程质量检测的重要目标。而且,在实际操作过程中,应特别注意不同环境和地质条件对检测过程和数据收集的影响,充分重视工程检测的准备工作和数据采集的真实有效,并注重采纳新的技术和方法来实现数据的处理和反演。随着物探技术的进步以及计算机技术、反演系统、数学方法、通信技术等相关领域学科的不断更新和发展,防渗墙检测技术一定会有更加广阔的发展前景。

五、防渗墙质量检测仪器设备

原则上讲,能够用于堤防隐患探测、堤防安全监测的仪器设备也可用于防渗墙质量检测。一般用于防渗墙质量检测的主要仪器设备见表5-3。

表5-3　防渗墙质量检测主要仪器设备

序号	方法	主要仪器设备
1	防渗围井	(中)$r-r$同位素示踪法系统,(中)SLA－6000系列标准压力计,(中)XSC－Ⅱ型全波列声波测井系统等
2	静力触探	(中)静力触探仪(含贯入能力20～50 t设备、探杆、电缆、信号发生器等),(中)MJ－Ⅱ型静探机等
3	注水试验	(中)弹性测试系统,(中)SGC－501型水管式沉降仪等
4	测压管(水位观测)	(美)4500S系列振弦式渗压计,(中)YZ－10型水位计等
5	高密度电法	(中)GMD、HGH、E60、WGMD、MIR、DVM、DUK型高密度电法仪,(中)FD型分布式智能堤坝隐患综合探测仪等
6	探地雷达	(中)CIDRCCBS、LTD、SUP、GR型探地雷达,(美)SIR－10、20型探地雷达,(美)SIR－2000、3000型探地雷达,(加)Pulse EK－KO系列,(瑞典)RAMAC系列探地雷达,(英)SPRSCAN系列探地雷达,(日)GEORADAR系列探地雷达,(意大利)Ris探地雷达,(俄罗斯)XADAR系列探地雷达等
7	可控音频大地电磁测深	(美)GDP多功能多通道地球物理数据采集系统,(美)Nano TEM瞬变电磁仪,(加)VTEM瞬变电磁仪,(加)Protem瞬变电磁系统,(加)EM系列瞬变电磁仪,(中)TEMS系列瞬变电磁测深系统,(澳)SIROTEM瞬变电磁仪等
8	地震波	(美)R24地震仪,(中)SWS系列面波仪,(中)WZG系列工程地震仪等,(日)GR型瑞雷面波探测仪,(中)RL型稳态瑞雷面波勘探系统,(中)SE型综合工程探测仪等
9	垂直反射	(中)LX型岩土工程质量检测分析仪等
10	层析成像	JW、EW系列电磁波CT系统,DST系列跨孔声波CT系统,孔间雷达CT,S60C超磁致超声波CT,孔间地震、电阻率CT等

六、现场检测

下文将围绕现场检测步骤、资料处理与解释、精度控制等做概括性阐述,具体的现场工作方法、成果处理步骤等可参考相关规程、规范。

(一)检测步骤

(1)检测防渗墙的深度、缺陷和均匀性可选用高密度电法、可控源音频大地电磁测深法、弹性波垂直反射法、弹性波 CT、同位素示踪、探地雷达和钻孔电视观察等方法。

①检测前应收集防渗墙的施工、墙体材料特性、设计、地质水文资料,分析研究后确定检测方案。

②检测应先进行地面物探方法,发现异常后,在异常段进一步采取综合物探检测方法。

③地面物探测线应沿墙中轴线布设,测点密度应根据防渗墙类型、墙体宽度和设计要求综合考虑。

④当检测墙体深度较浅时,宜选用高密度电法、弹性波垂直反射法;当检测墙体深度较深时,宜选用可控源音频大地电磁测深法;检测浸润面以上的墙体宜选用探地雷达。

⑤有钻孔时,进一步检测墙体缺陷宜选用弹性波 CT、钻孔电视、同位素示踪法,钻孔应布置在地面物探方法发现异常的部位。

(2)检测防渗墙渗透系数宜采用同位素示踪法。

①进行渗透系数测定宜选在有压力差的部位布孔,测试段应选在地下水位以下,土层中的钻孔应下花管。

②同位素示踪孔可进行单孔测试,也可进行双孔或多孔测试。

(二)资料处理和解释

(1)应根据探测剖面内防渗墙的物性参数分布特征确定墙体深度、均匀情况,出现下列几种情形之一应解释为墙体缺陷,并依据异常位置和范围确定缺陷位置和规模。

①地下水位面以上的物性剖面局部呈现高阻、低声速、低吸收系数。

②地下水位面以下的物性剖面局部呈现低阻、低声速、高吸收系数。

③反射类物探剖面中局部呈现早于墙底的反射信号或反射图像不连续。

(2)成果图件包括物性剖面图和综合成果解释图。

(三)检测精度控制

当有钻孔可利用时,检测防渗墙深度相对误差应小于 20%。

第三节　工程实例

一、电磁波 CT 在防水工程场地勘察中的应用

(一)电磁波 CT 技术的观测方法

井中电磁波的观测方式有同步法和定点法两种。同步法是将发射机和接收机分别下到两个钻孔中,同步上、下移动进行观测。如果发射机和接收机保持在同一高度,就称为水平同步法,如果发射机和接收机处于不同高度,就称为高差同步法。二者的高差视井距、井深和岩层产状而定。定点法是将发射机(或接收机)固定于钻孔中某预定位置,接收机(或发射机)置于另一钻孔中连续移动观测。为了消除干扰,还可以将二者互换位置

进行测量。

工作频率应通过试验来选择，频率的高低直接影响到透视的距离和分辨异常的能力，根据理论研究得出：频率增加介质的吸收增强，透视距离变小，因此单从一方面来说，频率越低越好，但一方面频率下降分辨率异常体的能力也随之降低，甚至当波长大于勘探对象时，本来应该出现阴影的地方，反而出现场的高值区。因此，为了便于发现较小的异常体，频率高些有利。实际工作中，往往根据工作区的地电条件和测量的精度要求选择最佳频率。

（二）电磁波 CT 技术应用实例及效果

发射源发射的电磁波穿越地层途径中，存在断层、陷落柱、富含水带、顶板垮塌和富集水的采空区、冲刷、地层产状变化带、地层厚度变化和地层破坏软分层带等地质异常体时，接收到的电磁波能量就会明显减弱，这就会形成透视阴影（异常区）。电磁波 CT 技术，就是根据电磁波在地层中的传播特性而研制的一种收、发电磁波的仪器和资料处理系统。该仪器轻巧、操作方便，资料处理软件操作简单，结果直观，易于解释。现以某坝体防水工程渗漏电磁波 CT 成像勘察为例介绍电磁波孔间 CT 成像技术的应用及效果。

1. 测区概况

测区为某防水工程电磁波孔间 CT 成像勘察，沿帷幕线有灌注浆孔 14 个，形成 13 对剖面，孔深 320 m，孔距 40 m。其工作任务是探明测区内地下 200 m 范围内岩溶（含裂隙、溶洞、溶沟、溶槽等）的发育程度及其分布状态。为防水工程建设提供充足的依据。

测区及钻孔布置见图 5-8。

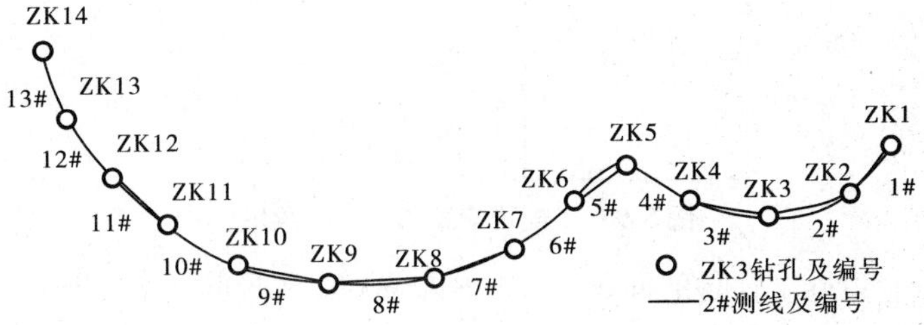

图 5-8　某防水工程电磁波钻孔 CT 检测测线布置图

2. 工作方法

本次工程采用单点激发，扇形接收。具体做法为：水平同步透视，发射点与接收点同步，由孔口以下 30 m 处向下以 2 m 点距依次移动，直至孔深 200 m 处；然后发射点与接收点分别按垂直距离 5、10、20、30 m 以 2 m 点距进行斜同步 CT 检测，直至孔深 200 m 处，依此类推，直至发射点下移到孔深 200 m 处。

3. 仪器设备

本次工程使用的仪器设备为国产 JWT－4 型数字地下电波透视仪，该仪器具有耗电省、外径小、重量轻、稳定性好等特点。野外数据采集用计算机程控。

4. 资料解释

选用一张具有代表性的 CT 成像剖面来介绍资料解释的方法。

ZK4 孔深 30～50 m 段，向剖面延伸中部呈梯形延伸 30 m 左右，呈吸收异常，推断为岩溶发育区或岩体破碎。

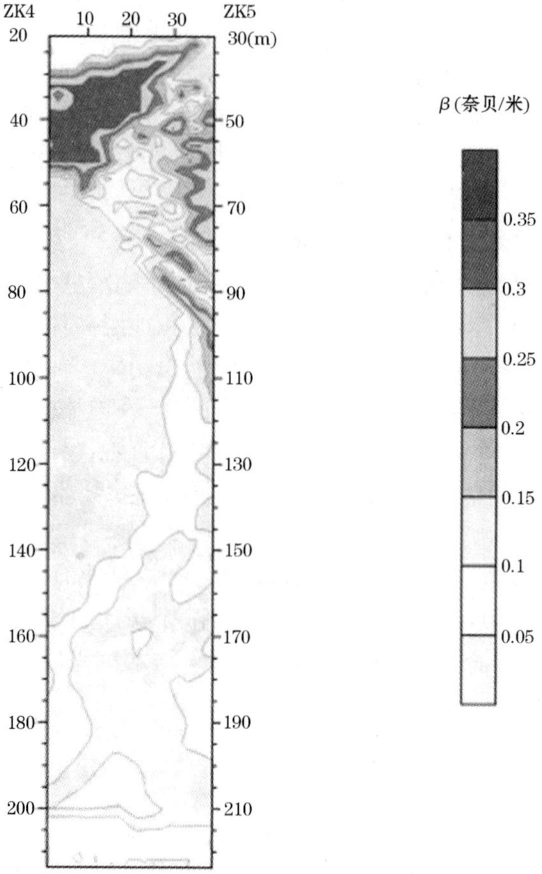

图 5-9　3#剖面电磁波 CT 成果图

ZK5 孔深 45 ~ 80 m 段,向剖面延伸 10 m 左右,呈高吸收异常,推断为岩溶发育区或岩体破碎。ZK5 孔深 90、100 m 处,各有一宽 5 m 左右的条带向剖面斜上方向延伸 15 m 左右,呈高吸收异常,推断为岩溶发育区或岩体破碎。

二、可控源音频大地电磁测深法在堤防防渗墙检测中的应用

(一)测区地质—地球物理条件

1. 地质概况

测区为冲积平原,多由漫滩组成,地势北东高,南西低,地面高程 18 ~ 22 m,距堤外脚 70 ~ 100 m 内多有沟塘分布。堤身一般高 6 m,局部高达 7 m,堤顶宽 6 ~ 8 m 不等。堤身内外坡比为 1∶3。地下水位高程一般为 17 m 左右。

堤身填土主要为粉质壤土,次为粉质黏土,局部夹厚 0.5 ~ 0.8 m 粉细砂。堤身段总体土质不均一,密实程度差。堤基为多层结构,据先导孔资料,一般为:上部为厚 0.5 ~ 3 m、2 ~ 5 m 的两层砂壤土、厚 1 ~ 3 m 的粉质黏土与厚 1 ~ 8 m、3.5 ~ 4 m 的两层粉质壤土互层;下部为厚 22 ~ 26 m 的粉细砂;基岩为粉细砂岩,厚度不详,顶板高程为 -22.45 m。

防渗墙墙体材料分为三种：桩号205 + 400 ~ 205 + 800 段为水泥土墙，成墙厚度 0.3 m，墙深 9.5 ~ 10 m；桩号 205 + 800 ~ 206 + 250 段水泥砂浆墙，成墙厚度 0.14 m，墙深16 ~ 18 m；桩号 206 + 250 ~ 206 + 600 段为塑性混凝土墙，成墙厚度 0.3 m，墙深 16 ~ 17 m。

2. 地球物理特征

砂壤土、粉质黏土、粉质壤土对应电阻率一般为 25 ~ 40 Ω · m，含水粉细砂的电阻率一般为 20 ~ 30 Ω · m，粉细砂岩的电阻率为 10 ~ 20 Ω · m。

水泥土防渗墙体对应电阻率为 100 ~ 800 Ω · m，水泥砂浆防渗墙体对应电阻率为 80 ~ 600 Ω · m，塑性混凝土防渗墙体对应电阻率为 130 ~ 1 000 Ω · m。

从地层电阻率来看，差异很小，但地层与防渗墙体的电性差异大，这就具备了该法的物理条件，对于只进行墙体的质量检测而言，地层之间的划分也就不是其主要目的了。

（二）工作方法与技术

使用美国 Zonge 公司生产的 GDP – 32 多功能、多通道地球物理数据采集仪系统（通常简称为 GDP – 32）。针对三种不同工法与材料的防渗墙，各布置纵剖面一条，横剖面两条。纵测线沿防渗墙轴线方向（345°）布置，测点位于防渗墙顶端，点距 4 m。

CSAMT 法野外装置包括人工场源和测站。人工场源布置在测线的东侧，发射电偶极子中点到测线中点的垂直距离为 1 100 m，发射电偶极子 *AB*，长度为 500 m，方向与测线方向平行（345°）。*A*、*B* 两点均采用多层铝箔纸并联掩埋，以保证能产生足够强的供电电流。测站是进行接收测量的场所，通过对讲机与发射站联系，保证发射频率与接收频率一致。在测线上观测与场源偶极子平行的电场（E_x）和与场源偶极子垂直的磁场（H_y），测量电场偶极子为不极化电极，偶极子长度为 4 m；测量磁场采用 ANT/3 型磁性天线，通过较短的隔离馈线连接到接收机。每站测量 5 个物理点，测站沿测线逐次移动，直至结束。其中，在桩号 205 + 800 ~ 205 + 880、206 + 080 ~ 206 + 200 段进行重复测量，前后两次数据吻合，资料合格。

（三）资料解释与分析

首先使用 GDP – 32 仪器系统的随机软件进行预处理，得到频率与视电阻率的关系曲线；再用一维反演软件进行反演，得到深度与视电阻率的对应关系；由于视电阻率不能较好地反映异常特征，所以用"K"剖面法对资料进行进一步的处理，得到深度与似真电阻率的对应关系，其计算见式（5-19）~ 式（5-21）：

$$K_{(n)} = \lg \frac{\rho_{s(n+1)}}{\rho_{s(n)}} / \lg \frac{h_{(n+1)}}{h_{(n)}} \tag{5-19}$$

$$K_{j(n)} = \begin{cases} K_{(n)} \cdots K_{(n)} \geqslant 0 \\ \dfrac{K_{(n)}(1 - K_{(n)})}{1.05(1 - K_{(n)}) + K_{(n)}^2} \cdots K_{(n)} < 0 \end{cases} \tag{5-20}$$

$$\rho_{z(n)} = \sqrt{\rho_{s(n+1)}\rho_{s(n)}}\, 2^{-K_{(n)}} \frac{1 + K_{j(n)}}{1 - K_{j(n)}} \tag{5-21}$$

式中 $h_{(n)}$——单支测深曲线第 n 个深度，$n = 1, 2, 3, \cdots, N - 1$；

$\rho_{s(n)}$——单支测深曲线第 n 个深度相应的似电阻率值；

$K_{(n)}$——反射系数；

$K_{j(n)}$——经过校正的反射系数；

$\rho_{z(n)}$——似真电阻率值。

计算结果绘制为深度与似真电阻率的等值线图（见图 5-10 ~ 图 5-12）。图 5-11 为深层搅拌水泥土防渗墙上的似真电阻率等值线剖面图，墙体深度为 9.5 ~ 10.0 m。桩号 205 +492、205 +599、205 +756 处，出现大于 300 Ω · m 电阻率等值线不连续，判断为墙体套接不好。经钻孔及表面开挖验证，结论正确。

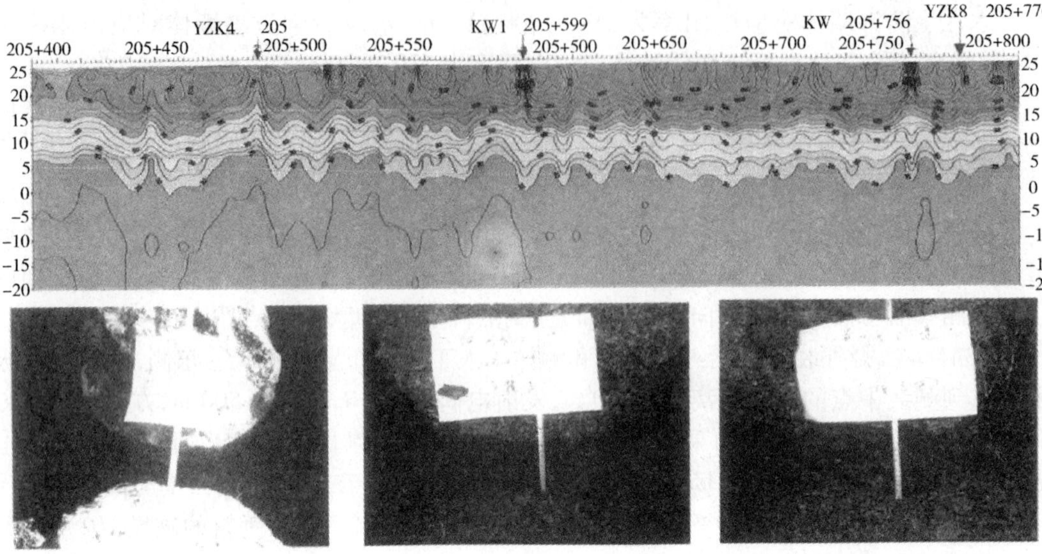

桩号 205 +492 开挖现场　　桩号 205 +599 开挖现场　　桩号 205 +756 开挖现场

图 5-10　深层搅拌水泥土防渗墙似真电阻率等值线剖面图

图 5-11 为振动切槽水泥砂浆防渗墙上的似真电阻率等值线剖面图，墙体深度为 16 ~ 18 m。此段墙体质量较好、均一，电阻率值变化区间小。其中，桩号 206 +148 附近电阻率变化较大，单支曲线形态发生变化，推断墙体质量有缺陷。该异常经钻孔验证，结论正确。

图 5-12 为液压抓斗塑性混凝土防渗墙上的似真电阻率等值线剖面图，墙体深度为 16 ~ 18 m。该段墙体下部出现低电阻率，其原因可能是长期处在地下水位以下的塑性混凝土一直是保持在饱和含水状态。

结果表明，防渗墙所对应的电阻率较高，而其他物质所对应的电阻率则较低。通过钻孔岩芯取样进行电阻率测定，三种不同材料防渗墙电阻率之间的关系为：$\rho_{水泥沙浆} < \rho_{水泥土} < \rho_{塑性混凝土}$。水泥土防渗墙电阻率一般为 50 ~ 100 Ω · m，而干燥后的电阻率高达 800 Ω · m；水泥砂浆防渗墙电阻率一般为 30 ~ 80 Ω · m，而干燥后的电阻率高达 600 Ω · m；塑性混凝土防渗墙电阻率一般为 120 ~ 130 Ω · m，而干燥后的电阻率高达 1 000 Ω · m。由此也可表明 CSAMT 法的有效性。在墙身完整、均匀的地段电阻率等值线一般较平滑、均匀，而质量稍差、搅拌不均匀、胶结不密实的墙身及墙体接头，其电阻率等值线则出现水平方向不连续，形成向下或向上垂直异常，区别是否是接头则根据异常出露

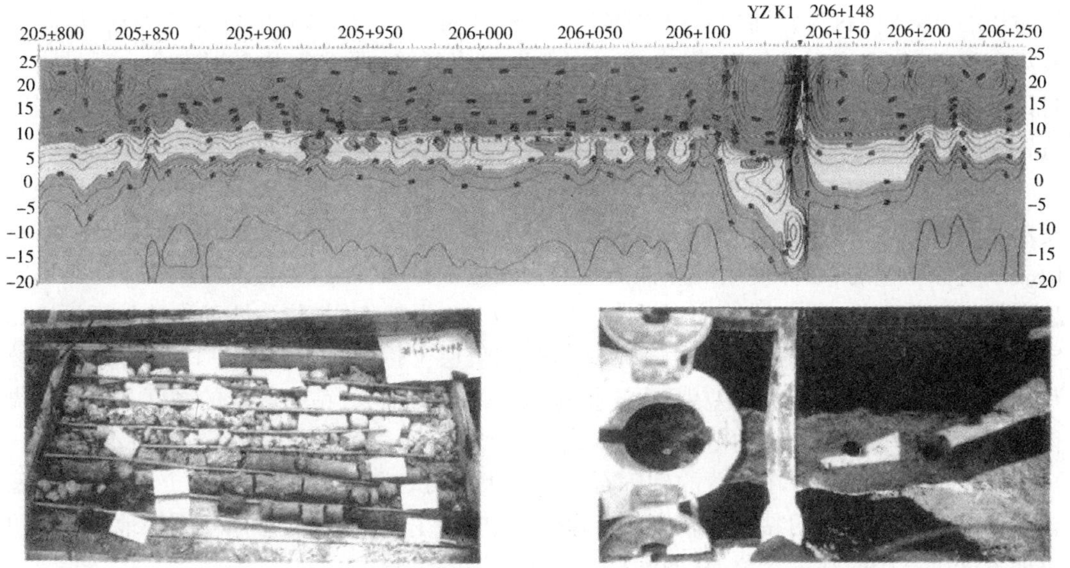

桩号 206 + 149 钻孔岩芯　　　　桩号 206 + 149 钻孔位置

图 5-11　振动切槽水泥砂浆防渗墙似真电阻率等值线剖面图

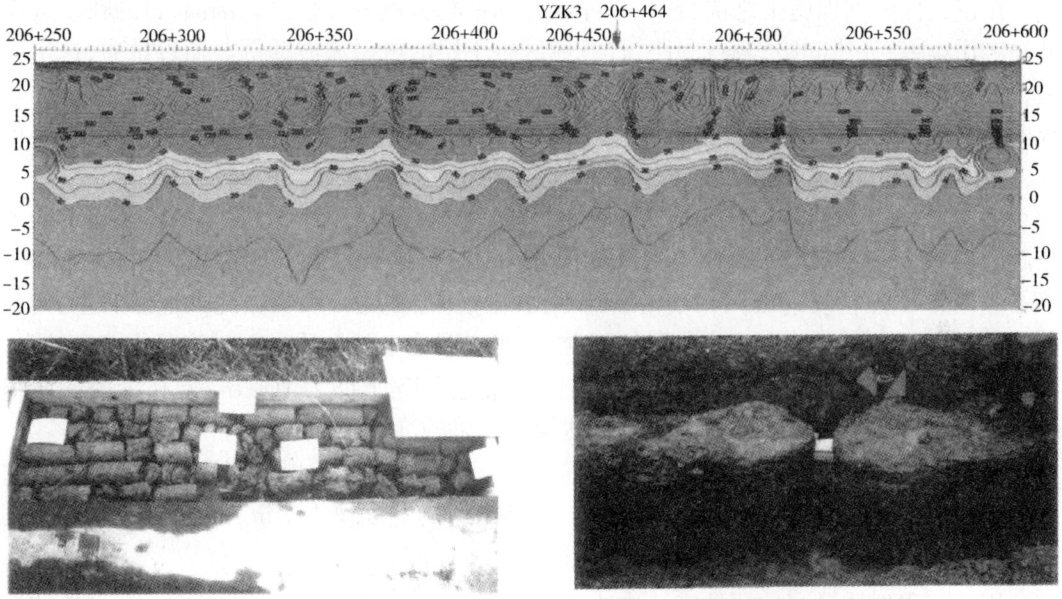

桩号 205 + 492 钻孔岩芯　　　　桩号 205 + 492 开挖现场

图 5-12　液压抓斗塑性混凝土防渗墙似真电阻率等值线剖面图

宽度来划分,窄缝者为接头。

三、探地雷达在某水库防渗墙检测中的应用

某水库是 20 世纪 60 年代中期河道截流而成,由于修建该坝时未清坝基,水库建成后沿该坝下面的砂砾石层出现严重渗漏,第二年又在该坝内侧修建了一条隔断砂砾石层地

下防渗墙，墙体材料为黏性土。由于防渗墙工程质量较差，局部墙体可能还不连续，防渗效果不好，近年来渗漏愈加严重，致使水库大坝出现裂缝，严重危及大坝安全。于是决定对该水库进行除险加固，同时对原地下防渗墙进行修补，因此必须首先找出地下防渗墙的位置。

库区土层主要有亚黏土、黏土、粉质黏土及碎石、砂砾石，地层倾向北西，防渗墙处致使水库漏水的砂砾石层埋深为6~12 m，下伏基岩为砂岩及页岩。地下防渗墙宽4 m，从地表一直深至基岩，墙体使用的黏性土主要为就地取材的黏土、亚黏土。但由于防渗墙工程资料已散失不全，加上墙体完工后20余年的人为、天然作用，防渗墙工程的地表痕迹已完全消失，位置很难直接确定。由于墙体材料与表层土相同，仅仅在6~12 m深处的墙体与库区的砂砾石层才有明显差别，人工挖掘探查的难度很大，钻孔取样的密度又不可能做得很密。墙体与库区土层的电阻率总体差异不大，采用一般的电法物探效果也不好。

由于地下防渗墙所在位置的砂砾石透水层大部分已被不透水的黏性土所置换，而富含水的砂砾石与隔水的黏土有较大的介电常数、电导率差异，因此可以使用探地雷达探测出地下砂砾石层的缺失部位，从而间接定出防渗墙的位置。

雷达探测剖面基本垂直于防渗墙大致走向布设，各剖面长10~50 m不等。剖面间距40~50 m，共布设10条剖面。

在正式探测剖面施工之前，首先在库区已知钻孔旁侧做参数试验剖面，目的在于选择最佳工作频率、天线间距、测点间距，计算库区岩土层的电磁波波速等。通过试验，选定的工作参数组合如下：雷达中心工作频率50 MHz，雷达发射脉冲电压1 000 V，天线距2 m。测点距1 m。经测定，库区内黏性土中电磁波波速值为0.064 m/ns，砂砾石中的波速稍低，为0.058 m/ns。雷达波在库区内黏性土中的衰减系数为0.4 db/m。

图5-13上部为防渗墙探测的雷达剖面图像，平行排列的强反射波同相轴反映了地下介质的层状分布，根据已掌握的库区地质特点，在图像上标出了砂砾石层的界面。在45.5~49.5 m点位反射波同相轴错断，反射波振幅明显减弱，表明在此处地层发生突变，推断为砂砾石层突然消失所致，反射波振幅减弱表明这里的介质对电磁波吸收能力较强，因此可以推断47.5 m点位为防渗墙轴线位置。图5-13下部为地质解释，在推断的防渗墙轴线布设的37号验证钻孔，证实了雷达探测结果的准确性。

通过雷达探测，准确地查出了防渗墙的位置，并测出了防渗墙的宽度。实际防渗墙的宽度大部分（占67%）不足4 m，许多部位（占50%）的宽度仅为2 m。防渗墙的各雷达剖面探测结果见表5-4。该探测结果已被防渗工程设计所利用。

用于工程地质勘察的探地雷达中心工作频率较低，一般为50~200 MHz，在一般的岩土介质中，其垂向分辨率可达到0.1~0.5 m。自然界中，水是介电常数最高的介质，各种岩土介质的含水量差异，必然引起含水介质的介电常数和电导率发生变化。利用探地雷达的高分辨率探测能力可以准确地探测出这些介电常数不同的介质分界面。在水利工程勘察中，探测目的物往往处于富水的环境内，非常有利于探地雷达探查砂砾石等这些含水的目标物分布特征。同样，探地雷达也可以对大坝的微细裂缝水库渗漏等隐患进行快速探查，高频探地雷达还可用于溢洪道、闸门设施等混凝土构筑物的质量检测。

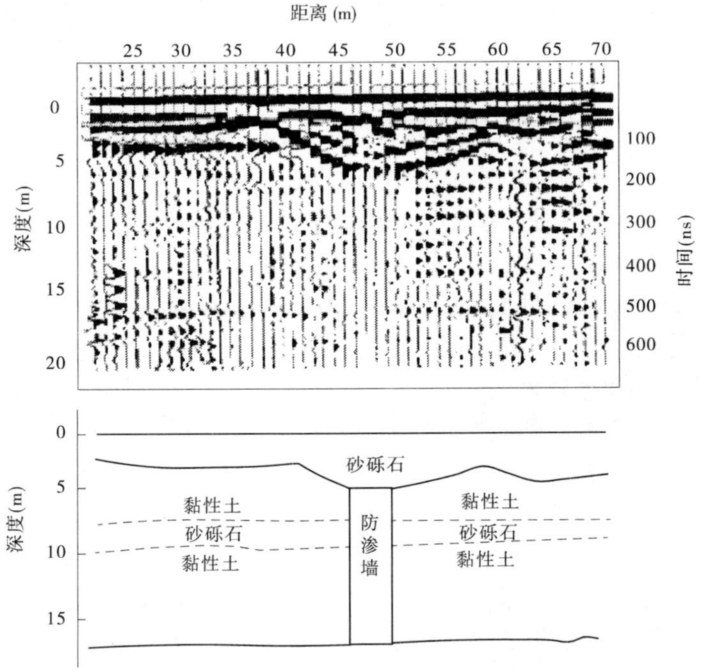

图 5-13　水库地下防渗墙位置雷达探测剖面图像

表 5-4　某水库地下防渗墙各雷达剖面探测结果

序号	剖面编号	剖面起点（m）	剖面终点（m）	推断防渗墙轴线位置（m）	推断防渗墙宽度（m）
1	D1	20	70	47.5	2
2	D0	20	198	47	4
3	S1	40	90	59.5	4
4	S2	30	80	67	3
5	S3	40	115	72.5	2
6	S4	40	122	88	2

四、综合浅层地震技术在防渗墙质量检测中的应用

采用浅层地震反射波和瞬态瑞雷面波两种方法结合的检测技术对搅拌和混凝土防渗墙进行质量检测，了解防渗墙的连续性、顶底板埋深和防渗墙的厚度。

（一）地球物理条件和防渗墙厚度的计算

浅层地震反射波法和瞬态瑞雷面波法均是利用介质的物性差异，在物性发生变化或突变部位将产生波的反射或绕射和频散现象。由于墙与围土、墙与夹泥（或疏松体）之间均存在明显的物性差异，将产生反射或绕射和频散，具有较好的地展地质条件。检测区内表层均为黏土或亚黏土，具有良好的激发接收条件。

对一个竖直规整的二维板状体，若墙体所穿过的地层或墙体附近为均匀层状介质，则计算墙的厚度可采用下式：

$$\mathrm{d}h(h) = \frac{[v_{rt}(h) - v_{rtq}(h)]v_{rq}(h)\mathrm{d}x}{[v_{rt}(h) - v_{rq}(h)]v_{rtq}(h)} \tag{5-22}$$

式中 $v_{rt}(h)$——深度为 h 处的围土的面波速度；

$v_{rtq}(h)$——深度为 h 处的墙体两侧检波器之间的面波速度；

$v_{rq}(h)$——深度为 h 处的墙体的面波速度；

$\mathrm{d}h(h)$——深度为 h 处的墙的厚度；

$\mathrm{d}x$——墙体两侧两检波器之间的距离。

（二）工作方法和数据处理

野外工作均采用锤击展源激发，反射波法采用 100 Hz 高频检波器接收，测线沿墙体正上方布置。瑞雷面波法采用 8 Hz 低频检波器接收，测线垂直墙体方向布置。

对于浅层反射波法资料，主要进行对获取有效信号频带的频谱分析，消除与有效波存在频率差异的频率域滤波，提高记录分辨的反褶积，获取介质波速的速度分析，获取时间剖面的高精度动校正叠加、人机联作解释和时深转换及成图输出等处理；对于瑞利面波法资料，主要进行了面波分离，计算多次登加频散曲线，曲线拟合反演深度及面波速度和计算墙厚及成图输出等处理。

（三）资料解释与分析

混凝土防渗墙浅层地展反射深度剖面上顶底板反射同相轴清楚，连续性好，墙体中异常清晰可辨，墙体中存在三处夹疏松物或墙厚变薄的异常；两个断面的平均厚度分别为 22.5 cm 和 21.7 cm，达到设计要求（设计厚度为 22.0 cm）。

搅拌防渗墙底板反射同相轴的连续性比顶板反射同相轴的连续性相对要差，表明墙底存在夹泥和不光滑现象，墙体中主要存在四处夹泥异常；两个断面墙的平均厚度分别为 33.0 cm 和 33.1 cm，达到设计要求（设计厚度为 33.0 cm）。

（四）结论

防渗墙底板埋深和厚度基本达到设计要求；混凝土防渗墙连续性比搅拌隔渗墙连续性相对要好；采用浅层地展反射波法和瑞雷面波法的综合用于防渗墙的连续性及厚度的无损检测效果很理想。

五、某水库库底混凝土防渗墙的无损检测

（一）测区工程概况

某水库工程任务为灌溉、工业用水及城市供水。水库死水位 1 565.24 m，正常蓄水位 1 584.49 m，总库容 1 841 万 m^3，为中型水库工程，水库工程等级为Ⅲ等。

水库为天然库盆，库盆表层为黏土覆盖层，西部库区下伏基岩为玄武岩，不存在渗透问题；东部库区黏土层下为透水性较强的灰岩，渗透系数很大。故在库底玄武岩区南北走向设塑性混凝土防渗墙垂直伸入全风化玄武岩中，以防库水向灰岩区渗漏。

防渗墙水平长度 1 228.66 m，厚度 0.3 m。墙体材料为塑性混凝土，主要设计指标如下：混凝土抗渗等级 W6；混凝土 28 d 抗压强度 5 MPa；弹性模量 600 ~ 1 000 MPa。

采用多道瞬态面波法、高密度地震映像法、弹性波垂直反射法和弹性波 CT 技术，对该水库库底混凝土防渗墙进行无损检测，检测防渗墙的深度、均匀性和缺陷位置。

（二）工作方法与技术

1. 多道瞬态面波法

瞬态面波法的基本原理，是采用锤击或其他震源，使被检测体产生一个包含所需频率范围的瞬态激励，设离震源一定距离处有一观测点 A，记录到的面波是 $f_1(t)$，根据傅里叶变换，其频谱为

$$F_1(\omega) = \int_{-\infty}^{\infty} f_1(t) e^{-i\omega t} dt \tag{5-23}$$

在波的前进方向上，与 A 点相距 Δ 的观测点 B 同样也记录到时间信号 $f_2(t)$，其频谱是

$$F_2(\omega) = \int_{-\infty}^{\infty} f_2(t) e^{-i\omega t} dt \tag{5-24}$$

假若波从 A 点传播到 B 点，它们之间的变化纯粹是频散引起的，则应有下列的关系式

$$F_2(\omega) = F_1(\omega) e^{-i\omega \frac{\Delta}{V_R(\omega)}} \tag{5-25}$$

$V_R(\omega)$是圆频率为 ω 的面波相速度。式(5-25)亦可写成

$$F_2(\omega) = F_1(\omega) e^{-i\varphi} \tag{5-26}$$

其中 φ 是 $F_2(\omega)$和 $F_1(\omega)$之间的相位差。比较式(5-25)和式(5-26)，可以看出

$$\varphi = \omega\Delta/V_R(\omega) \text{ 即 } V_R(\omega) = 2\pi f\Delta/\varphi \tag{5-27}$$

根据式(5-27)，只要知道 A、B 两测点间的距离 Δ 和每一频率的相位差 φ，就可以求出每一频率的相速度 $V_R(\omega)$，从而可以得到勘探地点的频散曲线。

为此，我们需要对 A、B 两观测点的记录作相干函数和互功率谱的分析。作相干函数的目的是对记录信号的各个频率成分的质量做出估计，并判断噪声干扰对有效信号的影响程度。根据现场的实际情况，可以确定一个系数(0～1.0)，当相干函数大于这个系数时，我们就认为这个频率成分有效；反之，我们就认为这个频率成分无效。作互功率谱的目的是利用互功率谱的相位特性来求出这两个观测点在各个不同频率时的相位差，再利用公式(5-27)，求出面波的速度 V_R。

当已知频率为 f 的面波速度 V_R 后，它相应的波长 λ_R 为 $\lambda_R = V_R/f$。根据弹性波理论，面波的能量主要集中在介质的自由表面附近，其深度差不多在一个波长深度范围内。由半波长理论可知，所测的面波平均速度 V_R 可以认为是 1/2 波长深度范围内介质的平均波速，即勘探深度 H 是

$$H = \lambda_R/2 = V_R/2f \tag{5-28}$$

由式(5-28)可知，频率越高，波长 λ_R 越短，勘探深度越小；反之，频率越低，波长 λ_R 越长，勘探深度越大。但由于频率 f 不可能无限大，所以墙体浅部一定范围内，面波勘探将无法取得有效信息，因此两个观测点之间的距离 Δ 也要随着波长的改变而改变。对于勘探深度较深的低频而言，Δ 要变大，才能测到较为正确的相位。对于勘探深度较浅的高频来说，Δ 要变小。根据实际经验，Δ 取 $1/3\lambda_R \sim 2\lambda_R$ 较为合适。即在一个波长内采样点数要

小于在间距 Δ 间的采样点数的 3 倍和大于在 Δ 间的采样点数的 0.5 倍。

多道瞬态面波法,是采用多个接收道同时接受来自同一震源的信号,一次实现 Δ 由小到大变化这一过程,以满足面波勘探对采样间隔的要求。

本次检测,测线沿防渗墙中心线布置,接收道数为 12 道,道间距为 2 m,排列长度为 22 m。相邻两个排列重复 12 m(7 道),每完成一个测点,排列向前移动 10 m。震源为锤击震源,采用单端两次激震工作模式,偏移距分别为 2 m 和 12 m。检测仪器采用 SWS－3 型工程检测仪,主要工作参数为:采样间隔取 0.20 ms,记录长度取1 024点,滤波方式为全通,检波器采用 4 Hz 面波专用传感器。

2. 垂直反射法

本次垂直反射法检测,仪器采用美国产 PIT 完整性检测仪,采样间隔取 0.025 ~ 0.05 ms,记录长度取 1 024 点,滤波方式为全通,接收采用高灵敏度加速度传感器。工作模式为单点激发,单点接收,偏移距小于 0.3 m。

3. 高密度地震映像法

基本原理与垂直反射法相类似,但外业工作模式和内业资料处理方法不同。本次高密度地震映像法检测仪器采用 SWS－3 型工程检测仪,采样间隔取 0.05 ms,记录长度取 1 024 点,滤波方式为全通,接收采用 100 Hz 速度型检波器。工作模式为一点激发,三点接收,同时取得三个接收信号,供内业综合分析,测点距为 1 m,偏移距分别为 2、3 m 和 4 m。

4. 弹性波 CT

本次检测,激发设备采用大功率超磁致震源,接受设备采用压电式柱状换能器,信号采集选用武汉岩海公司研制的 RS－UT01D 数字声波仪,采样间隔取 0.01 ms,采样长度 2k。工作模式为一点激发两点接收模式,激发点距和接受点距均为 0.5 m。对每个激发点而言,接受范围均为孔口—孔底。

(三)资料解释

1. 多道瞬态面波法

多道瞬态面波法资料解释流程如下:

(1)对原始资料进行整理、检查核对和编录。

(2)记录回放。

(3)确定面波时间—空间窗口。

(4)在频率—波数域内提取面波。

(5)进行频散分析并生成频散数据文件。

(6)频散数据转换:将波长转换为深度、面波速度转换为剪切波速:

$$H = 0.72\lambda \tag{5-29}$$

$$V_S = V_R / 0.94 \tag{5-30}$$

式中 H——深度;

λ——波长;

V_R——面波速度;

V_S——剪切波速。

(7)绘制剪切波速等值线图。

2. 高密度地震映像法

高密度地震映像法资料解释流程如下:

(1)原始资料整理、检查和编录。

(2)记录回放。

(3)绘制时间剖面。

3. 垂直反射法

垂直反射法资料解释流程如下:

(1)原始资料整理、检查和编录。

(2)记录回放、分析。

(3)打印记录。

4. 弹性波 CT

弹性波 CT 资料解释流程如下:

(1)调整原始数据文件格式,使其满足反演软件之要求。

(2)数据校核。

(3)采用专用软件进行反演计算,得到孔间纵波速度。

(4)根据反演计算结果生成色谱图。

(5)对 CT 图像进行判读。

(四)防渗墙质量检测分析评价

1. 多道瞬态面波法

多道瞬态面波法检测成果显示,检测段所有墙体,均达到了设计深度,无短墙存在;从剪切波速统计分布图 5-14 可以看出,墙体的剪切波速均大于相关规范要求的速度临界值,表明墙体中无大范围缺陷;大多数墙段,墙顶区域剪切波速较低,表明该区域的混凝土强度低于其他区域。

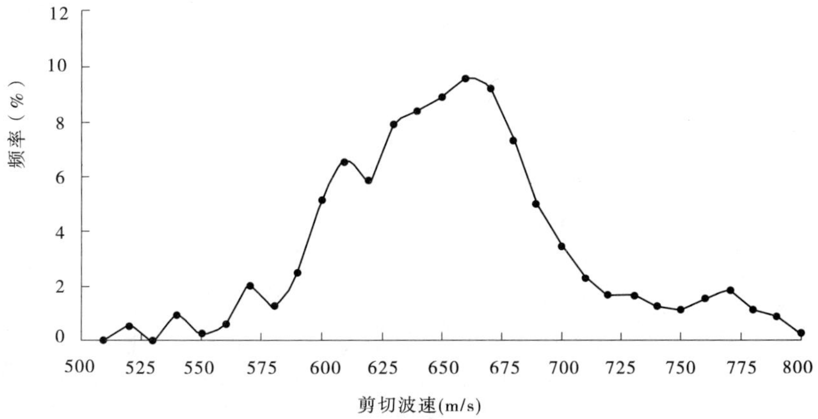

图 5-14　剪切波速统计分布图

2. 高密度地震映像法

根据高密度地震映像法检测的最终成果,选取部分防渗墙墙顶进行了波速测试。结果表明：

(1)各墙段在墙底正常反射时间范围之内，均有一个明显的连续性较好的同相轴，该同相轴以上，信号能量较强，频率较高；该同相轴以下，信号能量突然减弱，频率变低。经综合分析，可以肯定，这个同相轴就是墙底反射信号。基于这点，可以得出如下结论：首先，由于墙底反射时间均大于正常值的下限，表明墙体深度达到设计要求，无短墙、断墙；其次，由于墙底反射时间均小于正常值的上限，表明墙体内无大范围低速异常体。

(2)在时间剖面图上，同相轴存在开叉和不连续现象，说明墙体均匀性较差。

(3)大部分槽段的接头缝，在时间剖面图上均有明显反映，这表明墙体在接头缝处的连续性较差。

3. 垂直反射法

垂直反射法，测点间距 1 m 左右，共进行了 785 个测点的测试。检测中发现，部分墙顶混凝土质量较差，特别是在槽段结合等接头孔处，由于其施工日期不同和施工工艺的特殊性，造成信号更加复杂；某些槽段由于浅部有缺陷，造成曲线更加复杂，所有这些，均使现场测试工作和分析工作难度加大，后通过增加锤垫及改换力棒等方法，调整了锤击装置，取得了较好效果，并对部分浅部缺陷经处理后进行了复测。

经过和同测段 CT 检测成果的对比，可以看出，大部分墙段的墙身质量完好，部分墙段的墙身质量基本完好，个别墙段的墙身质量较差，无质量很差的墙身存在。另外还发现，很多槽段接头孔处的混凝土质量较差。

4. 弹性波 CT

弹性波 CT 检测图表明：纵波波速分布范围与波速测试成果一致；剖面中上部纵波波速较低，下部纵波波速较高，与面波测试成果一致；剖面图上色谱比较杂乱，高速区和相对低速区相间分布，表明墙体均匀性欠佳，与高密度地震映像法测试结果一致；整个剖面最低纵波波速属正常范围，无明显缺陷。

第六章　锚杆(索)、土钉检测

第一节　概　述

岩土锚固技术是近代岩土工程领域中的一个重要分支,由于它的安全性、经济性和有效性,已被广泛地应用于各个领域;同时,在岩土锚固设计理论与方法、锚固材料、结构型式、施工工艺、现场测试,以及工程应用等方面均已取得了长足的发展。

近十余年来,在地基基础工程中的深基坑支护工程中,土层锚固技术占有重要地位。采用锚杆(索)、土钉做基坑支护,得到了大量应用。基坑锚固技术的应用与传统的桩、板、墙、管、撑和改良的桩锚、板锚、墙锚、撑锚支挡方法相比,具有造价低、节省工期、占地空间少、支护及时快捷,以及安全、稳定性好等优点,其综合经济技术效益显著。(预应力)锚杆(索)、土钉支护技术在全国各地的基坑支护中得到了广泛的应用,并取得了良好的技术经济效果。

随着我国经济的高速发展,城市化水平迅速提高。据预测,到 2010 年,我国城市总数将由 1996 年的 640 个增加到 1 000 个,土地是不可再生资源的特性决定了城市土地利用率的提高,向空中和地下寻找生存空间是 21 世纪的发展趋势,因此将会出现大量的深基坑工程。锚杆(索)、土钉支护工程也将继续大量增加,不仅具有重大的战略、经济意义,而且有着重要的现实意义。

一、锚杆支护

锚杆的受拉件是钢筋或钢管,锚索的受拉件是钢绞线制作,通常锚索应用在大吨位锚固工程。在国内,一般情况下,锚索是需要施加预应力的,因此它是主动受力,多应用于已出现变形或对变形要求严格的工程部位;锚杆则一般不施加预应力(有时也会施加很小的预应力),因此它是被动受力,只有当被锚固岩土体发生一定变形时它才发挥锚固力。在国际上,锚索只是锚杆的一种类型。因此,在本节,将锚索看做锚杆的一个特例。

(一)锚杆支护技术的发展

锚杆支护与传统的支护有着根本的不同,后者常常是被动地承受破坏岩土体的荷载,而前者则是主动地加固岩土体,有效地控制岩土体的变形,防止岩土体的坍塌破坏。

国外自 20 世纪 40 年代在地下工程中使用锚杆支护以来,发展非常迅速,现已成为地下工程的一种主要支护形式。例如,美国、澳大利亚的地下工程支护中,锚杆支护占 90% 以上。西欧、中欧等国家以及日本等国,传统的支护方式是金属支架,近年来,这些国家锚杆支护也有很大的发展,并成为地下工程的主要支护形式。锚杆加固技术不仅用于地下工程的支护,而且在深基坑维护、边坡治理与加固、危险建筑物与结构物加固等方面,得到了越来越广泛的应用。

我国锚杆加固技术早在20世纪50年代中期就已起步,当时主要采用机械式金属锚杆,发展速度缓慢。20世纪60年代初研制了压缩木锚杆,在一定程度上促进了锚杆支护技术的发展,最高年使用量曾达100余万套。后由于种种原因,锚杆使用量逐年下降。到20世纪70年代初,压缩木锚杆被大量积压,锚杆支护技术处于低谷。恰在此时,我国原煤炭部在科研部门的配合下,在湖南试验成功了"锚杆喷射混凝土支护",以代替传统的砌碹,优越性十分明显。1975年在鹤壁召开了全国第一次锚喷会议,决定将锚喷支护作为地下工程支护改革的发展方向在全国推广应用。相应地成立了各级锚喷支护领导小组,进行全国规划。一方面组织科研力量对锚喷材料、施工机具、施工工艺、锚喷支护理论及设计方法进行不断的研究;一方面加强领导与管理,组织各种培训班、经验交流会、学术研讨会等,进行大力的宣传,锚喷支护在我国得到了迅猛的发展,支护量成倍增加,新的科研成果不断涌现,并在生产实践中收到了明显的经济效益和社会效益。目前,锚喷支护已成为巷道的主要支护形式,应用范围在不断扩大。从硬岩发展到松软、破碎围岩;从小断面发展到大断面硐室、交叉点、马头门等;从一般条件发展到大冒顶、大淋水、底鼓和地质构造带等复杂条件;从地下工程支护发展到地下工程维修;从仅受静压作用的地下工程发展到受动压影响的地下工程。在矿山、交通、建筑、水利水电、军事人防等工程中得到越来越广泛的应用。

从目前我国实际发展情况看,锚喷支护技术在某些方面已接近国际先进水平。主要体现在如下几个方面:

(1) Ⅰ、Ⅱ、Ⅲ类围岩锚杆加固技术已经取得成熟经验,可大面积推广应用;Ⅳ类围岩锚杆加固技术,在大部分地区也取得了成功,并已研制出各种计算机软件,可在专门设计的情况下推广应用;Ⅴ类围岩的锚杆支护正处于试验研究阶段,并在部分地区取得成功。目前,全国相关大学或科研单位已形成了具有一定规模的、水平较高的、专门从事锚杆加固技术研究和推广应用的科研力量,对促进锚杆加固技术的发展、提高锚杆加固技术的水平将起到积极的作用。

(2)锚杆钻机国产化进程加快,已逐渐能满足我国工程建设的需要。在锚杆支护材料方面,与锚杆支护配套的托盘、型钢带、金属网等产品的生产技术已完善,已有条件大批量生产。

(3)在推广应用锚杆支护的同时,已研究开发出了多种锚杆支护施工质量检测用仪器、仪表,它们大部分产品质量好、体积小、质量可靠,能满足不同层次锚杆支护施工质量监测的需要。

近些年来,锚杆支护技术处于稳步发展阶段,尤其是松软破碎、膨胀岩层锚杆支护技术发展迅速。锚喷支护具有技术先进、经济合理、质量可靠、用途广泛等一系列明显的优点。与传统支护相比,锚喷支护可以减薄支护厚度1/3~1/2,减少岩石开挖量10%~15%,节省全部模板和40%以上的混凝土,加快施工速度2~4倍,节省劳动力40%以上,降低支护成本30%以上。此外,由于锚喷支护不需要模板,无需回填,因而大大改善了劳动条件,减轻了劳动强度,为支护施工机械化创造了有利条件。

锚喷加固技术应用范围十分广泛,它可以在各种不同岩类、不同跨度、不同用途的地下工程中,受静载或动载时作临时支护、永久支护、结构补强以及冒落修复等之用,还可用于深基坑维护、边坡治理与加固、危险建筑物与结构物加固等方面。

虽然我国锚杆加固技术几十年来已取得巨大的进步，但今后仍需要巩固与发展现有的锚杆支护成果，不断进行锚杆设计理论、施工机械、施工工艺等方面的研究，其发展的方向与途径为：立足于我国国情及围岩地质和力学条件，确保锚杆支护的安全可靠、经济和快速施工，将我国锚杆支护技术提高到一个新的水平。为此，需要开展以下工作：①急需建立适合于锚杆加固技术的设计方法。②适当加大锚杆支护参数，提高锚杆的破断荷载及锚固力，以提高锚杆支护的安全可靠性。③组合支护与二次支护，结构型式、零件材质研究。④锚杆支护监测与预警预报技术研究。⑤非破损检测技术研究。⑥完善和发展锚杆施工机具。

（二）锚杆的分类

理论和实践均证明，在各种形式的锚喷支护体系中，都是以锚杆作为主体的。锚杆在整个支护系统中起到了举足轻重的作用，扮演着重要的角色。而其他支护措施，如喷射混凝土、金属网、钢带、金属支架等都属于配套措施，可视具体情况因地制宜地选用。因此，凡是以锚杆为主体、控制围岩的变形与破坏、维护围岩稳定的，统称为锚杆支护，这就突出了锚杆在锚喷支护中的重要作用。

锚杆支护作为一类支护方式，主要有下述几种具体的形式：

（1）单体锚杆支护。

（2）锚杆 + 喷射混凝土（或砂浆）支护，简称锚喷支护。

（3）锚杆 + 网支护，简称锚网支护。

（4）锚杆 + 网 + 喷射混凝土支护，简称锚网喷支护。

（5）锚杆 + 钢带支护，简称锚带支护。

（6）锚杆 + 网 +钢带支护，简称锚网带支护。

（7）锚杆 + 桁架支护，简称锚桁支护。

（8）锚杆 + 网 + 桁架支护，简称锚网桁支护。

（9）锚索支护。

以上属于一次支护形式，对于地压大、变形严重的软岩、破碎、膨胀等地下工程，或永久性重要地下工程可采用二次支护形式，即在一次支护的基础上，再复喷混凝土，或现浇混凝土及钢筋混凝土，或架设金属支架、钢筋混凝土弧板，或砌筑料石碹等。

锚固锚杆可分为固定段、锚固段。锚杆不同部段的功能和所发挥的作用不同。锚杆固定段利用锚杆四周的黏结应力，承担被锚固段承载体的拉应力（或压应力），以稳定被锚固构筑物。要想锚杆能正常发挥作用，应该保证锚杆的锚固段、被锚固段都能均匀而有效地跟岩土体锚固在一起。

目前，国内外实用的锚杆已有数百种之多，但工程中常用的锚杆种类还是有限的。

（1）按锚固段位置与长度可分为两大类，即端头（集中）锚固类锚杆和全长锚固类锚杆。锚固装置或杆体只有一部分和锚壁接触的锚杆，称之为端头类锚杆；锚固装置或杆体全部和锚壁接触的锚杆，称之为全长类锚杆。

（2）按固定方式可分为两大类，即机械式、黏结式。锚固装置或杆体和锚壁接触，以摩擦力为主起锚固作用的锚杆，称之为机械式锚杆；杆体部分或全部利用胶结材料把杆体和锚壁黏结住，以黏结力为主的起锚固作用的锚杆，称之为黏结式锚杆。

(3)根据被锚固对象分类，锚固锚杆可分为岩层锚杆和土层锚杆。

(4)根据是否施加预应力分类，锚固锚杆可分为预应力锚杆(包括高预应力长锚杆、低预应力短锚杆)和非预应力锚杆(普通锚杆)。

(5)根据受力方式分类，可分为拉力型锚杆和压力型锚杆。

(6)按杆体材料分类，可分为木锚杆、竹锚杆、金属锚杆、钢筋混凝土锚杆、聚氨酯锚杆。

(7)其他，水泥砂浆锚杆、弹孔单一锚固锚杆(传统式)和单孔复合锚固锚杆(SBMA法)、临时锚杆(使用期小于2年)和永久锚杆(使用期大于2年)、缝管锚杆(Split set)、水涨式锚杆(Swelled bolts)、自钻式锚杆、中空注浆锚杆，等等。

(8)锚索，在锚喷支护技术中，锚索占有重要地位。与上述锚杆相比，主要有两个特点：一是锚索的长度一般不受限制，可根据实际需要来确定，使其能够锚固到深部比较坚固稳定的岩层中去；二是可施加相当数量级的预应力，是一种有效的主动支护形式。

锚索的类型比较复杂，按不同的方法分类，可以有多种类型。按锚固形式分有：机械式和黏结式；按注孔形式分有：一次注浆式和二次注浆式；按张拉方式分有：群锚张拉和单束张拉或分束张拉等。

(三)锚杆构造

锚杆(索)主要有以下部分组成：拉杆、锚固剂、垫板(托板)、紧固器(锚杆螺母)、钢带和网。如图6-1所示，为地基基础工程中常用的土层锚杆示意图。

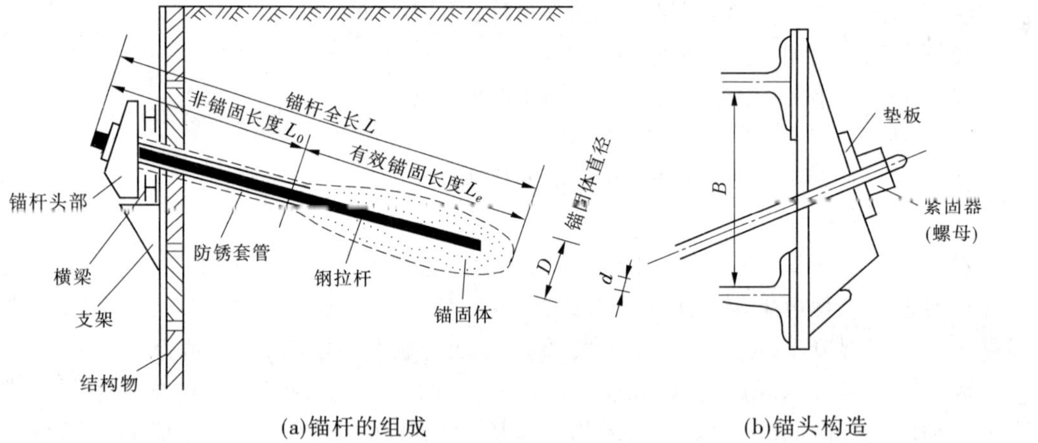

图6-1　土层锚杆示意图

1. 拉杆

拉杆依靠抗拔力承受作用于支护结构上的侧向压力，是锚杆的中心受拉部分。锚杆的长度是指锚杆头部到锚固体尾端的全长。拉杆根据主动滑动面分为有效锚固部分(锚固体长度)和非锚固部分(自由长度)。有效锚固长度主要是根据每根锚杆需承受多大的抗拔力来决定；非锚固长度按照支护结构与稳定土层间的实际距离而定。

圆钢或螺纹钢、钢丝或钢绞线是制作各种普通锚杆拉杆的主要材料，楔缝式锚杆、倒楔式锚杆、涨壳式锚杆、涨圈式锚杆、砂浆锚杆、树脂锚杆、螺纹钢锚杆等均采用圆钢或螺纹钢作为锚杆杆件材料,预应力采用钢丝或钢绞线。

管材是制作缝管式锚杆、楔管式锚杆、内注浆锚杆等杆件的主要材料。

树脂锚杆在使用过程中,只有当树脂锚固剂积聚在锚杆端部,充填密实,才能使锚杆杆件与树脂胶体的握裹力、孔壁与树脂胶体的黏接力相互作用,在杆件端部产生较大的锚固体。

2. 锚固剂

1) 树脂类锚固剂

树脂类锚固剂根据凝固固化时间,分为超快、快速、中速、慢速四种,其产品型号见表 6-1,其技术参数见表 6-2。

表 6-1　树脂锚固剂产品型号

型号	特性	凝胶时间(min)	固化时间(min)	备注
CK	超快	0.5～1	≤5	在(20±1)℃环境温度下测定
K	快速	1.5～2	≤7	
Z	中速	3～4	≤12	
M	慢速	15～20	≤40	

表 6-2　树脂锚固剂主要技术参数

性能	指标	性能	指标
抗压强度	≥60 MPa	振动疲劳	>800 万次
剪切强度	≥35 MPa	泊松比	≥0.3
容重	1.9～2.2 g/cm^3	储存期(<25 ℃)	>9 个月
弹性模量	≥1.6×10^4 MPa	适用环境温度	-30～+60 ℃
黏结强度	对混凝土>7 MPa 对螺纹钢>16 MPa		

2) 快硬水泥类锚固剂

早在 1975 年美国采矿局就通过了对"快速硬无机锚杆黏结剂"的可行性论证,20 世纪 80 年代,我国以煤炭系统为首的有关单位也开始了这方面的研究与应用工作。该类产品主要以普通水泥或特种水泥(大多是早强水泥、双快水泥)为原料,添加专用外加剂(如早强速凝剂、阻锈剂、干砂等)构成。

3. 垫板(托板)

垫板是锚杆的重要组成部件,即使是砂浆锚杆也应重视采用垫板。钢板、铸铁板和竹胶板,均可用做垫板。常用垫板形状如图 6-2 所示。其中,第 4 类垫板效果最好,典型尺寸如图 6-3 所示。

对于杆件为 ϕ18 mm 以下的锚杆,a 取 100～150 mm,d 取 20 mm,s 取 6 mm;对于杆

件为 ϕ20 ~ ϕ24 mm 的锚杆，a 取 150 ~ 200 mm，d 取 26 mm，s 取 8 mm。

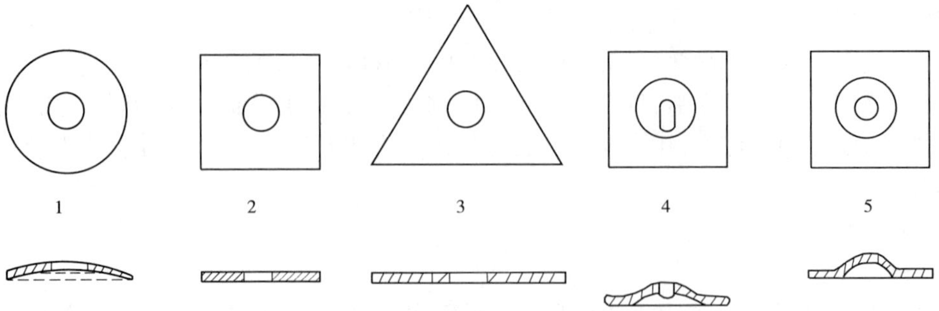

图 6-2　常用垫板示意图

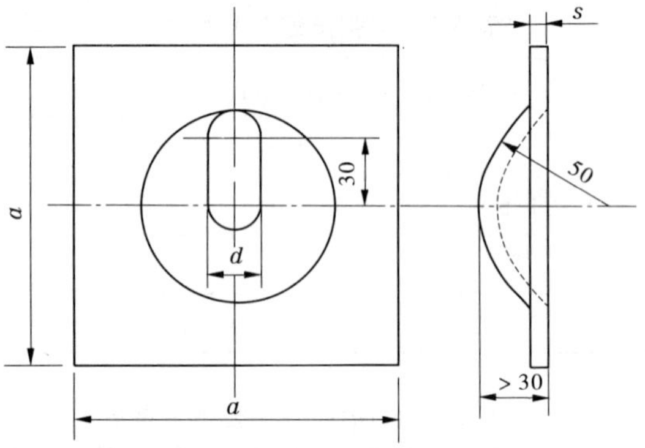

图 6-3　球面槽孔垫板

在岩体条件差的地段，有时还使用托梁、串联带或金属网，并用锚杆把托梁、串联带或金属网锚紧在岩体表面上，托梁可以用木桩、槽钢、U 型钢或钢带（宽 100 mm 左右）制作，甚至加工成拱形，并在其长轴上相隔一定距离钻有一系列槽形孔供锚杆穿过。串联带可用两根 ϕ10 mm 左右的圆盘条或钢丝强绕锚杆平行铺设而成。金属网常用 ϕ4 ~ ϕ10 mm 钢丝编制而成，网格的尺寸为 150 mm × 150 mm ~ 250 mm × 250 mm。

4. 紧固器

拉杆通过紧固器与垫板、台座、支护结构等牢固联结在一起。

1）锚杆螺母

如拉杆采用粗钢筋，则用螺母或专用的联接器、焊螺丝端杆等。螺母是固定垫板、网、钢带等支护构件的一个重要构件，它是锚杆支护结构中形成支护力，控制被支护对象变形破坏的一个重要组成部分。特别是对于端锚式锚杆，没有螺母就构不成锚杆支护。

在支护结构中一般使用标准件粗制六角螺母，要求与锚杆螺纹相配套，并能满足锚杆抗拉拔力的作用。但在使用过程中，经常出现螺母不能满足强度及施工方面的要求，现在已专门研制了球形螺母和塑料阻尼螺母等多种专用锚杆螺母。

2）锚索锚头

当拉杆采用钢丝或钢绞线时，锚杆端部可由锚盘及锚片组成，锚盘的锚孔设计视钢绞线的多少而定，也可采用公锥及锚销等零件，见图 6-4。

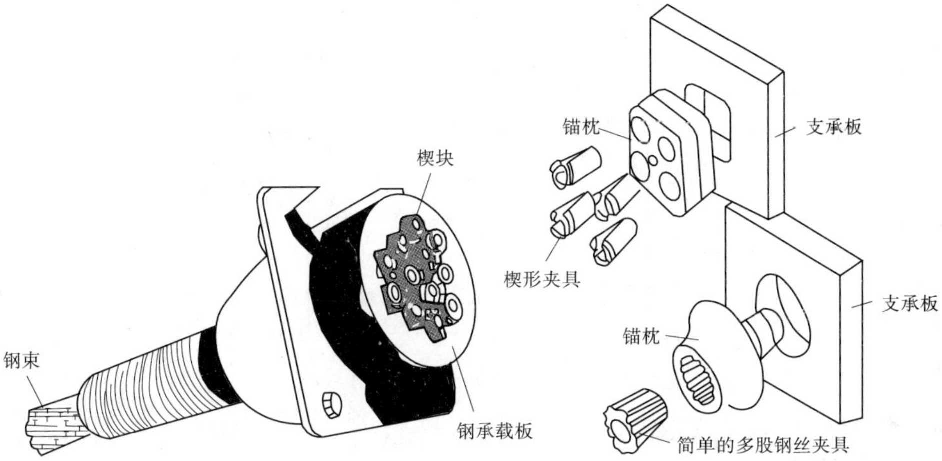

(a)多根钢束锚杆头装置　　(b)多股钢束夹固方法

图6-4　锚索锚头

5. 其他

1）钢带

钢带将单根锚杆连接起来组成一个整体承载结构，提高锚杆支护的整体效果。钢带由2～3 mm的薄钢板制成，有锚杆安装孔。根据制作钢带材料的不同，分为扁钢钢带、平（板）钢带、W钢带、钢筋带、梯型钢带和M型钢带。

2）网

网的作用是维护锚杆间比较破碎的岩石，防止岩块掉落，同时对提高锚杆支护的整体效果也有一定的作用。目前网的形式和品种有很多，主要有铁丝网、钢筋网与塑料网等。

铁丝网一般采用$\phi3\sim\phi4$ mm的镀锌铁丝编制成一定规格的经纬网或菱形网。钢筋网是由钢筋焊接而成的大网格金属网，由受力筋和分布筋构成。钢筋网横向钢筋一般为受力筋，直径8～10 mm；纵向筋一般为6 mm；网倍约100 mm×100 mm。塑料网具有成本低、轻便、抗腐蚀等特点，但强度和刚度较低，可配合钢筋网使用。另外，国外已用聚酯网代替塑料网，聚酯网具有强度大、质量轻、刚度大的优点。

（四）锚杆支护原理

锚杆支护与传统支护有着根本的区别，有其突出的优越性，锚杆支护不是被动承受岩土体产生的荷载，而是主动地加固岩土体，有效地控制其变形，防止围岩土体的坍塌。从20世纪60年代至今，已逐步形成了各种锚杆支护作用理论，以下简单介绍几种得到工程界和理论界普遍认同的锚杆作用机理。

1. 悬吊作用

悬吊作用的原理认为：锚杆支护通过锚杆将软弱、松动、不稳定的岩土体悬吊于稳定的岩土体中，以防止其离层滑落。这种作用在地下工程锚固工程中表现较为突出，如图6-5所示。

从图中可以看出，起悬吊作用的锚杆，主要是提供足够的拉力，以克服滑落岩土体的

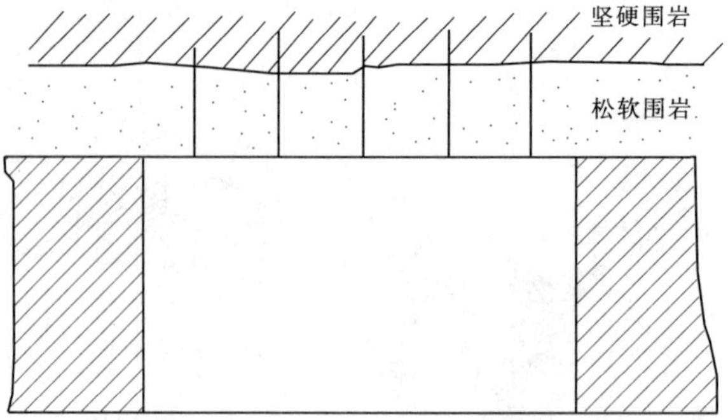

图 6-5　锚杆的悬吊作用

重力或下滑力，来维持工程稳定。

2. 组合梁作用

这种原理是把薄层状岩体看成一种梁（简支梁），在未锚固前它们只是简单地叠合在一起。由于层间抗剪力不足，在荷载作用下，单个梁均产生各自的弯曲变形，上下缘分别处于受压和受拉状态（见图 6-6(a)）。锚杆支护后，相当于用螺栓将它们紧固成组合梁，各层板便相互挤压，层间摩擦力大大增加，内应力和挠度大为减小，同时增加了组合梁的抗弯强度（见图 6-6(b)）。当把锚杆打入岩土体内一定深度后，相当于把简单叠合数层梁变成组合梁，从而提高了岩土体的承载能力。锚杆提供的锚固力越大，各岩土层面的摩擦阻力越大，组合梁整体化程度越高，其强度也越大。两种不同作用的比较见图 6-7。

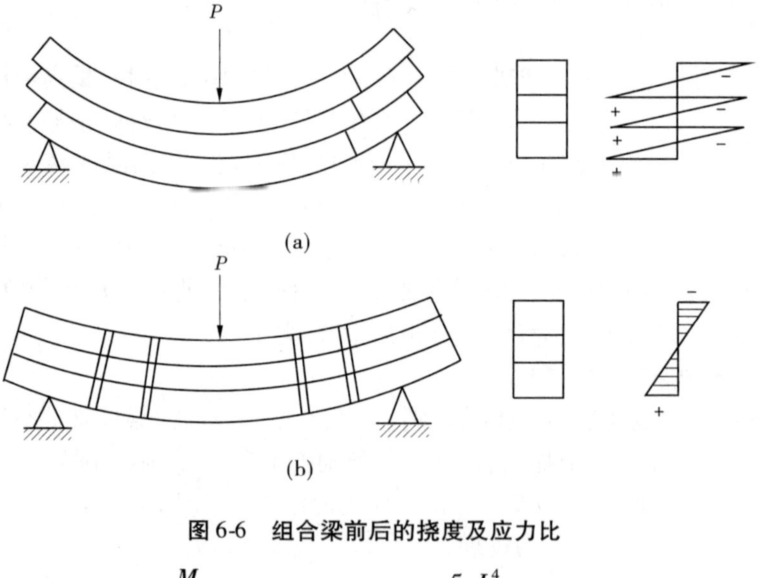

图 6-6　组合梁前后的挠度及应力比

N 层叠合梁　　$\sigma_{叠} = \dfrac{M_{max}}{n \dfrac{1}{6} bh^2}$　　$f_{叠} = \dfrac{5qL^4}{384 \dfrac{E}{12} bh^3 n}$　　(6-1)

N 层组合梁　　$\sigma_{组} = \dfrac{M_{max}}{\dfrac{1}{6} b(nh)^2}$　　$f_{组} = \dfrac{5qL^4}{384 \dfrac{E}{12} b(nh)^3}$　　(6-2)

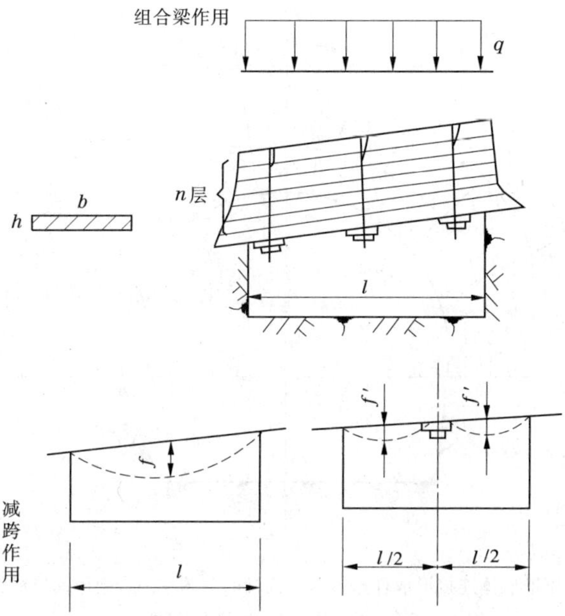

图 6-7　组合梁力学作用

比较
$$\sigma_{组}=\frac{1}{n}\sigma_{叠}\qquad f_{组}=\frac{1}{n^2}f_{叠}\tag{6-3}$$

即组合梁的跨中挠度是叠合梁的$\frac{1}{n^2}$。表明在层状围岩中，锚杆的组合加固作用是非常明显的，它能大大减小围岩的变形和弯张应力。

3. 积压加固作用

兰格（T. A. Lang）通过光弹试验证实了锚杆的挤压加固作用，当弹性体上安装具有预应力锚杆时，发现弹性内形成以锚杆两头为顶点的锥形压缩带，若将锚杆以适当的间距排列，使相邻锚杆的锥形压缩带相重叠，便形成了一定厚度的连续压缩带（见图 6-8）。

锚杆的这种挤压加固作用在软弱破碎岩土体中能发挥很好的作用。

4. 围岩强度强化理论

通过实验室相似材料模拟试验和理论分析，深化了锚杆支护的作用原理：可认为锚杆支护作用实质就是改善锚固区岩体力学参数，强化锚固区围岩强度，特别是强化围岩破裂后的强度，从而保持地下工程的围岩稳定。

将布置锚杆后锚固体的强度与未布置锚杆的岩体强度之比定义为锚固体的强化系数，则锚固体极限强度强化系数 $K_j=\frac{\sigma_1}{\sigma_c}$，锚固体残余强度强化系数 $K_c=\frac{\sigma_1^*}{\sigma_c^*}$。

表 6-3 给出了不同锚杆布置时 K_j、K_c 的试验结果。

二、土钉支护

（一）概述

土钉支护是用于土体开挖和边坡稳定的一种挡土技术，由于经济、可靠且施工快速简

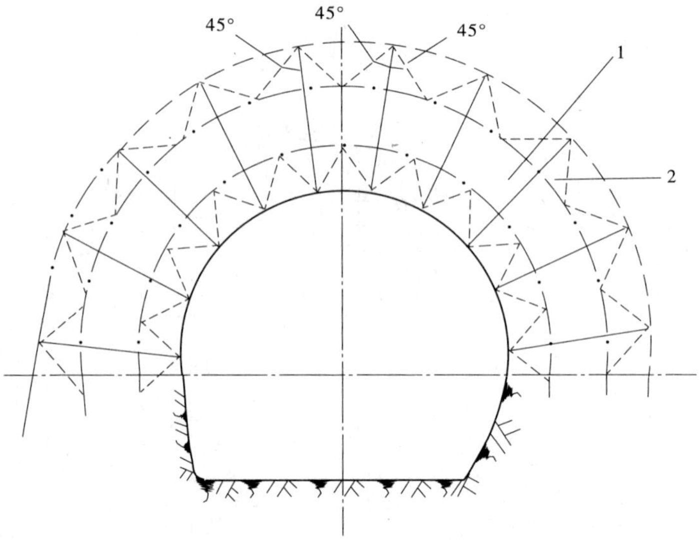

1—受压锥形体连接形成环形带;2—锚杆的两端在围岩中压缩形成锥形体

图 6-8 连续压缩带的形成

便,已在我国得到迅速推广和应用。在基坑开挖中,土钉支护现已成为桩、墙、撑、锚支护之后又一项较为成熟的支护技术。

表 6-3 锚固体的强度及强度系数

锚杆密度(根/400 cm^2)	单向加载				平面应变加载			
	极限强度(MPa)	残余强度(MPa)	K_j	K_c	极限强度(MPa)	残余强度(MPa)	K_j	K_c
0	1.238	0.060	1.00	1.00	1.65	0.525	1.00	1.00
2	1.275	0.065	1.03	1.08	1.725	0.588	1.04	1.12
3	1.35	0.068	1.09	1.13	1.832	0.625	1.11	1.19
4	1.43	0.072	1.16	1.19	1.928	0.668	1.17	1.27
5	1.50	0.075	1.21	1.25	2.075	0.7	1.26	1.33
6	1.575	0.081	1.27	1.35	2.17	0.75	1.32	1.43
8	1.675	0.089	1.35	1.48	2.275	0.82	1.38	1.56

所谓"土钉",就是置入于现场原位土体中以较密间距排列的细长杆件,如钢筋或钢管等,通常还外裹水泥砂浆或水泥净浆浆体(注浆钉)。土钉的特点是沿通长与周围土体接触,以群体起作用,与周围土体形成一个组合体,在土体发生变形的条件下,通过与土体接触界面上的黏结力或摩擦力,使土钉被动受拉,并主要通过受拉工作给土体以约束加固或使其稳定。土钉的设置方向与土体可能发生的主拉应变方向大体一致,通常接近水平并向下呈不大的倾角。其施工步骤必须遵循从上到下、分步修建,即边开挖、边支护的原

则,具体为:①开挖有限的深度;②在这一深度的作业面上设置一排土钉并构筑喷混凝土面层;③继续向下开挖有限的深度,并重复上述步骤,直至所需的深度。对于注浆钉,一般是先钻孔,然后置入金属钉体并注浆。

国外的土钉支护多为机械化施工,为方便作业,支护中各个土钉常取等长,倾角也相等。当用手工施工时,不同位置上的土钉长度和倾角可以方便地根据其受力特点来定,底部的土钉长度一般相对较短,倾角也较大些。

为了进一步说明土钉与土钉支护的特点,可以将它与锚杆做一比较。土钉与锚杆从表面上看有类似之处,但二者有着不同的工作机理(见图6-9)。锚杆沿全长分为自由段和锚固段,在挡土结构中,锚杆作为桩、墙等挡土构件的支点,将作用于桩、墙上的侧向土压力通过自由段、锚固段传递到深部土体上。除锚固段外,锚杆在自由段长度上受到同样大小的拉力;但是土钉所受的拉力沿其整个长度都是变化的,一般是中间大,两头小,土钉支护中的喷混凝土面层不属于主要挡土部件,在土体自重作用下,它的主要作用只是稳定开挖面上的局部土体,防止其崩落和受到侵蚀。土钉支护是以土钉和它周围加固了的土体一起作为挡土结构,类似重力式挡土墙。另外,锚杆一般都在设置时预加拉应力,给土体以主动约束;而土钉一般是不加预应力的,土钉只有在土体发生变形以后才能使它被动受力,土钉对土体的约束需要以土体的变形作为补偿,所以不能认为土钉那样的筋体具有主动约束机制。还有,锚杆的设置数量通常有限,而土钉则排列较密,在施工精度和质量要求上都没有锚杆那样严格。当然锚杆中也有不加预应力并沿通长注浆与土体黏结的特例,在特定的布置情况下,也就过渡到土钉了。

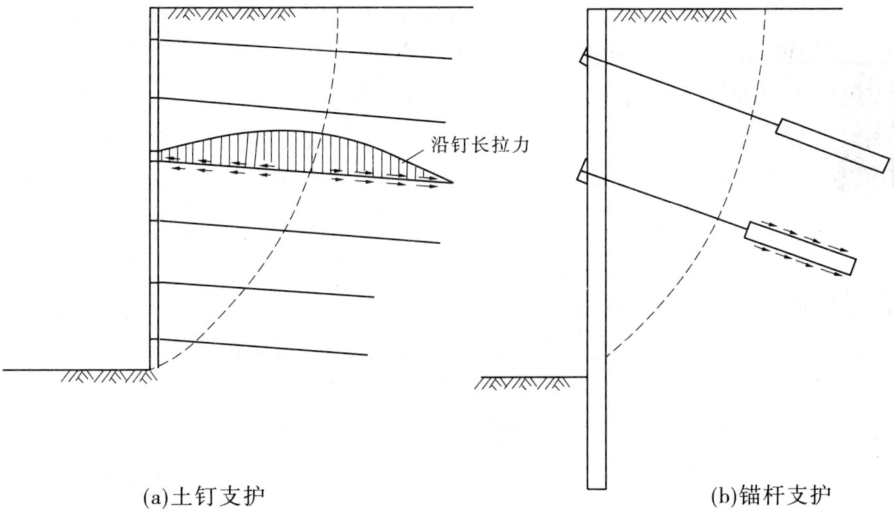

图6-9　土钉与锚杆对比

虽然土钉支护在一些国家已普及,但是对它工作机理的了解以及在设计方法上还不能说已经达到比较完善的地步。目前应用土钉支护主要依靠经验和工程类比并与一定的计算分析和现场监测相结合。当然这种情况即使在桩、墙、撑、锚等传统支护系统中也一样存在。土工的现场特点千变万化,不能因为土钉技术看似简单,就在应用时不作细致的力学分析和忽视施工过程的监控。

(二)土钉支护技术的发展

从历史上看,最早应用这种土钉概念的重大工程实例也许可上溯到100多年前英国建设世界上第一条水下隧道,即泰晤士河隧道的施工开挖中。现代土钉技术的发展始于20世纪70年代,许多国家几乎都在同一时期内各自独立提出这种支护方法并加以开发。出现这种情况并非偶然,因为土钉技术在许多方面与隧道修建的新奥法施工类似,可看成是新奥法概念的延伸。

由于土钉应用的迅速发展,而对土钉工作性能的了解与设计方法却落在后面,于是法国在1986年开始执行了一项名为Clouterre的4年研究计划,由政府及私人企业联合资助,21个单位参与,包括施工承包商、政府研究机构和高等院校。研究包括3个大型土钉墙试验,并对6个现场工程详细量测,在研究基础上提出了设计施工建议。

开发应用土钉支护仅次于法国的是德国,最早对土钉进行系统研究是在德国,这一发展研究工作由承包商Karl Bauer作为先导,并与Karlsruhe大学的岩土力学研究所联合,从1975年起开始一项为期4年的研究,耗资230万美元,共进行了7个大型足尺土钉墙试验与许多模型试验,另外在不同埋设条件下进行了上百个抗拔试验。

美国最早应用土钉支护在1974年,早期称为原位土加筋的侧向支护体系,并称土钉为锚杆,只是在国际上开展土钉技术的交流以后才改称为土钉。

除上面提及的法国、德国及美国外,英国从20世纪80年代起也对土钉有过较多的研究,包括分析方法及程序开发(牛津大学、英国运输部等),离心机试验,实际土钉工程的内力与变形实测,钉、土相互作用的大型抗剪试验等。

在20世纪70年代应用土钉的国家还有西班牙(1972年)、巴西、匈牙利、日本等,以后在印度、新加坡、南非、澳大利亚、新西兰等均有应用和研究土钉支护的报道。日本的土钉支护用量较大,1989年的用量按土钉长度估计约为10万m。

在我国,山西太原煤矿设计院王步云较早对土钉支护边坡进行分析和试验,自20世纪90年代起,国内高层建筑和基础设施建设大规模兴起,基坑开挖项目愈来愈多,使原位土的各种加筋技术得到很快发展。中国人民解放军89002部队在长期对土中隧道喷锚支护进行研究开发的基础上,根据自己的经验,于1992年首先将土钉支护技术用于深圳文锦广场的基坑边壁抢险加固中,但仍称其为深基坑开挖的“喷锚网支护法”。较早从事基坑土钉支护研究应用的还有冶金部建筑研究总院程良奎和北京工业大学的孙家乐等,后者所提出的支护方法被称为“插筋补强护坡技术”。从事土钉支护设计施工的还有许多勘察设计部门以及军内工程兵系统的单位。现在,除不良地层如软土和降水困难的地区外,只要存在允许设置土钉的地下空间,土钉支护往往成为基坑工程开挖中的首选方案。

除上述单位外,近年来有许多高校相继投入土钉支护的研究。如清华大学土木水利学院对土钉支护有限元分析方法(包括三维有限元分析)和极限平衡分析方法的研究,并开发用于施工现场的土钉支护计算机辅助系统,进行土钉支护工作性能的现场实测,以及室内的离心机模型试验;南京工程兵工程学院与同济大学等合作进行软土中的复合土钉支护研究;同济大学、武汉水利电力大学、浙江大学也分别做过室内模型试验。

尽管土钉的应用在我国开始稍晚,但由于国内的建设规模巨大,基坑土钉支护的应用数量估计现已超过其他国家。但与国外相比,迄今对土钉技术还缺乏深入系统的研究,施工技术和水平低下，在材料、部件和施工机具上缺乏专用标准产品，尤其是质量控制和管理跟不上，设计计算方法也较为粗糙，许多工程技术人员对这一技术还不了解，这种情况急待改善。

（三）土钉支护类型

除土体外，土钉支护通常由三个部分组成，即土钉、面层和防水系统。土钉支护的构造与土体特性、支护面的坡角、支护的功能如临时或永久使用，以及环境安全要求等因素有关。

最常用的土钉是用变形钢筋与砂浆组成的钻孔注浆钉，即先在土中成孔，置入变形钢筋，然后沿全长注浆填孔，这样整个土钉体由土钉钢筋和外裹的水泥砂浆（有时用细石混凝土或水泥净浆）组成。为了保证土钉钢筋处于孔的中心位置，周围有足够的浆体保护层，需沿钉长每隔 2～3 cm 设置对中定位支架（见图 6-10）。土钉钢筋直径多为 20～32 mm，置于 70～155 mm 或更大的钻孔中。土钉钢筋的标准屈服强度多为 400～500 MPa，强度较低不经济，强度过高则脆性增加，可焊性降低。国外还有用玻璃钢（玻璃纤维增强

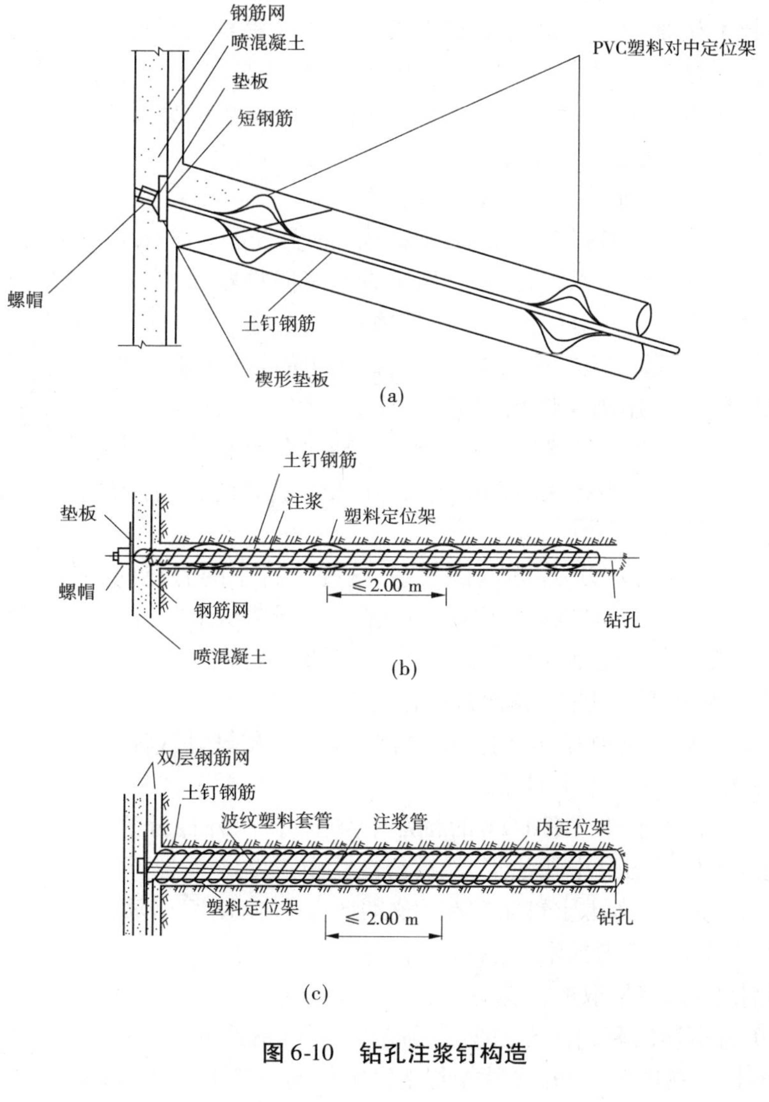

图 6-10　钻孔注浆钉构造

塑料)做土钉的,具有防锈蚀功能,国内则有用竹材做筋体作为临时支护。

土钉支护的成孔技术与锚杆相同,成孔方法在很大程度上取决于土体特点和施工单位的已有设备条件。国外在硬黏土和密实粒状土中成孔多用螺旋钻,有实心钻杆和空心钻杆两种。当用空心螺旋钻时,土钉插入空心钻杆内,注浆也从钻杆内泵入,这时的土钉就不能设置对中定位支架,需用较稠的浆体防止土钉下沉。螺旋钻的孔径,在美国有用到300 mm的。另一种钻孔方法是用回转或冲击回转钻杆,孔内土体用压缩空气或水带走,孔径89~133 mm,钻孔时可有套管或没有套管,套管用于易塌孔的土体。应避免使用泥浆护壁,因很难将其洗净,会使界面黏结力显著降低。另外,在无套管的孔中用水冲洗也会降低注浆后的界面黏结力。套管钻孔的费用高,用的较少。

注浆钉的注浆方式也有许多种,最简单的是重力注浆,这时的钉孔需向下倾斜15°以上。为了改善土钉与土体之间的界面黏结力,一般情况下宜用低压注浆(≤0.5 MPa),此时需同时设置止浆塞和排气管。用洛阳铲成孔因倾角很小,此时必需用压力注浆。与一般的锚杆注浆技术相似,土钉也可用二次挤裂注浆等各种增大界面黏结力的方法。对于端部做有螺纹并通过螺母、垫板与面层相连的土钉,在注浆硬结后用扳手拧紧螺母使在钉中产生一定的预应力,为此在离孔口处应留有小段的非黏结长度,在这一长度内可用土填孔,或者预留孔隙待拧紧螺母后,再注浆填满。

除钻孔注浆钉外,其他的土钉类型尚有:

(1)击入钉, 在法国用得较多,角钢、圆钢或钢管作土钉。击入钉不注浆,与土体的接触面积小,钉长又受限制,所以布置较密,每平方米竖向投影面积内可达2~4根,用振动冲击钻或液压锤击入。击入钉的优点是不需预先钻孔,施工极为快速,但击入钉不适用于砾石土、硬胶结土和松散砂土。击入钉在密实砂土中的效果要优于黏性土。

(2)注浆击入钉,常用周面带孔的钢管,端部密闭,击入后从管内注浆并透过壁孔将浆体渗到周围土体。国外有特殊加工的土钉,在轴向有孔槽,能在贯入土体后注浆与周围土体黏结。德国尚有一种带扩大端部的土钉,击入土层时能在筋体与周围土体之间形成环形空隙并同时注浆填充。

(3)高压喷射注浆击入钉,原为法国专利,这种土钉中间有纵向小孔,利用高频冲击振动锤将土钉击入土中,同时以20 MPa的压力,将水泥浆从土钉钉端部的小孔中射出,或通过焊于土钉上的一个薄壁钢管射出,水泥浆射流在土钉入土的过程中起到润滑作用并且能透入周围土体,提高与土体之间的黏结力。

(4)气动射击钉,为英国开发,用高压气体作动力,发射时气体压力作用于钉的扩大端,所以钉子在射入土体过程中时受拉。

此外,德国有一种叫TITAN30/11的特殊中空土钉,内外径分别为11 mm和30 mm,可作为钻杆进入土体并通过中孔注浆,然后留在孔中。

对于永久性支护,需考虑土钉防锈和耐久性。法国以使用年限超过1.5年为永久支护,而美国、英国则以2年为界限。

作为永久性土钉,需采取的措施有:

(1)加大土钉钢筋的截面。即根据现场情况,预测钢筋的锈蚀率,按照规定的使用年限,确定可能的最大锈蚀深度,并将其加到土钉钢筋的直径上。

(2)在钢筋表面上涂锌或涂环氧以增加抗锈能力。但这种方法一样需要考虑锈蚀率并加大截面,而且这种涂层容易受碰损伤,在连接处也较难处理。

(3)用水泥砂浆保护层。即采用一般注浆钉,保护层厚度不小于30~40 mm。由于土钉受拉会引起砂浆保护层开裂,所以仍需考虑锈蚀,适当加大钢筋截面。

(4)采用封套防锈钉在钢筋外面加塑料波纹套管,套管壁厚不小于1 mm,套管与钢筋之间留有不小于5 mm的间隙并注入水泥浆,而在套管与钻孔之间仍注浆封填,这种办法最为可靠。

(四)土钉支护性能

国外迄今已对土钉支护做了不少大型量测试验,其中也有专门为试验而修建的工程,国内也已进行过一些现场测试。从这些量测结果得出土钉支护在一般土体自重作用下的基本工作特点有:

(1)随着往下开挖,支护不断向外位移。在匀质土中,支护面的位移沿高度大体呈线性变化,类似绕趾部向外转动,最大水平位移发生在顶部(见图6-11)。但在非匀质土中或地表为斜坡或受有地表重载时,最大水平位移点的位置可能移向下部。从为数极少的支护破坏现象发现,土钉支护的破坏是一个连续发展的过程。

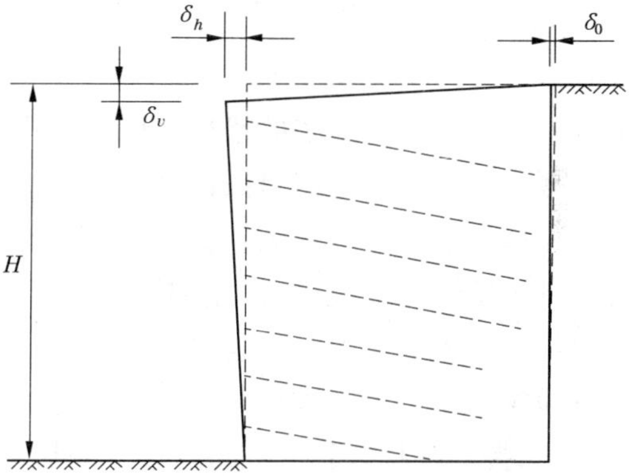

图6-11　支护的变形

(2)土钉置入现场土体后,如果土体不变形,土钉就不会受力。随着往下开挖、地表加载或土体徐变而发生土体变形,于是通过土体与土钉之间的界面黏结力使土钉参与工作并主要受拉。量测表明,只要土体发生微小的变形就可使土钉受力。土钉在工作阶段很少受到弯剪作用,只在支护最终沿滑移面破坏失稳时,滑移面附近的土钉则同时受到拉弯剪的联合作用。

(3)土钉的拉力沿其长度变化,最大拉力部位随着向下开挖从开始时靠近面层的端部逐渐向里转移,一般发生在土体的可能失稳破坏面上。当土钉长度较短时,土体破坏面可能移出上部土钉之外,这些钉中的最大拉力一般发生在钉长中部。

(4)当破坏面穿过土钉加固的土体,后者被分割成失稳区和稳定区两个部分(见图6-9(a)),前者向外运动,与土钉之间的界面剪力或黏结力的方向向里,使土钉的拉力从端部逐渐增加并在可能的破坏面上达到峰值。而在被动区内,土体与土钉之间的界面剪力方向向外。土体破坏面上的土钉或者受拉屈服,或者被拔出。

不同深度位置上的土钉,其受到的最大拉力有很大差别,顶部和底部的土钉受力较小,靠近中间部位的土钉受力较大。但临近破坏时,底部土钉的拉力显著增长。

(5)支护喷混凝土面层背后的侧向土压力,其沿高度分布也为中间大、上下小,接近梯形而不是三角形,压力的合力值要比挡土墙理论给出的计算值(朗金主动土压力)低得多。这表明土钉支护的面层完全不同于一般的挡土墙。支护面层所受的土压力合力远小于土钉受到的最大拉力之和。

(6)支护的最大水平位移 δ_h 一般不大于坑深或支护高度 H 的3‰,δ_h 与 H 的比值据法国的实测资料为1‰~3‰,美国为0.7‰~3‰,德国为2.5‰~3‰。国内的测试结果也大体相同。

第二节　拉拔试验

锚杆(索)、土钉的锚固质量直接关系到基坑围岩或边坡的稳定,必须对锚杆(索)、土钉的锚固质量进行检测、控制。地基基础检测关心的是和岩土有关的锚杆(索)、土钉抗拔承载力,而且拉拔试验作为一种检测锚杆(索)承载力的方法已经被相关规程规范所采用。因此,本节主要给出的是锚杆(索)、土钉抗拔承载力的检测方法。

一、锚杆拉拔试验

锚杆拉拔试验属于传统的锚杆锚固质量静力法检测。进行拉拔试验时,将液压千斤顶放在托板和螺母之间,拧紧螺母,施加一定的预应力,然后用手动液压泵加压,同时记录液压表和位移计上的对应度数,当压力或者位移读数达到预定值时,或者当压力计读数下降而位移计读数迅速增大时,停止加压,测试后,可整理出锚杆的荷载—位移曲线,进而分析得出锚杆的锚固质量。

锚杆拉拔试验分为基本试验、验收试验和蠕变试验。基本试验是为了确定锚杆的极限承载力,掌握锚杆抗破坏的安全程度,以便在正式使用锚杆前调整锚杆机构参数或改进锚杆的制作工艺。验收试验旨在确定锚杆是否具备足够的承载力、自由段程度是否满足要求、锚杆蠕变在规定范围内是否稳定。对于塑性指数大于17的软土层和蠕变明显的岩体中的锚杆还应进行蠕变试验,以观察锚杆在一定荷载下随时间的蠕变特性。

(一)基本规定

(1)锚杆锚固段浆体强度达到15 MPa或达到设计强度等级的75%时可进行锚杆试验。

(2)加载装置(千斤顶、油泵)的额定压力必须大于试验压力,且试验前应进行标定。

(3)加荷反力装置的承载力和刚度应满足最大试验荷载要求。

(4)计量仪表(测力计、位移计)等应满足测试要求的精度。

(5)基本试验和蠕变试验锚杆数量不应少于3根,且试验锚杆材料尺寸及施工工艺应与工程锚杆相同。

(6)验收试验锚杆的数量应取锚杆总数的5%,且不得少于3根。

(二)基本试验

(1)基本试验最大的试验荷载不宜超过锚杆杆体承载力标准值的0.9倍。

(2)锚杆基本试验应采用循环加、卸荷载法,加荷等级与锚头位移测读间隔时间应按表6-4确定。

表 6-4 锚杆基本试验循环加卸荷等级与位移观测间隔时间

加荷标准		$\frac{\text{加荷量}}{\text{预估破坏荷载}}$(%)								
循环数	第一循环	10	—	—	—	30	—	—	—	10
	第二循环	10	30	—	—	50	—	—	30	10
	第三循环	10	30	50	—	70	—	50	30	10
	第四循环	10	30	50	70	80	70	50	30	10
	第五循环	10	30	50	80	90	80	50	30	10
	第六循环	10	30	50	90	100	90	50	30	10
观测时间(min)		5	5	5	5	10	5	5	5	5

注:① 在每级加荷等级观测时间内,测读锚头位移不应少于 3 次。

②在每级加荷等级观测时间内,锚头位移小于 0.1 mm 时,可施加下一级荷载,否则应延长观测时间,直至锚头位移增量在 2 h 内小于 2.0 mm 时,方可施加下一级荷载。

(3)锚杆破坏标准。① 后一级荷载产生的锚头位移增量达到或超过前一级荷载产生位移增量的 2 倍时;② 锚头位移不稳定;③ 锚杆杆体拉断。

(4)试验结果宜按循环荷载与对应的锚头位移读数列表整理,并绘制锚杆荷载—位移(Q—s)曲线,锚杆荷载—弹性位移(Q—s_e)曲线和锚杆荷载—塑性位移(Q—s_p)曲线。

(5)锚杆弹性变形不应小于自由段长度变形计算值的 80%,且不应大于自由段长度与 1/2 锚固段长度之和的弹性变形计算值。

(6)锚杆极限承载力取破坏荷载的前一级荷载,在最大试验荷载下未达到第(3)条规定的破坏标准时,锚杆极限承载力取最大荷载。

(三)验收试验

(1)最大试验荷载应取锚杆轴向受拉承载力设计值 N_u。

(2)锚杆验收试验加荷等级及锚头位移测读间隔时间应符合下列规定:①初始荷载宜取锚杆轴向拉力设计值的 0.1 倍;②加荷等级与观测时间宜按表 6-5 的规定进行;③在每级加荷等级观测时间内,测读锚头位移不应少于 3 次;④达到最大试验荷载后观测 15 min,卸荷至 $0.1N_u$ 并测读锚头位移。

表 6-5 锚杆基本试验循环加卸荷等级与位移观测间隔时间

加荷等级	$0.1N_u$	$0.2N_u$	$0.4N_u$	$0.6N_u$	$0.8N_u$	$1.0N_u$
观测时间(min)	5	5	5	10	10	15

(3)试验结果宜按每级荷载对应的锚头位移列表整理,并绘制锚杆荷载—位移(Q—s)曲线。

(4)锚杆验收标准:①在最大试验荷载作用下,锚头位移相对稳定;②应符合基本试验第(5)条规定。

(四)蠕变试验

(1)锚杆蠕变试验加荷等级与观测时间应满足表 6-6 的规定,在观测时间内荷载应保持恒定。

表 6-6　锚杆蠕变试验加荷等级及观测时间

加荷等级	$0.4N_u$	$0.6N_u$	$0.8N_u$	$1.0N_u$
观测时间(min)	10	30	60	90

(2)每级荷载按时间间隔 1、2、3、4、5、10、15、20、30、45、60、75、90 min 记录蠕变量。

(3)试验结果宜按每级荷载在观测时间内不同时段的蠕变量列表整理,并绘制蠕变量—时间对数曲线,蠕变系数可由下式计算:

$$K_c = \frac{s_2 - s_1}{\lg\left(\frac{t_2}{t_1}\right)} \tag{6-4}$$

式中　s_1——t_1 时所测得的蠕变量;

s_2——t_2 时所测得的蠕变量。

(4)蠕变试验和验收标准为最后一级荷载作用下的蠕变系数小于 2.0 mm。

(五)锚杆施工质量检测仪器

对锚杆施工质量检测最主要的是拉拔试验。拉拔试验方法、布置见图 6-12。

锚杆测力计是进行拉拔试验和对锚杆施加预应力的主要工具。由于锚杆的锚固力不大,一般可使用锚杆测力计对锚杆施加预应力。

按实测仪器工作原理不同,可将锚杆测力计区分为机械式、液压式、电子式、光弹式和振弦式等。其中,机械式锚杆测力计由钢衬垫或钢弹簧的弹性变形来量测锚杆轴向力大小,尽管它的量测范围较小,但十分坚固耐用。液压式锚杆测力计具有体积小、重量轻、容易制造等优点,特别是压力值可由压力表直接读出,也可将油压转变为电信号输出。光弹式锚杆测力计具有精度高、使用方便、价格低廉等优点,而且不易受外部环境干扰。振弦式锚杆测力计的主要优点是测量精度高、稳定性好,特别适用于地下工程的恶劣环境。目前,国内常用的锚杆测力计主要有 ML 型锚杆测力计、ZY 型系列锚杆拉力计。

1. ML 型锚杆测力计

ML 型锚杆测力计由楔块双作用于千斤顶、换向阀、油泵组成(见图 6-13)。ML 型锚杆测力计的技术性能见表 6-7。

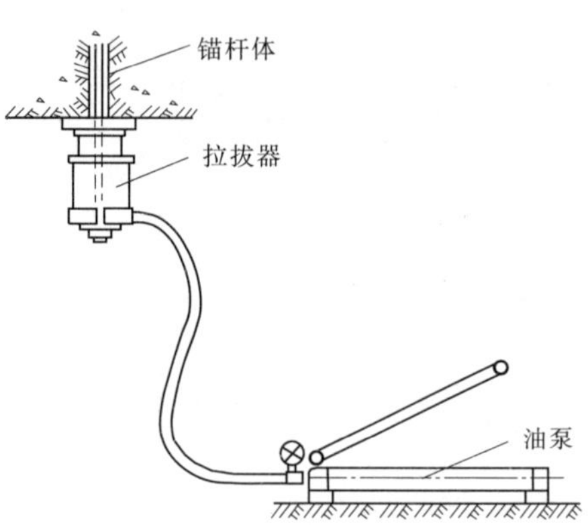

图 6-12　利用张拉设备进行锚杆拉拔试验

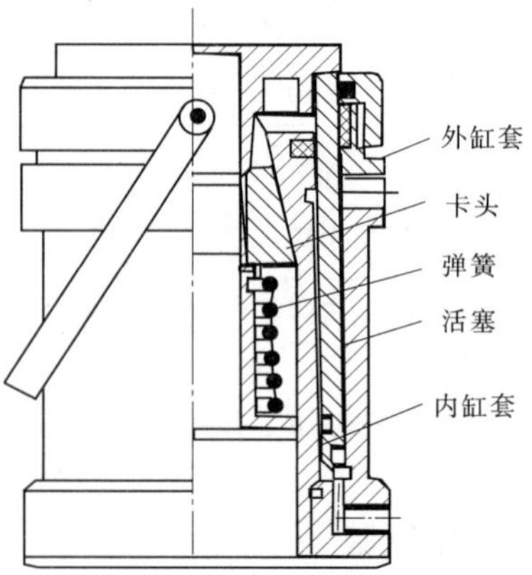

图 6-13　ML 型锚杆测力计示意图

表 6-7　ML 型锚杆测力计的技术性能

技术性能指标	ML－10 型	ML－20 型	ML－30 型
最大拉力(kN)	—	700	100
高压压力(MPa)	70	70	60
活塞行程(mm)	—	100	50
需(排)油量(kg)	12.5	0.4	0.2
活塞面积(cm^2)	—	28.3	17
质量(kg)	9	11	6.5

2. ZY 型系列锚杆拉力计

ZY 型系列锚杆拉力计适用于锚杆、钢筋等锚固体的锚固力检测。拉力计由手动泵、液压缸、数字压力表及高压胶管等部分组成。液压缸有中空自复位或油压复位两种型式。数字压力表读数直观,可直接读取锚杆拉力值。另外,还有与之配套的 ML 系列锚杆(索)测力计、全系列 MJ－1 型锚具和拉杆、接头等。

ZY－50D 型锚杆综合参数检测仪(见图 6-14)是在目前的锚杆拉力计基础上,在检测锚杆拉力的过程中增加了位移量的测量,并且可对拉力、位移两参数进行同步实时处理。杆(索)有预应力型和普通型,通过检测不同型式的锚杆在不同的条件下荷载与位移的关系,即可计算出锚杆的多种受力状况。

图 6-14　ZY－50D 型锚杆综合参数检测仪

ZY－50D 型锚杆综合参数检测仪具有以下特点:

(1)目前检测螺纹钢筋型锚杆时,需要用锚具卡住锚杆,锚具在每次实际使用后,需用铁锤用力将锚具夹片敲下,很不方便。该油缸为一种新型自动退锚型油缸,检测完毕后,油缸可将锚夹具自动退出,使用十分方便。

(2)新型油缸采用目前国内先进的密封技术,应用新型密封圈,使油缸达到耐压高、泄露少、寿命长的目的。

(3)锚杆位移的量测采用先进的融栅型数字位移计,具有分辨率高(0.01 mm)、误差小、抗干扰强、温漂小等优点,是目前最理想的位移计。

(4)荷载测力装置采用新型圆环形荷载测力计,将其直接固定在油缸上,可直接检测出锚杆受力的大小,提高了测试精度。比普遍采用压力表检测液压系统中的油压,再根据油缸活塞面积计算锚杆受力值精度高。

(5)采用汉显大屏幕检测仪。可将位移与荷载信号同时输入,实现放大和 A/D 转换,由单片机统一控制,通过汉字菜单选择,在检测中可实时跟随显示出位移和荷载变化曲线或数据,并可计算处理和存储。

ZY 型系列锚杆拉力计主要技术参数见表 6-8。

表 6-8 ZY 型系列锚杆拉力计主要技术参数

<table>
<tr><td colspan="2" rowspan="2">技术参数</td><td colspan="7">型号</td></tr>
<tr><td>ZY－10</td><td>ZY－20</td><td>ZY－20A</td><td>ZY－30</td><td>ZY－50</td><td>ZY－100</td><td>ZY－50D</td></tr>
<tr><td rowspan="2">手动泵</td><td>工作压力(MPa)</td><td colspan="7">63</td></tr>
<tr><td>质量(kg)</td><td>6</td><td>8</td><td>6</td><td>8</td><td>12</td><td>15</td><td>12</td></tr>
<tr><td rowspan="4">油缸</td><td>工作能力(kN)</td><td>100</td><td>200</td><td>200</td><td>300</td><td>500</td><td>1 000</td><td>500</td></tr>
<tr><td>拉力行程(mm)</td><td colspan="6">60～150</td><td>120</td></tr>
<tr><td>质量(kg)</td><td>4</td><td>8</td><td>7</td><td>13</td><td>18</td><td>70</td><td rowspan="5">油缸可自动退锚,可同时检测钢筋位移和拉力值,汉显智能检测仪表,可实时显示曲线或数据</td></tr>
<tr><td>中心孔(mm)</td><td>20</td><td>27</td><td>50</td><td>34</td><td>45</td><td>90</td></tr>
<tr><td rowspan="3">数字压力表</td><td>测量范围(kN)</td><td>0～100</td><td>0～200</td><td>0～200</td><td>0～300</td><td>0～500</td><td>0～1 000</td></tr>
<tr><td>电源(V)</td><td colspan="6">9</td></tr>
<tr><td>质量(kg)</td><td colspan="6">0.44</td></tr>
</table>

二、预应力锚索拉拔试验

同锚杆拉拔试验一样,预应力锚索拉拔试验也有三种,分别为验证试验、适应性试验和验收试验。

(一)验证试验

不论是临时锚索还是永久锚索,在使用前均应进行验证试验以查明锚索的结构、所使用的材料、部件、施工方法和施工人员技术水平能否满足工程需要。

该试验至少试验 3 根锚索,且最好与工作锚索在相同的地层中进行。

1. 最大控制荷载

为了安全,最大试验荷载应不大于锚索体材料强度标准值 f_{ptk} 的 80%。

2. 荷载与位移

每次荷载应保持不少于 1 min 的稳定时间,对于峰值荷载稳定时间应不少于 15 min,且隔 5 min 测读一次位移。

当初始荷载 p_0 大于 $5\%f_{ptk}$ 时,应将 p_0 作为初始荷载且作为此后循环加载的基数。如果地层条件不详或无类似的锚固经验,应逐步循环加载,见表 6-9 和图 6-15。

表 6-9　逐步循环加载荷载增量和最小时间间隔

荷载增量（ $\%f_{ptk}$ ）							最小时间间隔（min）
第 1 循环	第 2 循环	第 3 循环	第 4 循环	第 5 循环	第 6 循环	第 7 ~ 8 循环	
5	5	5	5	5	5	5	1
10	20	30	40	50	60	70	7
20	30	40	50	60	70	80	1
15	25	35	45	55	65	75	15
10	10	15	20	20	30	30	1
5	5	5	5	5	5	5	5

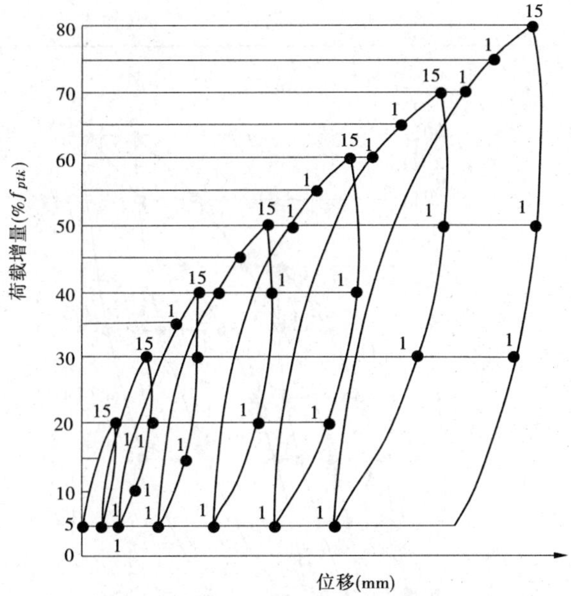

图 6-15　地层条件不详或无类似锚固经验时采用的加载荷载增量和最小时间间隔

对于有丰富锚固经验的地层，第 1 循环可允许把锚索的荷载加至 60% f_{ptk} ，荷载增量可增加至 10% f_{ptk} ，见表 6-10 和图 6-16。

3. 荷载时间关系的观测

观测锚索荷载与时间的关系，观测起始时间，一般为临时锚索不大于 70% f_{ptk} 起、永久锚索从不大于 55% f_{ptk} 开始，并按照表 6-11 的观测时间连续观测 10 d，初始的残余荷载应为 110% P_w 。

表 6-10　逐步循环加载荷载增量和最小时间间隔

荷载增量($\%f_{ptk}$)		最小时间间隔(min)
第 1 循环	第 2～3 循环	
5	5	1
10	30	1
20	40	1
30	50	1
40	60	1
50	70	1
60	80	15
40	50	1
20	30	1
5	5	1

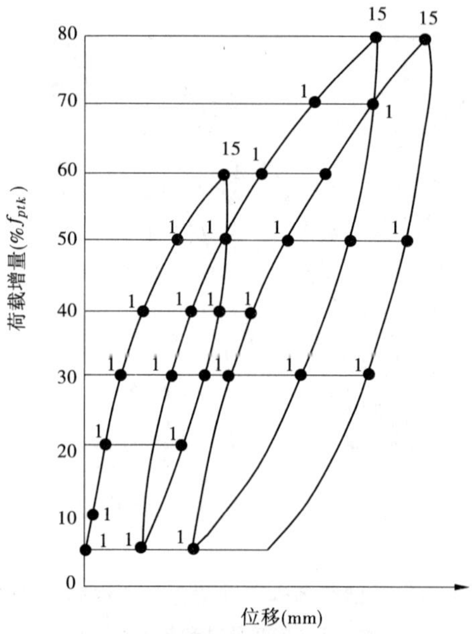

图 6-16　有类似锚固经验可供参考时采用的加载荷载增量和最小时间间隔

表 6-11　锁定荷载—时间的验收准则

观测的时间间隔(min)	5	15	50	150	500	1 500(约 1 d)	5 000(约 3 d)	15 000(约 10 d)
容许荷载损失(%)	1	2	3	4	5	6	7	8

当排除了温度、结构位移、锚索松弛后荷载仍未达到稳定值，上述试验应予延长，其观测时间约 7 d 一次，观测期直到荷载变为稳定值或已达到 30 d（取两者之小值）为止。

4. 位移与时间关系的观测

对临时锚索为 70%f_{ptk}，对永久锚索为 55%f_{ptk} 时，监控锚头位移与时间的关系，并根据表 6-12 给出的观测期连续观测 10 d。

表 6-12　锁定荷载作用下位移—时间验收准则

观测的时间间隔(min)	5	15	50	150	500	1 500(约 1 d)	5 000(约 3 d)	15 000(约 10 d)
容许荷载损失(%)	1	2	3	4	5	6	7	8

当排除了温度、结构位移、锚索体蠕变后位移仍未达到稳定值，上述试验应予延长，其观测时间约 7 d 一次，观测期直到位移为常值或已达到 30 d（取两者之小值）为止。

在每一期观测，可对锚索重新张拉而且可以使锚索体或活塞的伸长重新达到锁定荷载，使用千斤顶或油泵可使荷载保持稳定值且可直接量测锚索体与位移时间的关系（见图 6-17），应注意三角支架与垫板的相对位置不得变动，否则测得的数值是错误的。

5. 位移或荷载读取次数

为了减小错误，每一次计数至少连续 3 次，并取其平均值。

6. 显性锚索体自由长度

使用材料试验得到的弹性模量，考虑温度、锚头放置和其他位移的影响，利用在（5% ~ 80%）f_{ptk} 区段锚索的荷载与弹性变形曲线，即可计算出显性锚索体自由段长度。

当 P_w 已知时，该分析应在荷载—位移曲线（10% ~ 125%）P_w（临时锚索）的范围内和（10% ~ 150%）P_w（永久锚索）进行。

该分析以图 6-18 所示第 2 循环或其后卸载循环的应力降低阶段为基础进行，应描述计算的显性锚索体自由段长度与设计长度之间的差异。为了使计算简单化，可使用下述公式计算：

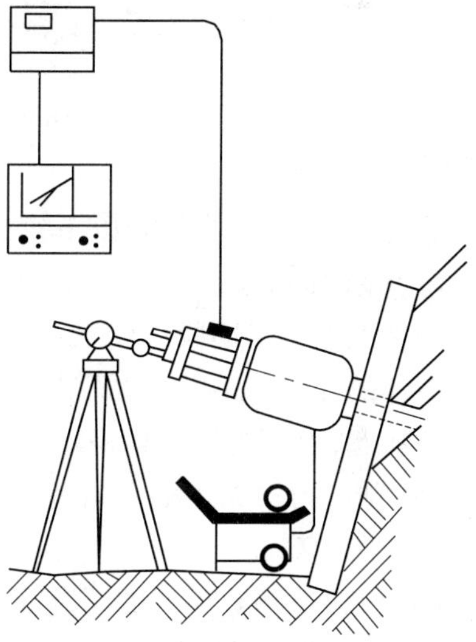

图 6-17　锚索体位移的量测方法

$$L_X = \frac{AE\Delta_e}{P} \tag{6-5}$$

式中　L_X ——锚索体显性自由段长度；

A ——锚索材料截面面积；

E ——弹性模量；

Δ_e ——锚索体弹性位移，为峰值循环荷载下与基准荷载下的位移观测值之差；

P ——峰值荷载与基准荷载之差。

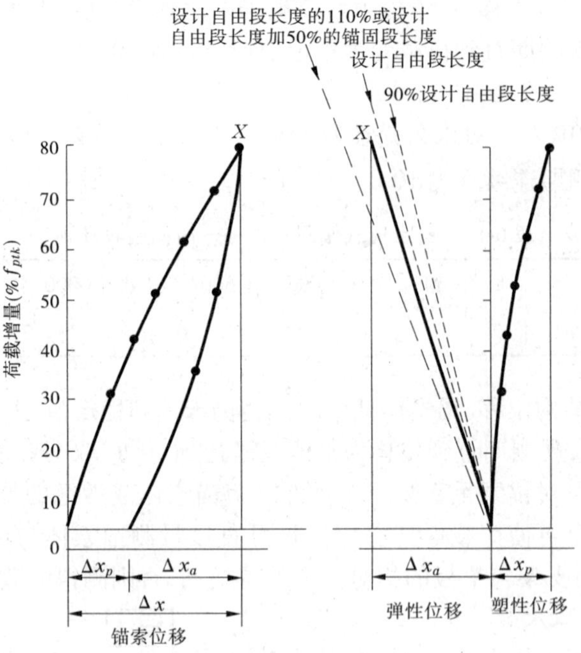

图 6-18　锚索体位移的验收准则

7. 锚索评价

通过验证试验，当符合以下各项条件时，即可认为锚索合格：

(1)显性自由段限值。计算出的显性自由段长度不小于设计值的 90% 且不大于设计自由段加上 1/2 锚固段长度之和。当观测的自由段长度在上述限值之外时，应进行另外两轮循环的加载(加载至验证试验荷载)来观测荷载与位移关系的重复性，如果锚索仍处于弹性状态，也认为锚索合格。

(2)预应力损失速率。当考虑了温度、结构移动和锚索松弛后，观测的锁定荷载损失速率应小于 1%。

(3)位移速率。当考虑了温度、结构移动和锚索体蠕变后，观测的位移速率应不大于 1%Δ_e(初始锁定荷载损失为 1% 时对应的锚索位移量)。

(二)适应性试验

通过验证试验后的锚索在使用前应进行现场适应性试验，以检查锚索在特定现场条件下的适应性。该试验可以在施工前或施工时选择工作锚索进行，也可以在附加的试验锚索上进行，但应在与工作锚索相同的地层、施工条件下进行。当工作锚索的类型和地层条件发生变化时，应对工程中使用的每一类型的锚索进行补充试验。试验锚索一般不少于 3 根。

1. 荷载取值

临时锚索最大验证荷载为 125% P_w，永久锚索一般为 150% P_w。

2. 荷载增量与位移

现场适应性试验采用的荷载增量和最小时间间隔见表 6-13 和图 6-19。

表 6-13　现场适应性试验采用的荷载增量和最小时间间隔

临时锚索		永久锚索		最小时间间隔(min)
荷载增量（$\%P_w$）		荷载增量（$\%P_w$）		
第 1 循环	第 2～3 循环	第 1 循环	第 2～3 循环	
10	10	10	10	1
50	50	50	50	1
100	100	100	100	1
125	125	150	150	15
100	100	100	100	1
50	50	50	50	1
10	10	10	10	1

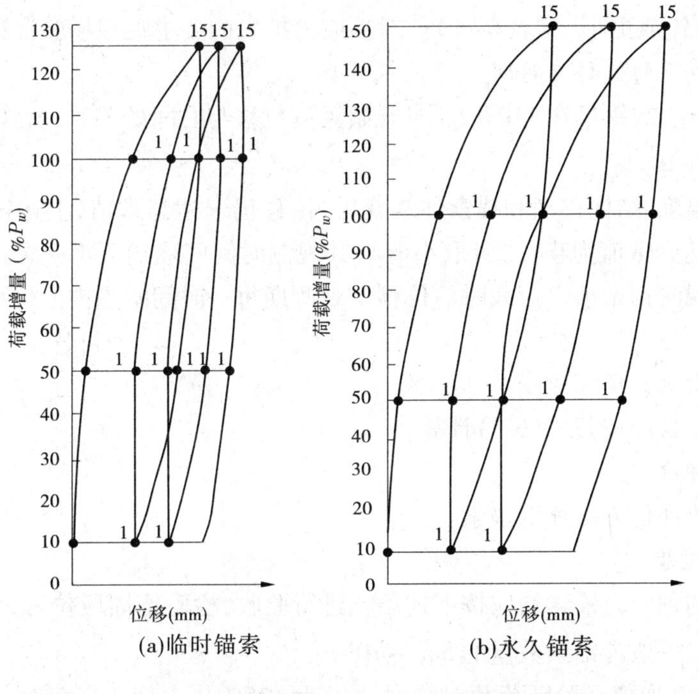

图 6-19　现场适应性试验采用的荷载增量和最小时间间隔

加载时，第 1 循环每级荷载一般维持到记录位移数据所需的时间，第 2 和第 3 循环每级荷载应维持至少 1 min 且在其起点和终点记录位移数据。对于验证荷载，该期限延长至少 15 min，且在每 5 min 的时间间隔测读其位移。第 3 循环完成后重新一次加载至 110%P_w 时锁定，锁定后立即读取的荷载即为初始锁定荷载，该时刻即为观测荷载或位移—时间的零点。

对于单根张拉的分散型锚索，在 5 min 和 15 min 的时间间隔内一般不易读到其位移的整体变化，因此应监测荷载的波动情况。

3. 荷载合格的判定方法

若考虑温度变化、锚固结构位移后，验证荷载在 15 min 内降低不超过 5% ，可以认为锚索合格。若观测的荷载有较大的损失，则应对锚索进行另外两轮的加载循环且观测其性能。如果在后两轮的加载循环时荷载的损失均未超过 5% ，也可认为锚索合格。

4. 位移蠕变合格判定

可用千斤顶维持荷载 15 min 后，记录锚头的位移，若蠕变不超过 5% Δ_e ，认为锚索合格，否则，按上一条规定做进一步试验。

5. 锁定荷载的观测时间

使用测力计或压力表在 110% P_w 时开始监测荷载与时间的数据且连续读 10 d，其观测的时间间隔见表 6-11。当考虑了结构的移动、温度和锚索松弛后，荷载仍未达到常值，则应延长时间至 30 d 或至荷载达到常值为止（二者取小值），其观测时间间隔约 7 d 一次。

使用相对精度为 0.5% 的设备进行观测，观测期内每一时间间隔初始残余荷载的损失速率应小于 1% 或更小（见表 6-11）。对预应力损失的要求见现场验证试验第 5 条。

6. 锁定荷载下的位移与时间

可使用千分表或钢尺在 110% P_w 时开始观测位移与时间的关系，且按表 6-12 给出的观测期连续观测 10 d。

若考虑了温度、结构移动和锚索体蠕变后，位移仍未达到常值，上述试验延长时间至 30 d 或至位移达到常值为止（二者取小值），其观测时间间隔约 7 d 一次。可使用重新张拉或常荷载法观测初始锁定荷载时的位移。观测期每一时间间隔内的位移速率应减少至 1% Δ_e 或更小。

7. 显性自由段长度

显性自由段长度按公式（6-5）计算。

8. 锚索的评价

按验证试验评价方法评价锚索。

（三）验收试验

工程使用的预应力锚索均应按下述条款进行验收，检验锚固段位移，然后在 110% P_w 锁定。检查数量一般为锚索数量的 5% ~10% 。

（1）验证荷载取值。验证荷载对临时锚索为 125% P_w ，验证荷载对永久锚索一般为 150% P_w 。

（2）荷载增量与进时间隔的确定。对于临时锚索和永久锚索应分别在（10% ~ 125%）P_w 和（10% ~ 150%）P_w 范围内连续测读其荷载与时间数据并绘制曲线，使用的荷载增量不应超过 50% P_w 且要认真观测位移，卸荷时除了基准荷载，应在中间读取不少于 2 个数据，并且最好在验证荷载的 1/3 和 2/3 处检验试验采用的荷载增量和最小时间间隔见表 6-14，并用荷载—位移曲线绘出。

表 6-14 现场验收试验采用的荷载增量和最小时间间隔

临时锚索		永久锚索		最小时间间隔(min)
荷载增量($\%P_w$)		荷载增量($\%P_w$)		
第 1 循环	第 2 循环	第 1 循环	第 2 循环	
10	10	10	10	1
50	50	50	50	1
100	100	100	100	1
125	125	150	150	15
100	100	100	100	1
50	50	50	50	1
10	10	10	10	1

第 1 循环每级荷载仅维持到记录位移数据所需的时间,第 2 循环每级荷载应维持至少 1 min 且在其起点和终点记录位移数据。对于验证荷载,该期限可延长至少 15 min,且在每 5 min 时间间隔内测读其位移数据。

第 1 循环完成后重新一次加载至 110% P_w 时锁定,锁定后立即读取的荷载即为初始锁定荷载,该时刻即为观测荷载—时间位移—时间的零点。

(3)验证荷载的观测时间。验证荷载的观测时间与现场适应性试验相同。

(4)位移合格判定。与现场适应性试验相同。

(5)按荷载判定锚索合格的标准。使用相对精度为 0.5% 的精确量测设备,可在 5、15、50 min 时观测锁定荷载。如考虑了温度、结构变形和索体松弛后,在上述观测时间间隔的荷载损失速率不大于 1%,认为锚索合格,否则应在观测期为 10 d 内进一步观测(见表 6-15)。如 10 d 后仍不能达到表中给出的标准,则认为锚索不合格。在这种情况下应调查其原因并根据实际情况对锚索作如下处理:报废或重新安装;进行补救性重新张拉。

表 6-15 锁定荷载作用下位移—时间验收准则

观测的时间间隔(min)	5	15	50	150	500	1 500(约 1 d)	5 000(约 3 d)	15 000(约 10 d)
容许荷载损失(%)	1	2	3	4	5	6	7	8

若 1 d 后测得的预应力增加,应继续进行张拉,以确保预应力稳定在 10% P_w 之内,如增加量超过 10% P_w,则应仔细分析其原因,且要谨慎检测被加固的结构系统。如果是由于设计的锚索承载力不足或由于结构的变形而导致荷载不断地增加,那么就需要增加工作锚索的数量。

(6)按位移锚索合格的标准。依据观测期获得的位移—时间关系,可使用重新张拉或常荷载法观测初始锁定荷载时的位移。

当使用精度为 0.5% 的设备进行观测时,如考虑了温度、结构移动和锚索体蠕变后,在观测期为 5、15、50 min 的每一时间间隔内位移速率减小到不大于 1% Δ_e,认为锚索合格,否则应在观测期为10 d内进一步观测。如10 d后锚索仍不能满足表6-12给出的位移值,则认为锚索不合格。在这种情况下应调查其原因并根据实际情况对锚索作如下处理:报废或重新安装;进行补救性重新张拉。

(7)显性自由段长度。锚索的显性自由段长度按公式(6-5)进行计算。

(8)锚索的评价。通过试验的锚索,只要符合以下条件之一,即可认为锚索合格:

①位移或荷载读数次数合格,显性自由段合格。荷载取值符合要求,荷载稳定,荷载的大小合格。

②荷载损失率合格,显性自由段合格。荷载取值符合要求,位移稳定,蠕变合格,锚索位移合格。

验收试验完成后,若积累松弛或蠕变分别超过初始残余荷载的5% 或 $5\%\Delta_e$,应对锚索重新张拉,且在 $110\% P_w$ 时锁定。

(四)检测仪器

预应力锚索拉拔试验中所用的主要仪器设备是测力计。它们一般安装在工作锚具和钢垫板之间。几种常用测力计见图6-20,它们一般由弹性承力体、灵敏感应元件和二次接收仪表等三部分组成。制备灵敏感应元件的器材种类繁多,应变片、钢弦、应变计(差动电阻式、钢弦式)、磁阻式传感器都可制作,效果均很好。

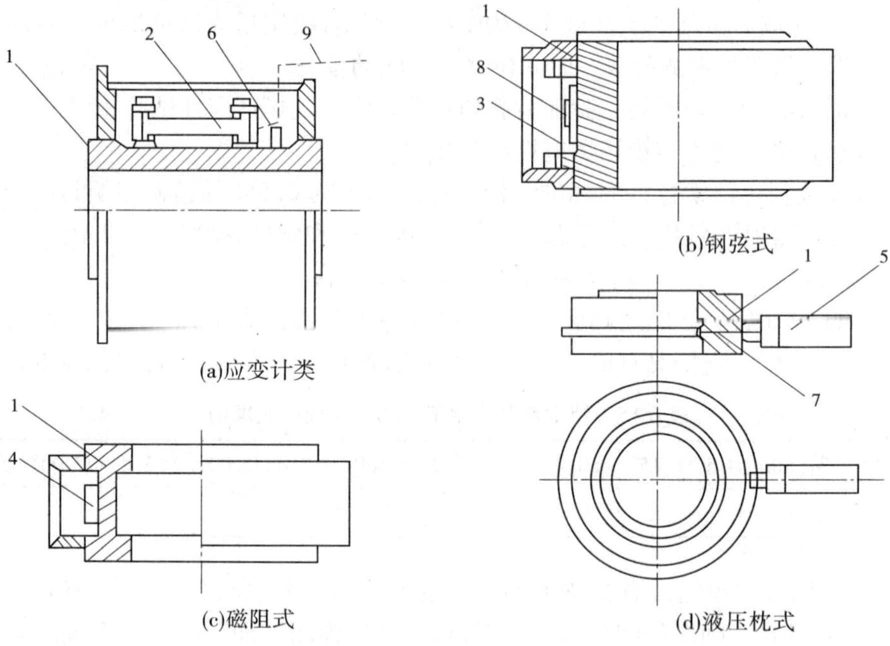

1—承力体;2—应变计;3—钢弦;4—磁阻式传感器;5—钢弦式传感器;
6—温度计;7—液压枕;8—线圈;9—信号线

图6-20 测力计示意图

至于二次接收仪表种类更多,高中低档均有,既可用万用表、频率计直接测读,也可以通过连接专用仪表或计算机,自动连续采集数据,并经分析、整理且将结果打印输出,总之可根据施工需要选择配备。

几种测力计的技术性能参数见表6-16。

表6-16　几种测力计主要性能参数

型号	CX	GM	Ks－4c	BMS－1	IRXcL	NA－4900	XYJ
分辨率	1(kN)	0.15%	0.25 (灵敏度)	0.03% F.S	0.15%	0.025% F.S	≤0.2% F.S
精度 (F.S)	1%	≤0.3% 不重复读	<1.5%	0.3 不重复性 误差	0.5%	0.5%	0.5%
允许过载 (F.S)	20%	20%	50%	20%	100%	25%	20%
工作温度 (℃)	－25～60	－40～60	－20～70	－25～60	－30～70	－40～75	－30～80
研制单位	柳州建筑机械厂	丹东三达测试仪器厂	煤炭科学研究总院	中国地质科学院探矿工艺研究所	中国水利水电科研院	基康(仪器)公司	丹东前阳工程测试仪器厂

三、土钉抗拔试验

(一)土钉拉拔试验

土钉支护施工必须进行土钉的现场抗拔试验,应在专门设置的非工作钉上进行抗拔试验直至破坏,用来确定极限荷载并据此估计土钉的界面极限黏结强度。

每一典型土层中至少应有3个专门用于测试的非工作钉,测试钉除其总长度和黏结长度可与工作钉有区别外,应与工作钉采用相同的施工工艺同时制作,其孔径、注浆材料等参数以及施工方法等应与工作钉完全相同。测试钉的注浆黏结长度不小于工作钉的1/2且不短于5 m,在满足钢筋不发生屈服并最终发生拔出破坏的前提下宜取较长的黏结段,必要时适当加大土钉钢筋直径。为消除加载试验时支护面层变形对黏结界面强度的影响,测试钉在距孔口处应保留不小于1 m长的非黏结段,在试验结束后非黏结段再用浆体回填。

土钉的现场抗拔试验宜用穿孔液压千斤顶加载,土钉、千斤顶、测力杆三者应在同一轴线上。千斤顶的反力支架可置于喷射混凝土面层上,加载时用油压表大体控制加载值并由测力杆准确予以计量,土钉的(拔出)位移量用百分表(精度不小于0.02 mm,量程不小于50 mm)测量,百分表的支架应远离混凝土面层着力点。

测试钉进行抗拔试验时的注浆体抗压强度不应低于6 MPa。试验采用分级连续加载,首先施加少量初始荷载(不大于土钉设计荷载的1/10)使加载装置保持稳定,以后的每级荷载增量不超过设计荷载的20%。在每级荷载施加完毕后立即记下位移读数并保持荷载稳定不变，继续记录以后1、6、10 min的位移读数。若同级荷载下10 min与1 min的位移增量小于1 mm，即可立即施加下级荷载，否则应保持荷载不变继续测读15、30、60 min时的位移。此时若60 min与6 min的位移增量小于2 mm，可立即进行下级加载，否则即认为达到极限荷载。

根据试验得出的极限荷载，可算出界面黏结强度的实测值。这一试验平均值应大于设计计算所用标准值的1.25倍，否则应进行反馈修改设计。

极限荷载下的总位移必须大于测试钉非黏结长度段土钉弹性伸长理论计算值的80%，否则这一测试数据无效。

上述试验也可不进行到破坏，但此时所加的最大试验荷载值应使土钉界面黏结应力的计算值（按黏结应力沿黏结长度均匀分布算出）超出设计计算所用标准值的1.25倍。

（二）检测仪器

参考锚杆拉拔试验仪器设备。

第三节　锚固质量无损检测技术

锚杆（索）、土钉施工为隐蔽工程，工程质量不仅受到穿过地层层位、场地条件等因素的影响，还取决于施工工艺与施工管理水平，往往存在潜在缺陷使施工质量难以满足设计要求，从而造成工程事故与重大经济损失。为此，必须加强对锚杆的质量检测，以确保工程的安全。利用抗拔力指标来检验施工质量，有些关系工程质量的信息无法获取。这种形势下，迫切需要一种既简便经济又迅速可靠的锚杆质量检测方法，为施工质量控制和工程可靠性检测提供可靠的手段。锚固体系质量检测系统是加强以锚固技术为支护方式的土木水利工程安全生产迫切需要解决的技术问题。它的应用，能够解决现场专家不足的问题，早期发现结构潜在的缺陷，减少判断故障的时间，避免或减少事故的发生，对带伤结构的剩余寿命进行科学的评价，保证结构的安全性。健康监测与智能诊断系统有可能把目前广泛使用的离线、静态、被动的检查转变为在线、动态、实时健康监测与控制，将促进安全监控和性能改善产生质的飞跃。

根据前期研究成果，结合工程实际经验，参考笔者参与编写的《锚杆锚固质量无损检测技术规范》（报批稿），对适用于全长黏结型锚杆的声波反射法开展锚杆无损检测的情况进行了归纳总结，其他类型的锚杆可参考。

一、锚杆无损检测基本规定

（一）一般规定

（1）锚杆锚固质量无损检测内容包括锚杆杆体长度检测和锚固密实度检测。摩擦型、膨胀型、管楔型等非黏结型锚杆可采用声波反射方法检测杆体长度。

（2）我国当前工程建设项目主要由建设单位负责管理、设计单位负责设计、监理单位现场监理、施工单位施工的模式进行，为了保证检测数据的准确公证，试验和检测均应由有相应资质的单位进行。

（3）标准锚杆对于检测人员来讲是“盲杆”，锚杆锚固质量无损检测前，若无类似工程经验或与工程安全关系密切，宜进行锚杆模拟试验，通过标准锚杆试验获得不同缺陷锚杆的标准波形，同时对检测人员的检测水平和检测仪器的测试精度进行考核。

（4）大型工程包含的项目较多，有些项目的施工周期较长，采用多个单元进行施工、验收，锚杆锚固质量宜分项目或单元进行抽样检测，检测按项目和单元与施工、验收相对应。

（5）大型工程一般进行了标准锚杆试验，但不可能所有型号、所有地质条件下的均进行标准锚杆试验，锚杆锚固质量无损检测资料分析，宜对照所检测工程锚杆模拟试验成果或类似工程锚杆锚固质量无损检测资料进行，还应通过在检测过程中总结规律，逐步建立工程的锚杆检测图库。

（6）为了保证检测成果质量，在内业整理前，都采取对所检测的每根锚杆的检测资料进行检查验收，锚杆锚固质量无损检测原始记录应经检查验收合格后才能进行资料处理与质量评判。单项工程是通过对检测过的锚杆进行系统抽样检查，抽样检查控制一个单元工程的检测质量是否合格。

（7）由于锚杆检测的现场均是在边坡、洞室等地质条件不好、施工环境复杂、危险因素较集中的环境中施工。因此，锚杆锚固质量无损检测作业安全应符合相关的安全操作规程的规定。

（二）检测数量

单项或单元工程的整体锚杆检测抽样率应不低于总锚杆数的10%，且每批宜不少于20根。重要部位如岩锚吊车梁、起重机锚固墩、地下厂房顶等或重要功能的锚杆宜全部检测。

单项或单元工程抽检锚杆的不合格率大于10%时，应对未检测的锚杆进行加倍抽检。

（四）检测成果

（1）锚杆检测成果应以简报、单项或单元工程检测报告的方式提交。检测简报宜采用日简报、周简报、月简报等方式，检测报告应在单元或单项锚杆工程施工全部完工后、检查验收前提交；有些零星或小工程不设检测机构，一次进场完成，检测时间短、检测数量少，常采取直接提交成果报告的方式。

检测简报应包括锚杆布置图、被检测锚杆位置及编号、每根被检锚杆成果表、检测统计分析结果。锚杆布置图中的被检测锚杆和未检测锚杆应分别标识；每根被检锚杆成果表可一根一页或多根一页，具体内容及要求宜符合表6-17；检测统计表具体内容及要求宜符合表6-18。

单项或单元工程检测报告宜在各期简报的基础上综合整理分析后编制。

（2）检测报告主要内容。锚杆质量无损检测报告内容主要包括工程项目及检测概况、检测依据、检测方法及仪器设备、检测资料分析、检测成果综述、检测结论和附图及附表等。其中，工程项目及检测概况包括项目简介、建设和施工单位、设计要求、施工工艺、检测目的、检测依据、检测数量、施工和检测日期、锚杆布置图。

（五）检测机构和检测人员

检测机构应通过包含锚杆质量无损检测项目的计量认证，并具有相应资质，检测人员应经上岗培训合格,并持证上岗。

表 6-17　单根锚杆检测成果表

工程名称:　　　　　　　项目名称:　　　　　　　锚杆编号:

检测单位:　　　　　　　仪器型号:　　　　　　　检测日期:

<table>
<tr><td>检测波形及解释示意图</td><td colspan="7">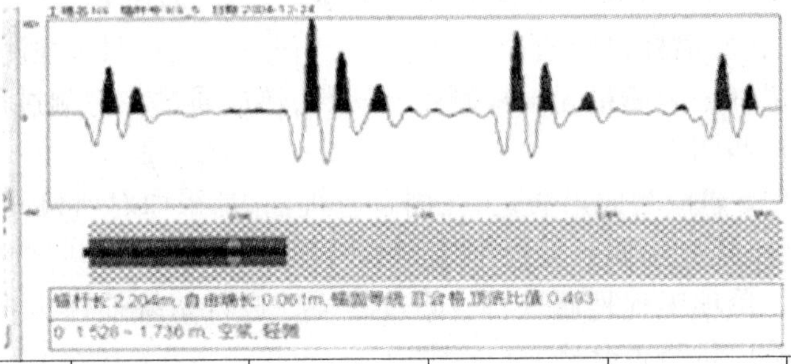</td></tr>
<tr><td rowspan="2">设计参数</td><td>类型</td><td>ϕ(mm)</td><td>L(m)</td><td>L_0(m)</td><td>L_r(m)</td><td>D(%)</td><td>其他</td></tr>
<tr><td></td><td></td><td></td><td></td><td></td><td></td><td></td></tr>
<tr><td rowspan="2">检测参数</td><td>类型</td><td>ϕ(mm)</td><td>L(m)</td><td>L_0(m)</td><td>L_r(m)</td><td>D(%)</td><td>其他</td></tr>
<tr><td></td><td></td><td></td><td></td><td></td><td></td><td></td></tr>
<tr><td>检测结果</td><td colspan="7"></td></tr>
</table>

检测:　　　　　　　　　　　解释:　　　　　　　　　　　校对:

表 6-18　单元工程锚杆检测成果表

工程名称:　　　　　　　项目名称:　　　　　　　单元编号:

检测单位:　　　　　　　仪器型号:　　　　　　　检测日期:

<table>
<tr><td rowspan="2">序号</td><td rowspan="2">锚杆编号</td><td colspan="2">设计参数</td><td colspan="2">检测参数</td><td rowspan="2">分级</td><td rowspan="2">检测评价</td><td rowspan="2">备注</td></tr>
<tr><td>L(m)</td><td>D(%)</td><td>L(m)</td><td>D(%)</td></tr>
<tr><td></td><td></td><td></td><td></td><td></td><td></td><td></td><td></td><td></td></tr>
<tr><td></td><td></td><td></td><td></td><td></td><td></td><td></td><td></td><td></td></tr>
</table>

检测:　　　　　　　　　　　校对:　　　　　　　　　　　审核:

二、锚杆无损检测仪器设备

(一)锚杆无损检测仪器设备一般规定

当前进行锚杆无损检测的仪器主要是在基桩低应变检测仪器的基础上开发出来的,有的直接使用测桩仪进行锚杆检测,但近年来已有一些厂商开发出了专门的锚杆检测仪,专业的锚杆检测仪其原理与桩基低应变仪有差异,在传感器、激振、频率响应等方面充分考虑了锚杆的实际情况,所以应使用经国家质量技术监督部门授权的检定机构检定或校准合格的专用锚杆无损检测仪。

成套的检测仪器是经过研制单位长期的实验室和现场试验得出的，并经相关技术部门、技术鉴定会认可的，将不同的检测仪器和配件（主要为传感器和震源）组成一个检测系统可能存在技术缺陷，因此不提倡检测机构自已进行采集器和配件的随意组合。

锚杆锚固质量无损检测设备应每年检定或校准一次。

（二）检测仪器的采集仪器

锚杆检测采集器应具有现场显示、输入、保存实测波形信号、检测参数的功能，宜有对现场检测信号进行分析处理、与计算机进行数据通信的功能，一屏应能显示不少于3条波形。由于锚杆检测是现场检测，因此上述要求能保证检测人员在现场检测时能识别、判断信号的有效性，保持检测数据的质量，同时，也保证资料分析评判人员能完整地使用现场检测数据，从而保证了“现场检测—数据检查—成果分析”的连续性。

锚杆不同于桩基，其具有的低频可以使信号传得更远，高频分辨较小的杆系缺陷，一般的钢筋锚杆，激振频率和固有频率均较高（10 Hz ~ 100 kHz），所以锚杆检测采集器模拟放大的频率带宽不窄于10 Hz ~ 50 kHz，具有滤波频率可调，A/D不低于16位，最小采样间隔不大于1 μs。

为了检测各种类型的锚杆，配备各种震源是必须的，如短锚杆和长锚杆、硬质围岩和软质围岩等，所采用的检测频率、震源有所区别。采集器设备要能与超磁致伸缩声波震源或其他瞬态冲击震源匹配工作。

检测资料的分析软件宜具有数字滤波、幅频谱分析、瞬时相位谱分析、能量计算等信号处理功能，及锚杆杆长计算、缺陷位置计算和密实度分析功能，可将检测波形、计算参数、分析结果导入Excel、Word等文档。

（三）检测仪器的激发与接收

声波反射检测仪器使用速度或加速度传感器，一般在研制生产时就给以确定，使用的条件仪器说明书应进行说明，一般来说，加速度传感器一般采用压电式，体积小、灵敏度和分辨率较高，速度传感器一般采用机械式，体积大。由于锚杆直径小，激振频率高，故推荐使用加速度传感器。

传感器感应面直径应小于锚杆直径，可通过强力磁座或其他方式与杆头耦合。

每种检测仪器和接收传感器、激振设备都有一定的固有频率范围，这个固有频率范围应彼此包容，并包容锚杆的频率特性范围，传感器灵敏度为参考值，具体应与采集的量程、检测锚杆的缺陷分辨率等情况确定。锚杆无损检测仪器的接收传感器频率响应范围宜在10 Hz ~ 50 kHz，当响应频率为160 Hz时，加速度传感器的电荷参考灵敏度宜为10 ~ 20 pc/（$m \cdot s^2$）；当响应频率为50 Hz时，加速度传感器的电压参考灵敏度宜为50 ~ 300 mV/（$cm \cdot s$）；激振设备宜使用超磁致伸缩声波震源或其他瞬态冲击震源，激振器激振频率范围宜为10 Hz ~ 50 kHz。

三、声波反射法

（一）概述

声波反射法是工程物探界目前普遍采用的锚杆锚固质量的无损检测方法。虽然也有人在利用电磁波法检测锚杆锚固的质量方面做了一些理论研究工作，但尚未付诸实施。

声波反射法检测锚杆长度的理论依据是波在杆中传播的运动学特性(反射回波的垂直双程旅行时);检测砂浆饱和度的理论依据是波在杆中传播的动力学特性。具体做法是在锚杆顶端施加一瞬态激振力,由布设在锚杆顶端的一个传感器接收反射信号,通过对所接收的反射信号进行时域、频域分析,以获得锚杆的有效锚固长度、砂浆饱和度、工作荷载、极限承载能力等参数,并据此对锚杆的锚固质量进行评价。

砂浆饱和度检测的工作最早始于1978年,瑞典的H. F. Thurner提出用测超声波能量损耗的原理来检测锚杆系统的灌注质量,并由Gendy-namikAB公司据此于1980年推出了Boltomete Version锚杆质量检测仪。但该方法存在激发条件苛刻和衰减快的缺点,且其检测结果仍为锚杆的抗拔力。20世纪80年代末,美国矿业局研制了一种顶板锚杆黏结力测定仪。它也是根据发射和接受超声波的原理来设计的。同时,我国铁道科学院曾在仿效瑞典所用方法的基础上,经过一定的改进,研制了M－7锚杆检测仪,改用能量相对一致的机械式撞击方式激振,增大了有效检测长度。1999年,长江工程地球物理勘探研究院(武汉)在三峡工程永久船闸利用能量对比法对高强锚杆的砂浆饱和度评价做了大量试验工作。2003年,长江科学院岩基研究所在清江水布垭工程中,利用声频应力波法检测锚杆施工质量,提出用幅值对比法进行砂浆饱和度评价。但从现场检测结果看,定量评价误差还比较大,效果都不理想。可以说,目前砂浆饱和度检测仍处于定性评价阶段,如何确切地进行定量评价还需做大量的研究工作。

锚杆长度的检测看来十分简单,但有时锚杆底端的反射信号往往被其他信号所淹没,有效信号难以识别,这导致了这一看似简单的问题常常会出错。针对这一问题,不少单位和个人在信号处理方面做了卓有成效的工作。2002年,大连理工大学利用小波分析检测锚杆的长度及缺陷,提取实测信号所包含的对应于缺陷部位的应力波反射特征信息,再现了反射波信号在时间轴上的规律性,消除了由实测信号直接读取存在的潜在错误。2004年长江工程地球物理勘测研究院(武汉)利用瞬时谱分析方法判断锚杆检测信号的反射特征,实测效果较好。1999年,南京大学、淮南工业学院利用BP网络分析进行锚固质量评价,分析结果与拉拔试验的评价结果较吻合。

近年来,焦作工学院的吕绍林教授等人提出将声波在锚固系统中的能量特征与相位特征相结合的方法来综合评价锚杆锚固质量,其依据是锚固系统中锚固缺陷存在时,声波在缺陷处不仅有能量变化,而且有相位突变。山西太原理工大学的李义教授等人利用应力波反射法,通过分段截取找出了锚杆底端反射的显现与否与锚杆自由段长度、波长之间的定量关系,不仅在理论上,而且通过实验室模拟试验,验证了锚固段内波速要发生变化,提出固结波速的概念,并且验证了其速度范围介于锚杆杆体波速和锚固介质波速之间。朱国维等人针对煤矿井下常用锚杆的类型及锚固状况,设计制作了相似的物理模型,并且研制了一种弹射式加速度传感器,以便在锚杆端头激发并接收高频应力波。重庆大学的许明等人将岩石声波测试技术应用到锚杆的无损检测中,通过测定锚杆的振动响应来估计和判断锚杆的锚固质量,将小波分析和神经网络等信号分析技术应用到较复杂检测信号的分析中。英国伦敦大学的M. D. Beard博士等人利用导向超声波来对锚杆进行检测,通过对信号相速率、能量速率、衰减系数的频散曲线进行分析,并综合考虑了围岩岩石模量、环氧层模量及厚度、锚固质量等因素对测试结果的影响,得到了在高频和低频时最为理想的超声波激振频率，且研制了专门的激振传感器。

锚杆锚固质量的声波反射检测技术包括仪器系统和软件系统两部分，其声波检测的技术水平受以上两大系统的制约。目前，国内外锚杆锚固质量声波检测仪的硬件系统大同小异，其差别仅在发射和接收方面。声波源有人工锤击激发和发射器激发两种，人工锤击方式操作方便，产生的能量要比发射器激发的大。但由于发射器是采用电信号控制发射，故其发射能量的一致性比人工锤击的要好得多。换言之，采用发射器激发所获得波形的重复性较之于人工锤击要好得多。发射震源根据材料的不同分为压电陶瓷震源和超磁震源，压电陶瓷震源发射信号的主频一般较超磁震源的要高，但其激发的能量较之于超磁震源要小得多，超磁震源虽具有较大的辐射能量，但其发射信号的主频较之于压电陶瓷震源系统要低得多。两种震源各有所长，前者适于短锚杆的检测，而后者则适于中长锚杆的检测。

（二）检测适用范围

《锚杆喷射混凝土支护技术规范》（GB 50086—2001）锚杆质量的检查包括长度、间距、角度、方向、抗拔力以及注浆密实度等；《水电水利工程锚喷支护施工规范》（DL/T 5181—2003）对锚杆的质量检验主要包括锚杆原材料质量控制检验、锚固砂浆抗压强度抽检、锚杆拉拔力检测、安装测力计、锚杆密实度无损检测。声波放射法适用于检测全长黏结型锚杆的杆体长度和锚固密实度，其他类型锚杆锚固质量的检测也可参照使用。

声波反射法检测锚杆杆体长度受锚杆密实度、围岩特性等因素的影响。大量试验结果表明，锚杆密实度越低，围岩波速越小，则锚杆杆体长度的检测效果越好；当锚杆密实度较好时，锚杆杆底信号十分微弱，杆长往往难以确定。因此，有效检测锚杆长度范围宜通过现场试验确定。

（三）检测条件

（1）锚杆声波反射法检测理论模型为一维弹性杆件，依据一维弹性杆件应力波的传播规律，杆体与周围介质的波阻抗差异越大，与理论模型越接近。因此，锚杆杆体声波纵波速度宜大于围岩和黏结物的声波纵波速度。

（2）锚杆杆体的直径发生变化或直径较小时，检测信号较复杂，可能会影响杆体长度与密实度的检测准确性与可靠性。因此，锚杆杆体直径宜均匀。

（3）采用多根杆体连接而成的锚杆，由于连接部位会产生反射波信号，容易与缺陷、杆底反射相混淆，施工方应提供详细的锚杆连接资料。

（4）锚杆端头应外露，外露杆体应与内锚杆体呈直线，但外露段不宜过长，因为外露段过长，当环境存在振动或激振力过大时会导致杆端自振，产生干扰，影响有效信号的识别、判断及杆系反射波能量分析。如外露段长度有特殊要求，应进行相同类型的锚杆模拟试验。

（5）锚杆外露端面应平整，便于激振器激振和接收传感器的安装，且保证激振信号和接收信号的质量。

（四）测试参数设定

（1）时域信号记录长度、采样率应根据杆长、锚杆杆系波速及频域分辨率合理设置。

当测试锚杆长度时，时域信号记录长度宜不小于杆底3次反射所需时程，当测试密实度缺陷时，时域信号记录长度宜为杆底反射时程的1.5倍。

(2)同一工程相同规格的锚杆，检测时宜设置相同的仪器参数。现场检测时设定的采样率、记录长度、增益大小、频带范围等应准确、合理。

(3)试验表明，一维自由弹线性体的波速和有一定边界条件的一维弹线性体的波速存在一定的差异，即锚杆杆体的声波纵波速度与包裹一定厚度砂浆的锚杆杆系的声波纵波速度是不一样的，一般锚杆杆体的波速比杆系的波速高，计算砂浆包裹的锚杆杆体长度时应采用杆系波速，计算自由杆杆体长度时应采用杆体波速。

锚杆杆体波速应通过所检测工程锚杆同样材质、直径的自由杆测试取得，锚杆杆系波速应采用锚杆模拟试验结果或类似工程锚杆的波速值。

(4)锚杆记录标号应与锚杆图纸编号一致，锚杆记录编号可唯一识别与追溯。

(5)不同类型的传感器或不同编号的传感器其标定参数有所不同，故设置传感器类型与编号时应与实际使用相符，同一工程宜使用相同类型的传感器。

(五)激振与接收

(1)当前使用的检测探头有发射与接收一体式和分体式的，一体式探头安装操作简单，但激振信号干扰大，且接收入射波信号失真；分体式探头在杆端激发，在杆侧接收，可减弱激振干扰，使入射波能量计算准确、可靠，但是安装操作不方便。该法使用的检测探头宜使用端发端收或端发侧收方式。

(2)接收传感器宜使用强磁或其他方式固定，传感器轴心与锚杆杆轴线平行。没有安装托板的全长黏结锚杆或预应力实芯锚杆，一体式检测探头或分体接收传感器应触及或安装在杆头中心部位，且接收面与杆轴线垂直，接收传感器与杆头宜采用磁性、黏合剂连接；安装有托板的端头锚固等类型的锚杆，一体式检测探头或分体接收传感器应触及或安装在托板上杆头对应的中心部位，且接收面与杆轴线垂直，接收传感器与托板宜采用磁性、黏合剂连接；自钻式中空等类型的锚杆，一体式检测探头或分体接收传感器不得触及或安装在锚杆内腔的充填物上，当安装有托板时，应触及或安装在锚杆管壁对应处。

(3)激振应选用检测仪器配备的相应震源，可采取冲击震源、超磁震源、小手锤等。试验表明，超磁致伸缩声波震源能量可控，一致性较好，频带范围宽，故推荐使用。小锤锤击方式一致性较差，应慎重使用。

激振器激振应符合下列要求：

①应采用瞬态激振方式，激振器激振点与锚杆杆头应充分紧密接触；应通过现场试验选择合适的激振方式和适度的冲击力。

②激振器激振时应避免触及接收传感器。

③实芯锚杆的激振点宜选择在杆头靠近中心位置，保持激振器的轴线与锚杆杆轴线基本重合。

④安装有托板的端头锚固等类型的锚杆，一体式检测探头或分体激振器应触击托板上杆头对应的范围，且激振方向与杆轴线一致。

⑤自钻式中空等类型的锚杆，一体式检测探头或分体激振器应在管壁上激振，当安装有托板时，应在管壁对应处激振。

⑥激振点不应在托板上。

（六）合格记录要求

（1）检测记录中填写的检测仪器型号和编号应与实际一致。

（2）检测记录为检测过程重要的依据，检测的主要活动均能从检测记录中体现，单根锚杆记录应主要包括检测波形记录、检测工程名称、项目或单元名称、锚杆编号、施工日期、检测日期、检测单位、检测人员、检测仪器及编号等。

（3）单根锚杆检测波形信号不应失真和产生零漂，信号幅值不削峰，失真、零漂、削峰的波形都不能准确地进行解释。

（4）重复性检验是科学试验最重要的手段，3 次重复是一般试验的要求，3 次重复操作至少有 2 次重复的结果基本一致，如 3 次重复操作结果不一致，则该记录不能被采用。单根锚杆检测的有效波形记录不应少于 3 个，且一致性较好。

（5）保证检测的成果资料与样品的对应性和可追溯性是检测工作的基本要求，因此要保持锚杆的检测记录、现场标识和图纸标识的一致性。

（七）数据分析与判定

1. 锚杆杆体长度计算

（1）锚杆杆底反射信号识别可采用时域反射波法、幅频域频差法等。当杆底反射信号较清晰时，可直接采用时域反射波法和幅频域频差法识别；当杆底反射信号微弱难以辨认时，宜采用瞬时谱分析法、小波分析法和能流分析法等方法识别。

（2）杆底反射波与杆端入射首波波峰间的时间差即为杆底反射时差，若有多次杆底反射信号，则取各次时差的平均值。

（3）时域杆体长度计算采用式(6-6)：

$$L = \frac{1}{2}C_m \times \Delta t_e \tag{6-6}$$

式中 L——杆体长度，m；

C_m——同类锚杆的波速平均值，若无锚杆模拟试验资料，其取值大致原则如下：当锚固密实度 <30% 时，取杆体波速（C_b）平均值，当锚固密实度 ≥30% 时，取杆系波速（C_t）的平均值，m/s；

Δt_e——时域杆底反射波旅行时，s。

（4）一般情况下，锚杆的波阻抗大于围岩的波阻抗，故杆底反射波与杆端入射首波同相位，其多次反射波也是同相位的。当锚杆注浆密实的情况下，杆底反射波信号往往十分微弱，或有缺陷反射波信号干扰杆底反射波信号时，致使在时域和幅频域均难以清晰地识别杆底反射波信号及频差，故应使用瞬时谱法、小波法、能流法等方法提高杆底反射波信号的识别能力。在不利的情况下，检测锚杆长度比较困难。

频率域杆体长度计算采用式(6-7)：

$$L = \frac{C_m}{2\Delta f} \tag{6-7}$$

式中 Δf——幅频曲线上杆底相邻谐振峰间的频差，Hz。

2. 杆体波速和杆系波速平均值确定

（1）以现场锚杆检测同样的方法，在自由状态下检测工程所用各种材质和规格的锚杆杆体波速值，杆体波速值按式(6-8)计算平均值：

$$C_b = \frac{1}{n}\sum_{i=1}^{n} C_{bi} \tag{6-8}$$

$$C_{bi} = \frac{2L}{\Delta t_e} \tag{6-9}$$

或

$$C_{bi} = 2L\Delta f \tag{6-10}$$

式中 C_b ——相同材质和规格的锚杆杆体波速平均值，m/s；

C_{bi} ——相同材质和规格的第 i 根锚杆的杆体波速值，m/s，且 $|C_{bi}-C_b|/C_b \leqslant 5\%$；

L——杆体长度，m；

Δt_e ——杆底反射波旅行时，s；

Δf ——幅频曲线上杆底相邻谐振峰间的频差，Hz；

n——参加波速平均值计算的相同材质和规格的锚杆数量，$n \geqslant 3$。

(2)试验表明，锚杆的杆体波速与杆系波速是不同的，一般杆体波速高于杆系波速，波速差异的因素与声波波长、锚杆直径、胶粘物厚度、胶粘物波速及声波尺度效应等有关，因此锚杆杆长计算时采用的波速平均值应考虑密实度的影响。由于杆系平均波速受多方面因素的影响，尚无法准确地确定与密实度的关系，但在实际检测工作中应考虑杆长检测精度与密实度有关。宜在现场锚杆试验中选取不少于 5 根相同材质和规格的同类型锚杆的杆系波速值按式(6-11)计算平均值：

$$C_t = \frac{1}{n}\sum_{i=1}^{n} C_{ti} \tag{6-11}$$

$$C_{ti} = \frac{2L}{\Delta t_e} \tag{6-12}$$

或

$$C_{ti} = 2L\Delta f \tag{6-13}$$

式中 C_t ——杆系波速的平均值，m/s；

C_{ti} ——第 i 根试验杆的杆系波速值，m/s，且 $\frac{|C_{ti}-C_t|}{C_t} \leqslant 5\%$；

L——杆体长度，m；

Δt_e ——杆底反射波旅行时，s；

Δf ——幅频曲线上杆底相邻谐振峰间的频差，Hz；

n ——参加波速平均值计算的试验锚杆的锚杆数量，$n \geqslant 5$。

3. 缺陷判断及缺陷位置计算

(1)锚杆缺陷反射信号识别可采用时域反射波法、幅频域频差法等。当缺陷反射波信号较清晰时，可采用时域反射波法和幅频域频差法识别；当缺陷反射波信号难以辨认时，宜采用瞬时谱分析法、小波分析法和能流分析法等方法识别。

(2)时间域缺陷反射波信号到达时间应小于杆底反射时间；若缺陷反射波信号的相位与杆端入射波信号反相，二次反射信号的相位与入射波信号同相，依次交替出现，则缺陷界面的波阻抗差值为正；若各次缺陷反射波信号均与杆端入射波同相，则缺陷界面的波阻抗差值为负。

(3)频率域缺陷频差值应大于杆底频差值。

(4)缺陷反射波信号与杆端入射首波信号的时间差即为缺陷反射时差，若同一缺陷有多次反射信号，则取各次缺陷反射时差的平均值。

(5)锚杆孔注浆不密实段或缺浆段，缺陷判断及缺陷位置计算应综合分析缺陷反射波信号的相位特征、相对幅值大小及反射波旅行时间等因素。其缺陷位置应按式(6-14)计算：

$$x = \frac{1}{2}\Delta t_x C_m \tag{6-14}$$

或

$$x = \frac{1}{2}\frac{C_m}{\Delta f_x} \tag{6-15}$$

式中 x——锚杆杆端至缺陷界面的距离，m；

Δt_x——缺陷反射波旅行时间，s；

Δf_x——频率曲线上缺陷相邻谐振峰间的频差，Hz。

4. 锚固密实度评判

(1)密实度估算应将被检测锚杆的检测波形与标准锚杆试验样品进行比对，并结合表6-19、表6-20和施工资料、地质条件综合判定。

表6-19 锚杆密实度评判标准

质量等级	波形特征	时域信号特征	幅频信号特征	密实度 D
A	波形规则，呈指数快速衰减，持续时间短	$2L/C_m$ 时刻前无缺陷反射波，杆底反射波信号微弱或没有	呈单峰形态，或可见微弱的杆底谐振峰，其相邻频差 $\Delta f \approx C_m/2L$	≥90%
B	波形较规则，呈较快速衰减，持续时间较短	$2L/C_m$ 时刻前有较弱的缺陷反射波，或可见较清晰的杆底反射波	呈单峰或不对称的双峰形态，或可见较弱的谐振峰，其相邻频差 $\Delta f \geq C_m/2L$	90% ~80%
C	波形欠规则，呈逐步衰减或间歇衰减趋势形态，持续时间较长	$2L/C_m$ 时刻前可见明显的缺陷反射波或清晰的杆底反射波，但无杆底多次反射波	呈不对称多峰形态，可见谐振峰，其相邻频差 $\Delta f \geq C_m/2L$	80% ~75%
D	波形不规则，呈慢速衰减或间歇增强后衰减形态，持续时间长	$2L/C_m$ 时刻前可见明显的缺陷反射波及多次反射波，或清晰的、多次杆底反射波信号	呈多峰形态，杆底谐振峰明显、连续，或相邻频差 $\Delta f > C_m/2L$	<75%

表 6-20　首波幅值判定注浆密实度

质量分类	注浆情况	注浆密实度 D(%)	
		判定指标 α'	D
A	密实	<0.2	$D>90$
B	局部欠密实	0.2~0.4	$80<D\leqslant 90$
C	局部不密实或空浆	0.4~0.6	$75<D\leqslant 80$
D	多处不密实或空浆	>0.6	$D\leqslant 75$

$\alpha'=\alpha/\beta$,其中 α 为波形第一峰对应的幅值,系数 β 与锚杆长度 L 的关系为:

L(m)	<2	2~3	3~4	4~5	5~6	6~7	7~8	>8
系数 β	1.5	1.2	1.0	0.9	0.8	0.7	0.6	0.5

应通过施工记录区分镶接式锚杆杆体连接处的反射信号与杆身缺陷反射信号、杆底反射信号;应通过地质资料区分围岩软硬岩层界面的反射信号与杆身缺陷反射信号、杆底反射信号。

出现下列情况之一,锚固质量判定宜结合其他检测方法进行:实测信号复杂,无规律,无法对其进行准确评价;外露自由端过长、杆体截面多变。

(2)当孔口段缺浆而深部密实时,锚杆密实度可根据式(6-16)按长度比例估算:

$$D=100\%\times(L_r-L_x)/L_r \tag{6-16}$$

式中　D——锚杆密实度;

L_r——锚杆入岩长度;

L_x——锚杆不密实段总长度。

(3)试验表明,锚杆的注浆密实度与锚杆杆系的能量反射系数之间存在紧密的相关关系,通过标准锚杆试验修正杆系能量系数使得两者的关系更具相关性。除孔口段缺浆而深部密实外,锚杆密实度可依据反射波能量法估算,根据式 (6-17)估算锚杆密实度。

$$D=(1-\beta\eta)\times 100\% \tag{6-17}$$

$$\eta=E_r/E_0 \tag{6-18}$$

$$E_r=(E_s-E_0) \tag{6-19}$$

式中　D——锚杆密实度;

η——锚杆杆系能量反射系数;

β——杆系能量修正系数,可通过标准锚杆试验修正或根据同类锚杆经验取值,若无标准锚杆试验数据或同类锚杆经验值,可取 $\beta=1$;

E_0——锚杆入射波总能量,自入射波波动开始至入射波持续波动结束时段内 t_0 的波动总能量;

E_s——锚杆波动总能量,自入射波波动开始至杆底反射波波动持续结束时刻 $2L/C_m+t_0$ 的波动总能量;

E_r——$2L/C_m+t_0$ 时间段内反射波波动总能量。

5. 其他

试验表明，镶接式锚杆在连接处可能会产生反射信号，在缺陷分析与波动能量计算时应予以考虑。应通过施工记录区分镶接式锚杆杆体连接处的反射信号与杆身缺陷反射信号。

当锚杆质量检测实测信号复杂，波动衰减极其缓慢，无法对其进行准确分析与评价，或锚杆外露自由段过长、弯曲或杆体截面多变情况时，锚固质量判定宜结合其他检测方法进行。出现上述复杂情况的原因较多，如环境振动干扰、电磁干扰等。外露段较长，一般出现在预应力锚杆中，如水电站地下厂房的岩锚梁、过河缆机平台的锚固墩、隧洞内加固至衬砌上的预应力锚杆等，外露长度达0.5 ~4 m，甚至弯曲或搭接，致使检测信号变得十分复杂。

四、锚杆无损现场检测

(一)检测准备

(1)接受检测任务后，应收集下列资料：工程项目用途、规模、结构、地质条件，项目锚杆的设计类别及功能、设计数量、设计长度范围等；工程项目的锚杆设计布置图、施工工艺、施工记录、监理记录。

按照国际、国内检验认证的一般规定，锚杆无损检测属于现场原位试验，应注重检测样品的描述及相关资料的收集与分析，这种收集对检测过程的追溯、对检测成果的正确判断都非常重要。

(2)锚杆无损检测实施前，检测单位应编写锚杆无损检测方案。检测方案宜包括工程概况、编制依据、检测方法、检测内容、检测流程、现场检测关键过程控制、质量判断标准、检测数量、检测成果形式及提交和存档、检测质量保障措施等。

按照当前国内建设项目检测、试验的一般程序，检测或试验方应针对检测对象、检测人的情况，在检测前编制检测实施细则或方案，以便监理方或其他相关方监督、了解检测工作，一般独立的小项目不作此要求。

(3)针对现场检测，检测前应对检测仪器设备进行检查调试，采用野外测试相关行业的规定，一般要求形成检查记录，与原始记录一起管理。

(4)在检测过程中，应根据某一工程单位的实际情况具体确定检测数量或比例。

(5)锚杆检测都为高空、边坡作业，要做好防坠落、防落坠击打和防第三方伤害等防护工作，确保检测人员和设备安全。

(6)在现场检测期间，由于现场振动、强电磁场等干扰会严重影响记录质量，应采取施工协调、轮休等措施予以规避，保证检测现场周边一定范围内不能有机械振动、电焊作业等对检测数据有明显干扰的施工作业。

(二)检测实施

(1)参考常规现场检测所关注的质量问题多发部位，同时考虑检测的系统性和随机性，单项或单元工程被检锚杆宜随机抽样，并重点检测下列部位：① 工程的重要部位；② 局部地质条件较差部位；③ 锚杆施工较困难的部位；④ 施工质量有疑问的锚杆；⑤ 除上述规定外，受检锚杆宜均匀随机分布。

(2)无损检测是一种间接检测,影响因素较多,当出现实测信号复杂、波形不规则,无法对其进行锚固质量评价或对无损检测结果有争议的情况时,宜进行验证或试验,验证方法包括标准锚杆试验、开挖、钻孔取芯、拉拔等。

(3)现场检测宜在锚固7天后进行,锚杆注浆龄期太短,砂浆强度低,与标准锚杆试验类比性差,或难以检测注浆缺陷。

(4)为保证检测安全和检测原始数据质量,边坡锚杆检测应有施工支架或平台或施工软梯等登高防护措施;洞室锚杆检测应有施工脚架、登高施工车辆等,且提供照明、通风等条件。

(5)挂网喷混凝土和初衬支护使锚杆杆头遮掩,检测时必须找到锚杆且将杆头凿出,这样增加了检测难度,因此锚杆检测宜在挂网喷混凝土和初衬支护施工前进行。

(6)杆头浮浆严重影响声波的激发与接收,挂网使检测波形趋复杂,为保证检测信号质量,检测前应清除外露端周边浮浆,已挂网喷护部位应清除杆头周围喷护体(包括挂网),保证待检锚杆杆头与喷护体挂网和混凝土无联接。

(7)检测仪器记录、现场标识、图纸标识的锚杆编号应一致,这是现场检测对检测仪器、现场环境、样品追溯和识别的基本要求。

(8)掌握外露自由段长度和孔口段注浆情况有助于准确分析波形、判断缺陷性质及计算锚杆密实度,因此应测量记录被测锚杆的外露自由段长度和孔口段注浆情况。

(9)在以设计锚杆位置为中心、设计相邻锚杆的间距为边长的正方形或长方形范围内未能找到锚杆,按锚杆长度零米计算。

五、锚杆无损检测质量评定

现场检测结束后应对每根被检测锚杆的锚固质量进行评定,按照检验检测的一般规定,应先对独立样品进行检测评价,每根锚杆对应单个独立样品。

单根锚杆锚固质量评价应包括以下内容:

(1)全长黏结型锚杆杆件长度和锚固密实度;

(2)自钻式锚杆锚杆杆体长度和锚固密实度;

(3)端头锚固锚杆杆体长度和锚固端锚固密实度;

(4)摩擦型锚杆杆体长度。

按照检验检测的原则,检测达到了群体数量时,应进行群体特性符合性评价,故对单元或单项工程应进行群体性锚杆的杆体长度、密实度统计评价,分别统计单项或单元工程的锚杆杆体长度和密实度合格情况。

(一)锚杆锚固质量评定标准

(1)单根锚杆检测杆体长度不小于设计长度的95%,且不足长度不超过0.5 m,可评定锚杆杆体长度合格。

(2)参考国外及国内众多行业及国家标准的规定,同时也考虑到声波反射法检测的实际情况,单根锚杆密实度分A级、B级、C级、D级四个等级,各等级符合下列要求:

① A级杆的全杆密实度宜为$D \geq 90\%$;

② B级杆的全杆密实度宜为$90\% > D \geq 80\%$;

③ C 级杆的全杆密实度宜为 80% $>D\geq75\%$；

④ D 级杆的全杆密实度宜为 $D<75\%$；

⑤ 当锚杆空浆部位集中在底部或浅部时，应降低一个等级。

⑥锚固密实度达到 C 级及以上且符合工程设计的要求时，评定锚固密实度合格。

（3）参考《锚杆喷射混凝土支护技术规范》（GB 50086—2001）、《水电水利工程喷锚支护施工技术规范》（DL/T 5181—2003），也参考了一系列大型工程的技术规定，同时也考虑声波反射法检测技术的实际情况，锚固质量无损检测分级评价宜按表 6-21 进行，当设计有特殊要求时，结合设计指标进行综合评判。单元或单项工程锚杆锚固质量全部达到Ⅲ级及以上的应评定为合格工程，否则应评定为不合格。

表 6-21　锚杆锚固质量无损检测分级评价标准

锚固质量等级	评 价 标 准
Ⅰ	密实度为 A 级，且长度合格
Ⅱ	密实度为 B 级，且长度合格
Ⅲ	密实度为 C 级，且长度合格
Ⅳ	密实度为 D 级，或长度不合格

（二）标准锚杆试验

1. 注意事项

大型工程的锚杆量较大，周期较长，一般将引进检测单位与锚杆试验同时进行。标准锚杆对于检测人员来讲是“盲杆”，通过标准锚杆试验获得不同缺陷锚杆的标准波形，同时对检测人员的检测水平和检测仪器的测试精度进行考核。标准锚杆试验宜进行室内试验和现场试验。另外，标准锚杆试验应采用拟用于工程锚杆检测的仪器设备。

2. 室内或现场检测

（1）室内试验设计要点：① 锚杆孔可采用内径大于 89 mm、壁厚不小于 5 mm 的 PVC 管模拟，长度宜涵盖本工程锚杆长度范围。② 锚杆可采用被检测工程锚杆设计量最大的钢筋类型，长度宜比模拟的锚杆孔短 1 m，外露端应加工平整。③ 缺陷可设计为完全饱满（密实度 100%）、中部不密实（密实度 90%、75%、50%）、孔底密实孔口段不密实（密实度 90%、75%、50%）、孔口段密实孔底不密实（密实度 90%、75%、50%）等几种模型，每种宜设计 3 根。④ 注浆材料选用工程锚杆的注浆材料配合比，按注浆的龄期养护。

（2）现场试验设计要点：① 试验场地宜选在能代表被检测工程锚杆条件的围岩上，且不影响主体工程施工、便于取芯。② 锚杆孔可采用全长黏结型锚杆造孔。③ 锚杆宜采用被检测工程锚杆设计的钢筋类型，长度宜涵盖本工程锚杆长度范围，外露端应加工平整。④ 注浆材料选用工程锚杆的注浆材料配合比，按注浆的龄期养护。

（3）室内标准锚杆施工要点：① 所有施工用 PVC 管应一端封堵严密，所有缺陷宜用设计长度的内空软橡胶水管套在杆体上设计的准确位置，两端用铁丝捆扎固定，PVC 管和钢筋应对应编号记录。② 按锚杆施工工艺进行注浆、插杆、封口，完成后不得振动、敲打 PVC 管及钢筋，按龄期养护。

(4)现场标准锚杆施工要点:① 按设计图纸打好锚杆孔,所有缺陷宜用设计长度的内空软橡胶水管套在杆体上设计的准确位置,两端用铁丝捆扎固定,孔号和钢筋应对应编号记录。② 按锚杆施工工艺进行注浆、插杆、封口,完成后不得振动、敲打钢筋,按龄期养护。

(5)检测要点:① 检测方法应采用低应变法。② 检测宜在 1/3 龄期、1/2 龄期、1 龄期分别进行。③ 检测除应符合后述低应变法的规定外,还宜改变激振方式、激振力、仪器参数等,取得全部记录。

3. 验证与复核

室内检测完成后应剖开室内试验的管子,复核、检查、测量、记录每根锚杆的缺陷是否与原设计参数一致。现场检测完成后宜采用有效手段进行复核。

4. 试验资料整理

应按后述"检测数据的分析与判定"部分要求整理分析每根标准锚杆的全部检测波形,选取与验证复核相符的记录,制作标准锚杆检测图谱。

(1)应按后述"检测数据的分析与判定"部分的要求计算每根试验标准锚杆杆系波速平均值,分别计算室内试验和现场试验标准锚杆的各种缺陷类型的杆系波速平均值。

(2)编写标准锚杆试验报告,报告应明确试验仪器、仪器设置的最佳参数、检测精度、检测有效范围,提交标准锚杆检测图谱图。

六、锚杆无损检测工程实例

(一)锚杆无损检测在水电站中的应用一

锚杆是水电站高边坡处理和地下洞室重要的支护方式,且数量一般较多,其施工质量的优劣直接关系到工程建设期和运行期的安全,因此有必要采用无损检测技术对水电站锚杆进行质量检测。

1. 对比试验

对比试验的目的是获取水电站工程锚杆质量无损检测判定的参数,实地验证锚杆检测成果的可信度。试验内容包括地面基准杆和实地杆。地面基准杆全部布置在实验室车间,实地试验锚杆布置在工地现场。

地面基准杆模拟了 $\phi<25$ mm 和 $\phi<32$ mm 两种规格,其中 $\phi<25$ mm 的 5 根(全部注浆和中部堵塞25%的锚杆各 2 根,另 1 根灌砂 50 %)、$\phi<32$ mm 的 5 根(全部注浆和中部堵塞 25%的锚杆各 2 根,另 1 根为带注浆管不注浆)、余下 1 根为带连接器的 $\phi<32$ mm 钢筋(分松动和紧密连接状态试验)。

实地试验锚杆 13 根,分为 3 类:第 1 类锚杆(A1、A2、A3、A4、B1、B2)设置为全密实型;第 2 类锚杆(A5、B3、B4)设置为缺陷杆,与第 1 类锚杆同一位置,试验后不挖除,也不用于取代永久支护;第 3 类锚杆(Fc－1、Fc－2、Fd－1、Fd－2)试验后挖除验证。

锚杆质量无损检测结果与预设方案或挖除验证对比见表 6-22。本次试验的砂浆饱和度、缺陷位置和锚杆长度的复核准确率达 95% 以上,可作为控制水电站锚杆质量的检测手段。

2. 应用

1)技术规定

水电站的锚杆质量无损检测覆盖所有建筑物。检测采用比例抽检方式,抽检数量根据工程的特性，原则上抽检的比例不小于该部位(批)锚杆总数的 1%，达不到合格率控制标准的部位抽检比例控制在 3%，同时每一根不合格锚杆周围应加检两根，岩锚梁部位抽检的比例为 100%。

表 6-22 水电站实地、基准锚杆试验结果对比

锚杆类型	编号	设计方案及后期挖除验证结果	结果对比
第 1 类	A1	设计全长黏结型灌浆	相符合
	A2	设计全长黏结型灌浆	相符合
	A3	设计全长黏结型灌浆	相符合
	A4	设计全长黏结型灌浆	相符合
	B1	设计全长黏结型灌浆	相符合
	B2	设计全长黏结型灌浆	相符合
第 2 类	A5	设计 1.80 ~ 2.80 m 海绵堵塞上(10%)	缺陷定性正确，上界面位置偏差约 1 m，缺陷定量误差 +6%
	B3	设计 3.25 ~ 5.00 m 海绵堵塞上(35%)	相符合，缺陷定量误差 -1%
	B4	设计 3.75 ~ 5.00 m 海绵堵塞上(25%)	相符合，缺陷定量误差 -1%
第 3 类	Fc - 1	设计 0.50 ~ 2.50 m 海绵堵塞(40%)，实际为 0.30 ~ 1.20 m 砂浆和砂浆包裹海绵混合体，1.20 ~ 2.50 m 海绵堵塞，海绵底部 0.30 m不饱满(系挖掘时脱落)	基本符合，缺陷上界面位置偏差 0.20 m，缺陷定量误差 +4%
	Fc - 2	设计 4.50 ~ 5.00 m 海绵堵塞(10%)，实际为 4.40 ~ 5.00 m 海绵堵塞	基本符合，缺陷上界面位置偏差 0.20 m，缺陷定量误差 +4%
	Fd - 1	设计 7.20 ~ 8.00 m 海绵堵塞(10%)，实际为 7.10 ~ 8.00 m 海绵堵塞，0.50 ~ 3.60 m 浆柱截面呈不规则状，表面不平(系灌浆时强风化围岩塌落所致，检测时未发现脱空)	缺陷定性正确，缺陷上界面位置偏差 0.30 m，缺陷定量误差约 +4%
	Fd - 2	设计 1.00 ~ 4.20 m 海绵堵塞(40%)，实际为钢筋外露 0.50 m，0.50 ~ 1.00 m 仅见浆液痕迹，1.00 ~ 3.50 m 海绵堵塞，3.50 ~ 4.00 m砂浆包裹海绵	缺陷位置及定量正确

注浆饱和度的合格判定标准按照《锚杆喷射混凝土支护技术规范》(GB 50086—2001)的要求为 75%(空浆段不能全部出现在孔口部位或底部)，地下引水发电系统为 80%(招标书中要求)；合格率控制标准(参考)对岩锚梁部位为 100%，其他部位为不低于 90%，视具体位置、工程重要性设计另行规定的除外。锚杆长度复核的合格判定标准以不超过 1 m 为限。

2)应用效果

按照技术规定及相关建设和设计方的补充要求,对水电站工程边坡和地下洞室的锚杆进行了全面的锚杆无损检测,使工程边坡和地下洞室的锚杆一直处于受控状态。应用效果是十分显著的,现就相关的典型检测曲线进行成果分析如下。

图6-21为一根实地基准试验锚杆的检测波形。锚杆设计杆长5.00 m,未设置任何人工缺陷,为保证注浆效果,采用注浆管灌注,形成一根标准的全长黏结型锚杆。

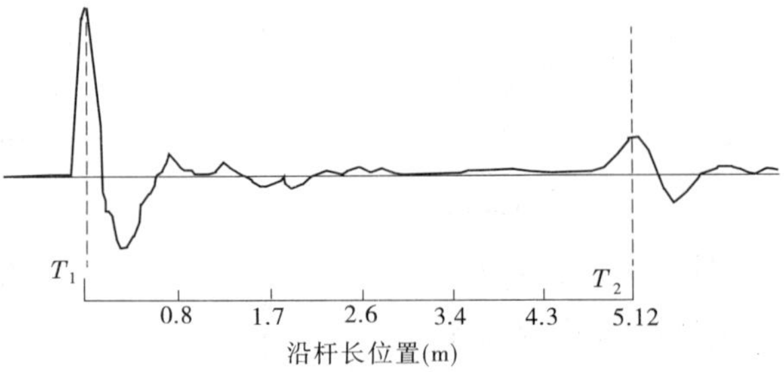

图6-21　全长黏结型试验锚杆检测波形

检测波形可见到清晰的杆头起始和杆底反射信号,杆身未见缺陷信号出现,运动学和动力学特征与室内基准杆(满杆)完全相似,实测锚杆长度5.12 m,长度复核精度达97.6%,注浆饱和度判定为浆柱基本完整,综合评价为A。

图6-22为一根实地基准试验锚杆的检测波形。锚杆设计杆长4.00 m,在2.00~3.00 m人工设置了1.00 m(25%)的空腔缺陷,通过两次注浆,形成一根标准的饱和度为75%的黏结型锚杆。

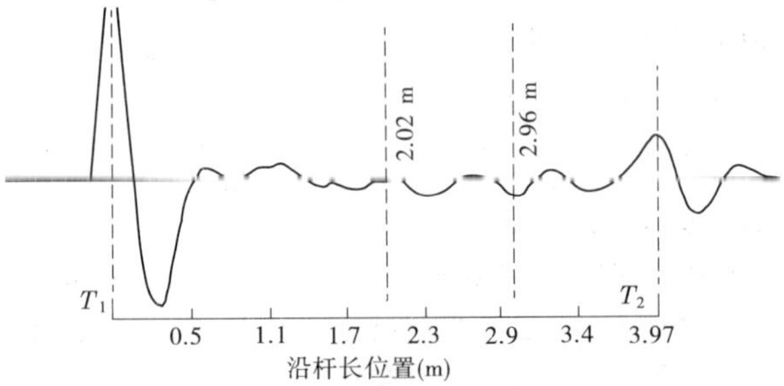

图6-22　缺陷试验锚杆检测波形

检测波形可见到清晰的杆头起始和杆底反射信号,杆身部位见到明显缺陷信号出现,信号幅度较大与杆头起始信号接近,实测锚杆长度3.97 m,长度复核精度达99.3%,运动学指标与室内基准杆(饱和度为75%)相近,注浆饱和度判定为2.02~2.96 m,浆柱完整性极差(基本无浆),缺陷定量精度达94.0%,综合评价为C。

图6-23为一根工程支护锚杆的检测波形。锚杆设计杆长3.50 m,锚杆头表面见浆。检测波形可见到清晰的杆头起始和强烈反射信号,且反射信号连续出现2次,运动学和动力学特征与室内基准杆(缺陷杆)完全相似,实测锚杆长度3.37 m,注浆饱和度判定为1.70 m以下基本无浆,综合评价为D。后经拔出验证:钢筋长3.50 m,0~1.70 m浆液饱满,1.70~3.50 m无浆,且无浆液流过的痕迹。事后分析为1.70 m以下塌孔所致,并进

行了补打。

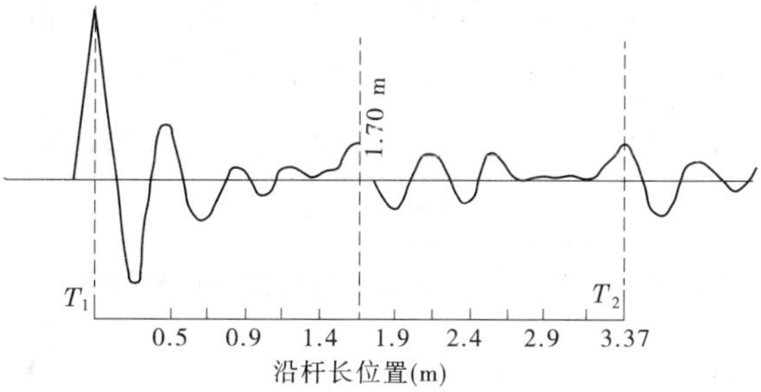

图 6-23　工程支护锚杆检测波形

3)可信度评价

(1)锚杆长度复核。给定设计长度时,精度可以达到 90%,且一般优于 1 m。经验证明,这样的要求还是不低的,特别是相对比较成熟的工程桩长度复核要求来说,是偏高了。在注浆饱和度缺陷比较严重且达到和超过两处的情况下,由于信号的相互干扰非常严重,长度复核需要丰富的检测经验且必须借助基准模型杆试验曲线,否则锚杆长度复核工作将变得困难。

(2)注浆饱和度。注浆满管(孔)(即浆柱基本完整杆)、半孔浆(即浆柱完整性差杆)和空浆(即基本无浆杆),具有明显不同的广义弹性波参数,可以比较准确的检测到。根据工程经验,这 3 种类型锚杆检测基本不会误判。

对锚杆上部第一缺陷位置的判定,理论上应该优于锚杆长度复核精度,在检测成果开挖验证中,最高精度达 95%,且缺陷性质亦基本判明。

对锚杆第二缺陷位置的判定,目前精度在 80% 左右,定性分析方面没有什么原则问题。

对锚杆第三缺陷的位置和性质基本不能判定,在不给定锚杆设计长度时,往往作为杆底信号进行识别而出现误判。

(二)高速公路隧道锚杆锚固质量无损检测

高速公路建设中有大量的隧道工程施工,隧道中的围岩大多数采用锚杆围岩,由于不同的施工工艺和不同的管理模式,会带来很多的质量问题,因此有必要对锚杆进行质量检测,确保锚杆能按设计要求起重要作用。

1. 检测方法及仪器

检测方法可有多种,最常用的是利用锚杆的螺纹钢筋外露端,在其端部安放发射装置和接收换能器,因为螺纹钢筋的介质均匀,速度一定,检测结果比较简单,且信号比较稳定,可大大提高检测结果的精度和准确性。

检测仪器采用 JL-(MBG)锚杆质量检测仪,该仪器由采集仪、发射震源、检波器和分析处理软件组成。发射震源产生的弹性波沿着锚杆传播并向锚杆周围辐射能量,检波仪检测到发射回波,并由检测仪对信号进行分析和储存。

2. 应用

高速公路隧道工程中的锚杆长度为 2.5~5.0 m,采用 JL-(MBG)锚杆质量检测仪配备锚杆检测的特殊检波器和声波震源，采取在外露钢筋端部进行端发端收的观测方式。

检测锚杆的锚固质量的数据进行弹性波波动理论数据处理和分析，根据接收到的弹性波波形特征，对锚杆的锚固质量作出分类评价，其评价标准见表 6-23。

表 6-23　锚杆锚固质量弹性波检测分类评价标准

锚固质量分类	波形特征	锚固状态
优	波形规则，只有较微弱的底部反射波或没有底部反射波	密实
良	波形较规则，有底部反射波和局部有较弱的反射波	局部欠密实
合格	波形欠规则，有底部反射波或局部有较强的反射波	局部不密实或空浆
不合格	波形不规则，底部有较强的反射波或底部反射波提前（锚杆欠长），或有多处较强的反射波	多处不密实或空浆

图 6-24 ~ 图 6-27 分别是各种不同锚固质量类型的锚杆检测数据曲线。

图 6-24　质量为优的锚杆检测波形图

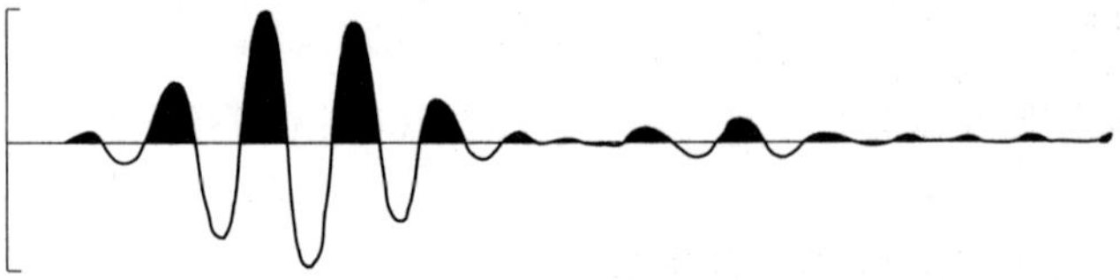

图 6-25　质量为良的锚杆检测波形图

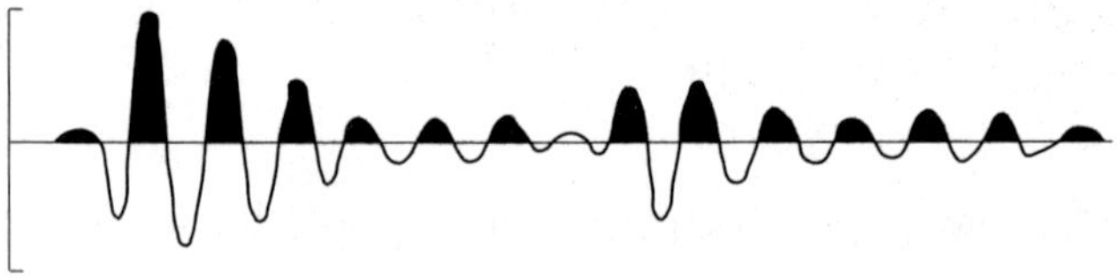

图 6-26　质量为合格的锚杆检测波形图

应用弹性波法对高速公路隧道围岩锚杆进行了无损检测效果分析，采用 JL－（MGB）锚杆质量检测仪对各类锚杆的锚固质量检测和分级是可行有效的。

（三）锚杆无损检测在水电站中的应用二

1. 工程概况

某水电站位于乌江干流贵州省余庆县境内，上距乌江渡水电站 137 km，下距乌江与

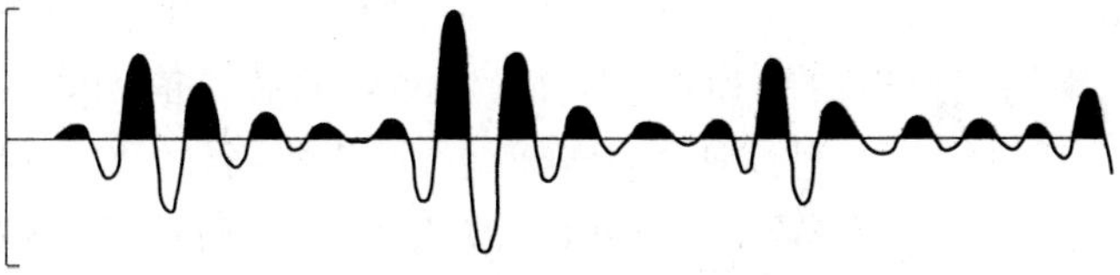

图 6-27　质量为不合格的锚杆检测波形图

长江的汇合口重庆市涪陵区 455 km，控制流域面积 43 250 km^2，占全流域的 49.2%，为乌江开发的第七个梯级电站水库淹没耕地 38 723 亩，迁移人口 17 609 人。总工期 9 年 2 个月，工程总投资 138.37 亿元。

该水电站以发电为主，兼顾航运、防洪和水产养殖等综合利用。枢纽建筑物由大坝、泄洪建筑物、地下电站厂房、通航建筑物（缓建）等组成。拦河大坝为混凝土双曲拱坝，最大坝高 232.5 m，正常蓄水位 EL630 m。地下厂房布置在右岸，总装机容量 5 ×600 MW，保证出力 751.8 MW，年发电量 96.67×10^8 kWh。

由于该水电站工程规模巨大，工程地质条件复杂。左右岸边坡开挖高度均超过 300 m。地下洞室群和左右岸开挖边坡系采用锚杆、喷射混凝土、预应力锚杆和锚索组合等对高边坡和地下洞室围岩进行支护，各类施工锚杆质量的控制是保证支护质量的关键。为此，应业主的要求又对各种不同类型的锚杆进行了一系列的现场测试验证，并取得了较满意的结果。现在，用物探方法在该水电站对砂浆锚杆自进式锚杆、预应力锚杆以及使用锚固剂锚杆等的杆体长度和注浆饱和度进行检测，已成为进一步督促并保证锚杆施工质量的手段。

2. 检测技术

1）锚杆波速测定

这里所说的锚杆，不仅仅是钢筋，而是钢筋和砂浆的综合体。锚杆波速取值是否正确，直接关系到锚杆长度和注浆饱和度判断解释是否准确的问题，因此正确确定锚杆波速值在整个锚杆无损检测中是相当关键的一步。

（1）钢筋波速值测定。

在整个电站的边坡和地下洞室锚杆支护中，不同部位、不同地质条件下，锚杆的设计长度不同，所用钢筋的直径也不同。锚杆的设计长度有 3.0、4.0、4.5、6.0、9.0、12.0 m 等，锚杆钢筋直径为 22、25、28、32 mm 的螺纹钢筋。钢筋波速值是在现场采用直达波法和反射波法两种方法进行测定，波速计算公式如下：

$$V_{直} = L/(T_{直} - T_0) \tag{6-20}$$

$$V_{反} = 2L/(T_{反} - T_0) \tag{6-21}$$

式中　$V_{直}$——直达波波速，m/s；

$V_{反}$——反射波波速，m/s；

L——锚杆长度，m；

$T_{直}$——直达波初至时间，s；

$T_{反}$——反射波到达时间，s；

T_0——仪器系统延时时间，s。

测试结果表明：

①对同规格的钢筋用反射波法和直达波法，所测到的波速值相同。

②钢筋长度（2.0 ~ 12 m）对波速的影响较小，可忽略不计。

③钢筋直径对波速有一定影响，直径越大，波速越高，但对锚杆所用的直径为22、25、28、32 mm四种规格螺纹钢的波速影响不大，波速为5 400 ~ 5 500 m/s。

(2)锚杆波速测定。

在施工现场，用PVC管对不同直径、不同长度的模拟锚杆做测试，确定锚杆的波速。波速测定同样采用直达波法和反射波法这两种方法，波速亦按式(6-20)、式(6-21)计算。

测试结果表明：

①与钢筋波速测试结果基本相同，但波速值略有降低，波速为5 400 ~ 5 470 m/s 。

②砂浆质量对波速有一定的影响，但是规律性差。

③注浆饱和度对锚杆的波速也有一定的影响，规律性亦差。

2)锚杆长度计算

根据波形读取锚杆底部反射时间，再根据反射时间计算锚杆长度，可用 $L = VT/2$ 来计算。锚杆注浆饱和度计算根据在不同激发、接收条件下得到的多条波形曲线，进行综合的定性分析，确定锚杆注浆的缺陷类型。在确定了锚杆注浆缺陷类型之后，根据其缺陷段反射波的旅行时间来计算其所处的位置和缺陷段长度，并用下式计算注浆饱和度。

$$\text{锚杆注浆饱和度} = \frac{\text{测试锚杆长度} - \text{钢筋外露长度} - \text{缺陷长度}}{\text{测试锚杆长度} - \text{钢筋外露长度}} \times 100\%$$

3. 模拟锚杆测试

模拟锚杆的测试分两步进行，先测已知缺陷模拟锚杆，然后再测未知缺陷模拟锚杆。

1)已知缺陷模拟基准杆测试

选用直径为110 mm的PVC管和直径为25 mm及28 mm两种不同规格的螺纹钢筋制作成12根已知缺陷的模拟基准杆，其缺陷设置为纯空段、砂充填段、纤维布包裹段、长锚杆用套筒连接等。待砂浆凝固7 d后分别用不同频率的换能器、不同的采样间隔、不同的仪器、不同的激发方式等进行测试，并记录所有的测试波形，找出上述缺陷段在波形上的特征，为今后测试工程锚杆缺陷的解释与评价积累经验。

2)未知缺陷模拟实地锚杆测试

未知缺陷模拟锚杆也是用同样的PVC管和直径为25 mm螺纹钢筋浇筑而成，数量为15根，并人为设置缺陷，待砂浆凝固7 d后进行测试，测试曲线和判读结果及时提交给业主，经业主破管验证对比，物探检测所提供的缺陷位置、缺陷长度、锚杆长度等数据与未知锚杆长度、缺陷位置、数量基本一致，物探检测结果能完全满足工程锚杆精度要求。

4. 工程应用

以某水电站右坝肩缆机平台边坡某单元斜向锚杆的检测情况说明其应用效果。

右岸缆机平台K0 + 040 ~ K0 + 050段，斜向锚杆共有10根，上排锚杆规格为 $\phi28$ $L = 8$ m，下排锚杆规格为 $\phi28$ $L = 7$ m，该地段岩溶发育、充填黄泥，岩体为灰岩。按要求100%进行检测，锚杆无损检测情况见表6-24。

表 6-24　某水电站锚杆无损检测情况

序号	锚杆编号	设计长度	检测成果					综合评价
			注浆饱和度检测			锚杆长度检测		
			缺陷位置(m)	注浆饱和度(%)	评价	锚杆长度(m)	评价	
01	1	7.0		100.0	优	7.0	合格	优
02	2	7.0	4.3~5.3	83.0	良	7.0	合格	良
03	3	7.0	3.2~4.6	79.0	合格	7.0	合格	合格
04	4	7.0		100.0	优	7.0	合格	优
05	5	7.0	2.9~3.8	83.0	良	7.0	合格	良
06	6	8.0		100.0	优	8.0	合格	优
07	7	8.0	2.9~6.7	46.0	不合格	8.0	合格	不合格
08	8	8.0	4.9~5.6	86.0	良	8.0	合格	良
09	9	8.0	3.3~4.8	78.0	合格	8.0	合格	合格
10	10	8.0	4.0~5.1	81.0	良	8.0	合格	良

以上检测成果经业主及监理审查后通过,并对其中的 4 号、7 号锚杆进行开挖验证,验证结果显示无损检测精确度达到 96%。由此可见,锚杆无损检测对控制工程锚杆施工质量起到了关键的作用。

5. 典型锚杆的波形曲线

(1)锚杆底部反射波清晰,注浆饱和度好的波形曲线(见图 6-28)。

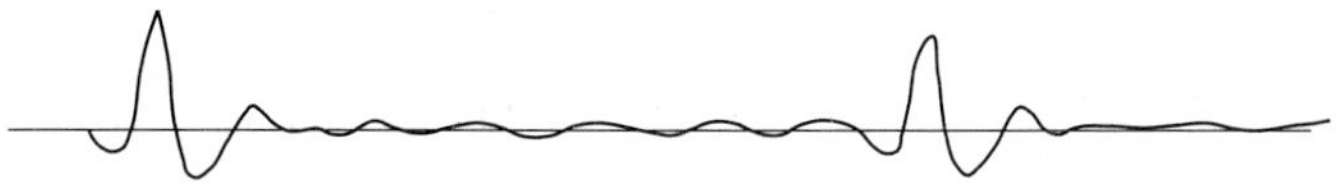

图 6-28　YBJ－8 号锚杆反射波形曲线(完整岩体中)

(2)锚杆底部反射波清楚 ,注浆饱和度差的波形曲线(见图 6-29)。

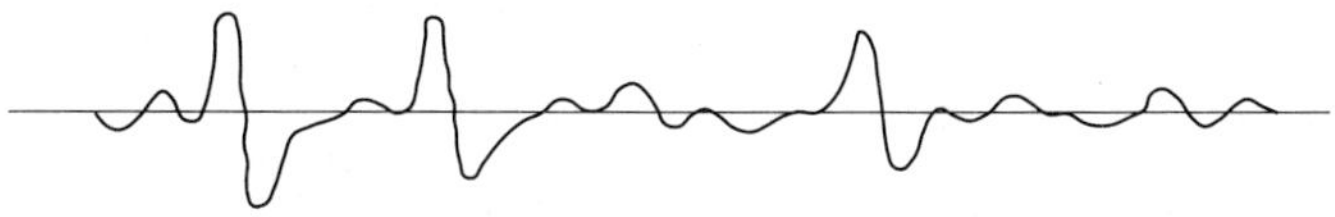

图 6-29　DLD－33 号锚杆反射波形曲线(洞壁岩体中)

(3)锚杆底部反射波不清楚,注浆饱和度好的波形曲线(见图 6-30)。

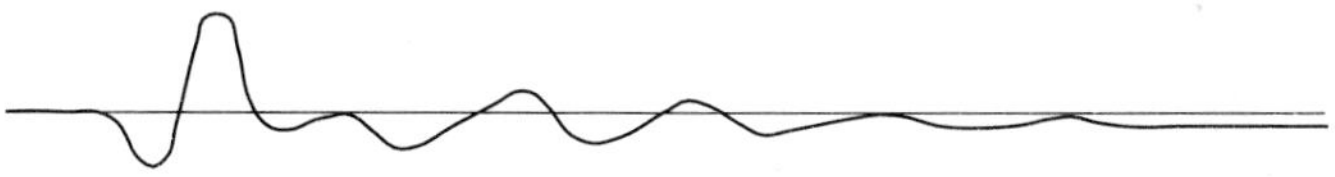

图 6-30　BSD－21 号锚杆反射波形曲线(洞壁岩体中)

(4)锚杆底部反射波不清楚,注浆饱和度差的波形曲线(存在多个缺陷)(见图 6-31)。

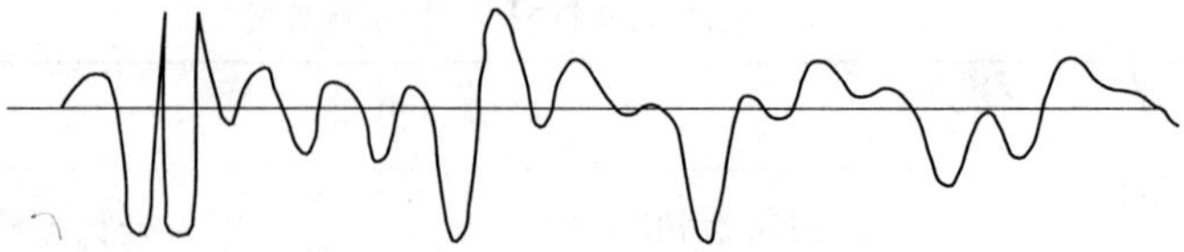

图 6-31　BJY－81 号锚杆反射波形曲线(坝肩岩体中)

对此水电站共进行了 8 000 多根工程锚杆的现场检测,检测结果与实际情况绝大部分吻合,能较客观地反映工程锚杆施工质量情况。目前,应用物探方法进行锚杆质量检测已成为该水电站工程控制锚杆施工质量不可缺少的重要手段,是锚杆施工质量评价和锚杆验收的标准之一。

参考文献

[1] 周汉荣,赵明华. 土力学地基与基础[M]. 北京:中国建筑工业出版社,1997.
[2] 顾孝同,赵海生,冷元宝,等. 地基基础工程检测[M]. 郑州:黄河水利出版社,2006.
[3] 高大钊. 地基加固新技术[M].2 版. 北京:机械工业出版社,1999.
[4] 王靖涛,等. 桩基基础设计与检测[M]. 武汉:华中科技大学出版社,2005.
[5] 中华人民共和国国家标准. 土工试验方法标准(CB/T 50123—1999)[S]. 北京:中国计划出版社,1999.
[6] 水利部行业标准. 土工试验规程(SL 237—1999)[S]. 北京:中国水利水电出版社,1999.
[7] 中华人民共和国国家标准. 土的分类标准(CBJ/45—90)[S]. 北京:中国计划出版社,1990.
[8] 中华人民共和国国家标准. 岩土工程勘察规范(GBJ 50021—1994)[S]. 北京:中国建筑工业出版社,1995.
[9] 中华人民共和国国家标准. 建筑地基基础设计规范(CBJ 7—89)[S]. 北京:中国建筑工业出版社,1989.
[10] 中华人民共和国行业标准. 地基处理规范(JGJ 79—1995)[S]. 北京:中国计划出版社,1992.
[11] 中华人民共和国行业标准. 建筑地基处理技术规范(JGJ 79—2002, J 220—2002)[S]. 北京:中国建筑工业出版社,2002.
[12] 中华人民共和国国家标准. 建筑地基基础工程施工质量验收规范(GB 50202—2002)[S]. 北京:中国建筑工业出版社, 2002.
[13] 中华人民共和国国家标准. 岩土静力载荷试验规程(YS 5218—2000)[S]. 北京:中国建筑工业出版社,1995.
[14] 铁道部标准. 静力触探技术规则[S]. 1990.
[15] 林宗元. 岩土工程试验监测手册[M]. 北京:中国建筑工业出版社,2005.
[16] 中华人民共和国行业标准. 建筑地基处理技术规范(JGJ 79—2002)[S]. 北京:中国建筑工业出版, 2002.
[17] 中国有色金属工业协会. 注水试验规程(YS 5214—2000, J 102—2001)[S]. 北京:中国计划出版社,2001.
[18] 中国有色金属工业协会. 压水试验规程(YS 5216—2000, J 102—2001)[S]. 北京:中国计划出版社,2001.
[19] 中华人民共和国行业标准. 水利水电工程钻孔压水试验规程(SL 31—2003)[S]. 北京:中国水利水电出版社,2003.
[20] 中国有色金属工业总公司,冶金工业部标准. 预钻式旁压试验规程(YSJ 224—1991, YBJ 23—1991)[S].
[21] 中华人民共和国国家标准. 混凝土强度检验评定标准(GB 107—87)[S].
[22] 中华人民共和国国家标准. 混凝土结构工程施工质量验收规范(GB 50204—2002)[S]. 北京:中国建筑工业出版社, 2002.
[23] 中华人民共和国国家标准. 普通混凝土力学性能试验方法(GB/T 50081—2002)[S]. 北京:中国建筑工业出版社,2002.

[24] 中华人民共和国行业标准. 建筑基桩检测技术规范(JGJ 106—2003, J 256—2003)[S]. 北京:中国建筑工业出版社,2003.
[25]《岩土工程手册》编写委员会. 岩土工程手册[M]. 北京:中国建筑工业出版社,1994.
[26]《桩基工程手册》编写委员会. 桩基工程手册[M]. 北京:中国建筑工业出版社,1995.
[27]《工程地质手册》编写委员会. 工程地质手册[M]. 北京:中国建筑工业出版社,1992.
[28]《基坑工程手册》编写委员会. 基坑工程手册[M]. 北京:中国建筑工业出版社,1997.
[29]《软土处理手册》编写委员会. 软土处理手册[M]. 北京:中国建筑工业出版社,1988.
[30] 祝龙要,刘利民,耿乃兴. 地基基础测试新技术[M]. 2 版. 北京:机械工业出版社,2002.
[31] 孟高头. 土体工程勘察原位测试及其工程应用[M]. 北京:中国地质出版社,1992.
[32] 唐贤强,叶启民. 静力触探[M]. 北京:中国铁道出版社,1981.
[33] 唐贤强,等. 地基工程原位测试技术[M]. 北京:中国铁道出版社,1993.
[34] 姜扑. 现代土工测试技术[M]. 北京:中国水利水电出版社,1997.
[35] 南京水利科学研究院土工研究所. 土工试验技术手册[M]. 北京:人民交通出版社,2003.
[36] 陈凡,徐天平,陈久照,等. 基桩质量检测技术[M]. 北京:中国建筑工业出版社,2003.
[37] 黄强. 基桩工程若干热点技术问题[M]. 北京:中国建材工业出版社,1996.
[38] 刘金砺. 基桩础设计与计算[M]. 北京:中国建筑工业出版社,1990.
[39] 史佩栋. 实用基桩工程手册[M]. 北京:中国建筑工业出版社,1999.
[40] 刘金砺. 基桩工程检测技术[M]. 北京:中国建材工业出版社,1995.
[41] 黄强. 基桩工程若干热点技术问题[M]. 北京:中国建材工业出版社,1996.
[42] 刘兴录. 基桩工程与动测技术 200 问[M]. 北京:中国建筑工业出版社,2000.
[43] 罗骐先. 基桩工程检测手册[M]. 北京:人民交通出版社,2003.
[44] 李忠春,金志坚,等. 基桩自平衡试桩法在建设工程中的应用[J]. 浙江建筑, 2008(4):20-23.
[45] 文家珍. 自平衡试桩法应用研究[J]. 铁道技术监督,2007(4):23-25.
[46] 李大展,柳春. 我国桩基工程检测技术的展望[J]. 施工技术,1997(1):6-7.
[47] 陈文杰. 无破损检测在桩基质量监督工作中的作用[J]. 广东土木与建筑,2001(4):5-6.
[48] 李晨. 桩基工程检测技术的现状及存在问题[J]. 四川建材,2006(4):40-41.
[49] 刘峰,崔妍. 桩基工程检测技术应用及研究综述[J]. 水运工程,2007(9):146-164.
[50] 刘守堂,郭竹田. 桩基检测促进工程质量不断提高[J]. 工程质量管理与监测, 1995(4):22-25.
[51] 徐天平. 基桩工程质量检测现状及展望[J]. 广东土木与建筑, 2000(6):3-6.
[52] 张永明,王惠昌. 加强对桩基工程质量的监理、监督和检测[J]. 四川建筑, 2000(2):65-67.
[53] 江苏省地方标准. 桩承载力自平衡测试技术规程(DB32/T 291—1999)[S].
[54] 冷元宝,黄建通,等. 截渗墙(防渗墙)质量检测技术研究进展[J]. 地球物理学进展,18(3).
[55] 冷元宝,何剑,等. 砼面板堆石坝实用检测技术[M]. 郑州:黄河水利出版社,2003.
[56] 冷元宝. 工程 CT 技术在工程勘察中的应用[C]// '98 水利水电地基与基础工程学术交流会论文集. 天津:天津科学技术出版社,1999.
[57] 刘明贵. 基桩与场地检测技术[M]. 武汉:湖北科技出版社,1995.
[58] 刘江平,杨永清,等. 防渗墙质量检测中的综合浅层地震技术[C]// 中国地球物理学会年刊 2000. 武汉:中国地质大学出版社,2000.
[59] 中华人民共和国行业标准. 水利水电工程物探规程(SL 326—2005)[S]. 北京:中国水利水电出版社,2005.
[60] 冷元宝. 工程 CT 技术在小浪底工程中的应用[J]. 工程勘察,1996(5).
[61] 余才盛. 堤防防渗芯墙质量检测技术及效果[J]. 地球物理学进展,18(3).

[62] 汪吉萍. 堤防防渗墙质量无损检测研究最新进展[J]. 水利天地,2005(9):42 –43.
[63] 马爱玉,毋光荣. 超声波 CT 在黄河截渗墙工程混凝土质量检测中的应用[J]. 水利技术监督,2001(6):29 –30.
[64] 李春雷. 堤坝防渗墙无损检测技术的研究[D]. 天津:河北工业大学,2003.
[65] 刘超英,梁国钱,等. 堤防防渗墙质量无损检测技术研究与应用[J]. 水利与建筑工程学报,2004(2):3 –5.
[66] 余才盛. 堤防防渗芯墙质量检测技术及效果[J]. 地球物理学进展, 2003(3):410 –415.
[67] 尚庆忠,朱立柱. 堤防渗漏处理技术、振动沉模板墙防渗技术[J]. 河北水利, 2002(4):35.
[68] 白玉慧,冷爱国. 地下防渗墙快速无损检测技术研究[J]. 水运工程,2006(3):102 –109.
[69] 代国忠,靖向党,等. 地下连续墙水力成槽新技术的研究[J]. 水利与建筑工程学报,2004(3):22 –24.
[70] 郭井学,田钢. 应用浅层地震方法检测混凝土防渗墙[J]. 中国地球物理,2006:663.
[71] 鄢忠清,朱积军,等. 赣东堤九龙庵险段深层搅拌水泥土防渗墙施工工艺及质量控制[J]. 江西水利科技,2002(2):96 –98.
[72] 刘发顺,龚云龙. 高压喷射灌浆防渗墙施工质量控制[J]. 江苏水利, 2006(4):14 –15.
[73] 国内外建造地下防渗墙施工技术[J]. 地质装备,2002(3).
[74] 傅国华,苏萌. 混凝土地下防渗墙施工工艺探讨[J]. 水利规划与设计, 2003(2):58 –62.
[75] 薛云峰. 混凝土防渗墙质量控制及检测技术研究[D]. 长沙:中南大学, 2007.
[76] 常向前,潘恕,等. 混凝土截渗墙质量检测弹性波技术及问题研究[J]. 人民黄河,2007(9):69 –74.
[77] 常向前,潘恕,等. 混凝土截渗墙质量无损检测声波相控技术研究[J]. 人民黄河,2007(9):74 –78.
[78] 梁建林,张宇华,等. 荆隆宫截渗墙质量检测模型试验研究[J]. 人民黄河,2004(2):22 –23.
[79] 张今阳,徐善杰. 跨孔超声法在大坝混凝土截渗墙质量检测中的应用[J]. 治淮,2006(13):30 –31.
[80] 刘江平,张丽琴,等. 浅层地震技术在大堤防隔渗墙质量检测中的应用[J]. 物探与化探, 2000(4):302 –306.
[81] 袁学勤,房新勤. 浅谈工程连续深层水泥搅拌桩截渗墙施工工艺及质量控制[J]. 治淮,2004(6):35 –36.
[82] 罗莎,闫海新,等. 瑞雷面波在防渗墙无损检测中的应用[J]. 地球物理学进展, 2003(3):416 –419.
[83] 余洪江,熊劲庆,等. 射水法、锯槽法造防渗墙施工质量控制[J]. 人民长江, 2000(12):1 –8.
[84] 董晓伟,陈义斌,等. 射水法造防渗墙新技术施工质量控制[J]. 人民长江,1999(7):15 –17.
[85] 李亚炎. 水泥深层搅拌桩施工工艺及质量控制[J]. 建材与装饰,2008(4):180 –181.
[86] 冷元宝,周均增,等. 我国截渗墙质量检测技术的研究与实践[J]. 水利水电科技进展,2004(4):57 –60.
[87] 朱宏伟,张昭,等. 液压开槽机连续槽法造墙施工技术问题及对策[J]. 灌溉排水, 2001(3):53 –55.
[88] 陶秀玉,李勇. 振动沉模在防渗工程中的应用[J]. 第八次水利水电地基与基础工程学术会议.
[89] 薛云峰,袁江华,等. 垂直反射法检测混凝土防渗墙的研究与应用[J]. 物探与化探,2004(5):467 –470.
[90] 王维淮,周松,等. 土坝截渗墙施工质量的探地雷达检测[J]. 治淮,2000.
[91] 李百全,张扬,等. 地质雷达探地雷达在大站水库防渗墙探测中的应用[J]. 山东水利科技,1997(2):63 –64.
[92] 韩吉民,杨峰,等. 地质雷达探地雷达在库尔勒西尼尔水库防渗墙中的检测与应用效果[C]//中国地球物理学会第二十届年会论文集. 2004.
[93] 董延朋,孔祥春,等. 地质雷达探地雷达在水库防渗墙检测中的应用[J]. 地质装备,2005(4):26 –28.
[94] 高建东. 使用地质雷达探地雷达探测水库地下防渗墙[J]. 地质与勘探,1999(2):35 –37.

[95] 夏才初,等. 土木工程监测技术[M]. 北京:中国建筑工业出版社. 2002.
[96] 胡明尔,付澄波,等. 用静力触探检验水泥搅拌桩[J]. 浙江建筑,1996(4):30 - 32.
[97] 陆付民,李建林. 堤防防渗加固方法研究[J]. 人民黄河, 2004(9):7 - 8.
[98] 龚重惠. 河堤防渗新技术——锯槽混凝土防渗墙施工[J]. 应用技术, 1999(11):54 - 56.
[99] 李河生,时宪仲. 机械式锯槽机成槽建墙施工技术在长江同马大堤加固工程中的应用[J]. 岩土工程界,2001(5):49 - 51.
[100] 张连英,尹长青. 锯槽成墙法建造地下连续防渗墙的研究[J]. 黑龙江水利科技,2001(2):61 - 76.
[101] 侯波,张宝军. 锯槽成墙法在蛤蟆通水库防渗中的应用[J]. 水利水电技术, 1994(3):30 - 33.
[102] 原小利,李国清. 锯槽机成墙防渗墙工法简介[J]. 山区开发,2001(5):27 - 29.
[103] 缪绪樟,曾鹏九,等. 我国锯槽机的发展及成墙质量控制要点[J]. 中国农村水利水电,2008(5):88 - 91.
[104] 曹进华. 湘江河堤锯槽回填混凝土成墙设计与施工[J]. 西部探矿工程, 2001(z):65 - 67.
[105] 薛祺,刘林峰,等. 防渗墙注水试验报告[J]. 内蒙古水利, 2008(2):118 - 119.
[106] 张锋,张文扩,等. 截渗墙防渗效果常用的几种检测方法[J]. 治淮, 2007(3):31 - 32.
[107] 韩海鹏,乔亮生,等. 高喷防渗墙围井注水试验分析[J]. 工程力学,2000(z):687 - 690.
[108] 魏山忠,腾建仁,等. 堤防工程施工工法概论[M]. 北京:中国水利水电出版社,2007.
[109] 王彦华,马腾飞,等. 堤防工程隐患探测与安全监测监控及施工质量检测技术标准[M]. 北京:中国科技文化出版社,2006.
[110] 夏金儒,陈石羡. 电磁波 CT 成像技术在防水工程场地勘查中的应用[J]. 资源环境与工程, 2007(z):101 - 103.
[111] 郭庆华. 高密度电阻率法在堤坝除险加固效果检测中的应用研究[D]. 中国海洋大学,2005.
[112] 罗有春,邹俊,等. 高密度电阻率法在防空洞探测中的应用[J]. 重庆工学院学报(自然科学), 2008(2):127 - 130.
[113] 秦正. 高密度电阻率法在工程勘察中的应用[J]. 物探装备, 2005(3):205 - 206.
[114] 顾孝同. 国内工程 CT 技术的发展与应用[J]. 工程地球物理学报, 2006(4):278 - 282.
[115] 黄力军,陆桂福,等. 可控源音频大地电磁测深法应用实例[J]. 物探化探计算技术, 2006(4):337 - 343.
[116] 尹峰. 瑞雷面波法在路基质量检测中的应用[J]. 内蒙古公路与运输, 2006(1):22 - 25.
[117] 李庆春,邵广周,等. 瑞雷面波勘探的过去、现在和未来[J]. 地球科学与环境学报,2006(3):74 - 77.
[118] 刘长平,郭正言,等. 瞬态瑞雷面波法在公路工程地质勘察中的应用[J]. 安徽地质, 2007(2):124 - 127.
[119] 程良奎. 岩土锚固研究与新进展[J]. 岩石力学与工程学报,2005,24(21).
[120] 中国岩土锚固工程协会. 岩土工程中的锚固技术[M]. 北京:地震出版社,1992.
[121] 程良奎,范景伦,韩军,等. 岩土锚固[M]. 北京:中国建筑工业出版社,2003.
[122] 单忠刚. 锚杆种类与选择[J]. 煤炭技术,2003,23(4).
[123] 闫莫明,徐祯祥,苏自约. 岩土锚固技术手册[M]. 北京:人民交通出版社,2004.
[124] 中国岩土锚固工程协会. 岩土锚固工程技术[M]. 北京:人民交通出版社,1996.
[125] 中国工程建设标准化协会标准. 岩土锚杆(索)技术规程(CECS22:2005)[S]. 北京:中国计划出版社,2005.
[126] 中华人民共和国国家标准. 锚杆喷射混凝土支护技术规范(GB 50086—2001)[S]. 北京:中国计划出版社,2001.
[127] 中华人民共和国行业标准. 建筑基坑支护技术规程(JGJ 120—99)[S]. 北京:中国建筑工业出版

社,1999.
[128] 中国工程建设标准化协会标准. 基坑土钉支护技术规程(CECS96: 97)[S]. 北京:中国建筑工业出版社,1997.
[129] 张向东. 锚杆支护配套技术设计与施工[M]. 北京:中国计划出版社,2003.
[130] 陈肇元. 土钉支护在基坑工程中的应用[M].2 版. 北京:中国建筑工业出版社,2000.
[131] 钟宏伟,胡祥云,熊永红,等. 锚杆锚固质量声波检测技术的现状分析[J]. 工程地球物理学报,2005,2(1).
[132] 汪明武,王鹤龄,罗国煜,等. 锚杆锚固质量无损检测的研究[J]. 工程地质学报,1999,7(1).
[133] 汪明武,王鹤龄. 锚固质量的无损检测技术[J]. 岩石力学与工程学报,2002,21(1).
[134] 肖柏勋,王波,冷元宝,等. 锚杆锚固质量无损检测技术规范(送审稿).2007.
[135] 杨维武,刘海峰. 锚杆锚固质量及无损检测技术研究现状[J]. 四川建筑, 2008(2):92 - 96.
[136] 陈武,朱赞义. 黄衢南高速公路隧道锚杆锚固质量无损检测技术及应用[J]. 工程建设与设计,2007(2):73 - 75.
[137] 皮开荣,龙通成,等. 锚杆检测技术在某水电工程中的应用[J]. 物探装备, 2005(2):132 - 135.
[138] 席远,唐庆生. 锚杆锚固质量无损检测技术及应用[J]. 特种结构,2007(2):38 - 39.
[139] 吕聪儒. 锚杆锚固质量无损检测技术在浙江省高速公路中的试验及应用[J]. 浙江交通职业技术学院学报, 2006(1):7 - 11.
[140] 赵建铧. 锚杆锚固质量无损检测技术中若干问题的讨论[J]. 中国地球物理, 2006.
[141] 高拴会,王志勇,等. 锚杆无损检测技术及其在工程中的应用[J]. 重庆工学院学报(自然科学版),2007(9):47 - 50.
[142] 吕聪儒. 锚杆质量无损检测技术在高速公路的试验及应用[J]. 路基工程, 2006(1):70 - 72.
[143] 邬钢,舒志平,等. 锚杆质量无损检测技术在龙滩水电站的应用[J]. 水力发电,2003(10):75 - 76.
[144] 王双安,李春兰. 无损检测技术在三板溪工程锚杆质量控制中的应用[J]. 云南水力发电, 2007(4):86 - 88.
[145] 程代忠,张来亮. 无损检测锚杆技术在溪洛渡左岸导流洞中的应用[J]. 建筑与工程,2007(15):365 - 367.